W0237726

Lambacher Schweizer

Mathematik

Abitur- und Klausurtraining Grundkurs

Rheinland-Pfalz

erarbeitet von
Jürgen Frink,
Detlef Hoche,
Matthias Janssen,
Arne Jessen,
Klaus-Peter Jungmann,
Karen Kaps,
Michael Kölle,
Peter Neumann

Ernst Klett Verlag
Stuttgart · Leipzig

1. Auflage 1 5 4 3 2 1 | 16 15 14 13 12

Alle Drucke dieser Auflage sind unverändert und können im Unterricht nebeneinander verwendet werden.
Die letzte Zahl bezeichnet das Jahr des Druckes.
Das Werk und seine Teile sind urheberrechtlich geschützt. Jede Nutzung in anderen als den gesetzlich zugelassenen Fällen bedarf der vorherigen schriftlichen Einwilligung des Verlages. Hinweis § 52 a UrhG: Weder das Werk noch seine Teile dürfen ohne eine solche Einwilligung eingescannt und in ein Netzwerk eingestellt werden. Dies gilt auch für Intranets von Schulen und sonstigen Bildungseinrichtungen. Fotomechanische oder andere Wiedergabeverfahren nur mit Genehmigung des Verlages.

© Ernst Klett Verlag GmbH, Stuttgart 2012. Alle Rechte vorbehalten. www.klett.de

Autorinnen und Autoren: Jürgen Frink, Tübingen; Detlef Hoche, Stuttgart; Dr. Matthias Janssen, Inzlingen; Arne Jessen, Balingen; Klaus-Peter Jungmann, Dortmund; Karen Kaps, Stade; Dr. Michael Kölle, Tübingen; Peter Neumann, Markkleeberg;

Redaktion: Annegret Weimer, Kerstin Leidenberger
Herstellung: Renate Mönch

Umschlaggestaltung: KomaAmok, Stuttgart
Titelbilder: Wasserstrudel: Getty Images (amana Images/Takeshi Daigo), München; Wendeltreppe: Getty Images (Image Bank/Joao Paulo), München
Illustrationen: Da-TeX Gerd Blumenstein, Leipzig
Satz: Da-Tex Gerd Blumenstein, Leipzig
Reproduktion: Meyle & Müller Medienmanagement, Pforzheim
Druck: AZ Druck und Datentechnik GmbH, Kempten/Allgäu

Printed in Germany
ISBN 978-3-12-733915-4

9 783127 339154

Inhaltsverzeichnis

Liebe Schülerinnen und Schüler,

dieses Arbeitsheft soll Ihnen helfen, sich erfolgreich auf die Abiturprüfung vorzubereiten, es soll Sie aber auch auf dem Weg dorthin bei Klausuren unterstützen. Dieses Heft besteht aus drei Teilen:

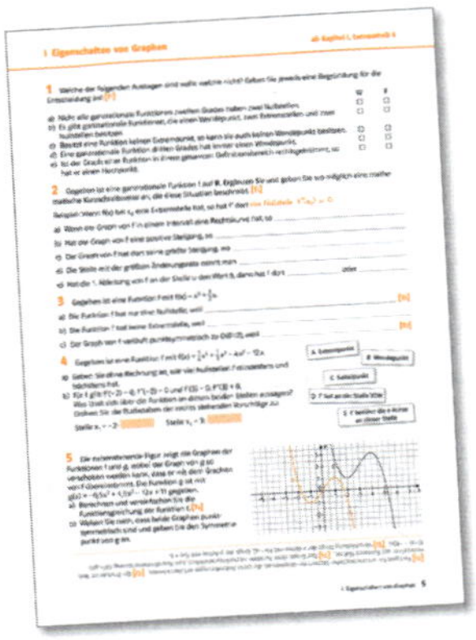

Übungsaufgaben

Der erste Teil enthält Übungsaufgaben unterschiedlicher Schwierigkeitsgrade. Die Kapitelnamen sind gleich wie im Schülerbuch Lambacher Schweizer Grundkurs (ISBN 978-3-12-735605-2).

Oben auf den Seiten ist angegeben, ab welcher Lerneinheit des entsprechenden Kapitels im Schülerbuch die jeweilige Seite bearbeitet werden kann. Jeweils eine Seite ist einem Thema gewidmet. Die Aufgaben werden nach unten hin immer schwieriger. Aufgaben mit oranger Aufgabenziffer sollen ohne Hilfsmittel gelöst werden, bei Aufgaben mit schwarzer Aufgabenziffer kann der GTR oder ein anderer Rechner hilfreich sein. Wenn Ihnen der Lösungsansatz für eine Aufgabe fehlt, können Ihnen die Tipps zu den Aufgaben helfen, einen Ansatz zu finden, mit dem Sie weiterarbeiten können.

Am Ende jedes Kapitels stehen Klausuraufgaben mit und ohne Hilfsmittel, die das Niveau von anspruchsvollen Klausuren oder von Abituraufgaben aufweisen.

Mit diesen Übungsaufgaben können Sie nicht nur parallel zum Unterricht üben, sondern auch in den Wochen und Monaten vor der schriftlichen Abiturprüfung die Inhalte der Kursstufe systematisch auffrischen und eventuelle Lücken identifizieren. Den Themen, die typischerweise für die Abiturprüfung besonders relevant sind, haben wir in diesem Heft besonders breiten Raum eingeräumt. Die Lösungen zu allen Aufgaben sind hinten im Heft zu finden.

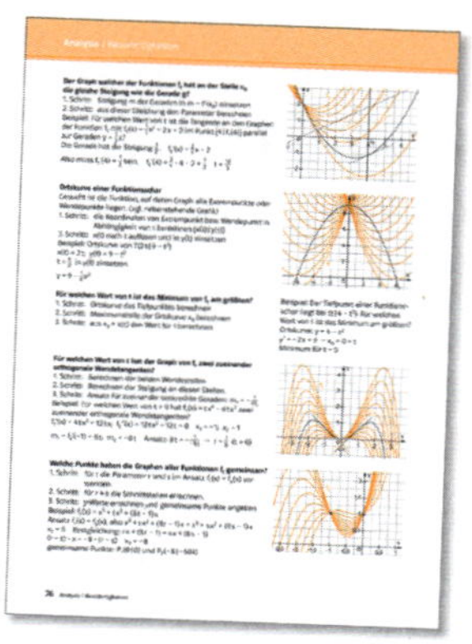

Basisfertigkeiten

Die Seiten zu Basisfertigkeiten zeigen typische Fragestellungen in Prüfungen und typische Vorgehensweisen zur Lösung dieser Fragestellungen.

Der Schwerpunkt der Basisfertigkeiten liegt auf Schrittfolgen, mit denen komplexe Aufgaben in einzelne Schritte zerlegt werden können. Die Schrittfolgen sollen auch das Verständnis für Lösungsstrategien fördern. Probleme, die alleine mit der Anwendung einer Formel aus der Formelsammlung oder einer einfachen Berechnung mit dem Rechner gelöst werden können, werden bei den Basisfertigkeiten nicht behandelt. Die Basisfertigkeiten und die Formelsammlung ergänzen daher einander, ohne sich gegenseitig überflüssig zu machen.

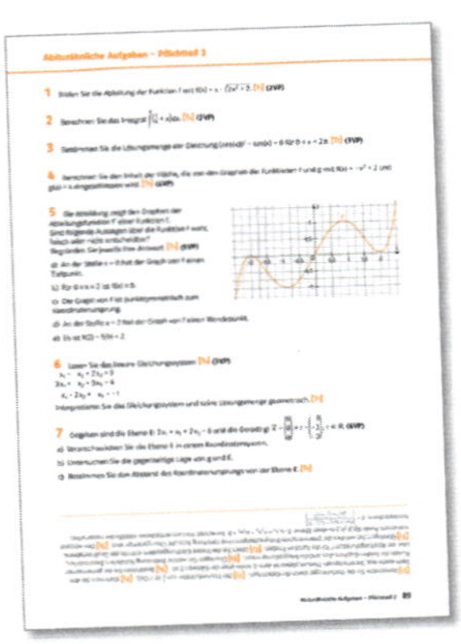

Abiturvorbereitung

Die hier zusammengestellten Aufgaben sollen eine Abiturvorbereitung unter Echtbedingungen ermöglichen.

Die Aufgaben im Heft haben den üblichen Aufbau und die übliche Länge von Prüfungsaufgaben, enthalten aber auch an schwierigen Stellen Tipps.

Die Lösungen der abiturähnlichen Aufgaben sind ausführlich und erlauben eine Selbstkontrolle.

Viel Erfolg!

1 Eine Folge beschreibt die Seitenlänge eines Quadrats. Das erste Quadrat hat die Seitenlänge 1. Das jeweils folgende Quadrat hat als Seitenlänge die Länge der Diagonale seines Vorgängers.

a) Geben Sie eine rekursive Darstellung dieser Folge an. [T1]

$a_1 =$ ________; $a_{n+1} =$ ________

b) Berechnen Sie die ersten 4 Folgenglieder: $a_1 =$ ________; $a_2 =$ ________; $a_3 =$ ________; $a_4 =$ ________

c) Bestimmen Sie eine explizite Darstellung der Folge: $a_n =$ ________________. [T2]

d) Ab welchem n ist a_n größer als 1 Million?

Dazu muss man die Ungleichung ____________ nach ____ auflösen. Man erhält ____________. [T3]

2 Zeigen Sie, dass die Folge (a_n) mit $a_n = \frac{n+2}{n+1}$ streng monoton fallend ist.

Dazu betrachtet man die Differenz $a_{n+1} - a_n = \frac{\square}{\square} - \frac{\square}{\square} = \frac{\square}{\square} = \frac{\square}{\square}$.

Diese ist immer ________, weil ________________________.

3 a) Untersuchen Sie, ob jede Zahlenfolge, für die $\frac{a_{n+1}}{a_n} < 1$ gilt, streng monoton fallend ist.

Würde zusätzlich noch für alle n gelten, $a_n >$ ____, dann wäre die Aussage richtig. Es genügt, ein geeignetes Gegenbeispiel anzugeben. Man wählt z. B. $a_n =$ ________________. [T4]

b) Untersuchen Sie, ob jede Zahlenfolge, für die $\frac{a_{n+1}}{a_n} > 1$ gilt, streng monoton steigend oder streng monoton fallend ist. Wenn $a_n >$ ____ für alle n ist, dann gilt $a_{n+1} >$ ____. Also ist die Folge ____________.

Wenn $a_n <$ ____ für alle n ist, dann gilt ____________. Also ist die Folge ____________.

4 Geben Sie für die jeweilige Folge eine möglichst kleine obere und eine möglichst große untere Schranke an.

Folge	Geschickte Umformung	Kleinste obere Schranke	Größte untere Schranke
$a_n = \frac{2n+1}{n^2}$	$a_n = \frac{\square}{\square} + \frac{\square}{\square}$		
$a_1 = 2;\ a_{n+1} = \frac{a_n}{n+1}$	$a_{n+1} = \frac{a_{n-1}}{\square} = \frac{a_1}{\square}$ [T5]		
$a_n = \left(-\frac{1}{4}\right)^n$	$a_n = (-1)^n \cdot \frac{1}{\square}$		

5 Zeigen Sie, dass die Folge (a_n) mit $a_n = \frac{n^2+1}{n}$ keine obere Schranke hat.

Sei S eine obere Schranke. Wir suchen ein n, sodass gilt $\frac{n^2+1}{n} \ \square\ S$. Sei n_0 eine natürliche Zahl größer als S, dann gilt: $\frac{n_0^2+1}{n_0} =$ ____ $+ \frac{1}{\square} >$ ____ [T6], also kann S keine ________________ sein.

[T1] Zeichnen Sie das Quadrat und wenden Sie den Satz des Pythagoras an. [T2] Die explizite Darstellung lässt sich als Potenz schreiben. [T3] Hier benötigen Sie den Logarithmus. [T4] Der Quotient $\frac{a_{n+1}}{a_n}$ muss negativ sein. [T5] Setzen Sie fortgesetzt im Zähler die Rekursionsformel ein, bis dort a_1 steht. [T6] Kürzen Sie mit n_0.

1 Markieren Sie die Folgen (a_n), die Nullfolgen sind:

a) $a_n = \frac{n-2}{n+1}$ b) $a_n = \frac{n-2}{n^2+1}$ c) $a_n = \frac{n^2-2}{n+1}$ d) $a_n = \frac{n-2}{n+n^2}$

e) $a_n = \frac{n-2}{2^n}$ f) $a_n = \frac{n-2^n}{n+1}$ g) $a_n = n\sin(n\pi)$ h) $a_n = \frac{\cos(n\pi)}{n}$

2 Gegeben ist die Nullfolge (a_n) mit $a_n = \frac{(-1)^n}{2n-1}$. Tragen Sie für die vorgegebenen ε-Werte jeweils das kleinste n_0 in die Tabelle ein, ab dem der Betrag des Folgenwerts kleiner als ε ist.

ε	1	$\frac{1}{4}$	0,1	0,001
n_0				

Man setzt an ________________ < ε [T1] und löst nach n auf: ________________________.

3 Setzen Sie die Nummern der Aussagen zu den passenden logischen Folgerungen. Jede Nummer soll nur einmal eingesetzt werden:

- I: (a_n) ist nach oben beschränkt und monoton steigend.
- II: (a_n) hat einen Grenzwert.
- III: (a_n) ist beschränkt.
- IV: (a_n) ist monoton steigend.
- V: (a_n) ist beschränkt und monoton.
- VI: (a_n) ist nach oben beschränkt.

a) _____ ⇒ II; b) _____ ⇒ III; c) _____ ⇒ V; d) I ⇒ _____; e) _____ ⇒ VI; f) V ⇒ _____ [T2]

4 Bestimmen Sie den Grenzwert der Folge (a_n) mit $a_n = \frac{3n+1}{3-2n}$.
Zuerst setzt man Werte für n ein:

n	10	100	1000	10 000
a^n				

Daraus ergibt sich die Vermutung: $\lim\limits_{n\to\infty} a_n =$ ________________.

Gegeben sei $\varepsilon > 0$. ________________________________ < ε wird nach n aufgelöst:

____

Also gilt für alle $n > n_0$ mit $n_0 >$ ____________ die Ungleichung $|a_n -$ ________$| < \varepsilon$, und die Folge hat den Grenzwert ________.

5 Zeigen Sie, dass jede konvergente Zahlenfolge beschränkt ist. [T3]

Wählt man z.B. $\varepsilon = 1$, dann liegen __________ viele Folgenglieder außerhalb des Streifens [______; ______].
Unter diesen Folgengliedern gibt es eine ________________ Zahl a und eine ________________ Zahl b.
Eine untere Schranke ist dann die kleinere der Zahlen ________________ und ________________.
Eine obere Schranke ist dann ________________________________.

6 Untersuchen Sie die Folgen (a_n) auf Konvergenz. Geben Sie gegebenenfalls einen Grenzwert an.

a) $a_n = \frac{2}{n-3}$ b) $a_n = \frac{1}{1+2^n}$ c) $a_n = \frac{1-2n^2}{n}$ d) $a_n = (-1)^n\left(2+\frac{1}{n^2}\right)$ e) $a_n = (-2)^{-n}$

[T1] Achten Sie auf die Betragsstriche. [T2] Ohne die Einschränkung, dass jede Nummer nur einmal verwendet werden darf, gibt es viele mögliche Lösungen. Sie müssen also ein wenig spielen. [T3] Bezeichnen Sie den Grenzwert mit g. Sie müssen nicht die kleinste obere, bzw. größte untere Schranke angeben. Es genügt, eine mögliche obere bzw. untere Schranke anzugeben.

1 Kreuzen Sie an, welche der folgenden Aussagen wahr oder falsch sind. [T1]

Aussage	wahr	falsch
a) Der Quotient zweier konvergenter Folgen ist immer eine konvergente Folge.		
b) Die Summe zweier konvergenter Folgen ist immer eine konvergente Folge.		
c) Die Summe zweier divergenter Folgen ist immer eine divergente Folge.		
d) Die Summe aus einer konvergenten und einer divergenten Folge ist immer eine divergente Folge.		
e) Das Produkt aus einer konvergenten und einer divergenten Folge ist immer eine konvergente Folge.		
f) Das Produkt zweier konvergenter Folgen ist immer eine konvergente Folge.		

2 Bestimmen Sie durch Anwendung der Grenzwertsätze den Grenzwert $\lim\limits_{n\to\infty} \frac{-3n^2-3n+2}{(n+1)^2}$.

$$\frac{-3n^2-3n+2}{(n+1)^2} = \frac{-3n^2-3n+2}{\_\_\_} = \frac{\_\_\_\cdot\left(-3-\_\_\_+\_\_\_\right)}{\_\_\_} = \frac{-3-\_\_\_+\_\_\_}{\_\_\_};$$ [T2]

also gilt: $$\lim\limits_{n\to\infty}\frac{-3n^2-3n+2}{(n+1)^2} = \frac{\lim\limits_{n\to\infty}\_\_\_ - \lim\limits_{n\to\infty}\_\_\_ + \lim\limits_{n\to\infty}\_\_\_}{\_\_\_} = \frac{\_\_\_ - \_\_\_ + \_\_\_}{\_\_\_} = \_\_\_\_\_\_.$$

3 Bestimmen Sie die Grenzwerte der Folgen (a_n).

a) $a_n = \frac{2n+1}{n^2-\sqrt{n}}$ b) $a_n = \frac{2^{n+1}-5}{2^{n-1}+5}$ c) $a_n = 2^{-n}\frac{\sqrt{n}+1}{3-2\sqrt{n}}$ d) $a_n = \frac{b_n-2c_n}{b_n+c_n}$ mit $\lim\limits_{n\to\infty} b_n = 2$; $\lim\limits_{n\to\infty} c_n = -\frac{1}{2}$

4 Bei der Bestimmung des Grenzwerts von Folgen vom Typ wie in Aufgabe 2 geht man folgendermaßen vor:

1. Schritt: Ausmultiplizieren und Zusammenfassen jeweils im Zähler und Nenner.
2. Schritt: Kürzen durch die ___________ Potenz von ____ und Zerlegen des Zählers und Nenners in Summen.
3. Schritt: Hat jeder Summand einen ______________, so kann man jeweils im Zähler und Nenner den Grenzwertsatz für ____________ anwenden.
4. Schritt: Nun wendet man den Grenzwertsatz für Quotienten an, wenn ______________________________.

5 Bestimmen Sie den Grenzwert der konvergenten Folge (a_n) mit $a_1 = -2$ und $a_n = \frac{1+5a_{n-1}}{1-4a_{n-1}}$.

Es gilt: $\lim\limits_{n\to\infty} a_n = \lim\limits_{n\to\infty} a_{n-1}$. Wir nennen den Grenzwert g. Dann gilt: $g = \frac{\_\_\_}{\_\_\_}$. [T3]

Die Gleichung wird nach g aufgelöst:

Also ist $\lim\limits_{n\to\infty} a_n =$ ______________________________.

6 Aus dem Heft eines Schülers:

> Bestimmung des Grenzwerts der rekursiv definierten Folge (a_n) mit $a_1 = 1$, $a_2 = 2$ und $a_n = \frac{a_{n-2} - 2a_{n-1}}{a_{n-2}}$.
> Es gilt: $\lim\limits_{n\to\infty} a_n = \lim\limits_{n\to\infty} a_{n-1} = \lim\limits_{n\to\infty} a_{n-2}$. Wir nennen den Grenzwert g. Dann gilt: $g = \frac{g-2g}{g} = \frac{-g}{g} = -1$.
> Also ist $\lim\limits_{n\to\infty} a_n = -1$.

Berechnen Sie die ersten 10 Folgenglieder. Welchen Fehler hat der Schüler gemacht?

[T1] Überlegen Sie sich jeweils ein Beispiel. [T2] Hier wurde durch n^2 gekürzt. [T3] Wenden Sie nun die Grenzwertsätze an und setzen Sie $\lim\limits_{n\to\infty} a_n = \lim\limits_{n\to\infty} a_{n-1} = g$.

1 a) Gegeben ist die Folge (a_n) durch $a_n = 4n - 1$. Geben Sie eine rekursive Darstellung der Folge an. [T1]
b) Gegeben ist die Folge (a_n) durch $a_1 = -1$ und $a_n = -a_{n-1}$. Geben Sie eine explizite Darstellung der Folge an. [T2]

2 Welche der folgenden Aussagen sind wahr? Begründen Sie Ihre Entscheidung. [T3]
(a_n) und (b_n) sind Nullfolgen.

a) Die Summenfolge $(a_n + b_n)$ ist eine Nullfolge.

b) Die Produktfolge $(a_n \cdot b_n)$ ist eine Nullfolge.

c) Die Quotientenfolge $\left(\frac{a_n}{b_n}\right)$ ist eine Nullfolge.

3 Von den beiden Folgen (a_n) und (b_n) ist folgendes bekannt:

$\lim\limits_{x \to \infty} a_n = 2$; (a_n) hat die obere Schranke 2 und die untere Schranke -2 und ist streng monoton steigend.

$\lim\limits_{x \to \infty} b_n = -2$; (b_n) hat die obere Schranke 2 und die untere Schranke -2 und ist streng monoton fallend.

Untersuchen Sie die Folge $(a_n + b_n)$ auf Konvergenz, Beschränktheit und Monotonie.

4 Zeigen Sie, dass die Folge (a_n) mit $a_n = \frac{n^2 + 2}{n}$ divergent ist. [T4]

5 Gegeben ist die Folge (a_n) durch $a_1 = 2$; $a_n = \frac{a_{n-1}^2}{a_{n-1} + 1}$.

a) Berechnen Sie die ersten 4 Glieder der Folge und untersuchen Sie die Folge auf Beschränktheit, Monotonie und Konvergenz.
b) Zeigen Sie, dass das Ergebnis für die Konvergenz vom Startwert a_1 abhängt. [T5]

6 Bestimmen Sie die folgenden Grenzwerte:

a) $\lim\limits_{x \to \infty} \frac{1 + \sqrt{x}}{1 - \sqrt{x}}$ b) $\lim\limits_{x \to -\infty} \frac{2^x + x}{3^x - x}$ c) $\lim\limits_{x \to 1} \frac{x - 1}{\sqrt{x} - 1}$ d) $\lim\limits_{x \to \infty} \frac{\sin x + \cos x}{x}$

7 Das Ehepaar Müller hat 200 000 Euro Schulden und bezahlt jährlich konstant 12 000 Euro an die Bank zurück. Die Bank berechnet jeweils von den aktuellen Schulden Zinsen in Höhe von 5 % und zieht dann die 12 000 Euro ab.
a) Stellen Sie die Schulden am Ende jeden Jahres als rekursive Zahlenfolge dar.
b) Berechnen Sie die Schulden nach 1, 2, 3 Jahren.
c) Zeigen Sie, dass die explizite Darstellung der Folge $a_n = 240\,000 - 40\,000 \cdot 1{,}05^n$ ist. [T6]
d) Nach wie vielen Jahren haben die Müllers ihre Schulden zurückbezahlt?

8 Im gleichschenkligen Dreieck ABC mit den Schenkeln $\overline{AC}$ und $\overline{BC}$ hat die Basis die Länge $2n$ und die Höhe durch C hat die Länge $h_n = \frac{10n}{n^2 + 1}$ (jeweils gemessen in cm).
a) Zeichnen Sie Dreiecke für $n = 2; 3; 4$.
b) Bestimmen Sie allgemein den Flächeninhalt des Dreiecks in Abhängigkeit von n.
c) Bestimmen Sie den Grenzwert des Flächeninhalts, wenn n gegen Unendlich strebt.
d) Wie verhalten sich die Länge der Basis und der Höhe für n gegen Unendlich?

[T1] Berechnen Sie a_{n-1} und setzen Sie das Ergebnis in die explizite Darstellung ein. [T2] Berechnen Sie die ersten 5 Folgenglieder. [T3] Verwenden Sie die Grenzwertsätze. [T4] Zerlegen Sie den Term in eine Summe. [T5] Wählen Sie einen negativen Startwert. [T6] Berechnen Sie a_{n-1} und setzen Sie das Ergebnis in die rekursive Darstellung ein. [T7] C hat die Koordinaten $(x\,|\,f(x))$.

1 Verbinden Sie zusammengehörige Karten.

$f(x) = \frac{4}{x}$ | $f(3) = 3$ | $D_f = \mathbb{R} \setminus \{0\}$ | $P(0|0)$

$f(x) = \sqrt{9 - x^2}$ | $f(0) = 3$ | $D_f = \mathbb{R}$ | $P(4|1)$

$f(x) = \frac{x^2}{3}$ | $f(2) = 2$ | $D_f = [-3; 3]$ | $P(3|0)$

2 Ergänzen Sie.

	Aussage in Textform	mathematische Kurzform
a)	Die Funktion f nimmt an der Stelle 2 den Funktionswert 6 an.	
b)	Die Definitionsmenge der Funktion g umfasst alle reellen Zahlen außer 4.	
c)		$g(-1) = 0$
d)		$D_g = \mathbb{R} \setminus \{0\}$
e)	Die Funktion f ordnet der Zahl 0 einen kleineren Funktionswert zu als der Zahl −2.	
f)		$W_g = [0; 10]$

3 Ein Hubschrauber fliegt in einer Minute durchschnittlich 3 km. Bei dieser Geschwindigkeit kann er $3\frac{1}{2}$ Stunden in der Luft bleiben.

a) Den in der Zeit t (in min) zurückgelegten Weg s (in km) kann man mit s(t) = v · t berechnen.

b) Es handelt sich um eine lineare Funktion.

c) Geben Sie die Definitionsmenge an: D_s = ______

d) Bestimmen Sie s(15) und deuten Sie das Ergebnis: s(15) = ______

______

4 Bestimmen Sie die Definitionsmenge der Funktion f rechnerisch.

a) $f(x) = \frac{2}{x^2 - 16}$
D_f = ______

b) $f(x) = 2 + \sqrt{4 - x}$
D_f = ______

c) $f(x) = 2\sqrt{4 - x^2}$
D_f = ______

5 Prüfen Sie, ob der Punkt P(2 | 0) auf dem Graphen der Funktion aus Aufgabe 4 liegt.

6 Die Flugbahn eines Speerwurfs wird durch die Parabel mit der Funktionsgleichung $h(s) = -\frac{1}{200}(s - 43)^2 + 11$ beschrieben. Dabei gibt s die horizontale Entfernung vom Abwurfpunkt und h die Höhe in Metern an.

a) Geben Sie eine sinnvolle Definitionsmenge für die Funktion h an. ______

b) Bestimmen Sie die Weite, die bei diesem Speerwurf erzielt wurde. ______

c) Geben Sie die Abwurfhöhe des Speeres an. ______

d) Ermitteln Sie, nach wie vielen Metern der Speer eine Höhe von 8 m hat.

______

e) Bestimmen Sie, welche maximale Höhe der Speer erreicht. ______

↗ Ableitung einer Funktion

1 Bestimmen Sie den Wert des Differenzenquotienten der Funktion f mit $f(x) = \frac{1}{2}x^2 - 4$.

a) im Intervall [0; 2]
b) im Intervall [1; 2]
c) im Intervall [1,9; 2]
d) im Intervall [−2; −1,9]

Ergebnis: 1 Ergebnis: 1,5 Ergebnis: 2 Ergebnis: −2

2 Grüner Tee wird mit 70 °C heißem Wasser aufgebrüht. Beim Abkühlen wurde die Temperatur gemessen.

Zeit t (in min)	0	2	4	6	8	10	12	14	16	18
Temperatur T (in °C)	70,0	60,6	52,8	46,7	41,5	37,3	34,0	31,3	29,3	27,5

a) Skizzieren Sie den Verlauf des Graphen.

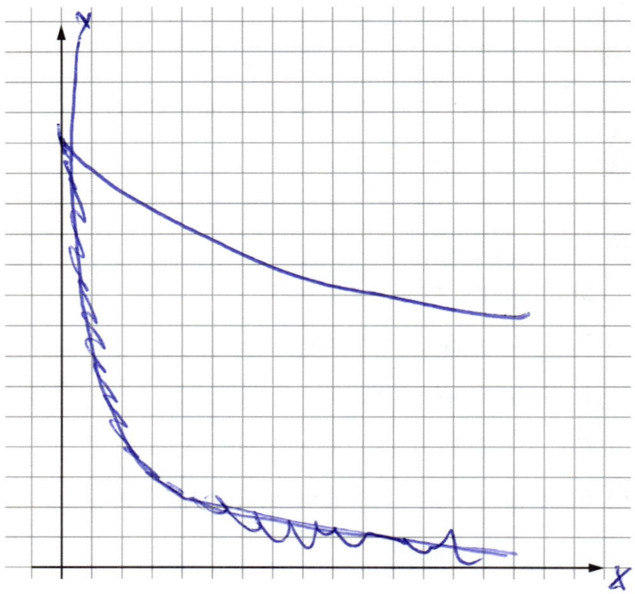

b) Die mittlere Änderungsrate der Funktion Zeit t → Temperatur T für den gesamten Messzeitraum beträgt $\frac{27{,}5-70}{18-0} \approx \frac{-42{,}5}{18}$ (in $\frac{°C}{min}$). ≈ −2,36

c) Die mittlere Änderungsrate ist negativ, weil der Graph sinkt ⇒ Temperatur nimmt ab.

d) Bestimmen Sie die mittleren Änderungsraten für die ersten und die letzten zwei Minuten.

$\frac{60{,}6-70}{2-0} = -4{,}7$ erste

$\frac{27{,}5-29{,}3}{18-16} = -0{,}9$ letzten

e) Beschreiben Sie das Abkühlverhalten des Tees.

kühlt zuerst schnell, dann immer langsamer ab

3 Bei der Fahrt mit einem Heißluftballon wird die aktuelle Höhe aufgezeichnet.

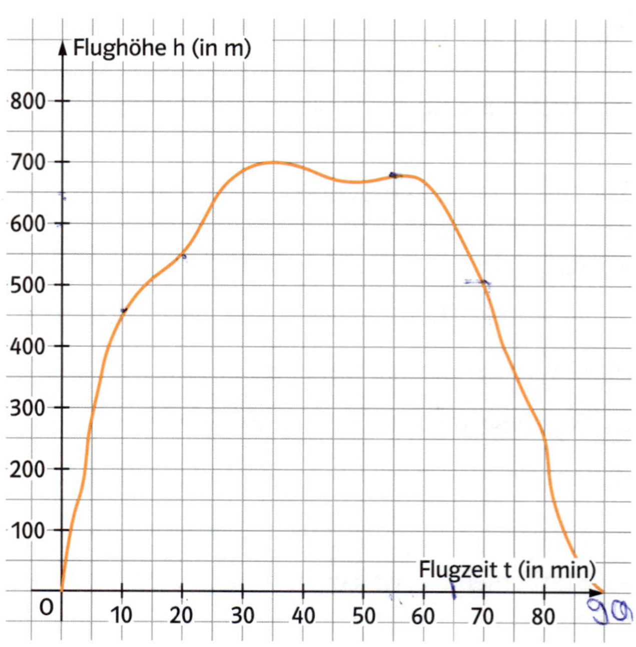

a) Die mittlere Steiggeschwindigkeit in den ersten 10 Minuten beträgt 45 (in $\frac{m}{min}$). Zwischen Minute 10 und Minute 20 beträgt die mittlere Steiggeschwindigkeit 10 (in $\frac{m}{min}$). Der Ballon steigt also in dieser zweiten Zeitspanne langsamer.

b) Berechnen Sie die durchschnittliche Sinkgeschwindigkeit von Minute 70 bis Minute 90 und von Minute 65 bis Minute 70.

$\frac{500-0}{70-90} = \frac{500}{-20} = -25$

$\frac{600-500}{65-70} = \frac{100}{-5} = -20$

1 a) In den Punkten A und F ist die Steigung des Graphen negativ, in den Punkten C, E ist sie null und in den Punkten B, G, D ist die Steigung positiv. Also ist die Steigung in den Punkten C und E gleich.

b) Ordnen Sie die Punkte aufsteigend nach der zugehörigen Steigung.

A, F, C, E, B, D

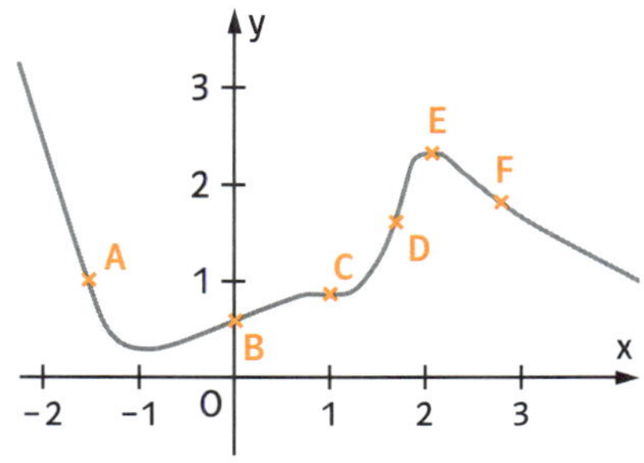

2 Bestimmen Sie näherungsweise die Ableitung der Funktion f mit $f(x) = 0{,}5x^2$ an der Stelle 2

a) rechnerisch mithilfe der Differenzenquotienten für kleine Werte von h:

h = 0,2: $\frac{f(\square + 0{,}2) - f(\square)}{0{,}2}$

$= \frac{0{,}5 \cdot (\square + 0{,}2)^2 - 0{,}5 \cdot \square^2}{0{,}2} \approx$ ____

h = 0,1: ______________________ ≈ ____

h = 0,01: ______________________ ≈ ____

Näherungsweise gilt: f′(2) = ____.

b) geometrisch mithilfe der Steigung der Tangente im Punkt P(2 | ___):

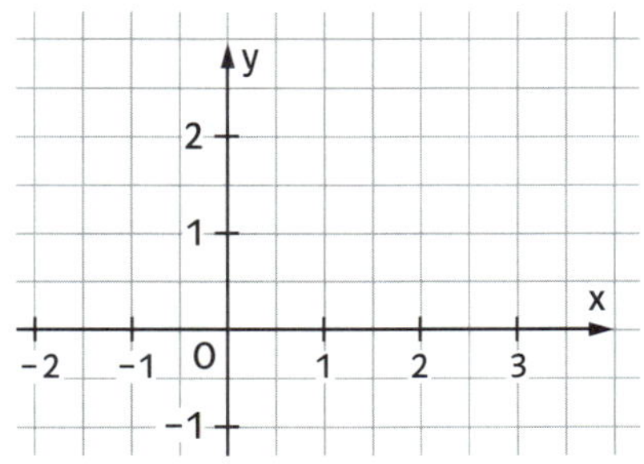

Näherungsweise gilt: f′(2) = ____.

3 Bestimmen Sie geometrisch näherungsweise die Steigung des Graphen von f an der Stelle x_0.

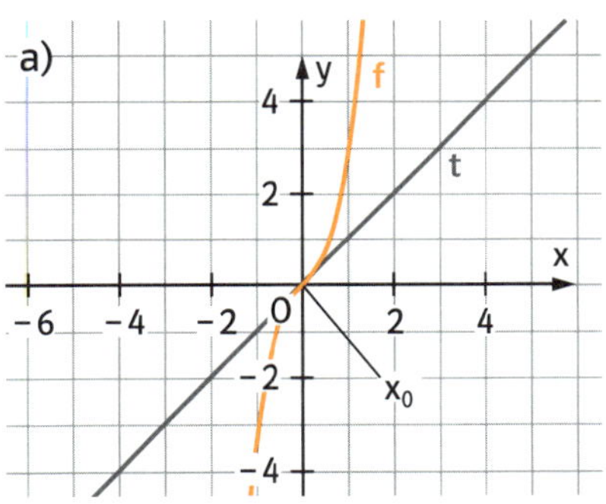

Steigung f′(____) = ____

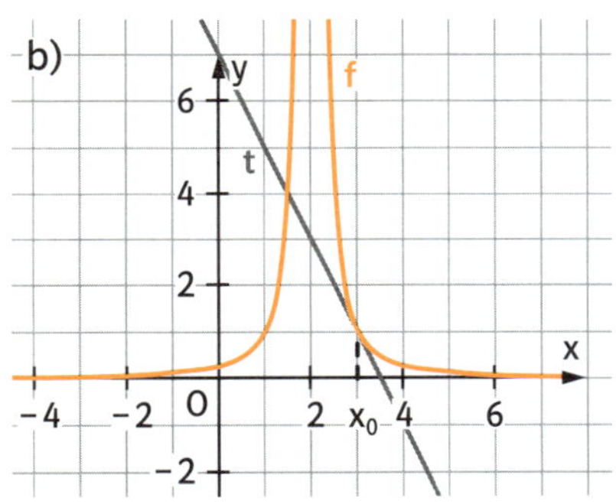

Steigung f′(____) = ____

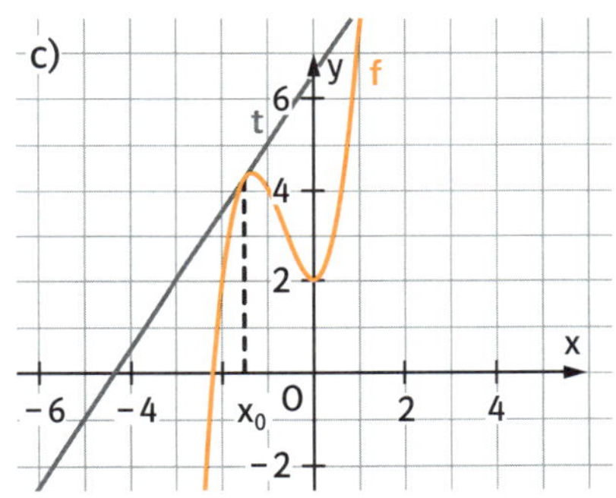

Steigung f′(____) = ____

4 Bestimmen Sie näherungsweise die Ableitung der Funktion f an der Stelle x_0, indem Sie zwei Differenzenquotienten für kleine Werte von h berechnen.

a) $f(x) = 2x^2$; $x_0 = 1$

Näherungsweise: f′(1) = ____

b) $f(x) = \frac{4}{x}$; $x_0 = -1$

Näherungsweise: f′(____) = ____

c) $f(x) = 2\sqrt{x}$; $x_0 = 2$

Näherungsweise: f′(____) = ____

5 Entscheiden Sie, welches Vorzeichen die Ableitung der Funktion f mit $f(x) = x^4 - 3$ an der Stelle x_0 hat, indem Sie sich den Graphen vorstellen. Verbinden Sie zusammengehörige Karten, ohne zu rechnen.

Funktion	$x_0 = -2$	$x_0 = -1$	$x_0 = 0$	$x_0 = 0{,}5$	$x_0 = 3$
$f(x) = x^4 - 3$	Ableitung negativ				
$f(x) = x^3$	Ableitung positiv				
$f(x) = (x+1)^2$		Ableitung null			
$f(x) = -\left(x - \frac{1}{2}\right)^3$					

II Ableitung berechnen (1)

1 Berechnen Sie die Ableitung der Funktion f an der Stelle x_0.

a) $f(x) = 4x^2$; $x_0 = -1$

1. Schritt: Differenzenquotient aufstellen $\frac{f(\square + h) - f(\square)}{h} = \frac{4 \cdot (\square + h)^2 - 4 \cdot (\square)^2}{h}$

2. Schritt: Differenzenquotient umformen $= \_\_\_\_\_\_ = \_\_\_\_\_\_$

$= \_\_\_\_\_\_ = \_\_\_\_\_\_$

3. Schritt: Grenzwert für $h \to 0$ bestimmen $= \_\_\_\_\_\_ \to \_\_\_\_$ für $h \to 0$

Man erhält für die Ableitung $f'(\_\_\_\_) = \_\_\_\_$.

b) $f(x) = \frac{2}{x}$; $x_0 = 2$

Man erhält für die Ableitung $f'(\_\_\_\_) = \_\_\_\_$.

c) $f(x) = -x^2 - 2$; $x_0 = -2$

Man erhält für die Ableitung $f'(\_\_\_\_) = \_\_\_\_$.

2 Bestimmen Sie die Gleichung der Tangente an den Graphen der Funktion f im Punkt P.

a) $f(x) = x^2 + x$; $P(1 \mid f(1))$

Tangentengleichung $y = mx + c$

$m = f'(\_\_\_\_)$:

$m = f'(\_\_\_\_) = \_\_\_\_$; also $y = \_\_\_\_\_\_$.

Einsetzen der Koordinaten von $P(1 \mid \_\_\_\_)$:

Die Tangente hat die Gleichung $y = \_\_\_\_\_\_$.

b) $f(x) = -\frac{1}{x}$; $P(-2 \mid f(-2))$

Die Tangente hat die Gleichung $y = \_\_\_\_\_\_$.

3 Der Graph der Funktion f hat im Punkt P die Tangente t. Markieren Sie zusammengehörige Karten.

$f'(0) = 2$ | $P(1 \mid 0{,}5)$ | $t(x) = -x + 0{,}5$ | $f'(1) = -1$ | $P(0 \mid 2)$ | $t(x) = x - 0{,}5$ | $f'(0) = 0$ | $t(x) = 2$ | $P(0 \mid 0)$ | $f'(1) = 1$ | $P(1 \mid -0{,}5)$ | $t(x) = 2x$

4 Wird eine Feuerwerksrakete senkrecht gestartet, so gilt für ihre Höhe a (in m) in Abhängigkeit von der Zeit t (in s): $a(t) = -5t^2 + 40t$.

a) Die mittlere Änderungsrate von a(t) im Zeitintervall [0; 2] ist die ______________ geschwindigkeit der Rakete. Die momentane Änderungsrate a'(t) der Flughöhe entspricht der ______________ zum Zeitpunkt t.

b) Die Durchschnittsgeschwindigkeit der Rakete beträgt in den ersten 2 Sekunden __________ und in den nächsten 2 Sekunden __________ .

c) Die momentane Geschwindigkeit der Rakete nach 2 Sekunden beträgt __________ .

d) Überlegen und begründen Sie, wann die Geschwindigkeit der Rakete am größten ist. ______

____

5 Für den in der Zeit t (in s) zurückgelegten Weg s (in m) eines Schlittens gilt $s(t) = 0{,}4t^2$ für $t \in [0; 20]$.

a) Nach 10 s hat der Schlitten ________ zurückgelegt.

b) In diesen 10 s beträgt die Durchschnittsgeschwindigkeit ______________________________ .

c) Welche Geschwindigkeit hat der Fahrer nach 10 s? Gesucht ist ______________________________ .

Nach 10 s hat der Schlittenfahrer die Geschwindigkeit ______________________________ .

6 Interpretieren Sie den Differenzenquotienten $\frac{f(10) - f(5)}{5}$ und die Ableitung f'(10) im Sachzusammenhang.

a) Funktion f: zurückgelegter Weg (in km) → benötigte Benzinmenge (in l)

Der Differenzenquotient der Funktion f im Intervall [_____ ; _____] gibt die mittlere Änderung der ______________ pro ______ von Kilometer 5 bis 10 an. Diese mittlere Änderungsrate entspricht also dem durchschnittlichen ______________________ auf dieser Strecke.

Die Ableitung f'(10) gibt den momentanen ______________ nach _____ Kilometern an.

b) Funktion f: Zeit (in h) → geförderte Ölmenge (in Barrel)

Der Differenzenquotient der Funktion f im Intervall [_____ ; _____] gibt die mittlere Änderung ____________ ____ an.

Diese mittlere Änderungsrate entspricht also der durchschnittlichen ______________________ in diesen Stunden. Die Ableitung f'(10) gibt die momentane ______________________________ an.

1 Ordnen Sie den Graphen A, B, C, D die Graphen der zugehörigen Ableitungsfunktion zu.

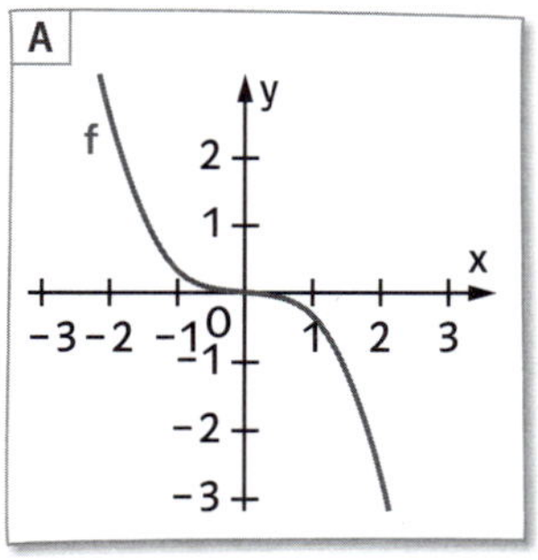

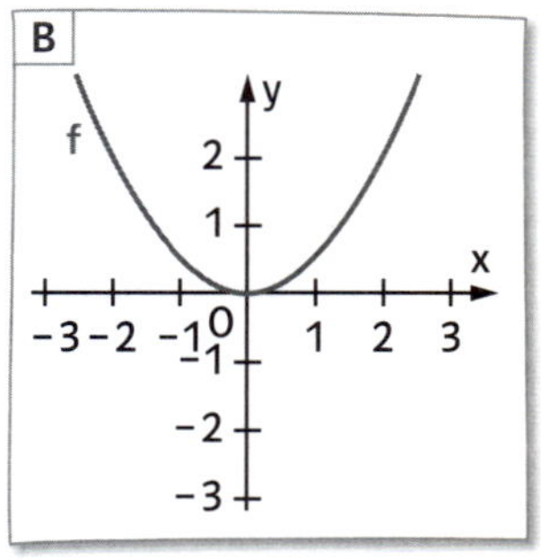

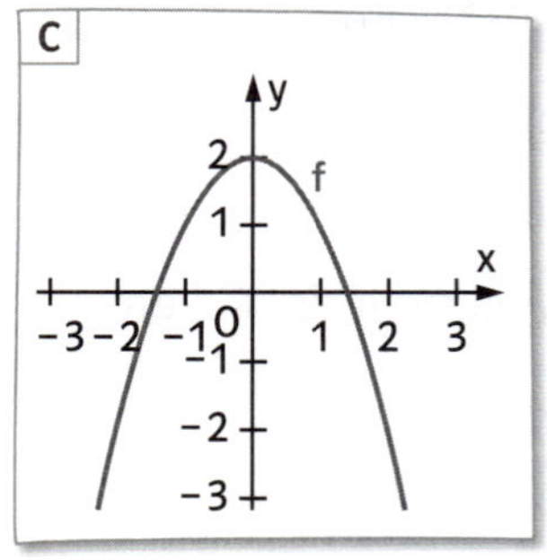

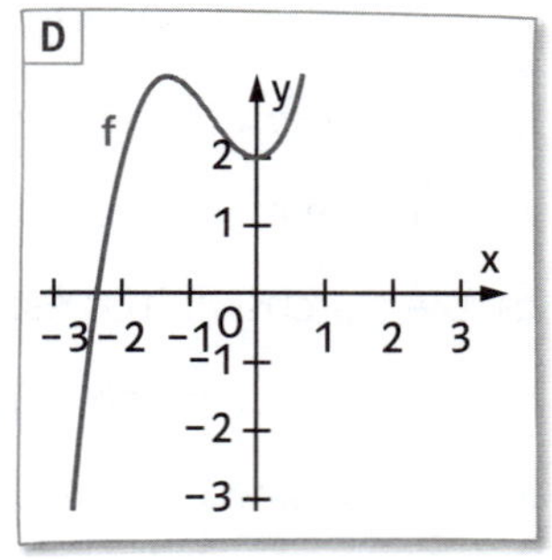

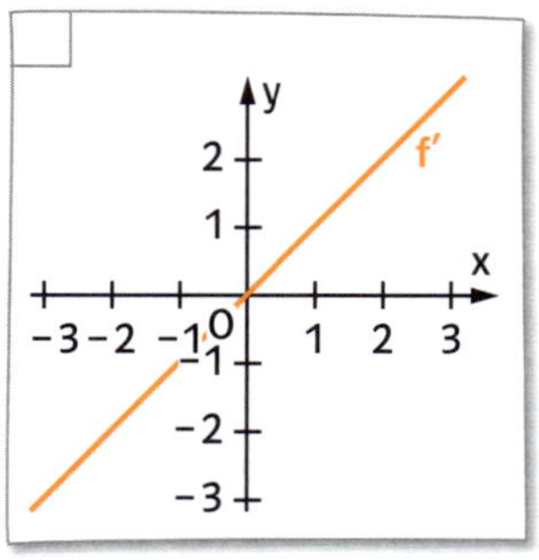

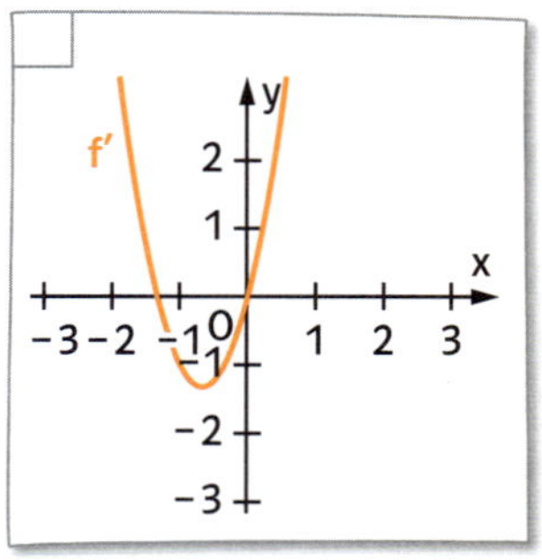

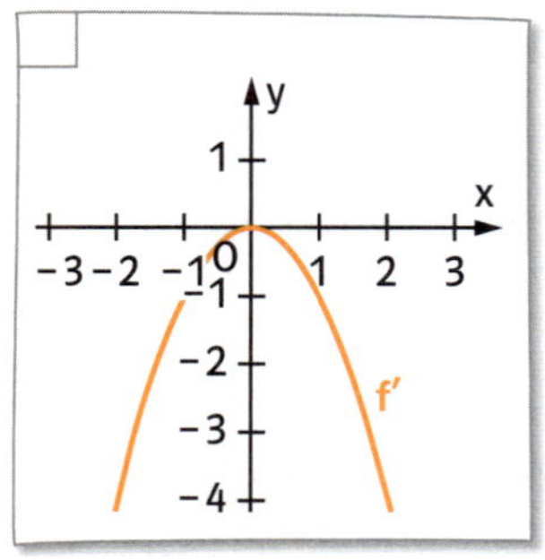

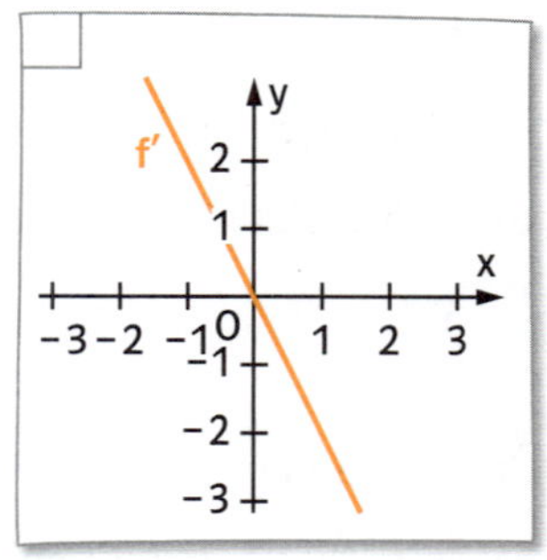

2 Bestimmen Sie die Funktionsgleichung der Ableitungsfunktion von f.

a) $f(x) = -2x^2$

$$\frac{f(x_0 + h) - f(x_0)}{h} = \frac{-2(\_\_\_)^2 - (-2\_\_\_^2)}{\_\_\_}$$

= ____________________

= ____________________

= ____________ → ________ für h → 0

Funktionsgleichung von f′: f′(x) = ________

b) $f(x) = 4x^2 + 4$

Funktionsgleichung von f′: f′(x) = ________

3 Füllen Sie die Lücken und skizzieren Sie dann den Graphen von f′.

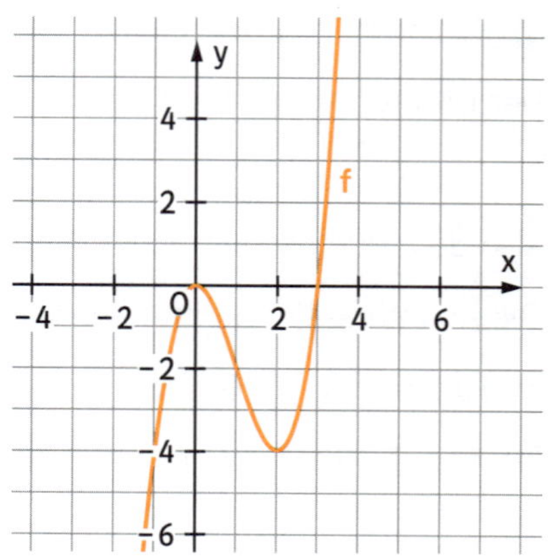

Der Graph von f hat an den Stellen ____ und ____ Tangenten, die parallel zur x-Achse verlaufen. Diese Tangenten haben daher die Steigung ____ . Also hat der Graph von f′ dort ________________ .

Die Steigung des Graphen von f ist für $x < 0$ und für $x >$ ____ positiv, also verläuft der Graph von f′ in diesen Intervallen ______________ der x-Achse.

Für $0 < x <$ ____ ist die Steigung von f ______________ , der Graph von f′ verläuft in diesem Intervall somit ________________ der x-Achse.

Um die Steigung der Tangente im Punkt P(1 | ____) näherungsweise zu bestimmen, zeichnet man die Tangente an den Graphen in diesem Punkt ungefähr ein und liest die Steigung ab. Die Steigung der Tangente ist ungefähr ____ .

1 Bestimmen Sie die Gleichung der Ableitungsfunktion von f.

a) $f(x) = x^4$ b) $f(x) = x^{-3}$ c) $f(x) = 4x^2$ d) $f(x) = \frac{1}{x^2}$

$f'(x) =$ ______

e) $f(x) = 2x^6 + x^3$ f) $f(x) = \frac{1}{4}x^4 - x^{-4}$ g) $f(x) = 0{,}5x^5 - 2x^3$ h) $f(x) = \frac{4}{x^4} + \frac{1}{x^2}$

2 Markieren Sie zusammengehörige Karten.

$f(x) = x^2 + tx$ | $f(x) = tx^2 + tx$ | $f(x) = x^2 - t^2x$ | $f(t) = tx^2 + tx$ | $f(t) = x^2 - t^2x$ | $f(t) = tx^2 - t^2x$

$f'(t) = -2tx$ | $f'(t) = x^2 - 2tx$ | $f'(t) = x^2 + x$ | $f'(x) = 2x + t$ | $f'(x) = 2x - t^2$ | $f'(x) = 2tx + t$

3 Kontrollieren Sie die Ableitungen (r für richtig und f für falsch) und verbessern Sie gegebenenfalls. Beschreiben Sie auch, worin der Fehler besteht.

	Funktion f	Ableitung	Kontrolle und Verbesserung	Fehlerbeschreibung
a)	$f(x) = x^3 + 3$	$f'(x) = 3x^2 + 3$	f $f'(x) = 3x^2$	2. Summand wurde übernommen
b)	$f(x) = x^{-6}$	$f'(x) = -6x^{-5}$		
c)	$f(x) = \frac{1}{x}$	$f'(x) = -\frac{1}{x^2}$		
d)	$f(x) = \frac{2}{3}x^2 - 4x$	$f'(x) = \frac{1}{3}x - 4$		
e)	$f(t) = tx^2$	$f'(t) = 2tx$		

4 Bestimmen Sie die Funktionsgleichung von f'. Wandeln Sie zuerst den Funktionsterm um.

a) $f(x) = x^2 \cdot (x - 2)$
= ______
= ______
$f'(x) =$ ______

b) $f(x) = (x + 2)^2 \cdot 5$
= ______
= ______
$f'(x) =$ ______

c) $f(x) = \frac{1}{2}(x - 4)^2$
= ______
= ______
$f'(x) =$ ______

d) $f(x) = (x + 3) \cdot (x - 2)$
= ______
= ______
$f'(x) =$ ______

e) $f(x) = (x + 5) \cdot (x - 5)$
= ______
= ______
$f'(x) =$ ______

f) $f(x) = 4 \cdot (x^4 + 3) \cdot x^2$
= ______
= ______
$f'(x) =$ ______

5 Bestimmen Sie die Gleichung der Tangente an den Graphen von f im Punkt P.

a) $f(x) = 2x^3 + 3x$, $P(1|f(1))$

Steigung der Tangente:

y-Koordinate des Punktes P: ______

Tangentengleichung: ______

b) $f(x) = 2x^{-3} + x$, $P(1|f(1))$

Tangentengleichung: ______

1 Ordnen Sie den Funktionsgraphen A, B, C, D die Graphen der zugehörigen Ableitungsfunktion zu.

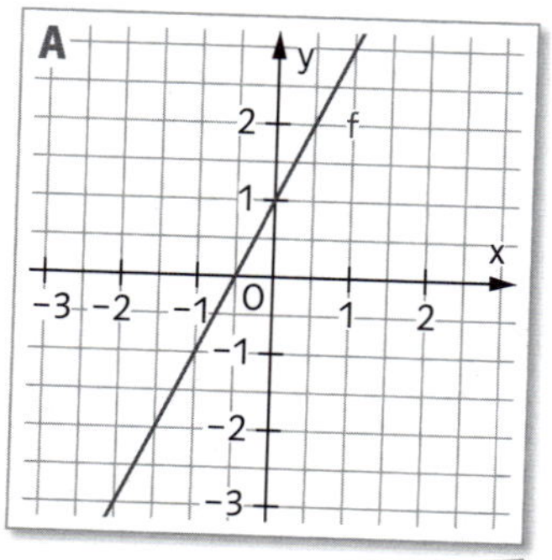

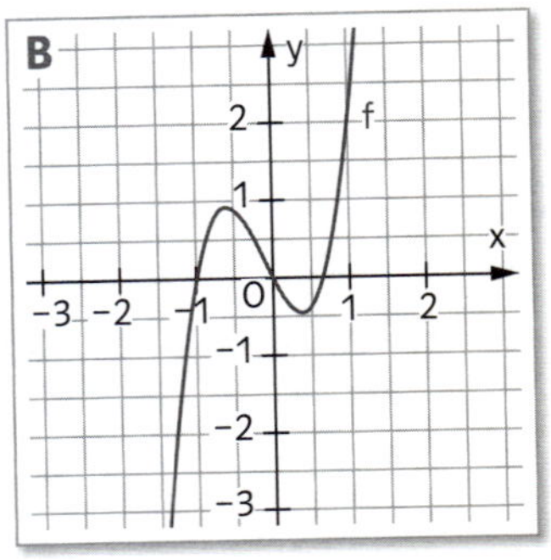

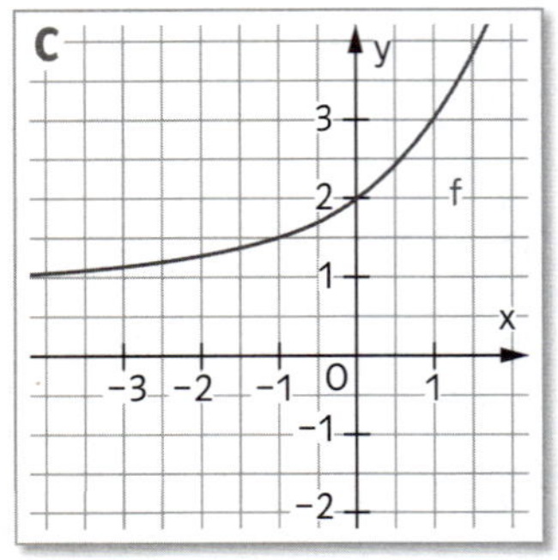

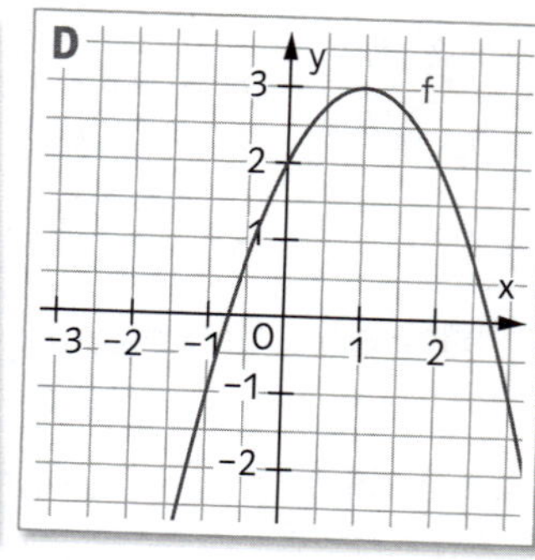

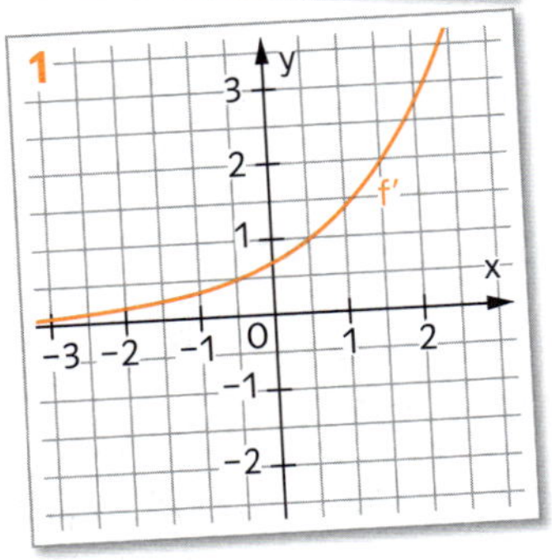

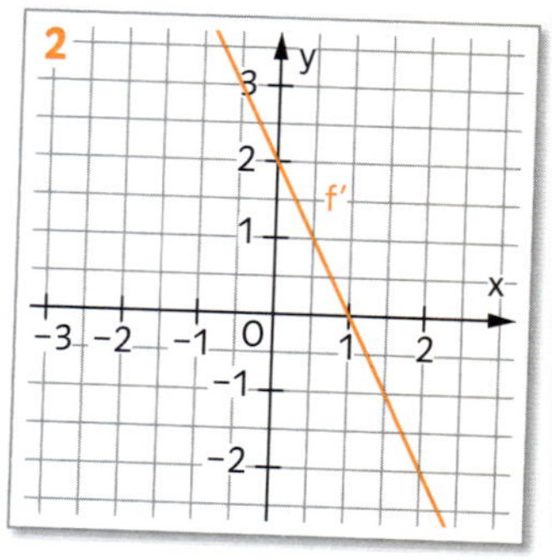

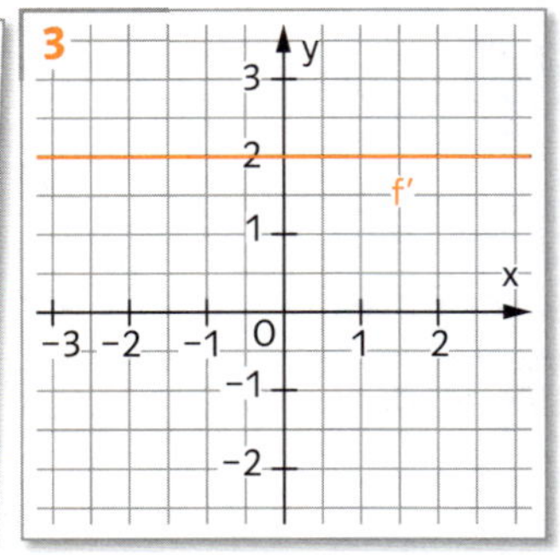

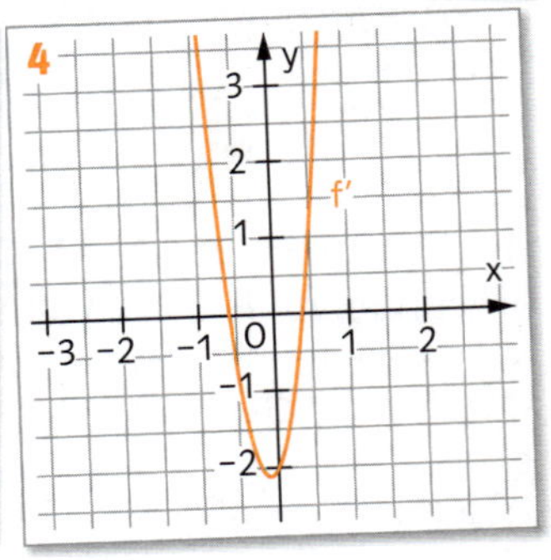

2 Skizzieren Sie den Graphen einer Funktion f, sodass gilt:

a) Der Graph von f hat überall eine negative Steigung.

b) Die Ableitung von f wird an genau zwei Stellen null, im Intervall zwischen diesen Stellen ist die Ableitung negativ. [T1]

c) Die Ableitungsfunktion hat keine Nullstelle, ihr Graph verläuft oberhalb der x-Achse. [T2]

3 Bestimmen Sie die Ableitungsfunktion von f.

a) $f(x) = 0{,}5x^2$ b) $f(x) = 2x^{-5}$ c) $f(x) = x^4 + 2x^2$ d) $f(x) = \frac{2}{x^3}$

e) $f(x) = \sqrt{x} - 5x$ f) $f(x) = \frac{1}{4}x^8 - x^{-2}$ g) $f(x) = 0{,}2x^5 - 3x^2$ h) $f(x) = \frac{1}{x^4} + \frac{3}{x^3}$

4 Interpretieren Sie den Differenzenquotienten $\frac{f(5) - f(2)}{3}$ und die Ableitung f'(5) im Sachzusammenhang. [T3]

a) Funktion f: Zeit (in min) → Temperatur in einer Teetasse (in °C)

b) Funktion f: Zeit (in s) → Volumen des Wassers im Speicherbecken eines Gezeitenkraftwerks (in m^3)

5 Bestimmen Sie die Gleichung der Tangente t an den Graphen der Funktion f im Punkt P.

a) $f(x) = 2x^2 - 3x$; $P(-1\,|\,f(-1))$ b) $f(x) = \frac{1}{3}x^3 - x^2$; $P(2\,|\,f(2))$

6 In welchen Punkten hat der Graph von f mit $f(x) = \frac{1}{x}$ die Steigung 4 bzw. − 4? [T4]

7 In welchen Punkten ist die Tangente an den Graphen der Funktion f mit $f(x) = x^3 - 5x$ parallel zur Geraden $g: y = -2x - 5$? [T5]

[T1] Die Ableitung gibt die Steigung des Graphen an. [T2] Keine Nullstelle bedeutet, dass die Funktion f' nie den Wert null annimmt, d.h. der Graph von f hat nie die Steigung null. Wenn der Graph von f' unterhalb der x-Achse verläuft, sind die Werte von f' ausschließlich negativ, was Rückschlüsse auf die Steigung des Graphen von f zulässt. [T3] In Anwendungssituationen beschreiben Ableitung und Differenzenquotient verschiedene Änderungsraten. Beachten Sie die Einheiten. [T4] Die Steigung eines Graphen in einem Punkt lässt sich mithilfe der Ableitungsfunktion bestimmen. Da die Steigung gegeben ist, ergibt sich eine Gleichung mit der unbekannten Stelle x, die zu lösen ist. [T5] Wenn die Tangente und die Gerade g parallel verlaufen, haben sie dieselbe Steigung. Diese kann an der Gleichung von g direkt abgelesen werden.

1 Bestimmen Sie die Lösungen der folgenden Gleichungen möglichst im Kopf. Ordnen Sie die richtigen Lösungskarten zu. Die Buchstaben auf den übrigen Lösungskarten ergeben den Ort, an dem 1952 die Olympischen Sommerspiele stattfanden: ______________

a) $(x-5)\cdot(2x+4)=0$ U
b) $(x^2+9)\cdot(x+9)=0$ ____
c) $(x+3)^1\cdot(3x+1)=0$ ____
d) $x^3+6x^2=0$ ____
e) $(2x-5)\cdot(5x+2)=0$ ____
f) $x^6-8x^3=0$ ____
g) $(4-x^2)\cdot(2+x^4)=0$ ____
h) $x^5-4x^4=0$ ____
i) $(x^2+2)\cdot\sqrt{x-5}=0$ ____

- H | $x_1=5;\ x_2=-\frac{1}{2}$
- O | $x_1=-3;\ x_2=-\frac{1}{3}$
- S | $x_1=8;\ x_2=-6$
- C | $x_1=2;\ x_2=-2$
- K | $x_1=-\frac{5}{2};\ x_2=\frac{2}{5}$
- M | $x_1=0;\ x_2=2$
- E | $x_1=0;\ x_2=\frac{5}{4}$
- F | $x_1=\frac{5}{2};\ x_2=-\frac{2}{5}$
- A | $x=5$
- D | $x_1=0;\ x_2=4$
- I | $x_1=0;\ x_2=6$
- I | $x_1=3;\ x_2=-3;\ x_3=-9$
- T | $x=-9$
- L | $x_1=2;\ x_2=-2;\ x_3=-0{,}5$
- U | $x_1=5;\ x_2=-2$
- P | $x_1=0;\ x_2=-6$
- N | $x_1=-3;\ x_2=-9$

2 Bestimmen Sie die Nullstellen von f.

a) $f(x)=3x^3+10x^2-8x$

Gleichung zur Bestimmung der Nullstellen von f:

______________ = 0

Ausklammern: ______________________ ;

somit gilt x_1 = _____ .

Lösen der verbleibenden Gleichung:

x_2 = _____ ; x_3 = _____

b) $f(x)=\frac{1}{2}x^4-5x^2+12$

Gleichung zur Bestimmung der Nullstellen von f:

____

Substitution: __________ ; somit ergibt sich die

Gleichung ______________________ .

Lösen der Gleichung:

x_1 = _____ ; x_2 = _____ ; x_3 = _____ ; x_4 = _____

3 Der nebenstehende Graph beschreibt die Beschleunigung eines Rennwagens während eines Rennens.
Ergänzen Sie: Der Wagen verringert seine Geschwindigkeit zwischen Sekunde _____ und Sekunde _____ .
Im dargestellten Zeitintervall erreicht seine Geschwindigkeit Höchstwerte nach _____ s und nach _____ s.
Tiefstwerte hat die Geschwindigkeit bei _____ s und _____ s.

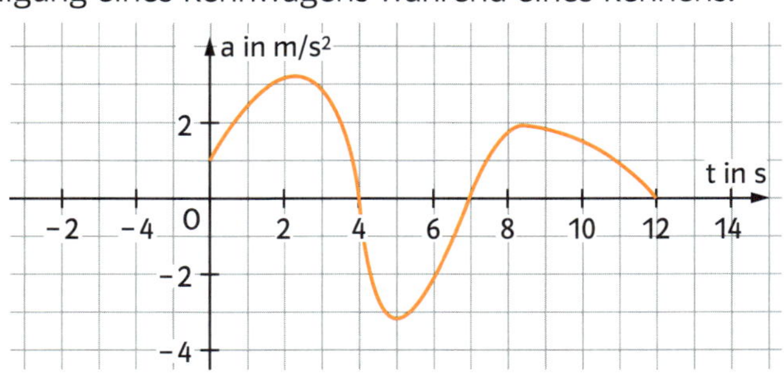

4 Von den folgenden Funktionen sollen die Nullstellen bestimmt werden.
Welches Rechenverfahren eignet sich als erster Schritt zur Berechnung der Nullstellen?

abc-Formeln: ____________ Substitution: ____________ Ausklammern: ____________

- $f_1(x)=x^2+x$
- $f_2(x)=5x^5+3x^3+x$
- $f_3(x)=4x^4-2x^2+1$
- $f_4(x)=4x^4-2x^2$
- $f_5(x)=-5x^2+8x-2$
- $f_7(x)=x^4-3x^2$
- $f_6(x)=2x^6-4x^3+1$
- $f_8(x)=2x^3-6x^2+2x$
- $f_9(x)=8x^9+9x^8$
- $f_{10}(x)=3x^2\cdot 2x-8x$

1 Entscheiden Sie, ob die Funktion monoton oder streng monoton ist.

Aussage	monoton	streng monoton	nicht monoton
a) bei einem Fußballspiel: Spieldauer → Anzahl der erzielten Tore	○	○	○
b) beim Sprung vom 3-m-Brett: Größe des Kindes → maximale Eintauchtiefe	○	○	○
c) beim Joggen: Zeit → „verbrannte" Kalorien	○	○	○
d) bei der Batterie eines MP3-Players: Zeit → gespeicherte Energie	○	○	○
e) an einem Sommertag: Sonnenscheindauer → Temperatur	○	○	○
f) bei der Ausbreitung einer Krankheit: Zeit → infizierte Personen	○	○	○
g) bei zylindrischen 1-Liter-Dosen: Höhe der Dose → Radius der Dose	○	○	○

2 Kennzeichnen Sie auf der x-Achse alle Intervalle, in denen die Funktion f streng monoton wachsend ist.

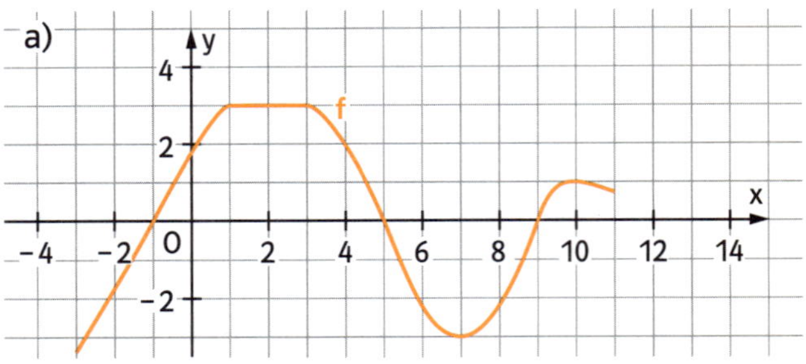

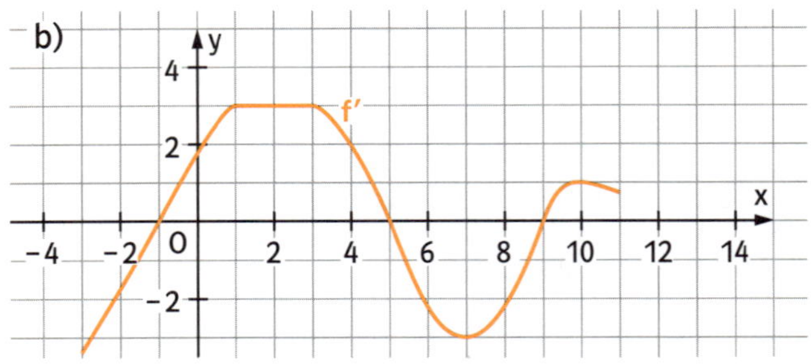

3 Untersuchen Sie die Funktion f auf Monotonie. Benutzen Sie den Monotoniesatz.

a) $f(x) = x^3 - 3x^2 + 1$ D_f = ______

Ableitung von f: $f'(x)$ = ____________ ; $D_{f'}$ = ______

Bestimmung der Nullstellen von f′: ____________ = 0

Ausklammern: ____________ = 0

Nullstellen: x_1 = ____ ; x_2 = ____

Monotonieintervalle: $I_1 =]-\infty;$ ____ $]$;

I_2 = ____________ ; I_3 = ____________

Wegen $f'(-1)$ = ____ > ____ nimmt f′ in I nur positive Werte an. Nach dem Monotoniesatz ist ist f in

I_1 ______________________________ . Ebenso gilt:

$f'(1)$ = _____ < _____ . f ist in I_2 ______________

______________________ . $f'(3)$ = _____ > _____ .

f ist in I_3 ______________________________ .

b) $f(x) = -2x^3 + 30x - 17$ D_f = ______

Ableitung von f: $f'(x)$ = ____________ ; $D_{f'}$ = ______

Bestimmung der Nullstellen von f′:

4 Ergänzen Sie die Argumentation.

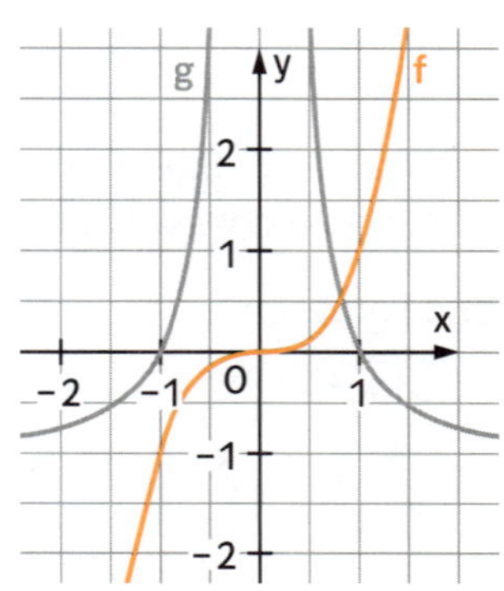

a) Tanja: „Bei jeder Nullstelle von f′ wechselt f das Monotonieverhalten."
Arne: „Nein, denn die Funktion f mit $f(x) = x^3$ ist streng monoton zunehmend auf ℝ, ihre Ableitung ______________________________ ."

b) Arne: „Wenn g′ keine Nullstelle besitzt, dann ändert sich das Monotonieverhalten von g nicht." Tanja: „Irrtum, Arne. Dies gilt zwar für alle ganzrationalen Funktionen, aber nicht für Funktionen mit ______________________________ ."

1 Zur Bestimmung der Extremstellen von f wurde der Funktionsterm von f′ faktorisiert: $f'(x) = 5 \cdot (x + 4) \cdot (x - 1) \cdot (x - 3)^2$. Entscheiden Sie, ob an den Nullstellen von f′ ein Hoch-, Tief- oder Sattelpunkt des Graphen von f vorliegt.

Die Nullstellen von f′ sind: x_1 = ______ ; x_2 = ______ ; x_3 = ______ .

Untersuchung der Nullstelle −4:
(x − 1) nimmt in der Nähe von −4 stets ein negatives Vorzeichen an.
(x + 4) hat für $x < -4$ ein negatives Vorzeichen und für $x > -4$ ein positives Vorzeichen, wechselt also bei −4 das Vorzeichen von „−" nach „+".
Für $(x - 3)^2$ ergibt sich in der Nähe von −4 stets ein positives Vorzeichen. Das Vorzeichenverhalten von f′ erhält man nun durch „Multiplikation der Vorzeichen".

Untersuchung auf Vorzeichenwechsel von f′:

Nullstelle	−4	1	
(x − 1)	„−"	____ nach ____	
(x + 4)	„−" nach „+"	„+"	
$(x - 3)^2$	„+"		
f′(x)	„+" nach „−"	____ nach ____	

Ergebnis: An der Stelle ______ hat der Graph von f einen ____________ .

An der Stelle ______ hat der Graph von f einen ____________ und an der Stelle ______ einen ____________ .

2 Bestimmen Sie ohne GTR die Extrempunkte des Graphen von f.

a) $f(x) = x^4 - 6x^2 + 3$

Ableitung: f′(x) = ____________

Nullstellen von f′ bestimmen: ____________ = 0

Faktorisieren: ____________ = 0

Nullstellen von f′: x_1 = ______ ; x_2 = ______ ; x_3 = ______

Untersuchung auf Vorzeichenwechsel von f′:

Nullstelle	0		
4x	„−" nach „+"		
$(x^2 - 3)$	„−"		
f′(x)	„+" nach „−"		

Extrempunkte des Graphen von f:

f(0) = ______ ; H ____________

f(______) = ____________ ; T_1(____________)

f(______) = ____________ ; T_2(____________)

b) $f(x) = \frac{1}{2}x^4 + \frac{4}{3}x^3 - 3x^2 + 5$

Ableitung: f′(x) = ____________

Faktorisieren: f′(x) = ____________

Untersuchung auf Vorzeichenwechsel von f′:

Nullstelle	0		
2x	„−" nach „+"		
(x − 1)			
(x + 3)			
f′(x)	„+" nach „−"		

Extrempunkte des Graphen von f:

3 a) Skizzieren Sie den Graphen von f′:

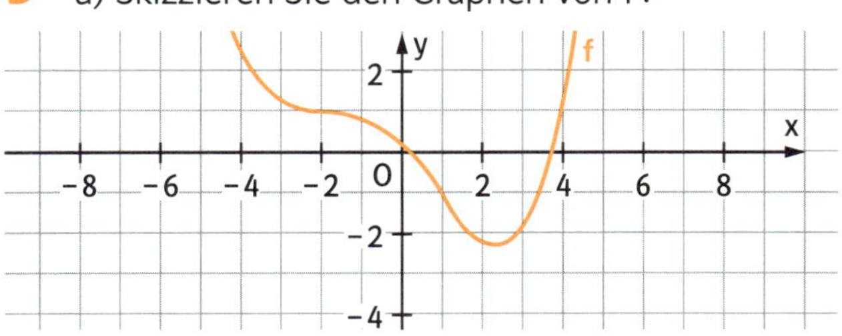

b) Skizzieren Sie den Graphen von f mit f(0) = 0.

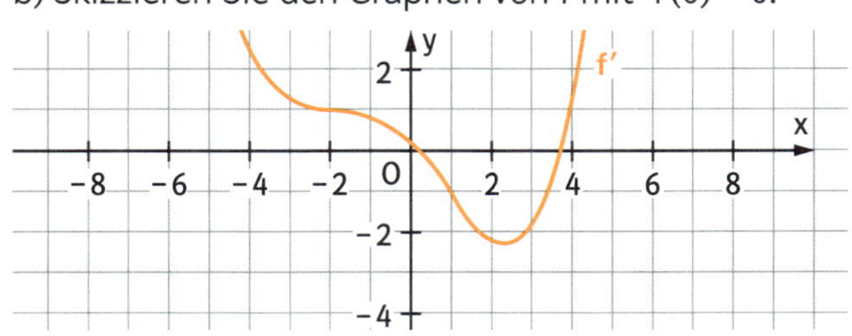

4 Gegeben sind die Graphen von f′, g′ und h′.

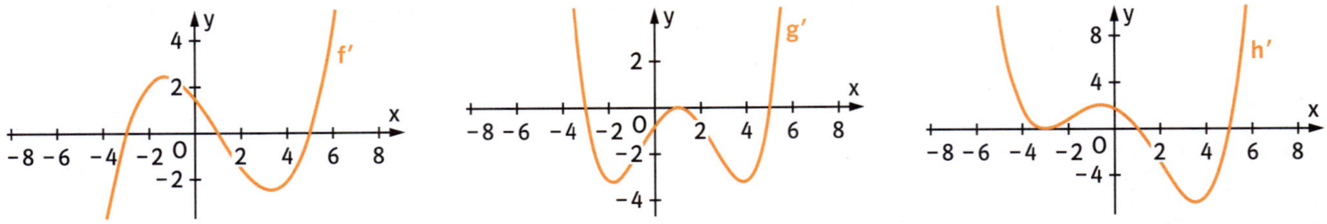

Unter den folgenden Graphen befinden sich die Graphen von f, g und h. Beschriften Sie sie.

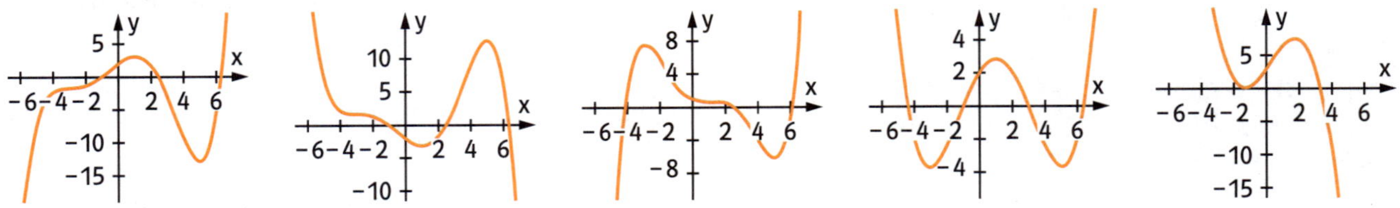

5 Bestimmen Sie die Extrempunkte des Graphen von f und skizzieren Sie damit den Graphen von f mit $f(x) = x^3 - 3x^2 - 9x - 5$.

Nullstellen von f′:

Überprüfung auf Vorzeichenwechsel:

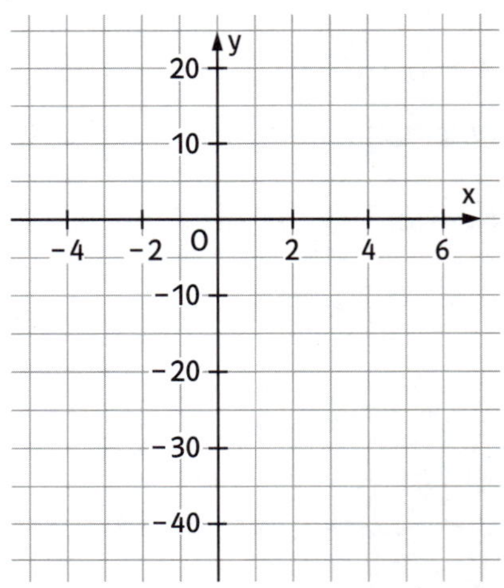

Bei x_1 = ______ hat f′ einen Vorzeichenwechsel von ______________ .

Bei x_2 = ______ hat f′ einen Vorzeichenwechsel von ______________ .

Extrempunkte: __________ und __________

6 Für jedes $a > 0$ ist eine Funktion f_a gegeben mit $f_a(x) = ax^3 - 6x^2 + 4$.
Geben Sie die Koordinaten aller Extrempunkte der Graphen von f_a an (gegebenenfalls in Abhängigkeit von a).

Die gesuchten Extremstellen sind die __________ von f_a' mit Vorzeichenwechsel.

Ableitung: $f_a'(x)$ = ______________

Nullstellen von f_a': ______________ = 0; ______ $\cdot($ __________ $) = 0$; x_1 = _____ ; x_2 = _____

Überprüfung auf Vorzeichenwechsel:

f_a' hat bei x_1 = _____ einen Vorzeichenwechsel von __________ und bei x_2 = _____ wegen $a > 0$ einen Vorzeichenwechsel von __________ .

Berechnung der Extremwerte: $f_a($ ____ $)$ = _____

$f_a($ ____ $)$ = ______________________________

Der Graph von f_a hat die Extrempunkte ______________ und ______________ .

1 Verbinden Sie passende Kärtchen miteinander.

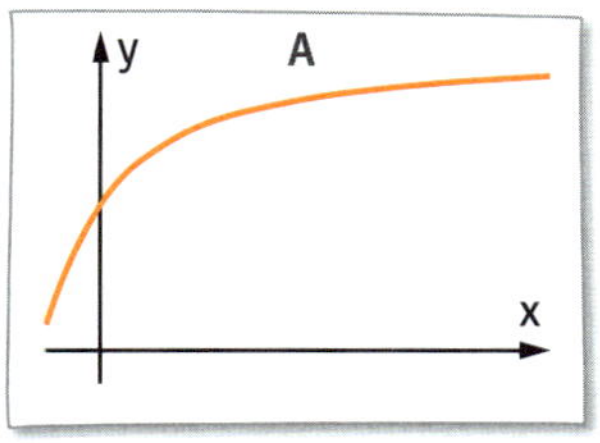

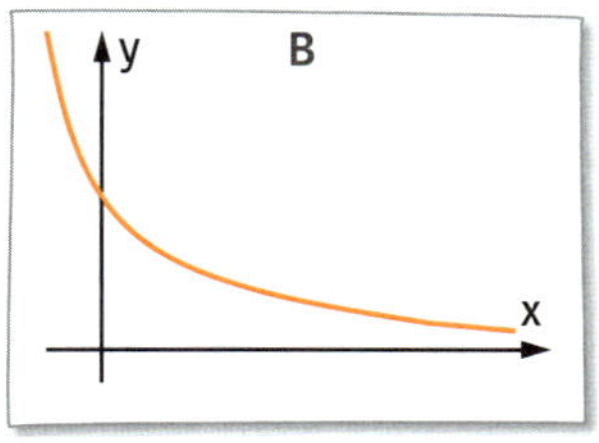

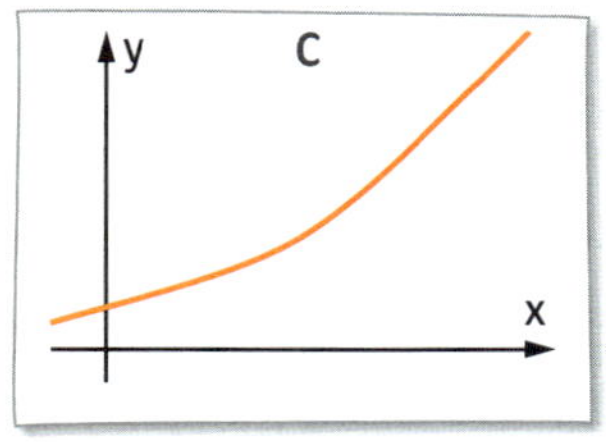

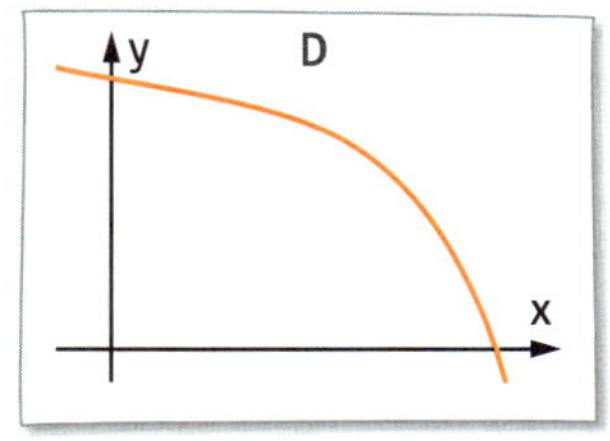

(1) streng monoton steigend, Linkskurve	(2) streng monoton fallend, Rechtskurve	(3) streng monoton fallend, Linkskurve	(4) streng monoton steigend, Rechtskurve

2 Gegeben sind der Graph einer Funktion f und der Graph der Ableitung g′ einer Funktion g.

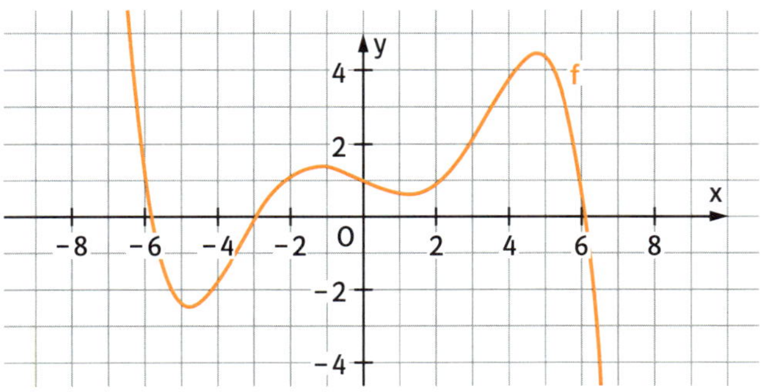

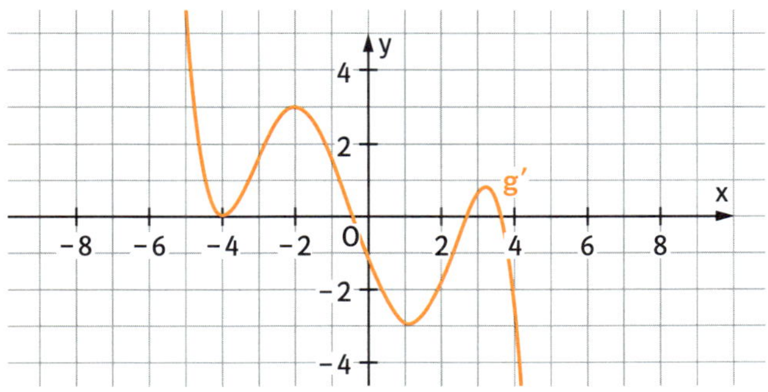

a) Geben Sie näherungsweise die Intervalle an, in denen der Graph von f eine Links- bzw. Rechtskurve ist.

Linkskurve: ______________________ Rechtskurve: ______________________

b) Geben Sie näherungsweise die Intervalle an, in denen der Graph von g eine Links- bzw. Rechtskurve ist.

Linkskurve: ______________________ Rechtskurve: ______________________

3 Bestimmen Sie das Krümmungsverhalten des Graphen von f rechnerisch.

a) $f(x) = \frac{1}{6}x^4 - 9x^2 + 2x - 3$

Ableitungen: $f'(x) =$ ______________________

$f''(x) =$ ______________________

Bestimmung der Nullstellen von f″:

______________________ ; $x_1 =$ ________ ; $x_2 =$ ________

Für $x < -3$ gilt $f''(x)$ ___ 0, d.h. der Graph von f

ist ______________________ .

Für $-3 < x < 3$ gilt $f''(x)$ ___ 0, d.h. der Graph von f

ist ______________________ .

Für ____________ gilt ____________ , d.h. der Graph

von f ist ______________________ .

b) $f(x) = \frac{1}{4}x^4 + \frac{1}{2}x^3 - 3x^2 - 17$

4 Der Graph von f ist eine Rechtskurve. Welches Krümmungsverhalten hat der Graph von g?

a) $g(x) = f(x) - 2$ Rechtskurve

b) $g(x) = 2 \cdot f(x)$ ______________________

c) $g(x) = f(x - 2)$ ______________________

d) $g(x) = -2 \cdot f(x)$ ______________________

1 Bestimmen Sie die Extrempunkte des Graphen von f mithilfe der zweiten Ableitung.

a) $f(x) = x^4 - 4x^3 + 8$
Ableitungen:

$f'(x) =$ ______ ; $f''(x) =$ ______

Nullstellen von f' bestimmen: ______ = 0

Faktorisieren: ______ = 0

Nullstellen von f': $x_1 =$ ___ ; $x_2 =$ ___

Überprüfung mit der zweiten Ableitung:

$f''($___$) =$ ___ ; $f''($___$) =$ ___

An der Stelle ___ hat der Graph von f einen ______ , die Stelle ___ muss mithilfe des Vorzeichenwechselkriteriums von ___ weiter untersucht werden: Es ist $f'(-1)$ ___ 0 und $f'(1)$ ___ 0, d.h. an der Stelle ___ hat der Graph von f einen ______ .

Extrempunkt des Graphen von f:

$f($___$) =$ ______ ; (|)

b) $f(x) = -1{,}5x^4 + 4x^3 - 3x^2 + 5$
Ableitungen:

$f'(x) =$ ______ ; $f''(x) =$ ______

Extrempunkt des Graphen von f:

$f($___$) =$ ______ ; (|)

2 Der Graph der Funktion f mit $f(x) = x^4$ hat nur einen einzigen Extrempunkt, nämlich den ______punkt (|) . Setzt man die Extremstelle ___ in die erste und zweite Ableitung von f ein, erhält man jeweils den Wert ___ . Man kann die Extremstelle ___ also nur mithilfe des ______ nachweisen.

3 Der Graph von f hat den Hochpunkt H(6|11). Welchen Extrempunkt hat der Graph von g, falls gilt …

a) $g(x) = f(x) - 2$ H(6|)
b) $g(x) = -2 \cdot f(x)$ ______
c) $g(x) = f(-x)$ ______
d) $g(x) = f(x - 2)$ ______
e) $g(x) = (f(x))^{-2}$ ______
f) $g(x) = f(-2x)$ ______

4 Für $a > 0$ ist durch $f_a(x) = ax^3 - 6x^2 + 4$ eine Funktionenschar gegeben.
Bestimmen Sie die Koordinaten der Extrempunkte des Graphen von f_a in Abhängigkeit von a $(a \in \mathbb{R}^+)$.

Ableitungen: $f_a'(x) =$ ______ ; $f_a''(x) =$ ______

Nullstellen von f_a': ______ = 0; ·( ) = 0 ; $x_1 =$ ___ ; $x_2 =$ ___

Überprüfung mit der 2. Ableitung: $f_a''($___$) =$ ______ ; $f_a''($___$) =$ ______

Berechnung der Extremwerte: $f_a($___$) =$ ___ ; $f_a($___$) =$ ______

Der Graph von f_a hat die Extrempunkte ______ und ______ .

5 Bestimmen Sie die Extrempunkte des Graphen von f mit $f(x) = x^4 - 4x^3 + 6x^2 - 4x + 1$.

III Kriterien für Wendepunkte

1 Berechnen Sie die Wendepunkte des Graphen von f.

a) $f(x) = \frac{1}{3}x^4 - 2x^2 + 3x$

1. bis 3. Ableitung:

$f'(x) =$ ______ ;

$f''(x) =$ ______ ; $f'''(x) =$ ______

Nullstellen von f'' bestimmen: ______ = 0

Faktorisieren: ______ = 0

Nullstellen: $x_1 =$ ____ ; $x_2 =$ ____

Einsetzen der Nullstellen in die 3. Ableitung:

$f'''($____$) =$ ____ ; $f'''($____$) =$ ____

Koordinaten der Wendepunkte bestimmen:

$f($____$) =$ ______ = ____ ; $W_1($______$)$

$f($____$) =$ ______ = ____ ; $W_2($______$)$

b) $f(x) = \frac{1}{20}x^5 + \frac{1}{4}x^4 + \frac{1}{3}x^3$

2 Gegeben ist der Graph der Ableitungsfunktion f' einer Funktion f. Welche der folgenden Aussagen sind wahr, welche falsch? Begründen Sie Ihre Antworten.

a) Der Graph von f hat bei $x = -2$ einen Tiefpunkt.

b) Der Graph von f hat für $-2{,}5 \le x \le 6$ genau einen Wendepunkt.

c) Der Graph von f ist im Bereich $-2 < x < 0$ eine Linkskurve.

d) $f(1) > f(2)$

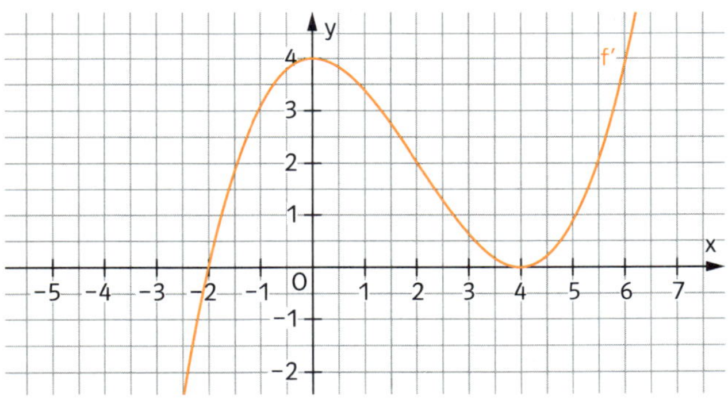

3 Gegeben ist die Funktion f mit $f(x) = x^4 + a \cdot x^3 + x^2$. Sie hat die Wendestelle $x_w = 1$. Bestimmen Sie die Gleichung der zugehörigen Wendetangente.

Ableitungen: $f'(x) =$ ______ ; $f''(x) =$ ______ ; $f'''(x) =$ ______

Berechnung von a: Da 1 eine Wendestelle von f ist, gilt die notwendige Bedingung ______ .

Demnach gilt: ______ ; a = ____

Also: $f(x) =$ ______ ; $f(1) =$ ______ ; $W($____ | ____$)$

Gleichung der Wendetangente an den Graphen von f in W:

Ergebnis: y = ______

1 Geben Sie die gesuchten Punkte und Werte an.

a) Für den Graphen von f mit $D_f = [-1; 12]$:

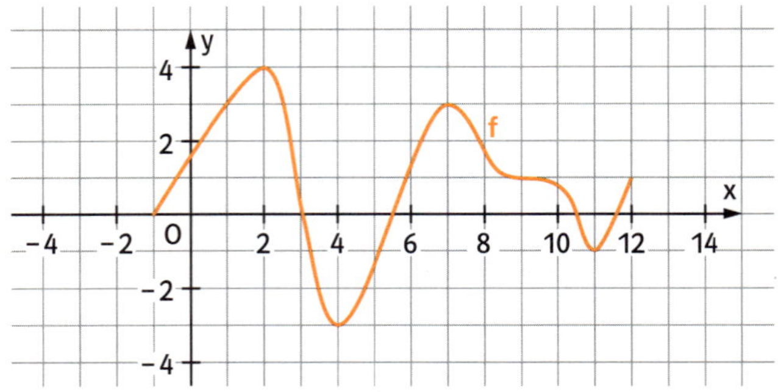

Lokale Extrempunkte: ______________________

____

Globale Extrempunkte: ______________________

Globales Maximum: __________

Lokale Maxima: __________

Randextrema: ________ Randmaximum: __________

b) Für den Graphen von g mit $D_g = \mathbb{R}$ und $g(3) = -2$:

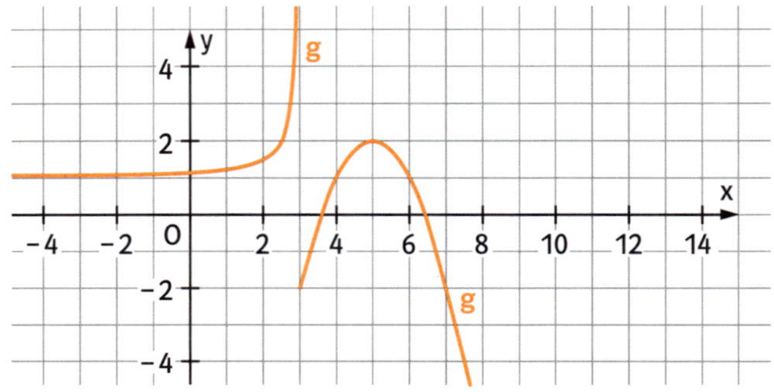

Lokale Extrempunkte: ______________________

Globales Maximum: ______________________

2 Christian möchte für eine Tischplatte aus dem abgebildeten Holzrest ein möglichst großes rechteckiges Stück aussägen (alle Angaben in cm). Welchen Flächeninhalt kann die Tischplatte höchstens haben? Wie ist der Punkt P zu wählen?

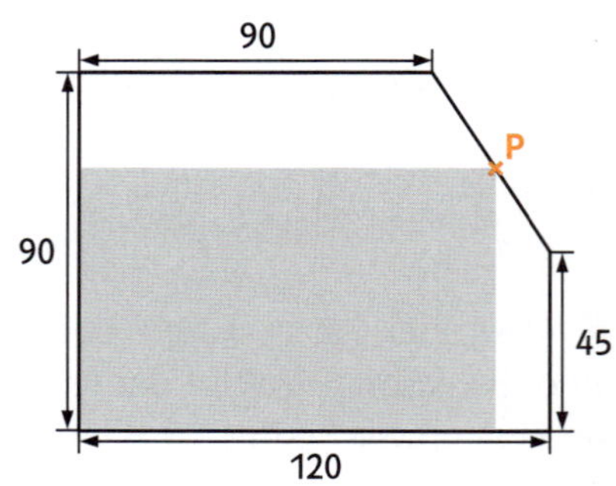

Für den Flächeninhalt A der Tischplatte gilt: A = u · v .
Um zu bestimmen, wie die Variablen u und v voneinander abhängen, kann man ein Koordinatensystem und die Punkte Q und R einführen.

Dabei gilt: Q(____ | ____) und R(____ | ____).

Berechnung der Gleichung der Geraden durch Q und R:

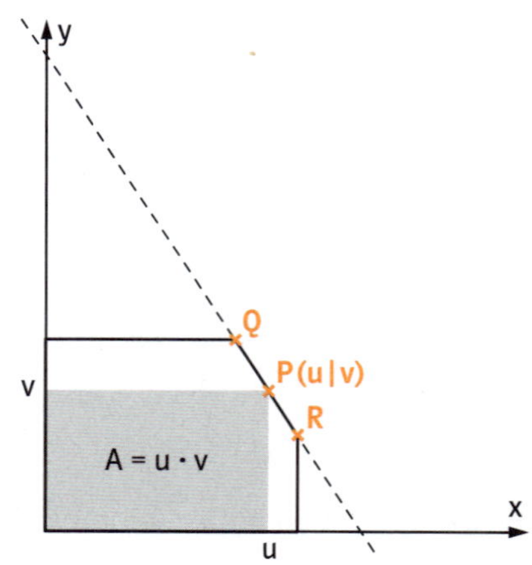

Zusammenhang zwischen v und u: v = ______________

Für den Flächeninhalt der Platte ergibt sich:

A = A(u) = u · v = u · (______________) für ____ ≦ u ≦ ____ .

Der maximale Flächeninhalt ergibt sich für u = ________ .

Die Fläche der Platte beträgt dann ________ cm^2.

3 Untersuchen Sie, ob die Funktion f mit $f(x) = \frac{1}{4}x^3 - 1{,}5x^2$ bezüglich des angegebenen Definitionsbereichs ein globales Maximum oder globales Minimum besitzt. Falls ja, geben Sie die Koordinaten der zugehörigen Extrempunkte an.

a) $D = [-5; 5]$ ______________________

b) $D = (0; \infty)$ ______________________

c) $D = [0; 6]$ ______________________

d) $D = \mathbb{R}$ ______________________

1 Berechnen Sie alle Nullstellen der Funktion f mit $f(x) = x^2 + \frac{6}{x^2} - 5$. [T1], [T2]

2 Skizzieren Sie den möglichen Graphen einer Funktion, für die gilt:
$f(0) = -4;\ f'(0) = 0;\ f(3) = 0;\ f'(3) = 0;\ f''(3) = 0$

3 a) Bestimmen Sie die Nullstellen und Extrempunkte des Graphen von f mit $f(x) = 0{,}1x^4 - 2x^2 + 6{,}4$. [T2]

b) Bestimmen Sie die Extrem- und Wendepunkte des Graphen von f mit $f(x) = \frac{1}{64}x^4 - \frac{1}{8}x^3$.

4 Prüfen Sie, ob es Werte von u gibt, für den der Graph von f_u mit $f_u(x) = \frac{1}{2}x^4 + u \cdot x^3 + 8x - 3$ einen Sattelpunkt hat. Geben Sie die Koordinaten der möglichen Sattelpunkte an. [T3]

5 Gegeben ist eine Funktion f mit der Gleichung $f(x) = \frac{2}{3}x^3 - x^2 + \frac{3}{8}x$ $(x \in \mathbb{R})$.

a) Berechnen Sie die Nullstellen von f sowie die Extrempunkte des Graphen von f. Ermitteln Sie auch die Art der Extrema. Begründen Sie, dass der Graph der Funktion f genau einen Wendepunkt hat, und geben Sie die Koordinaten dieses Wendepunktes an. [T4]
b) Ermitteln Sie eine Gleichung der Tangente t an den Graphen der Funktion f im Punkt $P(0{,}5 \mid f(0{,}5))$.
Die Tangente t und die Koordinatenachsen begrenzen ein Dreieck. Bestimmen Sie den Flächeninhalt dieses Dreiecks. [T5]
c) Eine Gerade g ist durch die Punkte $A(0 \mid 1)$ und $B(4 \mid 2{,}5)$ bestimmt. [T6]
Es existieren Tangenten an den Graphen der Funktion f, die parallel zur Geraden g verlaufen.
Ermitteln Sie die Abszissen der Berührpunkte dieser Tangenten mit dem Graphen der Funktion f. [T7]

6 Das auf einer Breite von 40 Metern konstante Profil eines Aufsprunghanges einer Skisprungschanze soll näherungsweise in einem Koordinatensystem durch den Graphen der Funktion f mit

$$f(x) = \frac{3}{100\,000} \cdot x^3 - \frac{9}{1000} \cdot x^2 + \frac{1}{5} \cdot x + 80$$

$(x \in \mathbb{R};\ 0 \leq x \leq 250)$ beschrieben werden.
(x – horizontale Entfernung vom Absprungpunkt in m; y – Höhe in m). Die Kante des Schanzentisches liegt im Punkt $A(0 \mid 86)$.

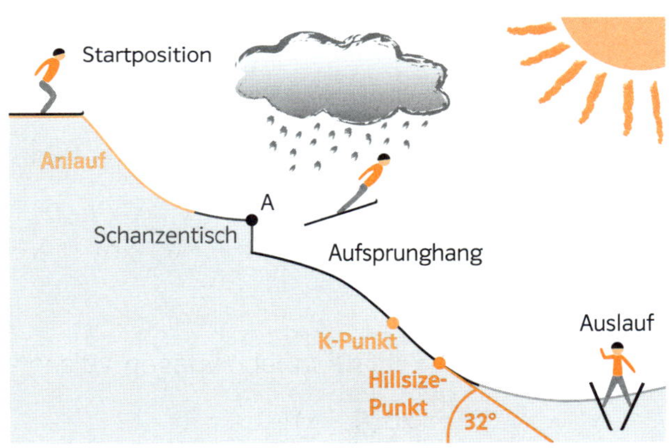

a) Eine wichtige Angabe bei Schanzendaten ist der K-Punkt (auch kritischer Punkt), in dem der Aufsprunghang das größte Gefälle aufweist.
Ermitteln Sie die Koordinaten des K-Punktes einschließlich des zugehörigen Gefälles in Prozent.
b) „Hillsize" ist ein Maß für die Größe einer Sprungschanze. Sie ist festgelegt als Länge der Strecke zwischen Schanzentischkante und dem Punkt hinter dem K-Punkt des Aufsprunghanges, in dem nur noch ein Gefälle von 32° vorhanden ist.
Berechnen Sie die „Hillsize" dieser Schanze. Runden Sie auf volle Meter. [T8]

[T1] Setzen Sie f(x) = 0 und multiplizieren Sie diese Gleichung mit x^2. [T2] Bei Gleichungen, die x nur in der 2. und 4. Potenz haben, ersetzt man x^2 durch u. [T3] Sattelstellen sind Wendestellen mit waagrechten Tangenten. Der Ansatz $f'(x) = 0$ und $f''(x) = 0$ führt auf ein Gleichungssystem aus 2 Gleichungen, das zu lösen ist. [T4] Hinreichend für die Existenz eines Wendepunktes ist $f''(x_0) = 0$ und $f'''(x_0) \neq 0$. [T5] Skizzieren Sie den Graphen von f mithilfe der Angaben aus der Teilaufgabe a) und tragen Sie die Tangente ein. [T6] Zeichnen Sie g in ein Koordinatensystem ein und entnehmen Sie m aus einem Steigungsdreieck. [T7] Die Abszisse eines Punktes ist immer sein x-Wert. [T8] Der Abstand der Punkte $P_1(x_1 \mid y_1)$ und $P_2(x_2 \mid y_2)$ ist $d = \sqrt{(x_1 - x_2)^2 + (y_1 - y_2)^2}$.

1 Beschriften Sie die Graphen mit den passenden Funktionsnamen.

$f(x) = -x^4 + 2x^2 - 2$

$g(x) = x^5 + 2x^3 - x$

$h(x) = x^5 + x^4 + x^3 + 2$

$i(x) = -7x^5 + 3$

$j(x) = 7x^5 + 3$

$k(x) = -x^5 - x^4 - x^3 - 2$

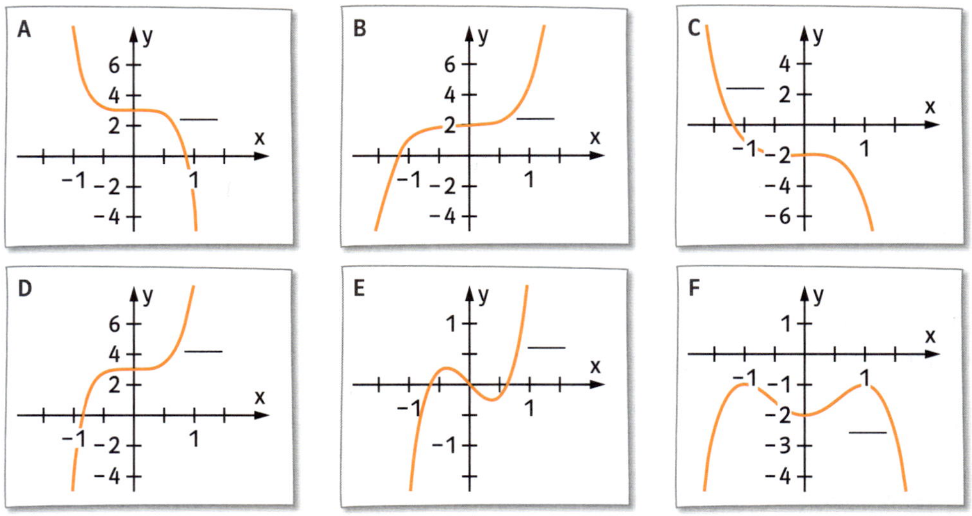

2 Füllen Sie die Lücken bei der Polynomdivision geeignet aus.

a) $(x^3 - 4x^2 + 5x - 2) : (x - 1) = \square - 3x + \square$
$-(x^3 - \ x^2)$
$\square + 5x - 2$
$-(-3x^2 + \square)$
$2x - \square$
$-(\square - \square)$
0

b) $(x^3 - 2x^2 - 5x + 6) : (x + 2) = x^2 - \square + \square$
$-(x^3 + \square)$
$-4x^2 - \square + \square$
$-(\square - \square)$
$\square + 6$
$-(\square + \square)$
0

3 Da stimmt was nicht! Markieren Sie den Fehler und führen Sie die Polynomdivision richtig zu Ende.

a) $(2x^3 + 12x^2 + 22x + 12) : (x + 3) = 2x^2 + 6x + 40$
$-(2x^3 + 6x^2)$
$6x^2 + 22x + 12$
$-(6x^2 + 18x)$
$40x + 12$
$-(40x + 120)$
-108

b) $(3x^3 + 6x^2 + 3x - 6) : (x - 2) = 3x^2 + 3x$
$-(3x^3 + 6x^2)$
$0x^2 + 3x$
$-(3x)$
0

4 x_1 ist Nullstelle von f. Bestimmen Sie mit Polynomdivision und abc-Formel alle weiteren Nullstellen.

a) $f(x) = x^3 + 6x^2 - 13x - 42;\ x_1 = -2$
b) $f(x) = 3x^3 - 15x^2 - 36x + 108;\ x_1 = 2$

5 Bestimmen Sie auf geeignete Weise alle Nullstellen der Funktion f.

a) $f(x) = x^2(x + 3)$
b) $f(x) = (x - 2)^2(x^2 + 1)$
c) $f(x) = x(x^3 - x - 6)$
d) $f(x) = x(x^2 - x + 6)$
e) $f(x) = x^4 + x^3 - x^2 + x - 2$ [T1]
f) $f(x) = x^3 + x^2 + x + 1$ [T1]

[T1] Falls die Funktion nur ganzzahlige Nullstellen besitzt, sind sie Teiler des Absolutgliedes a_0.

1 Bestimmen Sie das Verhalten von f für $x \to \pm\infty$.

a) $f(x) = -5x^3 + 800x - 40$ Für $x \to -\infty$ gilt: $f(x) \to$ ________. Für $x \to +\infty$ gilt: $f(x) \to$ ________.

b) $f(x) = 5x^4 - 23x^3 + 4x$ Für $x \to -\infty$ gilt: $f(x) \to$ ________. Für $x \to +\infty$ gilt: $f(x) \to$ ________.

c) $f(x) = 1 - 3x^4 + x^6 - 10^7$ Für $x \to -\infty$ gilt: $f(x) \to$ ________. Für $x \to +\infty$ gilt: $f(x) \to$ ________.

d) $f(x) = 7^4x^3 - 42x^9 - 33^2$ Für $x \to -\infty$ gilt: $f(x) \to$ ________. Für $x \to +\infty$ gilt: $f(x) \to$ ________. [T1]

2 Beschriften Sie trotz fehlender Achseneinteilung die Graphen mit den passenden Funktionsnamen.

$f(x) = x^3 + 2$

$g(x) = x^3 - 10x + 2$

$h(x) = x^2 + 3x - 1$

$i(x) = x^5 - 8x^3 + 15x + 1$

$j(x) = x^4 - 8x^3 + 26x^2 - 40x + 25$

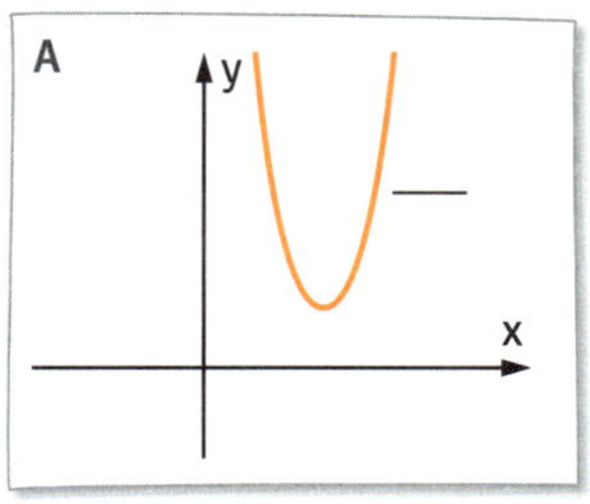

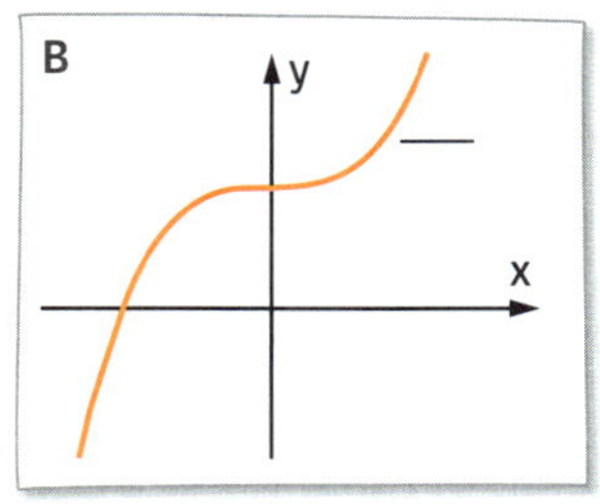

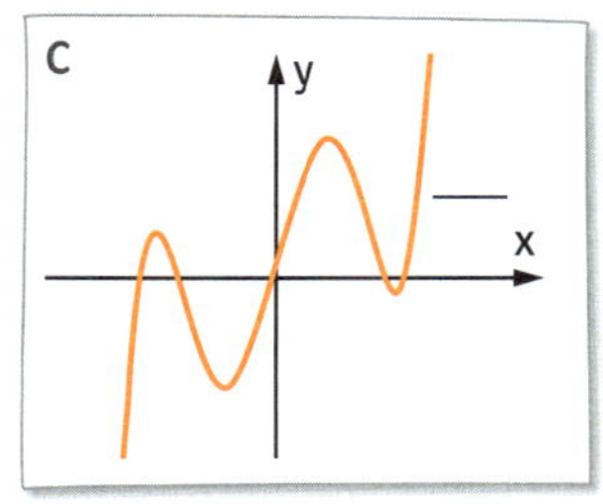

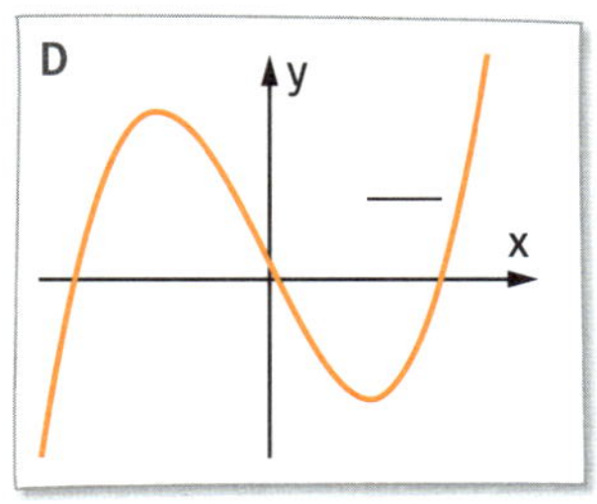

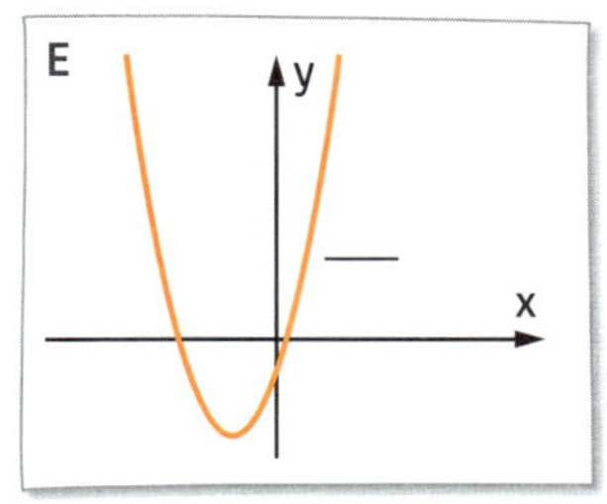

3 Die Funktion f ist ganzrational. Füllen Sie die Lücken geeignet aus.

a) Wenn f genau ein lokales Maximum und genau ein lokales Minimum besitzt, hat f mindestens den Grad ______. Der Grad von f kann außerdem nicht ____________ sein.

b) Wenn f vom Grad 4 ist und zwei lokale Minima besitzt, dann hat f genau ______ lokal____ Maxim______.

c) Wenn f vom Grad 5 ist, besitzt f mindestens ______ Nullstell____ und höchstens ______ Nullstellen.

4 Schreiben Sie an den jeweiligen Graphen, zu welcher Funktion er gehört. [T2]

$f_1(x) = (x-1)^2(x+3)^2$ $f_2(x) = (x-1)^2(x+3)$ $f_3(x) = (x-1)(x+3)$ $f_4(x) = (x-1)(x+3)^2$

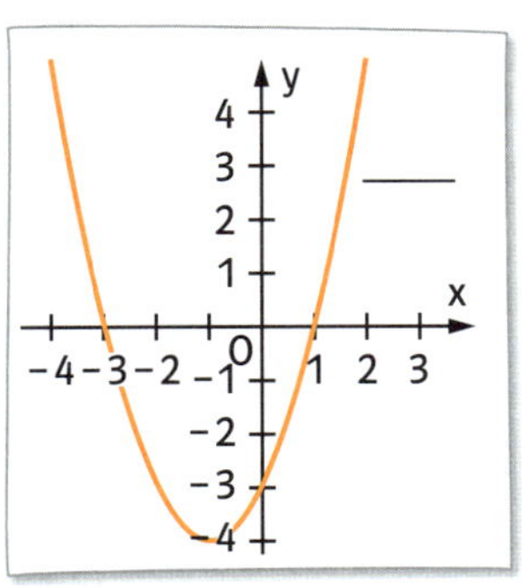

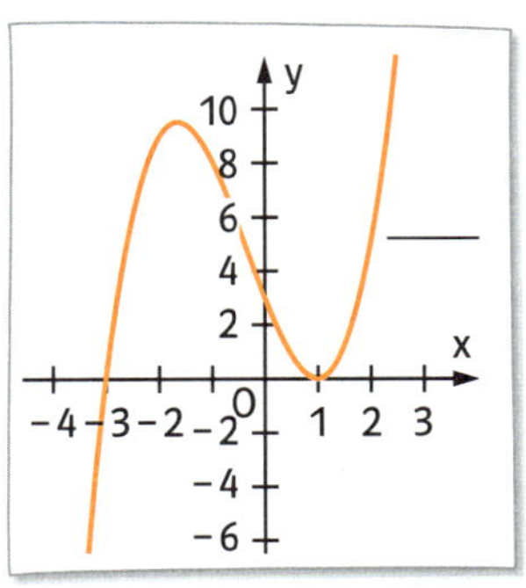

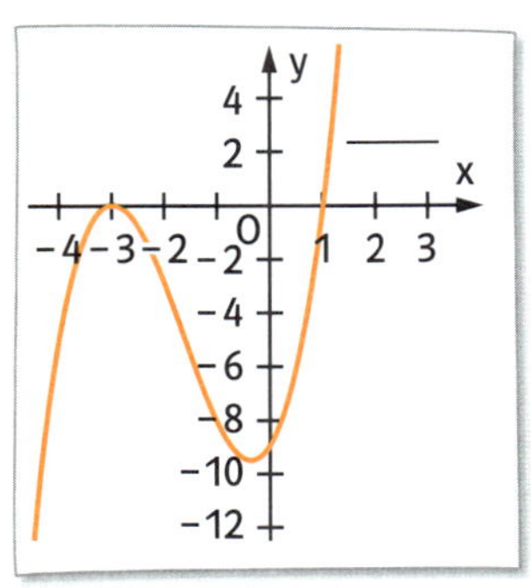

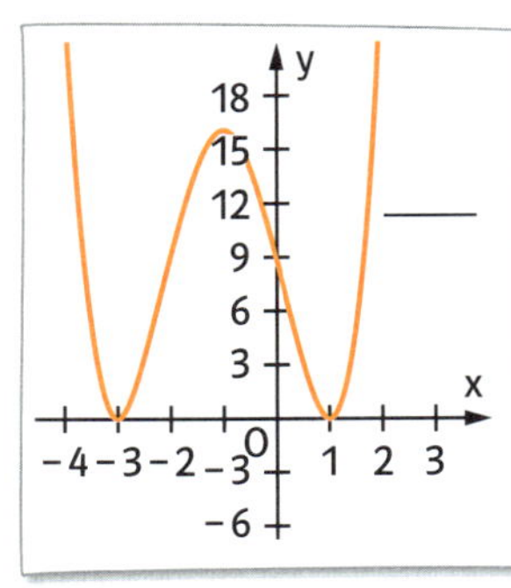

5 Füllen Sie die Tabelle aus.

	$f_1(x) = x^2(1-3x)$	$f_2(x) = (x-3)^2(2-6x)$	$f_3(x) = x(x^3-x)^2$	$f_4(x) = (2x-1)^2(x-x^2)$
$x \to -\infty$	$f_1(x) \to$			
$x \to +\infty$				

[T1] Suchen Sie die höchste Potenz von x und beziehen Sie dessen Koeffizienten in Ihre Betrachtung ein. [T2] Ermitteln Sie die höchste Potenz von x und das Vorzeichen seines Koeffizienten beim Ausmultiplizieren.

1 Bestimmen Sie durch Untersuchung des Terms $f(-x)$ den Graphen von f auf Symmetrie zur y-Achse (ASy) bzw. zum Ursprung (PSO) und bestätigen Sie das Ergebnis mit der Regel über gerade und ungerade Hochzahlen.

a) $f(x) = -x^3 + 800x$

Es ist $f(-x) = x^3 - 800x = -f(x)$, also ist der Graph von f ________, f besitzt ____ Hochzahlen.

b) $f(x) = 2x^4 - 3x^3 + 4$

Es ist $f(-x) =$ ________, also ist der Graph von f ________, f besitzt ____ Hochzahlen.

c) $f(x) = 3x^4 + x^6 - 10^7$

Es ist $f(-x) =$ ________, also ist der Graph von f ________, f besitzt ____ Hochzahlen.

d) $f(x) = x^3 - x^9 - 3$

Es ist $f(-x) =$ ________, also ist der Graph von f ________, f besitzt ____ Hochzahlen. [T1]

2 Gegeben sind zwei Funktionen f und g mit einem Funktionsterm der Form $a_n x^n + \ldots + a_1 x + a_0$. Kreuzen Sie wahre Aussagen an.

Aussage	f	g
a) Der Graph ist symmetrisch zur y-Achse.	○	○
b) Der Graph ist punktsymmetrisch zum Ursprung.	○	○
c) Der Funktionsterm enthält nur gerade Hochzahlen.	○	○
d) Der Funktionsterm enthält nur ungerade Hochzahlen.	○	○
e) $a_n > 0,\ a_0 > 0$	○	○
f) $a_n < 0,\ a_0 < 0$	○	○
g) $a_n < 0,\ a_0 = 0$	○	○
h) Der Grad n der Funktion ist gerade.	○	○
i) Der Grad n der Funktion ist ungerade.	○	○

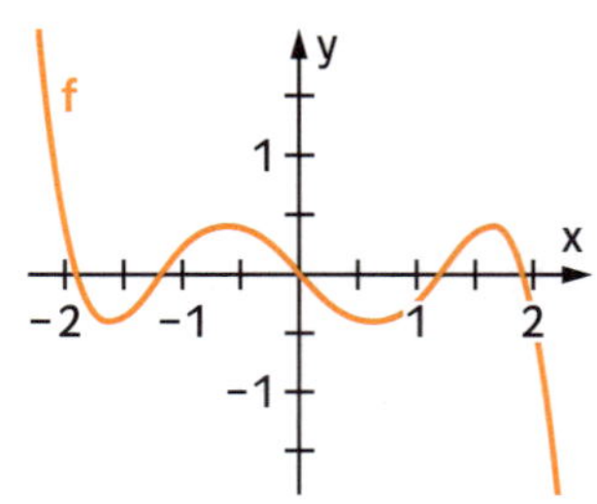

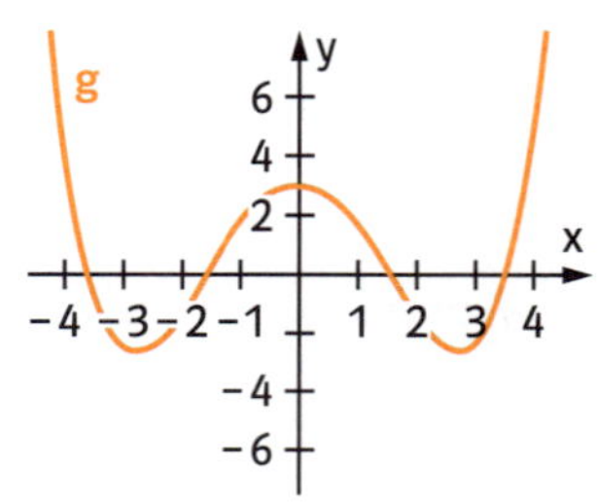

3 Gesucht ist die Funktionsgleichung einer ganzrationalen Funktion f mit $f(x) = a_n x^n + \ldots + a_1 x + a_0$ mit den folgenden Eigenschaften: [T2]

a) f ist vom Grad 3 und hat Nullstellen bei $x_1 = 0$ und $x_2 = 4$. Der Graph von f ist punktsymmetrisch zum Ursprung, und für $x \to -\infty$ gilt $f(x) \to \infty$. Es ist $a_1 = 16$.

b) f ist vom Grad 4 und der Graph von f ist symmetrisch zur y-Achse. Im positiven Bereich hat f die Nullstellen bei $x_1 = 1$ und $x_2 = 2$. Der Schnittpunkt mit der y-Achse ist $P(0\,|\,-8)$.

[T1] Beachten Sie, dass Absolutglieder a_0 als $a_0 x^0$ geschrieben werden können und damit eine gerade Hochzahl vorliegt.

[T2] Beziehen Sie beim allgemeinen Ansatz die Symmetrieeigenschaft ein.

IV Vollständige Kurvenuntersuchung (1)

1 Gegeben ist eine Funktion f mit $f(x) = -\frac{1}{10}x^3(x-4)$. Führen Sie eine vollständige Kurvenuntersuchung durch.

(1) Funktionsterm und Terme der Ableitungen

f(x) wird ausmultipliziert und danach abgeleitet, um damit die ____________-Regel zu umgehen.

Es ist $f(x) =$ ____________ ; $f'(x) =$ ____________ ; $f''(x) =$ ____________ ; $f'''(x) =$ ____________ .

(2) Symmetrie zur y-Achse bzw. zum Koordinatenursprung

Da die Funktion ________________________ Hochzahlen hat, ist f

____ .

(3) Verhalten von f für $x \to \pm\infty$

Weil die höchste Potenz von f ____________ ist und ihr Koeffizient ____________ , verhält sich

$f(x) \to$ ____ für $x \to -\infty$ und $f(x) \to$ ____ für $x \to +\infty$.

(4) Schnittpunkte mit den Koordinatenachsen

Für die Berechnung der Nullstellen nutzt man die Produktdarstellung: $-\frac{1}{10}x^3(x-4) =$ ____

Die Nullstellen sind $x_1 =$ ____ und $x_2 =$ ____ . Die Schnittpunkte sind (____ | ____) und (____ | ____).

Der Schnittpunkt mit der y-Achse ist damit bereits angegeben.

(5) Lokale Extrempunkte

Die notwendige Bedingung für die Existenz eines Extrempunktes ist ________________________ .

____________ $= 0{,}4x^2($ ____________ $) =$ ____ mit $x_3 =$ ____ und $x_4 =$ ____ .

Nachweis für x_3: $f''($ ____ $)$ ________ , also ________________________ .

Nachweis für x_4: $f''($ ____ $)$ ________ , also ________________________ .

(6) Wendepunkte

Die notwendige Bedingung für die Existenz eines Wendepunktes ist: ________________________ .

________________________ = ____ mit $x_5 =$ ____ und $x_6 =$ ____

Nachweis für x_5: ____________ , also ________________________ .

Nachweis für x_6: ____________ , also ________________________ .

(7) Zusammentragen aller Informationen zum Graph der Funktion f

Symmetrie: ________________________

Nullstellen: ________________________

Verhalten für $x \to \pm\infty$: ________________________

Extrempunkte: ________________________

Wendepunkte: ________________________

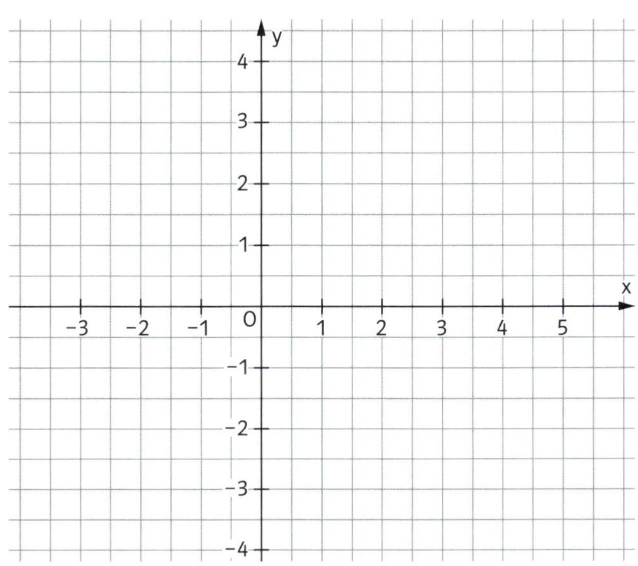

2 In der folgenden Tabelle sind Eigenschaften, darunter alle Nullstellen bestimmter ganzrationaler Funktionen, genannt. Skizzieren Sie aus diesen Angaben jeweils den Graph der Funktion, füllen Sie leere Felder der Tabelle aus und treffen Sie Aussagen zum Grad der Funktion. [T1]

	f(x)	g(x)	h(x)
	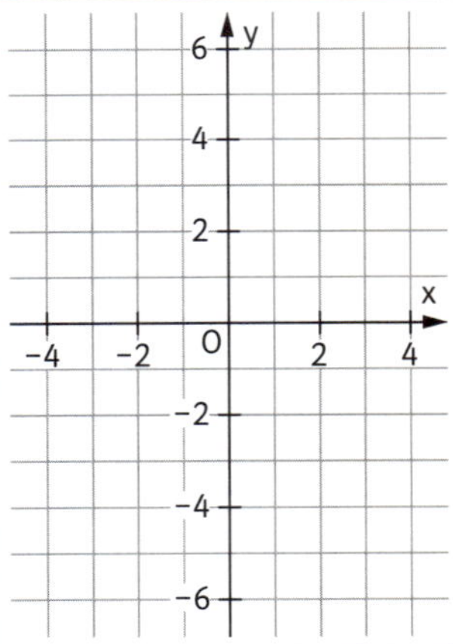	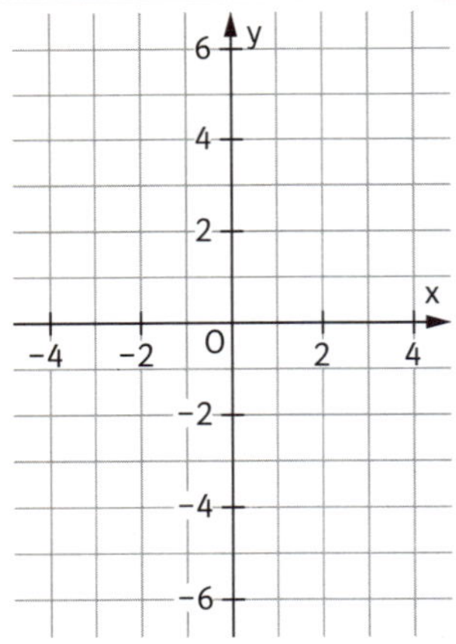	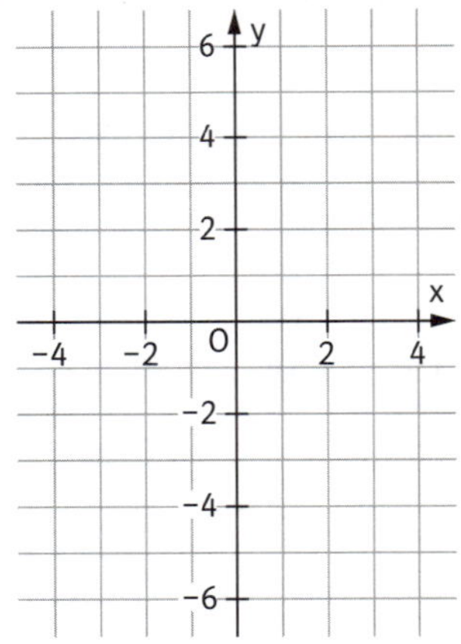
Symmetrie		keine	punktsymmetrisch zu (0 | −2)
$x \to -\infty$	$-\infty$	$+\infty$	
$x \to +\infty$	$+\infty$	$+\infty$	
Nullstellen	0; −3	0	1,82; 1; 1,58
Schnitt mit der y-Achse	(0 | 0)	(0 | 0)	
Extrempunkte	H(−2 | 2,67), T(0 | 0)		H(1,34 | 0,9)
Wendepunkte	W(−1 | 1,33)	(−2 | 2)	W(0 | −2)
Grad der Funktion			

3 Führen Sie eine vollständige Kurvenuntersuchung der Funktion f durch. [T2]

a) $f(x) = x^2(3 - x)$ b) $f(x) = \frac{1}{3}(x^2 - 1)(x^2 - 4)$

4 Beurteilen Sie die Aussagen über ganzrationale Funktionen.

	wahr	falsch
a) Ist der Grad der Funktion ungerade, dann hat sie mindestens eine Nullstelle.	☐	☐
b) Es gibt Funktionen, die keine Nullstelle und ein Minimum haben und deren Graph zwei Wendepunkte besitzt.	☐	☐
c) Funktionen vom Grad 4 sind symmetrisch zur y-Achse.	☐	☐
d) Berührt der Graph von f die x-Achse bei x = a, dann ist a Nullstelle und der Graph von f hat den Extrempunkt (a | f(a)).	☐	☐
e) Jede Funktion 3. Grades ist punktsymmetrisch zu ihrem Wendepunkt.	☐	☐
f) Bei einem Graphen von f ist die Anzahl von Extrempunkten stets größer als die Anzahl der Wendepunkte.	☐	☐
g) Der Graph einer Funktion 4. Grades hat mindestens einen Extrempunkt.	☐	☐

[T1] Die vorgegebenen Angaben sind außer bei den Nullstellen möglicherweise unvollständig und müssen aus der Logik des Funktionsgraphen ergänzt werden. [T2] Orientieren Sie sich an der Gliederung in Aufgabe 1.

IV Tangente und Normale

1 Ermitteln Sie die Gleichung der Tangente in $P(1\,|\,f(1))$ an den Graphen der Funktion f mit $f(x) = 2x^2 - 3x$.

1. Schritt: $f'(x) =$ ___ ; $m = f'(1) =$ ___ 2. Schritt: $f(1) =$ ___

3. Schritt: ___ = ___ · ___ + c $c =$ ___ 4. Schritt: t: $y =$ ___

2 Vom Punkt $P(0\,|\,4)$ aus, der nicht auf dem Graphen von f mit $f(x) = x^2 - 4x + 5$ liegt, sollen Tangenten an den Graphen der Funktion f gelegt werden. Geben Sie mögliche Berührpunkte und Tangentengleichungen an. [T1]
$f'(x) =$ ___ . Der Punkt P liegt auf der Tangente, also erfüllt er die allgemeine Tangentengleichung:

$4 = f'(u) \cdot (0 - u) + f(u)$ ______________________

mit den Lösungen $u_1 =$ ___ $B_1($ ___ | ___ $)$ t_1: $y =$ ___

und $u_2 =$ ___ $B_2($ ___ | ___ $)$ t_2: $y =$ ___

3 An welcher Stelle x_0 haben die Graphen von f und g mit $f(x) = 2x^2 - x + 3$ und $g(x) = -x^2$ zueinander parallele Tangenten? [T2]

___ = ___ $x_0 = \frac{1}{6}$

4 Für welche Werte von x haben die Graphen von f und g mit $f(x) = 2x^2 - x + 3$ und $g(x) = -x^2$ zueinander senkrechte Tangenten? [T3]

Der Ansatz ___ $= -\frac{1}{\_\_\_}$ führt auf $x^2 - \frac{1}{4}x - \frac{1}{8} = 0$ mit den Lösungen $x_1 =$ ___ und $x_2 =$ ___.

5 Ermitteln Sie die Gleichungen von Tangente und Normale an den Graphen von f im Punkt P, nachdem Sie eine Skizze angefertigt haben. [T4], [T3]

a) $f(x) = 3x^2$; $P(1\,|\,3)$

t: $y =$ ___

n: $y =$ ___

b) $f(x) = x - x^2$; $P(2\,|\,f(2))$

t: $y =$ ___

n: $y =$ ___

Skizze zu a)

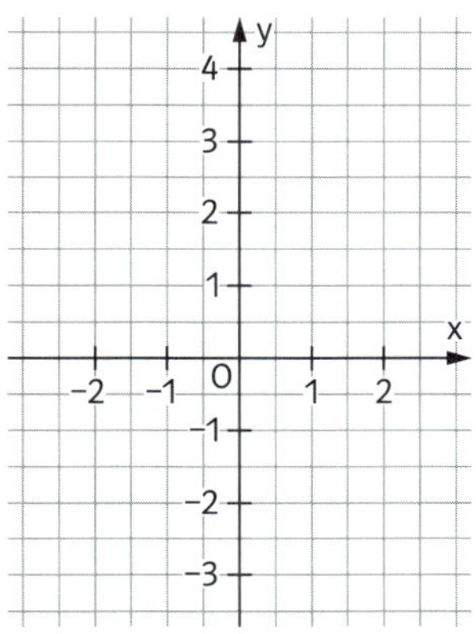

Skizze zu b)

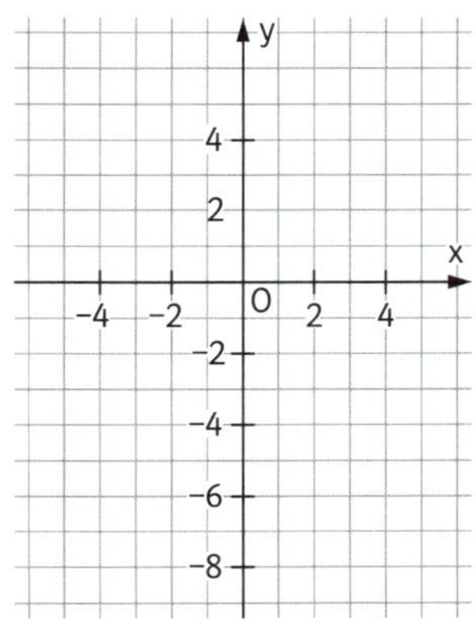

6 Gegeben sind die Funktionen f und g mit $f(x) = x^3 - 3x^2 - x + 4$ und $g(x) = -4x + 5$.
a) Berechnen Sie, an welchen Stellen die Graphen von f und g zueinander parallele Tangenten haben.
b) Für welche Punkte verlaufen die Tangenten des Graphen der Funktion f senkrecht zum Graphen von g?

7 Unter welchem Winkel schneiden sich die Graphen von f und g mit $f(x) = x^2 - 1$ und $g(x) = (x - 1)^2 + 3$? [T5]

$f(x_0) = g(x_0)$ führt auf $x_0 = \frac{5}{2}$ $m_1 =$ ___ ; $m_2 =$ ___ $\delta =$ ___

8 Gegeben sind die Funktion f mit $f(x) = \frac{18}{x}$ und die Gerade $y = 0{,}5x - 3$. Berechnen Sie die Gleichungen der Tangenten an den Graphen von f, die senkrecht zur gegebenen Geraden verlaufen.

9 An den Stellen 2 und −2 werden Tangenten an die Funktion f mit $f(x) = ax^2$ gelegt. Für welche Werte von a schneiden sich diese Tangenten senkrecht?

[T1] Verwenden Sie die allgemeine Tangentengleichung aus Aufgabe 1. [T2] An dieser Stelle müssen die Steigungen beider Graphen gleich sein. [T3] Die Steigungen zueinander senkrechter Geraden m_1 und m_2 erfüllen die Gleichung $m_1 \cdot m_2 = -1$. [T4] Die Normale geht durch den Berührpunkt der Tangente und steht senkrecht auf ihr. [T5] Die Schnittwinkel zweier Geraden berechnet man aus den Steigungen mit $\tan(\delta) = \left|\frac{m_2 - m_1}{1 + m_1 \cdot m_2}\right|$.

1 Ordnen Sie die vorgeschlagenen Zielfunktionen Z(a) den dargestellten Situationen zu.

(1) $Z(a) = -a \cdot f(a)$

(2) $Z(a) = \sqrt{a^2 + [f(a)]^2}$

(3) $Z(a) = |f(a) - g(a)|$

(4) $Z(a) = 2 \cdot a \cdot f(a)$

(5) $Z(a) = \frac{1}{2} \cdot a \cdot [f(a) - g(a)]$

(6) $Z(a) = \frac{1}{2} \cdot a \cdot f(a)$

A: eingefärbte Fläche maximal oder minimal

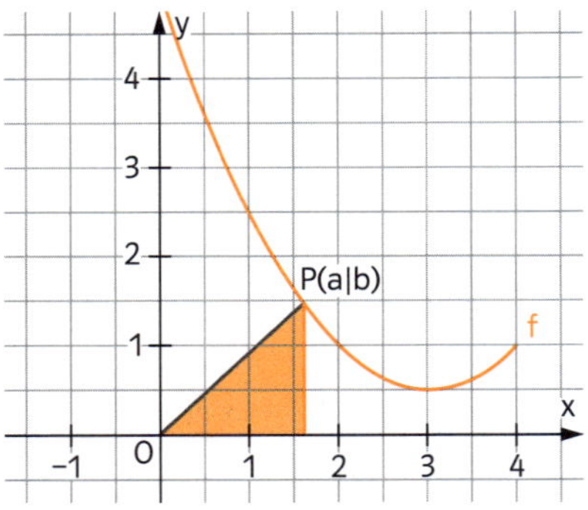

B: kürzester Abstand vom Ursprung

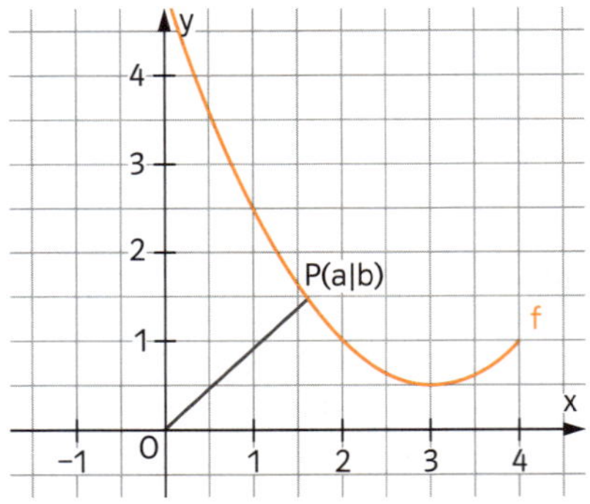

C: eingefärbte Fläche maximal oder minimal

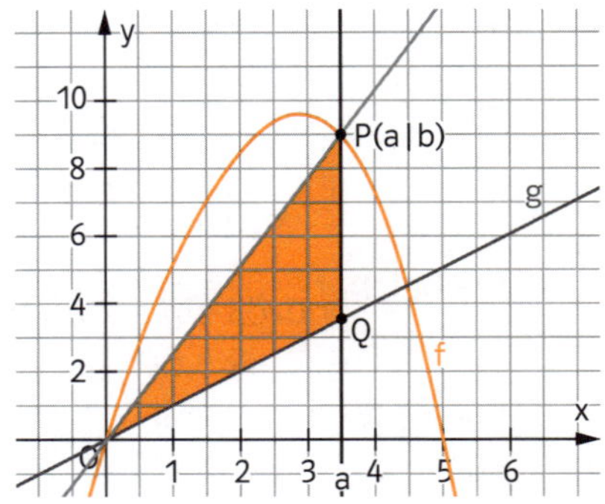

D: größter senkrechter Abstand der Graphen von f und g zwischen den Schnittpunkten

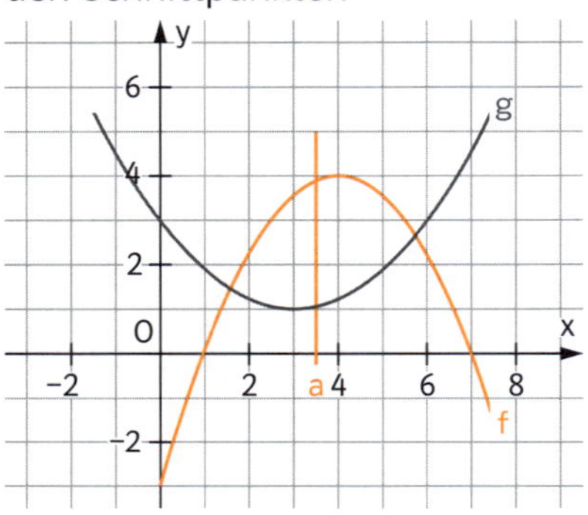

E: eingefärbte Fläche maximal

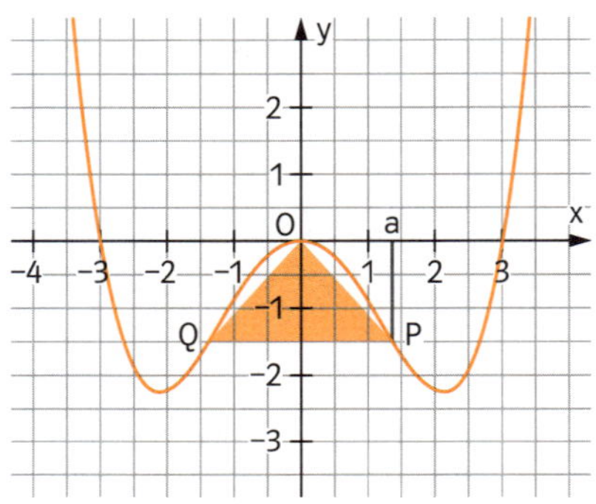

F: eingefärbte Fläche maximal

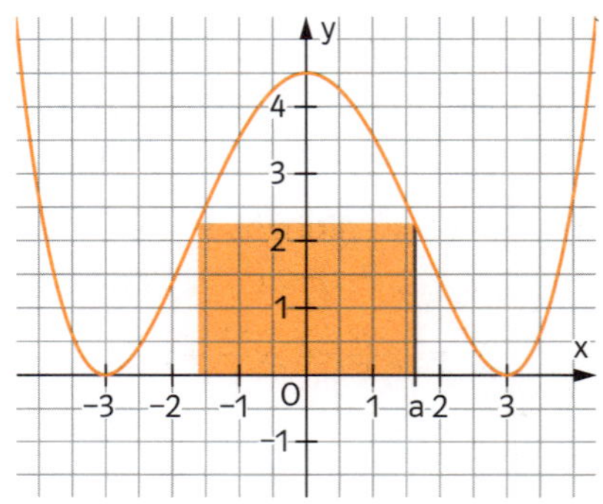

2 Gegeben ist ein beliebiger Punkt P im Intervall [0; 3] auf dem Graphen von f mit $f(x) = x^2 - 6x + 10$.

a) Die Strecke OP, die Senkrechte zur x-Achse durch P und die x-Achse begrenzen ein Dreieck. Für welchen Punkt P des Graphen der Funktion ist die Fläche dieses Dreiecks am größten oder am kleinsten? [T1]

b) Für welchen Punkt P des Graphen der Funktion f ist der Abstand von P zum Koordinatenursprung am kleinsten? [T1]

3 Gegeben sind die Funktionen f mit $f(x) = -\frac{4}{9}x^2 + \frac{32}{9}x - \frac{28}{9}$ und g mit $g(x) = \frac{2}{9}x^2 - \frac{4}{3}x + 3$. An welcher Stelle zwischen den Schnittstellen beider Graphen ist der senkrechte Abstand der Graphen am größten? [T1]

4 Gegeben ist die Funktion f mit $f(x) = \frac{1}{9}x^2 \cdot (x^2 - 9)$ und zwei Punkte P und Q des Graphen von f mit gleichem Funktionswert zwischen den beiden Tiefpunkten. Für welchen Punkt P des Graphen der Funktion ist die Fläche des Dreiecks OPQ am größten? [T1]

5 Gegeben sind die Funktionen f und g mit $f(x) = -\frac{1}{5}x^3 + 5x$ und $g(x) = x$ im Intervall $0 \le x \le 5$.
Die Punkte P(a | f(a)), der Koordinatenursprung und der Punkt Q(a | g(a)) bilden ein Dreieck.
Für welchen Wert von a ist die Fläche dieses Dreiecks am größten?

[T1] Skizzieren Sie diese Funktion und das gesuchte Objekt. Vergleichen Sie mit den Grafiken in Aufgabe 1.

1 Zerlegen Sie die Funktionsterme in Linearfaktoren:
a) $f(x) = x^2 - 8x + 12$ b) $f(x) = x^3 + 6x^2 - x - 30$ c) $f(x) = 3x^3 - 27x^2 + 18x + 48$

2 Die ganzrationale Funktion f dritten Grades mit $f(x) = ax^3 + bx^2 + cx + d$ hat den Hochpunkt $H(3\,|\,2)$ und den Tiefpunkt $T(-3\,|\,-2)$. Geben Sie ohne Berechnung an, was über die Koeffizienten a, b, c und d ausgesagt werden kann und begründen Sie diese Aussagen. [T1]

3 Skizzieren Sie den möglichen Graphen einer ganzrationalen Funktion, für die gilt:
$f(0) = -4$; $f'(0) = 0$; $f(3) = 0$; $f'(3) = 0$; $f''(3) = 0$.

4 Die Punkte $O(0\,|\,0)$, $P(5\,|\,0)$, $Q(5\,|\,f(5))$, $R(u\,|\,f(u))$ und $S(0\,|\,f(0))$ des Graphen von f mit $f(x) = -0{,}05x^3 + x + 4$; $0 \le x \le 5$ bilden ein Fünfeck (siehe Abbildung).
Für welches u wird sein Flächeninhalt maximal?

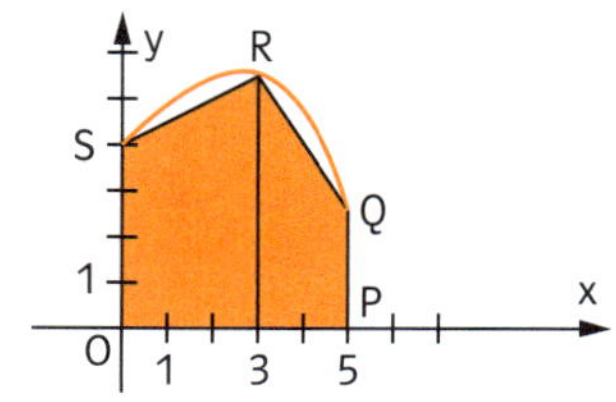

5 Gegeben sind die Funktionen f und g durch $f(x) = -\frac{1}{16}x^3 + 3x$ und $g(x) = \frac{1}{8}x^2$ $(x \in \mathbb{R})$.
a) Berechnen Sie für die Funktion f alle Nullstellen, sowie die Extrem und Wendepunkte des Graphen von f.
b) Berechnen Sie alle Stellen u, für die die Graphen von f und g die gleiche Steigung haben.
c) Weisen Sie nach, dass es eine Stelle a gibt, an der f und g zueinander senkrechte Tangenten besitzen. [T2]
d) Vom Punkt $(0\,|\,-8)$ aus sollen Tangenten an g gelegt werden. Ermitteln Sie ihre Gleichungen.
e) Für jeden Wert von k mit $0 < k < 6$ bilden die Punkte $F(k\,|\,f(k))$ und $G(k\,|\,g(k))$ mit dem Koordinatenursprung ein Dreieck. Berechnen Sie den Wert für k so, dass dieses Dreieck einen möglichst großen Flächeninhalt hat. [T3]

6 Die Gerade t mit der Gleichung $y = -3x + 13$ ist Tangente an den Graphen der Funktion f mit $f(x) = x^3 - 9x^2 + 24x - 14$
a) Weisen Sie diese Behauptung rechnerisch nach.
b) Die Tangente t, die Normale an den Graphen von f im Berührpunkt B von t und die x-Achse bilden ein rechtwinkliges Dreieck. Berechnen Sie den Flächeninhalt dieses Dreiecks. Fertigen Sie eine Skizze an.
c) Zeigen Sie, dass der Berührpunkt B der Tangente mit dem Graphen von f auch Wendepunkt des Graphen der Funktion f ist.
d) Verschiebt man den Graphen der Funktion f so, dass sein Wendepunkt im Koordinatenursprung liegt, entsteht der Graph der Funktion g mit $g(x) = f(x + a) + b$.
Bestimmen Sie die Werte von a und b und geben sie g(x) in möglichst einfacher Form an.

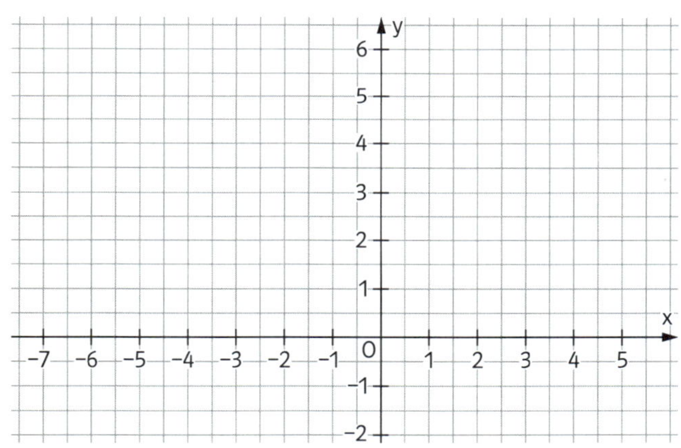

7 Eine Firma hat sich auf Behälterbau spezialisiert. Bei der Produktion einer bestimmten Art von Behältern kann man den Umsatz U (in Euro) in Abhängigkeit von der Stückzahl x durch $U(x) = -10x^2 + 480x + 490$ angeben. Die Produktionskosten (in Euro) für die Stückzahl x werden mit $K(x) = x^3 - 33x^2 + 371x + 1605$ berechnet.
a) Berechnen Sie, bei welcher Stückzahl der größte Gewinn erzielt wird. [T4]
b) Geben Sie das Intervall der Stückzahlen an, in welchem ein Gewinn erzielt wird. [T4]

[T1] Skizzieren Sie die Funktion und versuchen Sie, Symmetrieeigenschaften zu erkennen. [T2] Es reicht, die Steigungen an der Stelle a zu betrachten. Sie müssen die Gleichung $m_1 = -\frac{1}{m_2}$ erfüllen. [T3] Skizzieren Sie die Graphen und tragen Sie eine Senkrechte zwischen x = 0 und x = 6 ein. Sie schneidet die Graphen in F und G. [T4] Beachten Sie, dass die Lösungen stets natürliche Zahlen sind.

1 Ordnen Sie zu.

I $y = 2^x$

II $y = \left(\frac{1}{2}\right)^x$

III $y = 4^x$

IV $y = (\sqrt{3})^x$

V $y = 0{,}1^x$

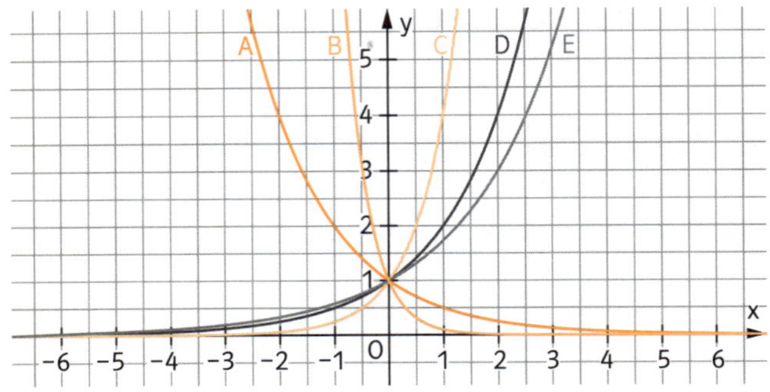

2 Der Graph der Funktion f mit $f(x) = c \cdot a^x$ geht durch die Punkte P und Q. Berechnen Sie a und c.

a) P(1|2) und Q(3|4)

P(1|2) $c \cdot a^{\square} = \square$

Q(3|4) $c \cdot a^{\square} = \square$

$\underbrace{c \cdot a^1}$ $\cdot \square = \square$

$\square \cdot \square = \square$

a = ___ und c = ___

b) P(−1|8) und Q(3|0,5)

c) P(−2|7) und Q(4|7)

d) P(1|16) und Q(3|9)

3 Schreiben Sie den Funktionsterm der Funktion f in der Form $f(x) = c \cdot a^x$. [T1]

a) $f(x) = 3^{2x-1}$

$f(x) = 3^{2x-1} = 3^{\square} \cdot \square^{-1} = (\square)^x \cdot \frac{1}{\square} = \frac{1}{\square} \cdot \square^x$

b) $f(x) = 4^{3x+0{,}5}$

c) $f(x) = \left(\frac{1}{4}\right)^{\frac{1}{2}x - \frac{3}{2}}$

d) $f(x) = \frac{1}{5^{-2x+1}}$

4 Gegeben ist der Graph G der Funktion f mit $f(x) = 3^x$. Durch die angegebene Abbildung entsteht aus dem Graph G jeweils der Graph einer neuen Funktion h. Geben Sie h an.

a) Verschiebung um 4 in Richtung der negativen x-Achse h(x) = ____________

b) Verschiebung um 2 in Richtung der positiven y-Achse h(x) = ____________

c) Spiegelung an der x-Achse h(x) = ____________

d) Spiegelung an der y-Achse h(x) = ____________

5 Entscheiden Sie, ob die folgenden Aussagen für die Funktion f mit $f(x) = c \cdot 2^x$ mit $c > 0$ wahr, falsch oder nicht entscheidbar sind und begründen Sie Ihre Aussage jeweils kurz.

	wahr	falsch	n.e.	Begründung
a) Die Gleichung $f(x) = 0$ hat eine Lösung.				
b) Ist $g(x) = c \cdot 3^x$, so gilt für alle x: $g(x) > f(x)$.				
c) Es gilt: $f(x + 3) = 8 \cdot f(x)$.				
d) Es gilt: $f(2x) = (f(x))^2$.				

[T1] Beachten Sie die Potenzgesetze $a^{bx} = (a^b)^x$ und $a^{x+d} = a^x \cdot a^d$.

1 Die Abbildung zeigt den Graphen der natürlichen Exponentialfunktion f mit $f(x) = e^x$.

a) Zeichnen Sie an den Stellen $x_1 = -1$, $x_2 = 0$, $x_3 = 1$ und $x_4 = 2$ die Tangenten an den Graphen ein und bestimmen Sie mithilfe der Abbildung die Steigungen.

$f'(-1) =$ ______________ $f'(0) =$ ______________

$f'(1) =$ ______________ $f'(2) =$ ______________

b) Bei der natürlichen Exponentialfunktion e^x ist der Graph der Ableitungsfunktion ______________ mit dem Graphen der Funktion.

c) Bestimmen Sie die allgemeine Gleichung einer Tangente an den Graphen der natürlichen Exponentialfunktion e^x im Punkt $P(a \mid e^a)$.

y = ____________________________________

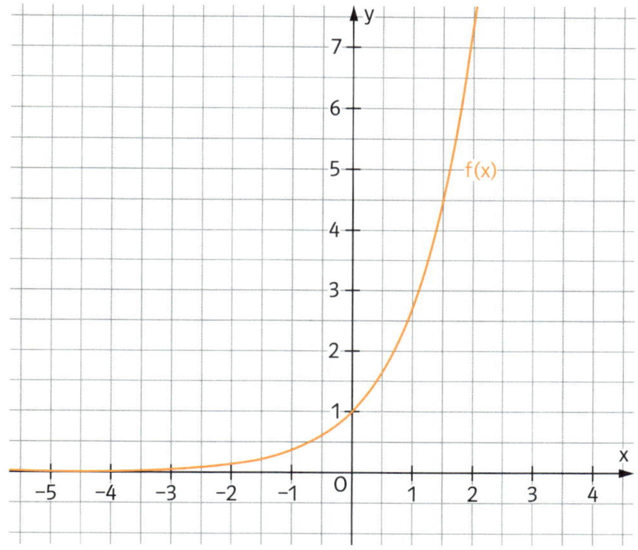

2 a) Ordnen Sie die Funktionsgleichungen den Graphen zu und skizzieren Sie den fehlenden Funktionsgraphen.

- ☐ $f_1(x) = e^x$
- ☐ $f_2(x) = e^{-x}$
- ☐ $f_3(x) = e^{x-2}$
- ☐ $f_4(x) = e^x + 2$
- ☐ $f_5(x) = 0{,}5 \cdot e^x$
- ☐ $f_6(x) = -e^x$

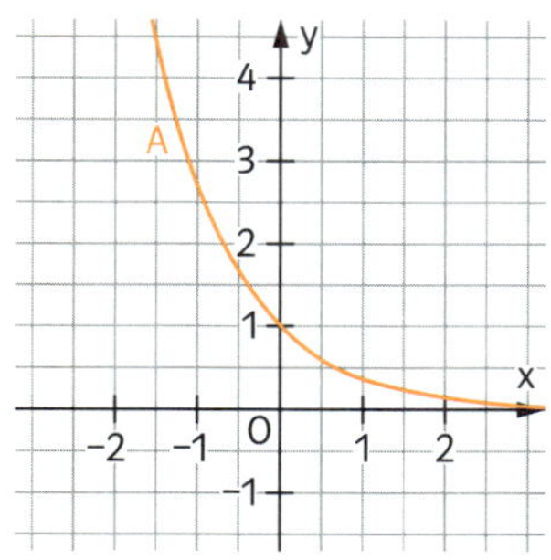

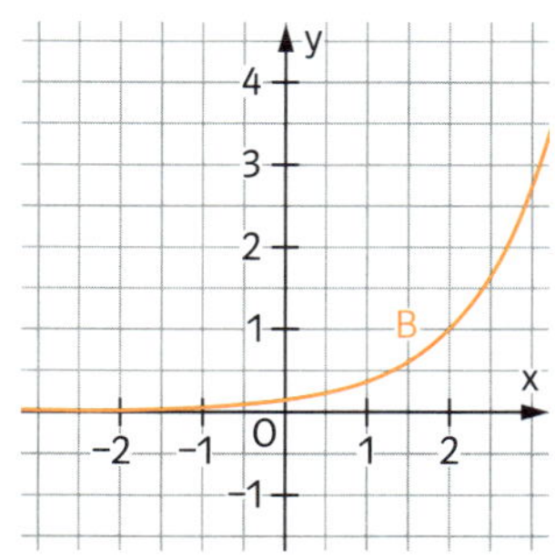

b) Ergänzen Sie: Man erhält den Graphen der Funktion f_3, indem man den Graphen der natürlichen Exponentialfunktion f_1 um _____ Einheiten in ______________-Richtung verschiebt. Der Graph von f_4 entsteht durch Verschiebung um _____ Einheiten in ______________-Richtung, und um den Graphen von f_2 zu erhalten, muss man den Graphen der natürlichen Exponentialfunktion f_1 an der _____-Achse spiegeln.

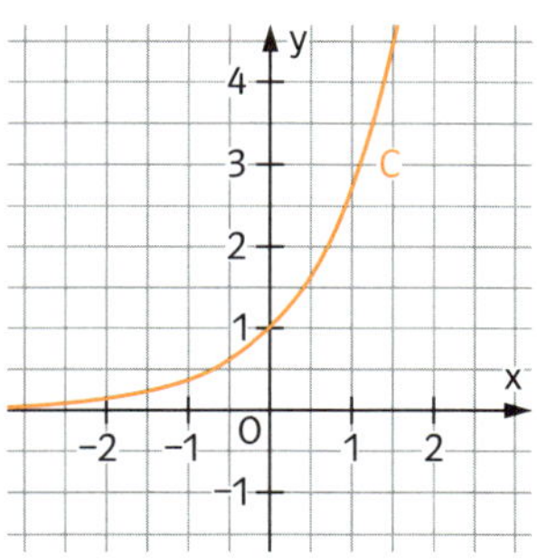

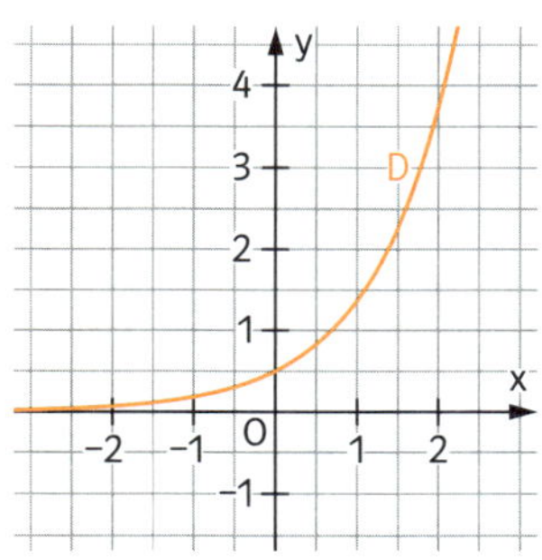

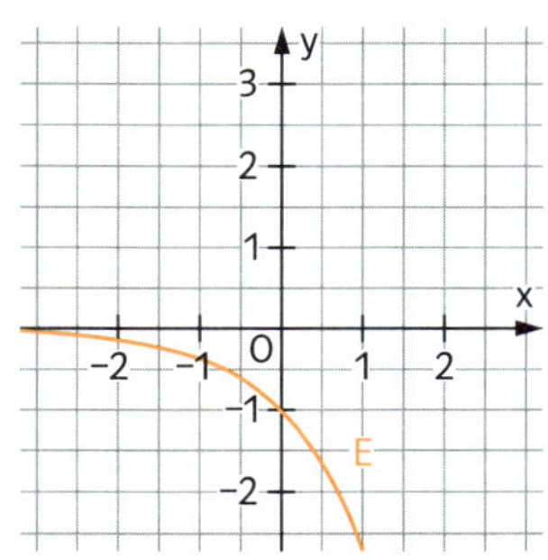

3 a) Beschreiben Sie, wie man den Graphen von g mit $g(x) = 2 \cdot e^{x-3} + 4$ aus dem Graphen der natürlichen Exponentialfunktion f mit $f(x) = e^x$ erhalten kann.

b) Der Graph der natürlichen Exponentialfunktion f mit $f(x) = e^x$ wurde um 5 Einheiten in negative x-Richtung verschoben, um den Faktor 3 in y-Richtung gestreckt und um 4 Einheiten in negative y-Richtung verschoben. Wie heißt der neue Funktionsterm?

4 Bestimmen Sie die erste und die zweite Ableitungsfunktion.

a) $f(x) = 5 \cdot e^x$ b) $f(x) = \frac{2}{3} \cdot e^x$ c) $f(x) = x - e^x$ d) $f(x) = x^2 + 2e^x$

5 Geben Sie die Gleichung der Tangente an den Graphen der Funktion f im Punkt P an. [T1]

a) $f(x) = e^x$; $P(-2 \mid f(-2))$ b) $f(x) = -0{,}5 \cdot e^x$; $P(4 \mid f(4))$

[T1] (1) Bestimmen Sie den Term der Ableitungsfunktion. (2) Berechnen Sie mithilfe von f' die Steigung des Graphen von f an der Stelle x_0. (3) Bestimmen Sie die Koordinaten des Punktes $P(x_0 \mid f(x_0))$. (4) Für die Tangentengleichung gilt dann: $y = f'(x_0) \cdot (x - x_0) + f(x_0)$.

1 a) Welcher der abgebildeten Graphen zeigt den Verlauf der Funktion e^x und welcher den von ln(x)?

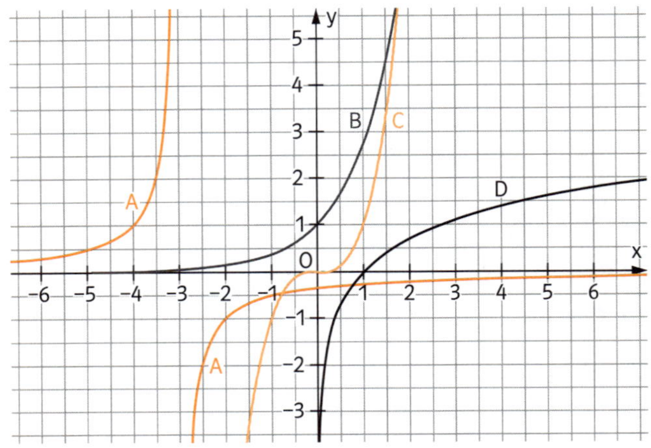

e^x : ___ ln(x) : ___

b) Wichtige Werte:

$e^{\square} = 1$ $\ln(1) = \square$

$e^{\ln(x)} = \square$ $\ln(e^x) = \square$

c) Ergänzen Sie die Tabelle:

$e^{\ln(4)} = 4$ $\ln(e^4) =$ ___

$e^{2x} = (\quad)^2$ $\ln(x^2) =$ ___

2 Welche Exponential- und Logarithmenterme kann man vereinfachen? Ergänzen Sie.

$e^{a+b} = e^a \cdot e^b$ $e^{a-b} =$ ___ $(e^a)^k =$ ___ $e^a + e^b =$ ___

$\ln(a \cdot b) =$ ___ $\ln\left(\frac{a}{b}\right) =$ ___ $\ln(a^k) =$ ___ $\ln(a + b) =$ ___

3 Vereinfachen Sie ohne Taschenrechner.

a) $\ln(e^{-1}) =$ ___ b) $\ln(3 \cdot e^2) =$ ___ c) $e^{\frac{1}{2}\ln(4)} =$ ___

4 Kontrollieren Sie die Rechnung und korrigieren Sie gegebenenfalls.

a) $(e^{\ln 9})^{\frac{1}{2}} = e^{\frac{1}{2} \cdot \ln 9}$

$= e^{\ln \frac{9}{2}}$

$= \frac{9}{2}$

b) $\ln(2) - \ln(x) + \ln\left(\frac{2}{x}\right)$

$= \ln(2) - \ln\left(x \cdot \frac{2}{x}\right)$

$= \ln(2) - \ln(2)$

$= 0$

c) $e^x + \frac{6}{e^x} = 7$

$e^x + 6 = 7e^x$

$6 = 6e^x$

$1 = e^x$

$x = 0$

5 Lösen Sie die Gleichung näherungsweise mithilfe eines Rechners für $-4 \leq x \leq 4$. [T1]

a) $x \cdot e^x = 6$ b) $e^{2x} + x = 10$ c) $e^{-x} = 0{,}5x$ d) $x^2 - e^x = 3$

6 Lösen Sie die Gleichung und geben Sie die Lösung der Gleichung mithilfe des ln sowie einen Näherungswert an. [T2]

a) $2^x = 6$ b) $0{,}5 \cdot 3^{x+1} = 9$ c) $4^{x-2} = 0{,}5$ d) $0{,}5^{x-1} = 3 + 0{,}5^{x+1}$

7 Bestimmen Sie die erste und zweite Ableitung und berechnen Sie lokale Extremstellen, falls diese existieren.

a) $f(x) = e^x + 2x$ b) $f(x) = x - e^x$

8 Die erwartete Zahl der verkauften Bücher für den neuesten Roman einer bekannten Jugendbuchreihe wird von dem Verlag modellhaft mit der Funktion $b(t) = 1000 \cdot (100 - 100e^{-kt})$ (t in Wochen) beschrieben.

a) In den ersten drei Wochen werden 25 000 Bücher verkauft. Berechnen Sie den Parameter k.
b) Mit welcher Gesamtzahl an verkauften Büchern rechnet der Verlag?
c) Nach wie vielen Wochen wird die Startauflage von 50 000 Büchern verkauft sein?
d) Wann werden erstmals weniger als 2 000 Bücher pro Woche verkauft?

[T1] Bestimmen Sie die Lösung mithilfe des Gleichungslösers oder durch Bestimmung des Schnittpunktes zweier Graphen. Beispiel für mögliche Graphen in Teilaufgabe a) $y = x \cdot e^x$ und $y = 6$. [T2] Vereinfachen Sie die Gleichung zuerst mithilfe von Äquivalenzumformungen und logarithmieren Sie dann beide Seiten der Gleichung.

1 Gegeben ist die Funktion f mit $f(x) = \ln(x)$ für x ______. Für die Ableitungsfunktion f′ gilt dann $f'(x) =$ ______. Ergänzen Sie die Tabellen. Tragen Sie „–“ ein, falls es keinen Wert gibt.

a)

x	−1	0	1			$\frac{1}{e}$	e^3	
f(x)				1	2			−4

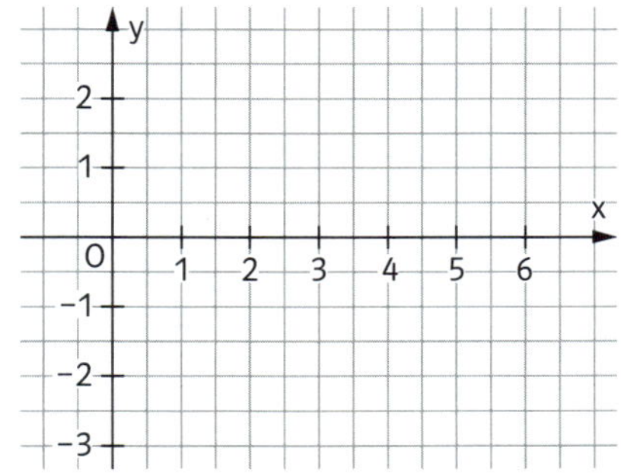

b)

x	−1	0			e	0,1		
f′(x)			1	0,5			e	−2

c) Skizzieren Sie die Graphen von f und f′. [T1]

2 Bestimmen Sie die Gleichung der Tangente an den Graphen der Funktion f mit $f(x) = \ln(x)$ im Punkt P. [T2]

a) P(e | f(e))

f′(x) = ____________________

m_t = f′(____) = ____________________

f(____) = ____________ P(____ | ____)

b) P(4 | f(4)) c) P(1 | f(1))

Tangentengleichung

3 Gehört der Graph zu einer umkehrbaren Funktion? Begründen Sie Ihre Aussage.

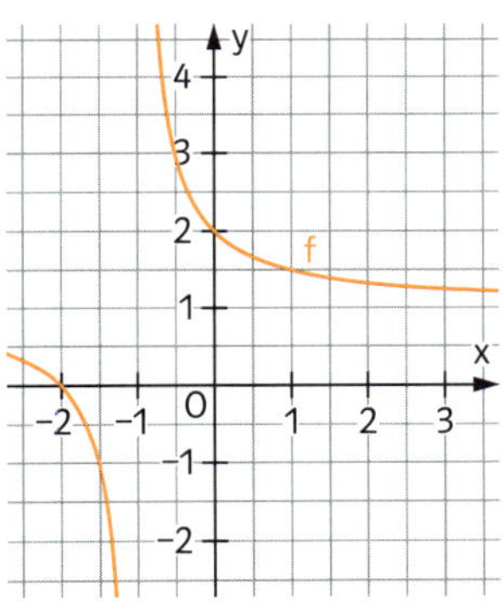

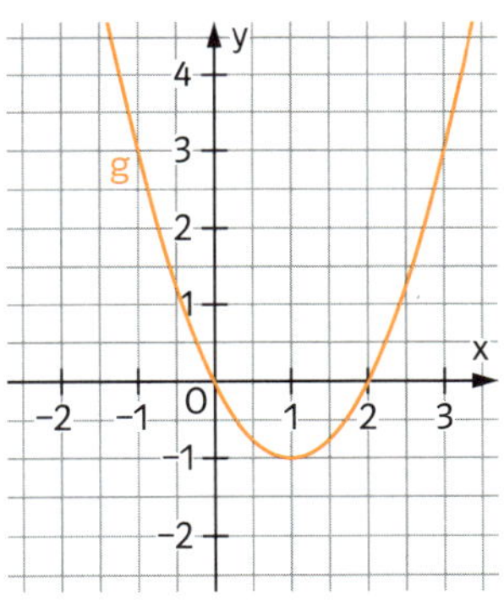

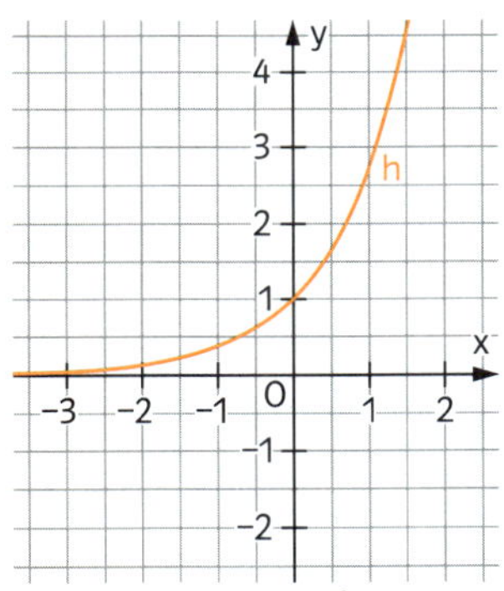

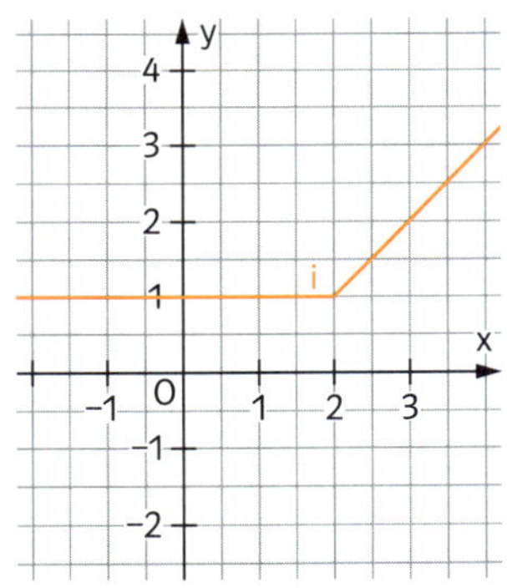

Die Funktionen ______ und ______ sind umkehrbar, weil ____________________.

Die Funktionen ______ und ______ sind nicht umkehrbar, weil ____________________.

4 Gegeben sind zwei Ursprungsgeraden mit den Gleichungen g: $y = m_1 \cdot x$ und h: $y = m_2 \cdot x$. Ordnen Sie die Kärtchen einander paarweise passend zu. [T3]

- Spiegelt man die Gerade g an der 1. Winkelhalbierenden, so erhält man die Gerade h.
- Spiegelt man die Gerade g an der y-Achse, so erhält man die Gerade h.
- Spiegelt man die Gerade g an der x-Achse, so erhält man die Gerade h.
- Die Geraden sind zueinander orthogonal.

- $m_1 + m_2 = 0$
- $m_1 + m_2 = 0$
- $m_1 \cdot m_2 = -1$
- $m_1 \cdot m_2 = 1$

[T1] Nutzen Sie die Werte der Tabellen. [T2] (1) Bestimmen Sie den Term der Ableitungsfunktion. (2) Berechnen Sie mithilfe von f′ die Steigung des Graphen von f an der Stelle x_0. (3) Bestimmen Sie die Koordinaten des Punktes $P(x_0 | f(x_0))$. (4) Für die Tangentengleichung gilt dann: $y = f'(x_0) \cdot (x - x_0) + f(x_0)$. [T3] Erstellen Sie eine Skizze.

1 Ordnen Sie die Kärtchen passend zu.

A $f(x) = -0{,}4 \cdot e^{5x}$ B $f(x) = -\frac{3}{5} \cdot e^{-5x}$ C $f(x) = e^{0{,}5x}$ D $f(x) = 5 \cdot e^{0{,}8x}$

I $f'(x) = 3 \cdot e^{5x}$ II $f'(x) = 4 \cdot e^{\frac{4}{5}x}$ III $f'(x) = -2 \cdot e^{5x}$ IV $f'(x) = \frac{1}{2} \cdot e^{\frac{1}{2}x}$

2 Bestimmen Sie die Ableitung der Funktion f.

a) $f(x) = \frac{3}{2} \cdot e^{\frac{1}{3}x}$ $f'(x) =$ ______

b) $f(x) = -\frac{1}{5} \cdot e^{-0{,}05x}$ $f'(x) =$ ______

c) $f(x) = 3x - e^{-kx}$ $f'(x) =$ ______

d) $f(x) = \frac{4}{x} - 2 \cdot e^{\frac{1}{4}x}$ $f'(x) =$ ______

3 Kontrollieren Sie die Rechnung und korrigieren Sie gegebenenfalls. [T1]

a) $f(x) = \frac{2}{3} \cdot e^{6x}$

$f'(x) = \frac{2}{3} \cdot 6 \cdot e^{5x}$

b) $f(x) = 2 \cdot \left(\frac{3}{4}\right)^{2x}$

$f'(x) = 4 \cdot \left(\frac{3}{4}\right)^{2x}$

4 Ordnen Sie die Kärtchen mit den Funktionsgleichungen, den Graphen der Funktionen sowie der Ableitungsfunktionen einander passend zu.

$f(x) = e^{0{,}5x}$ $g(x) = 0{,}5 \cdot e^{x}$ $h(x) = e^{-x}$ $i(x) = e^{-0{,}5x}$

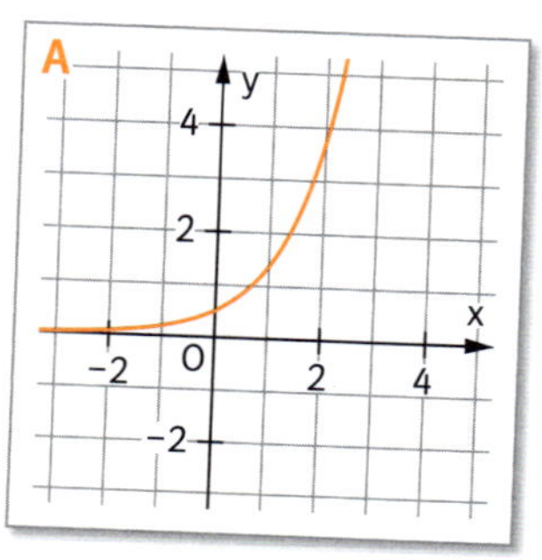

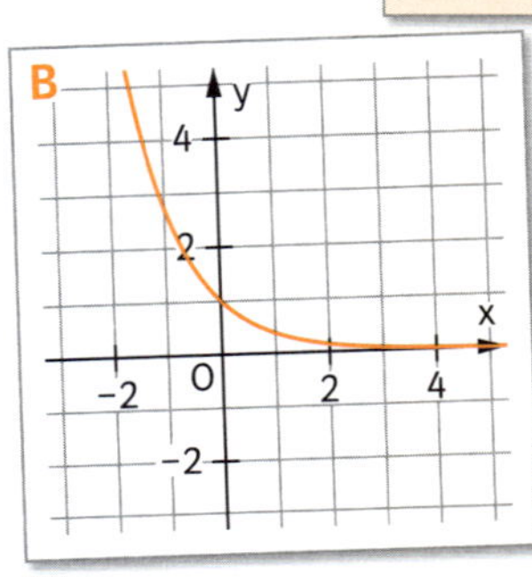

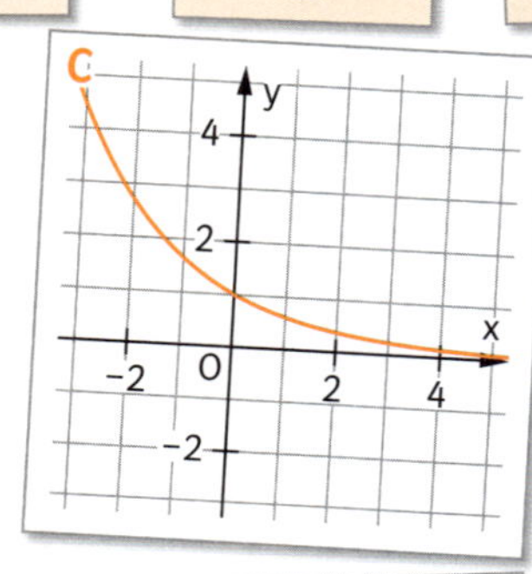

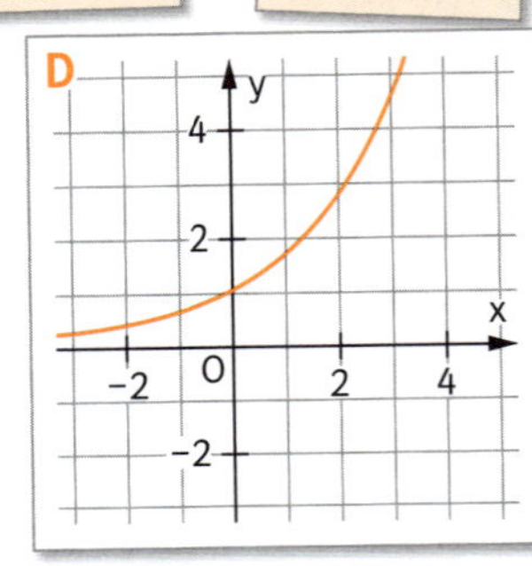

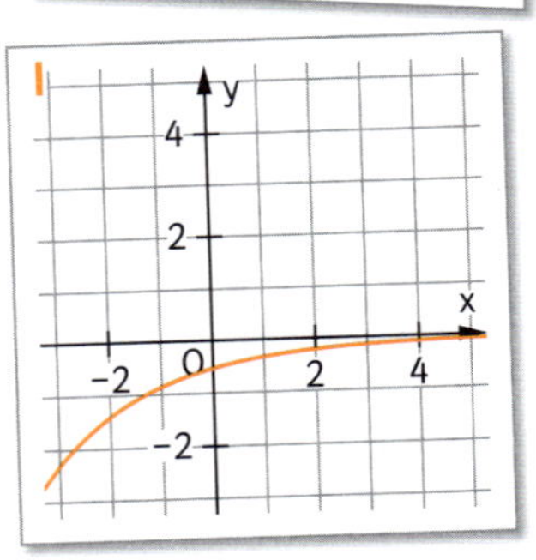

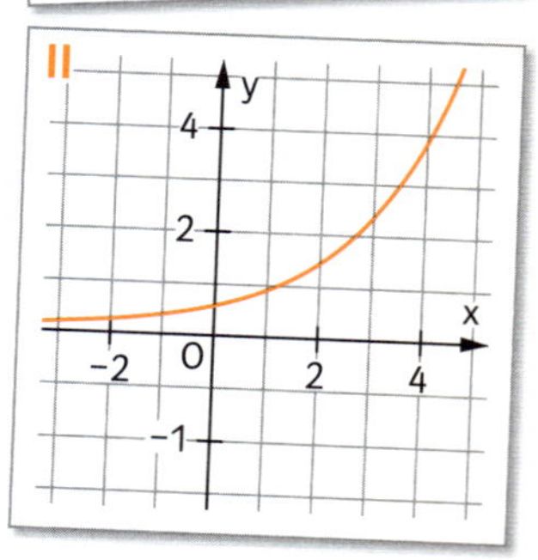

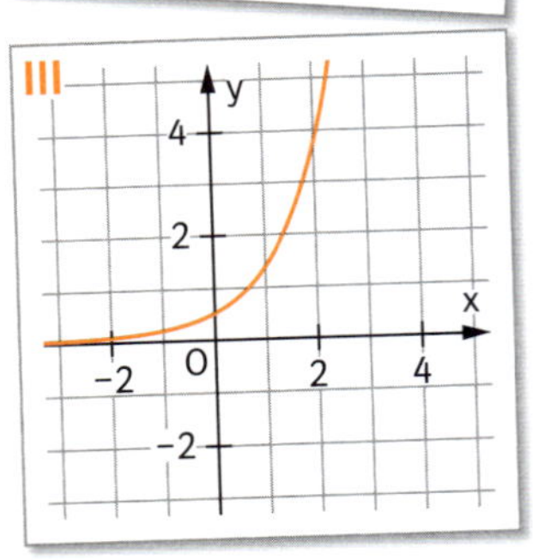

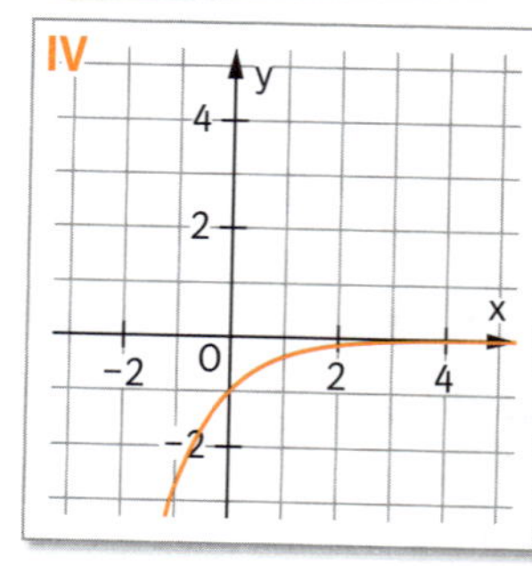

5 Bestimmen Sie die Gleichung der Tangente an den Graphen der Funktion f mit $f(x) = 2 \cdot e^{\frac{1}{4}x}$, die durch den Punkt Q(2 | 0) verläuft. [T2]

$f(x) = 2 \cdot e^{\frac{1}{4}x}$ $f'(x) =$ ______

Tangente an den Graphen von f im Punkt P(a | f(a))

$f'(a) =$ ______

t: $y = f'(a) \cdot (x - a) + f(a) =$ ______ $\cdot (x - a)$

$= e^{\frac{1}{4}a} \cdot [$ ______ $]$

Punkt Q(2 | 0) liegt auf der Tangente

______ $= e^{\frac{1}{4}a} \cdot [$ ______ $]$

$= 0$ für $a =$ ______

Tangente an den Graphen von f durch den Punkt Q

t: $y =$ ______

[T1] Schreiben Sie bei Teilaufgabe b) zuerst die Funktion in der Form $f(x) = a \cdot e^{kx}$. [T2] Der Punkt P liegt auf der Tangente, also erfüllt er die allgemeine Tangentengleichung.

1 Ergänzen Sie die Lücken.

Bei der Berechnung des exponentiellen Wachstums kann man die diskrete Darstellung B(n) = ________ oder die kontinuierliche Darstellung $f(x) = c \cdot a^x = c \cdot e^{kx}$ mit k = ________ verwenden. Die Variablen x bzw. n geben die (Zeit-)Schritte an. Für a > 1 bzw. k ________ wird eine exponentielle ________________ und für ________ a ________ bzw. k ________ eine ________________ beschrieben.

2 Die Daten stellen die Verkaufszahlen von Pedelecs (Fahrrädern mit Elektromotor) in Deutschland dar.

Jahr	2006	2007	2008	2009	2010
Pedelecs	45 000	70 000	105 000	150 000	200 000

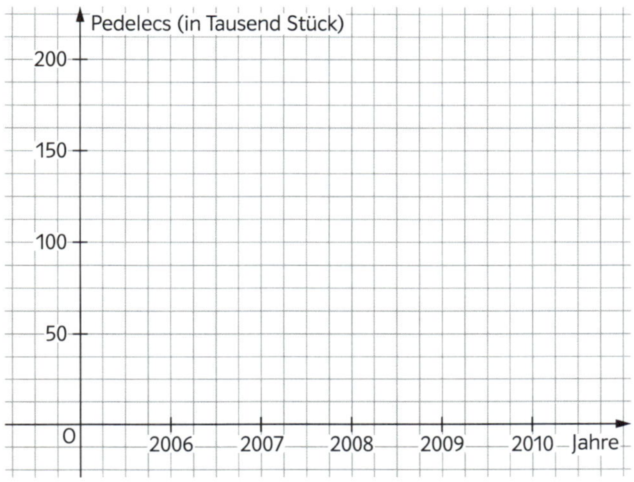

a) Stellen Sie die Daten graphisch dar.

b) Geben Sie einen Näherungswert für die Verdopplungszeit an. $T_V \approx$ ________ Jahre

c) Bestimmen Sie einen Näherungswert für den jährlichen Wachstumsfaktor a, indem Sie die Quotienten aufeinanderfolgender Werte der Tabelle berechnen und daraus den Mittelwert bilden. [T1]

a ≈ (______ + ______ + ______ + ______)/4 ≈ ______

Daraus ergibt sich eine Wachstumskonstante von k ≈ ______. [T2]

d) Überprüfen Sie den oben bestimmten Wert von T_V mithilfe der Formel $T_V = \frac{\ln(2)}{k} \approx$ ________ Jahre.

e) Der Zweirad-Industrie-Verband rechnet für das Jahr 2011 mit 300 000 in Deutschland verkauften Pedelecs. Modellieren Sie die Verkaufszahlen ab dem Jahr 2006 und vergleichen Sie die erwarteten Verkaufszahlen mit Ihrer Modellfunktion.

f) Ermitteln Sie mithilfe Ihrer Modellfunktion die Verkaufszahlen für Pedelecs für das Jahr 2026 und beurteilen Sie Ihre Modellfunktion. [T3]

3 Stellen Sie zu der Datenreihe eine Modellfunktion B mit $B(n) = B(0) \cdot a^n$ für das exponentielle Wachstum auf. [T4]

a)

n	0	1	2	3	4
B(n)	5	7,5	11	17	25

b)

n	0	1	2	3	4
B(n)	0,5	1,4	3,7	10,0	27,3

c) [T5]

n	0	2	4	6	8
B(n)	150	96	60	39	25

d) Welche der drei Datenreihen zeigt einen exponentiellen Zerfall? Bestimmen Sie deren Halbwertszeit.

4 In einem Labor wird das Wachstum einer Bakterienkultur untersucht. Die von der Bakterienkultur überdeckte Fläche wächst pro Tag um ca. 10 %. Zu Beobachtungsbeginn beträgt die Fläche ca. $6{,}0\,\text{cm}^2$.

a) Geben Sie einen Funktionsterm A an, der die von der Bakterienkultur überdeckte Fläche beschreibt.

b) Wie groß ist die von der Bakterienkultur überdeckte Fläche eine Woche nach Beginn der Messung bzw. 3 Tage vor Beginn der Messung?

c) Wann überdeckt die Bakterienkultur eine Fläche von $15\,\text{cm}^2$?

d) Bestimmen Sie die Zeit für die Verdoppelung der von der Bakterienkultur überdeckten Fläche. [T6]

e) Stellen Sie die Ableitungsfunktion auf und erklären Sie anhand von A'(2) seine Bedeutung.

[T1] Bestimmen Sie jeden Quotienten durch $\frac{B(n)}{B(n-1)}$. [T2] Es gilt: k = ln(a). [T3] Überlegen Sie, ob der ermittelte Zahlenwert realistisch ist. [T4] Bestimmen Sie a aus den Tabellendaten für jeden (Zeit-)Schritt aus den Mittelwerten der Quotienten $\frac{B(n)}{B(n-1)}$ und stellen Sie dann die Modellfunktion auf. Alternativer Lösungsweg: Führen Sie eine Regression durch. [T5] Berücksichtigen Sie, dass zwischen zwei Daten zwei (Zeit-)Schritte liegen und bestimmen Sie a aus den Mittelwerten von $\sqrt{\frac{B(n)}{B(n-2)}}$.
[T6] Bestimmen Sie t so, dass $1{,}1^t = 2$ gilt.

1 Schreiben Sie den Funktionsterm der Funktion f in der Form $f(x) = a \cdot e^{kx}$.

a) $f(x) = 5 \cdot 2^{x-3}$ b) $f(x) = 3^{\frac{1}{3}x+3}$ c) $f(x) = \frac{4}{2^{x-1}}$

2 Lösen Sie die Gleichung und geben Sie die Lösung mithilfe des ln an.

a) $\frac{5}{3} \cdot e^x = 10$ b) $4 \cdot 5^{x-3} = 9{,}6$ c) $e^{2x} - 9e^x + 14 = 0$ [T1]

3 Bilden Sie die Ableitung der Funktion f.

a) $f(x) = \frac{1}{8}e^{6x}$ b) $f(x) = \frac{2}{x} + 4 \cdot \ln(x)$ c) $f(x) = 400 \cdot e^{-0{,}95x}$

4 Bestimmen Sie die Gleichung der Tangente an den Graphen der Funktion f im Punkt P.

a) $f(x) = 2x + e^{\frac{1}{2}x}$ $P(2\,|\,4 + e)$ b) $f(x) = \ln(x)$ $P(e^2\,|\,2)$

5 Gegeben ist die Funktion f mit $f(x) = -ex + e^x$.
a) Bestimmen Sie den Tiefpunkt des Graphen.
b) Bestimmen Sie die Gleichung der Tangente an den Graphen von f im Punkt $P(0\,|\,f(0))$.
c) Der Graph der Funktion f wird an der y-Achse gespiegelt. Wie lautet der zugehörige Funktionsterm?

6 Die Abbildung zeigt die Graphen von drei Funktionen, wobei die Graphen durch Verschiebung parallel zur y-Achse auseinander hervorgehen.
a) Welcher der Graphen zeigt den Graphen der Funktion f mit $f(x) = x + e^{-x}$? [T2]
b) Geben Sie die Terme der beiden anderen Graphen an.
c) Skizzieren Sie den Graphen von f′.

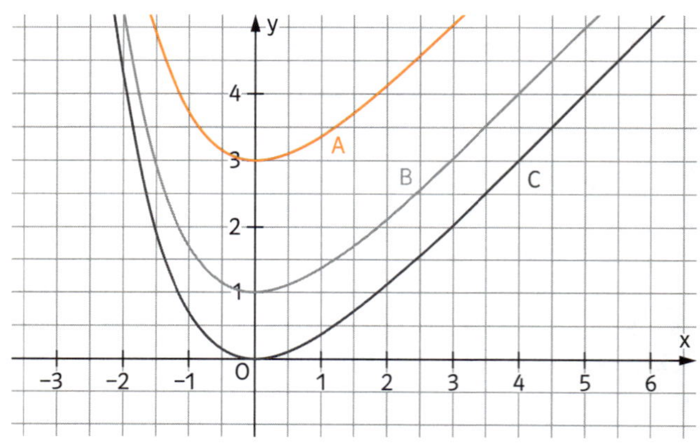

7 In einer Schulmensa wird das Essen nach der Zubereitung in Warmhaltebehältern gelagert, bis es an die Schüler ausgegeben wird. Die Temperatur des Essens zum Zeitpunkt t nach dem Umfüllen kann näherungsweise beschrieben werden durch die Funktion f mit $f(t) = 30 + 60 \cdot e^{-\frac{k}{100} \cdot t}$; $t \geq 0$ (t in Minuten, f(t) in °C).
a) Mit welcher Temperatur wird das Essen in die Warmhaltebehälter gefüllt?
b) Erfahrungsgemäß beträgt die Temperatur des Essens 15 Minuten nach dem Umfüllen zwischen 75 °C und 80 °C. Für welche Werte von k ist dies der Fall?

Nun gilt $f(t) = 30 + 60 \cdot e^{-0{,}015 \cdot t}$.
c) Aus Gründen der Lebensmittelsicherheit muss die Temperatur des ausgegebenen Essens mindestens 65 °C betragen. Wie lange wird diese Vorschrift eingehalten?
d) In welchem 5-Minuten-Abschnitt sinkt die Temperatur um 2 °C? [T3]
e) Zeigen Sie, dass die Temperatur des Essens im Warmhaltebehälter stets abnimmt. [T4]

[T1] Substituieren Sie $u = e^x$ und lösen Sie dann die quadratische Gleichung. Führen Sie anschließend die Resubstitution durch.
[T2] Untersuchen Sie die Funktion f auf charakteristische Punkte. [T3] Der 5-Minuten-Abschnitt beginnt bei $t = t_0$ und endet bei $t = t_0 + 5$. Stellen Sie eine Gleichung auf und lösen diese numerisch. [T4] Untersuchen Sie die Temperaturänderung (→ Ableitung).

1 An einer Stelle auf der A8, an der sich die Autobahn von drei auf zwei Spuren verengt, rechnet man mit der in der Abbildung dargestellten Ankunftsrate von einfahrenden Autos. Aus Erfahrung weiß man, dass maximal 30 Autos pro Minute diese Stelle durchfahren können, sonst kommt es zu einem Stau.

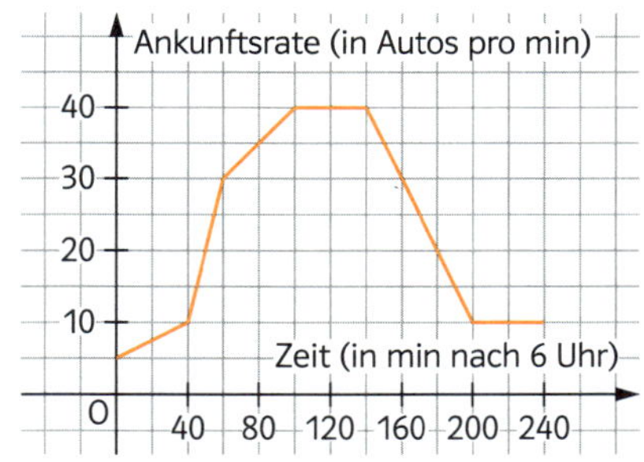

a) Um wie viel Uhr beginnt der Stau? ____________

b) Zu welcher Uhrzeit ist der Stau am längsten? ____________

c) Wie viele Autos stehen maximal im Stau? ____________

d) Um wie viel Uhr löst sich der Stau wieder auf? ____________

e) Hätte sich der Stau bis 10 Uhr aufgelöst, wenn man annimmt, dass lediglich 25 Autos diese Stelle durchfahren können? ____________

2 Zwei Weinbergschnecken veranstalten ein Wettrennen. Ihre Geschwindigkeiten zeigt die nebenstehende Abbildung.

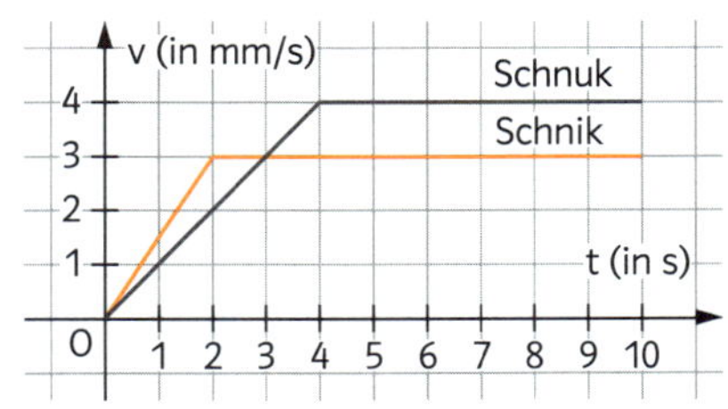

a) Wie groß ist der maximale Vorsprung von Schnik? [T1]
b) Nach wie vielen Sekunden wird Schnik eingeholt? Wie viele mm sind beide dann gekrochen?
c) Nach wie vielen Sekunden hat Schnuk 3 mm Vorsprung?

3 a) Bestimmen Sie mithilfe geeigneter Teilflächen. [T2]

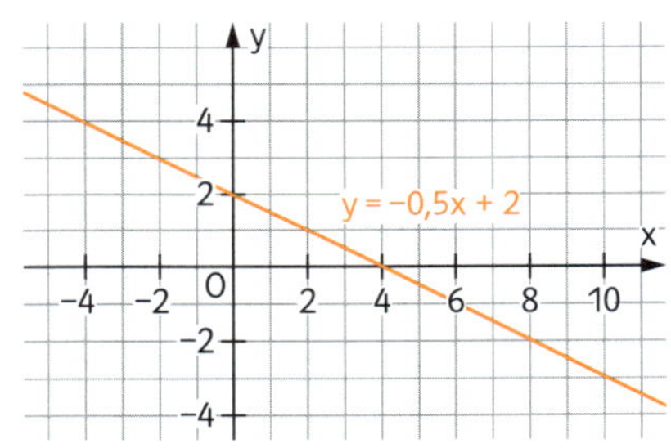

$\int_{-2}^{7}(-0{,}5x+2)\,dx =$ ____________

$\int_{-4}^{0}(-0{,}5x+2)\,dx =$ ____________

b) Ergänzen Sie die Lücken:

$\int_{-2}^{\square}(-0{,}5x+2)\,dx = 8$ $\quad\int_{-4}^{10}(-0{,}5x+2)\,dx = \square$ $\quad\int_{\square}^{9}(-0{,}5x+2)\,dx = 0$

4 Entscheiden Sie, ohne das Integral zu berechnen, ob es positiv, negativ oder null ist.

a) $\int_{0}^{2}(x-1)\,dx$ ___ 0
b) $\int_{0}^{2}(x-1)^2\,dx$ ___ 0
c) $\int_{0}^{2}(x-1)^3\,dx$ ___ 0
d) $\int_{-2}^{2}(3x-1)\,dx$ ___ 0
e) $\int_{-2}^{2}(4x^2)\,dx$ ___ 0
f) $\int_{0}^{2}e^{-1}\,dx$ ___ 0

5 Durch eine Impfung wird das menschliche Immunsystem zur Bildung spezifischer Antikörper angeregt. Die Anzahl der pro Sekunde gebildeten Antikörper nach einer Tetanus-Impfung wird modellhaft durch die Funktion f mit $f(x) = \frac{1200x}{x^2+10}$ beschrieben, wobei x die Anzahl von Sekunden nach der Impfung beschreibt.
Bestimmen Sie näherungsweise die Anzahl der innerhalb der ersten 20 s nach der Impfung gebildeten Antikörper.

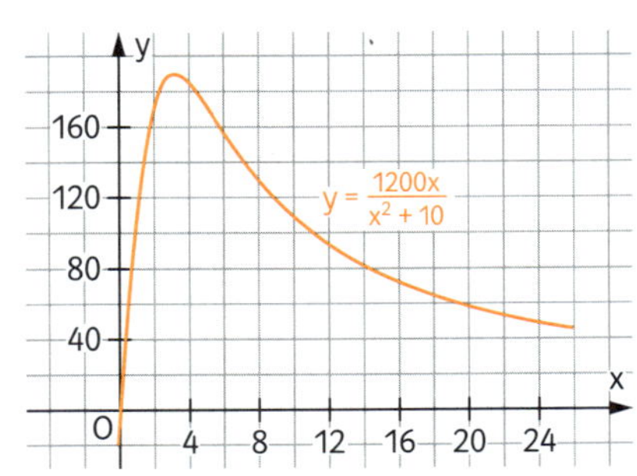

[T1] Der Wegunterschied entspricht dem Inhalt der Fläche zwischen beiden Graphen. [T2] Beim orientierten Flächeninhalt bekommen die Teilflächen unterhalb der x-Achse ein negatives Vorzeichen.

1 Füllen Sie die Lücken.

a) $\int_1^3 (6x^2 - 5)\,dx = [\,\_\_\_ - 5x]_1^3 = \_\_\_ - 15 - (\_\_\_ - 5) = \_\_\_ = 42$

b) $\int_{-2}^{\_\_\_} (-\_\_\_ - x)\,dx = \left[-\frac{1}{3}x^3 - \_\_\_\right]_{-2}^{-1} = \_\_\_\,\frac{1}{3}\,\_\_\_\,\frac{1}{2}\,\_\_\_\left(\_\_\_\,\frac{8}{3}\,\_\_\_\,2\right) = \_\_\_ = -\frac{5}{6}$

c) $\int_0^{\ln 6} (\_\_\_)\,dx = \left[\frac{1}{4} \cdot e^{2x + 4 \cdot \ln 2}\right]_0^{\ln 6} = \_\_\_ - \_\_\_ = \_\_\_$ [T1]
$= \_\_\_$

2 Zu jeder Funktionsgleichung von f gehört die Funktionsgleichung einer Stammfunktion F.
Verbinden Sie zusammengehörige Kartenpaare.

$f(x) = 2a$ | $f(a) = 2x + 1$ | $f(x) = 4a^2x$ | $f(x) = 4ax$ | $f(x) = 2a^2$ | $f(a) = 4ax + 1$

$F(a) = 2ax + a$ | $F(x) = 2a^2x + a$ | $F(a) = 2a^2x + a$ | $F(x) = 2ax + a$ | $F(x) = 2a^2x^2 + a$ | $F(x) = 2ax^2 + a$

3 a) Geben Sie die Stammfunktion F von f mit $f(x) = 3x^2 + x$ an, deren Graph den Punkt P(2 | 4) enthält. [T2]

b) Geben Sie die Stammfunktion F von f mit $f(x) = \frac{2}{x^2} + 1$ an, für die gilt: $F(1) = 0$.

4 Ordnen Sie den Funktionsgraphen A, B, C und D den Graphen einer zugehörigen Stammfunktion zu.

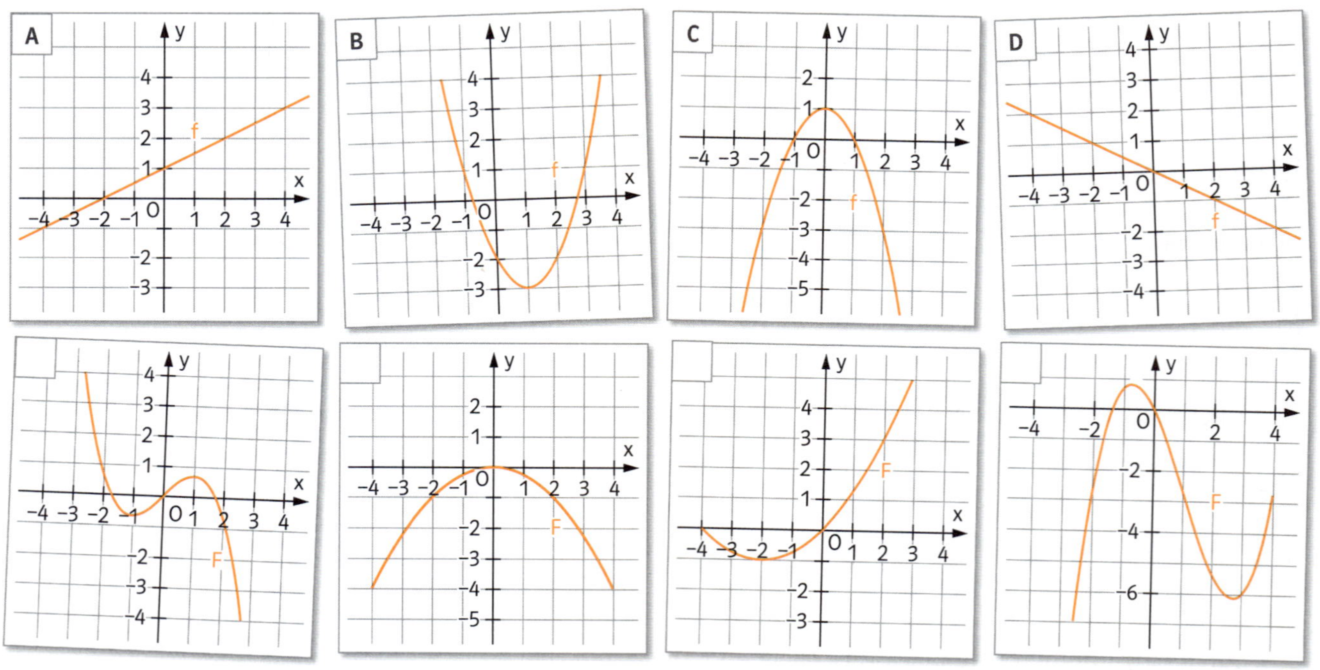

5 F sei eine Stammfunktion der ganzrationalen Funktion f. Entscheiden Sie, ob die Aussage wahr ist.
Begründen Sie wahre Aussagen und geben Sie ein Gegenbeispiel an, falls die Aussage falsch ist.

a) Jede Funktion f hat mindestens 2 verschiedene Stammfunktionen.
b) Hat f den Grad n (n > 0), so ist jede ihrer Stammfunktionen ganzrational vom Grad n − 1.
c) Haben zwei Funktionen eine gleiche Stammfunktion, so sind die beiden Funktionen identisch.
d) Es gibt eine Funktion f, die mit einer ihrer Stammfunktionen F übereinstimmt.
e) Eine Nullstelle von f ist stets eine Extremstelle von F.
f) Eine Extremstelle von F ist stets eine Nullstelle von f.
g) Eine Nullstelle von f kann auch eine Nullstelle von F sein.

[T1] Für alle positiven Zahlen x gilt: $e^{\ln x} = x$ und $\ln(e^x) = x$; $x^{a+b} = x^a \cdot x^b$ und $\ln(x^a) = a \cdot \ln(x)$.
[T2] Weitere Stammfunktionen erhält man, wenn man zu einer Stammfunktion beliebige Konstanten addiert.

1 Ergänzen Sie die Lücken so, dass F eine Stammfunktion von f ist.

a) $f(x) = 2x + 3$ $F(x) =$ ______ b) $f(x) = 4\sin(2x)$ $F(x) =$ ______

c) $f(x) = \frac{3}{x^5}$ [T1] $F(x) =$ ______ d) $f(x) =$ ______ $F(x) = \frac{1}{2} \cdot e^{2x}$

e) $f(x) = \frac{3x+5}{x^3}$ [T2] $F(x) =$ ______ f) $f(x) =$ ______ $F(x) = 3\sin\left(17x - 4\frac{1}{2}\right)$

d) $f(x) = \frac{3}{7x-1}$ $F(x) =$ ______ h) $f(x) = 3^x$ [T3] $F(x) =$ ______

2 a) F sei die Stammfunktion von f mit $F(-4) = 0$. Entscheiden Sie, ob die Aussage wahr ist. Die Buchstaben aller richtigen Aussagen ergeben in der richtigen Reihenfolge ein Lösungswort.

E: F hat bei $x \approx 0$ ein Maximum. wahr □ falsch □

S: F hat bei $x \approx 2{,}5$ ein Minimum. wahr □ falsch □

U: F (4) ist positiv. wahr □ falsch □

G: F hat im Intervall $[-2; 2]$ nur positive Funktionswerte. wahr □ falsch □

L: F hat zwischen 2 und 3 eine Nullstelle. wahr □ falsch □

A: F hat bei $x \approx 2{,}5$ eine Wendestelle. wahr □ falsch □

N: $F(-1) > 5$. wahr □ falsch □

H: F hat bei $x \approx -2$ eine Wendestelle. wahr □ falsch □

I: F ist im Intervall $[-4; 0]$ monoton steigend. wahr □ falsch □

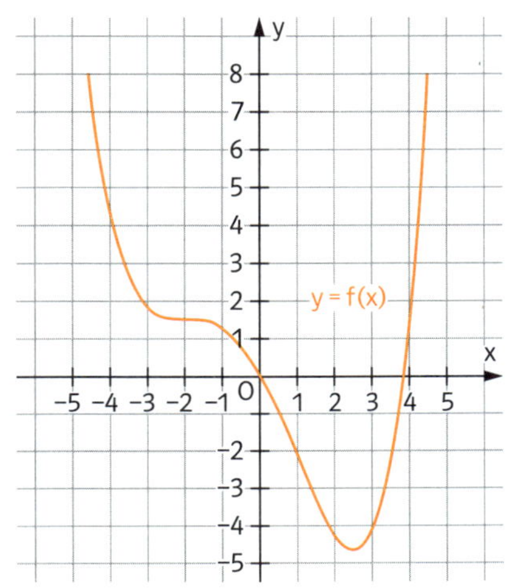

Lösungswort: ______

b) Skizzieren Sie in die oben stehende Abbildung den Graphen von F.

3 Es ist $\int_a^b f(x)\,dx = 5$, $\int_a^c f(x)\,dx = 11$, $\int_a^b g(x)\,dx = -2$ und $\int_b^c g(x)\,dx = 1$. Berechnen Sie – falls möglich – mit Hilfe dieser Werte:

a) $\int_b^c f(x)\,dx =$ ______ b) $\int_b^a g(x)\,dx =$ ______ c) $\int_a^c g(x)\,dx =$ ______

d) $\int_b^c (f(x))^2\,dx =$ ______ e) $\int_b^c (2 \cdot f(x))\,dx =$ ______ f) $\int_b^c f(2x)\,dx =$ ______

g) $\int_a^b (f(x) - g(x))\,dx =$ ______ h) $-\int_c^a f(x)\,dx=$ ______ i) $\int_b^c (f(x) \cdot g(x))\,dx =$ ______

4 Berechnen Sie:

a) $\int_1^2 \frac{2x^3-5}{x^2}\,dx$ [T2] b) $\int_0^{\pi} \sin(3x)\,dx$ c) $\int_0^1 \frac{3}{4x+1}\,dx$ d) $\int_1^9 \frac{2}{\sqrt{4x}}\,dx$ e) $\int_{-0{,}25}^0 e^{4x-1}\,dx$

5 Bestimmen Sie diejenige Stammfunktion F von f mit $f(x) = 4x^2 - x$, die ihren Tiefpunkt auf der x-Achse hat.

6 Bestimmen Sie b so, dass gilt: $\int_1^b (2x-1)\,dx = 20$.

[T1] Formen Sie zunächst den Funktionsterm von f mithilfe der Beziehung $\frac{1}{x^r} = x^{-r}$ um. [T2] Formen Sie zunächst den Funktionsterm von f mithilfe der Beziehung $\frac{a+b}{c} = \frac{a}{c} + \frac{b}{c}$ um und kürzen Sie. [T3] Formen Sie zunächst den Funktionsterm von f mithilfe der Beziehung $3 = e^{\ln 3}$ um.

1 Berechnen Sie den Inhalt der Fläche, die von den Graphen von f und g eingeschlossenen wird.

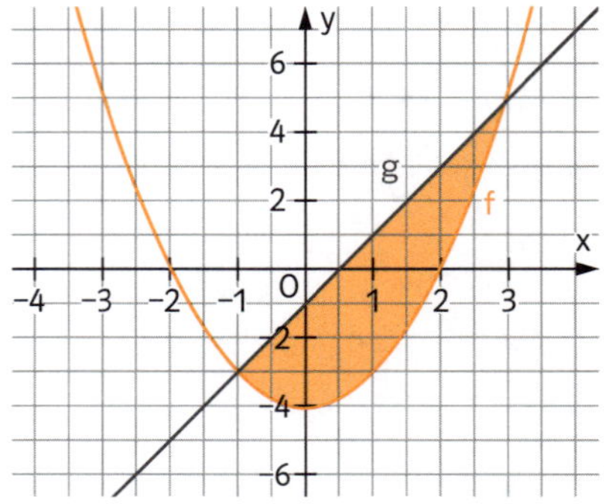

1. Funktionsterme bestimmen: f(x) = ________, g(x) = ________
2. Schnittstellen bestimmen: ________________
3. Differenzfunktion integrieren: ________________

2 a) Drücken Sie den Inhalt der Flächen durch ein oder mehrere Integrale aus:

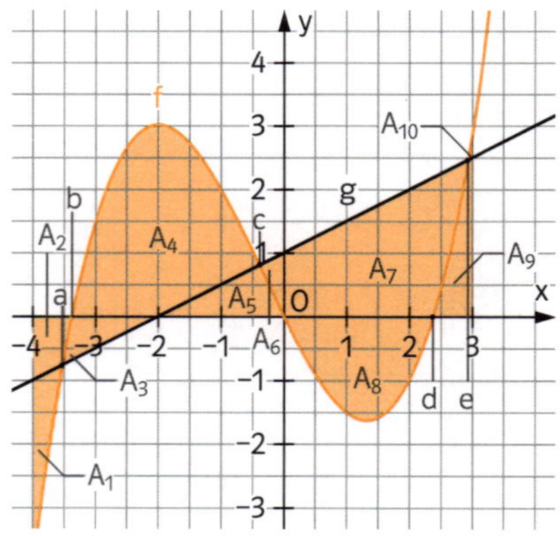

$A_1 + A_2 =$ ________________ [T1]

$A_6 + A_7 + A_8 =$ ________________

$A_3 =$ ________________

$A_4 =$ ________________

b) Benennen Sie folgende Flächen:

Die von den Graphen von f und g eingeschlossene Fläche: ________

Die von den Graphen von f und g und der x-Achse eingeschlossenen Flächen: ________ und ________

Die von den Graphen von f und g, der x-Achse und der Geraden $x = -4$ eingeschlossene Fläche: ________

3 Berechnen Sie den Inhalt der gefärbten Fläche.

a)

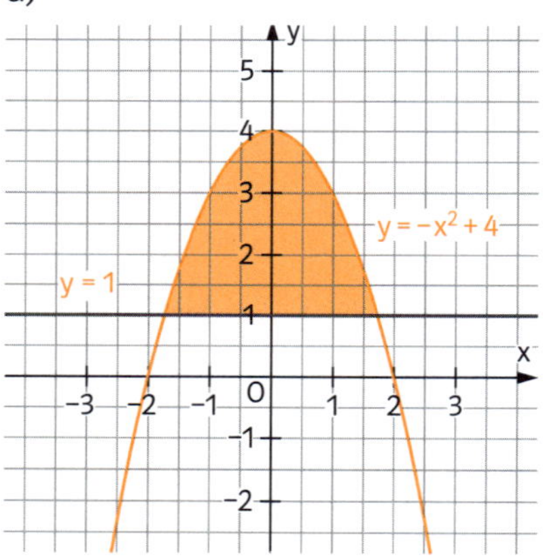

b)

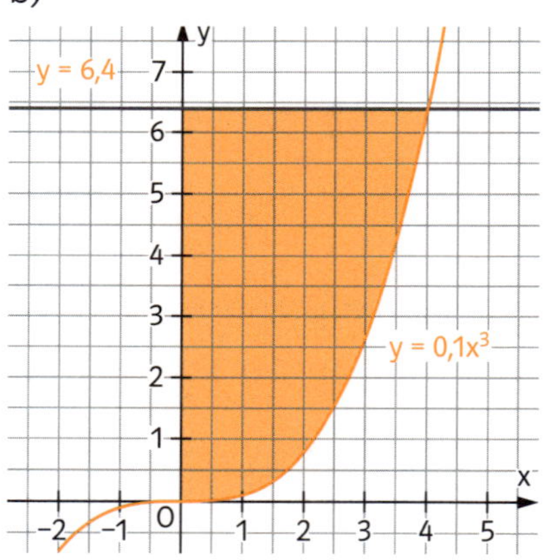

c)

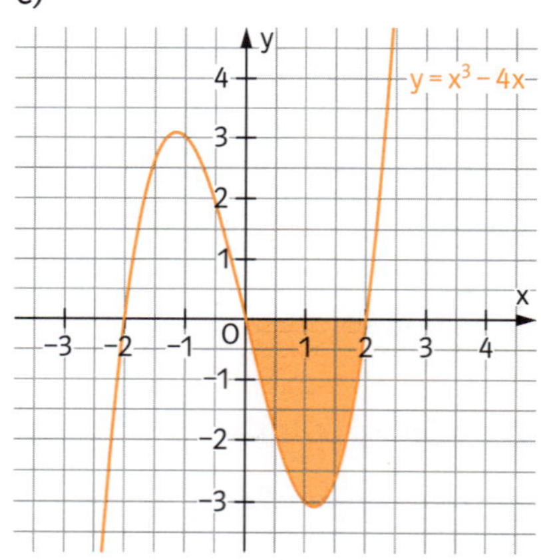

4 Zeigen Sie: Für den Inhalt der Fläche, die vom Graphen von f mit $f(x) = x^3$, der Tangente an den Graph in $P(t\,|\,t^3)$ und der x-Achse eingeschlossen wird, gilt: $A(t) = \frac{1}{12}t^4$, $(t > 0)$.

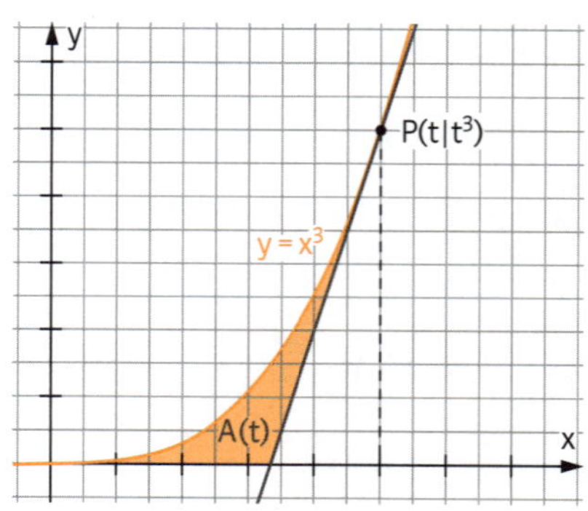

Tangentengleichung: ________________

____

Schnittstelle der Tangente mit der x-Achse:

____

Flächeninhalt: ________________

[T1] Beachten Sie, dass Integrale auch negative Werte annehmen können, Flächeninhalte aber stets positiv sind.

1 Prüfen Sie, ob die in der Abbildung dargestellten nach rechts bzw. nach oben ins Unendliche reichenden Flächen einen endlichen Flächeninhalt haben.

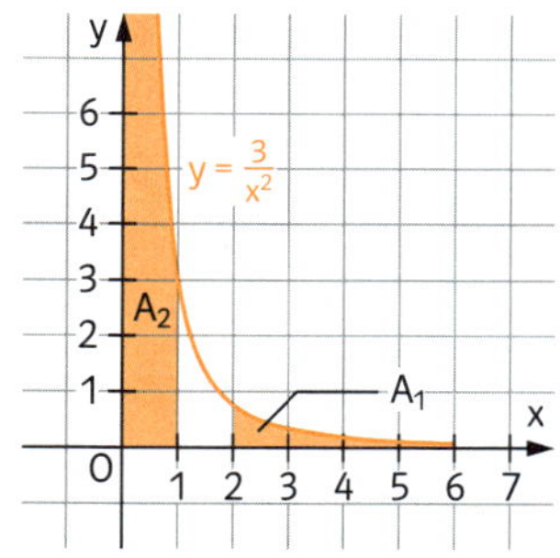

$A_1(z) = \int_2^z \frac{3}{x^2}\,dx =$ ____________ Für $z \to \infty$ gilt: $A_1(z) \to$ ______

$A_2(z) =$ ____________ Für $z \to 0$ gilt: $A_2(z) \to$ ______

Ergebnis: A_1 ____________

2 a) Ein Schüler untersucht, ob die unbegrenzte Fläche unter der Funktion $f(x) = \frac{1}{(2x-5)^3}$ im Intervall [0,5; 2,5] existiert.

Kontrollieren Sie Skizze, Rechenweg und Ergebnis.
Korrigieren Sie die Fehler. Was ist falsch gelaufen?

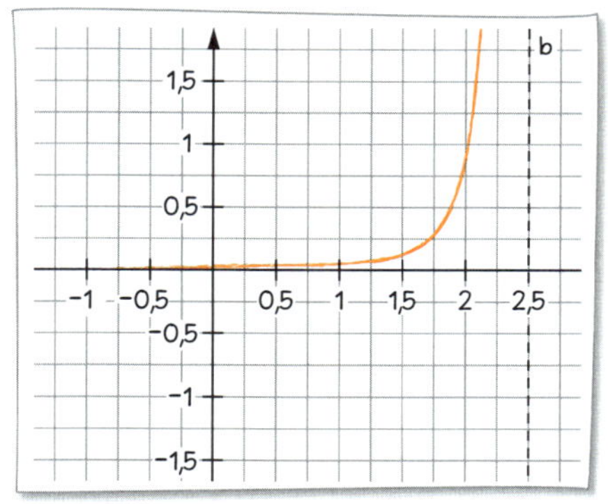

$A(z) = \int_{0,5}^{z} \frac{1}{(2x-5)^3}\,dx = \left[-\frac{1}{2}(2x-5)^{-2}\right]_{0,5}^{z} = -\underbrace{\frac{1}{2(2z-5)^2}}_{\to\, 0 \text{ für } z \to 2,5} - \frac{1}{2(1-5)^2}$

Für $z \to 2,5$ ist also $A(z) = -\frac{1}{32}$

b) Untersuchen Sie, ob die Fläche unter dem Funktionsgraphen von f(x) im Intervall [3; z] für $z \to \infty$ endlich ist.

3 Prüfen Sie, ob die nach rechts ins Unendliche reichende Fläche einen endlichen Flächeninhalt hat, und geben Sie diesen, falls möglich, an.

(1)

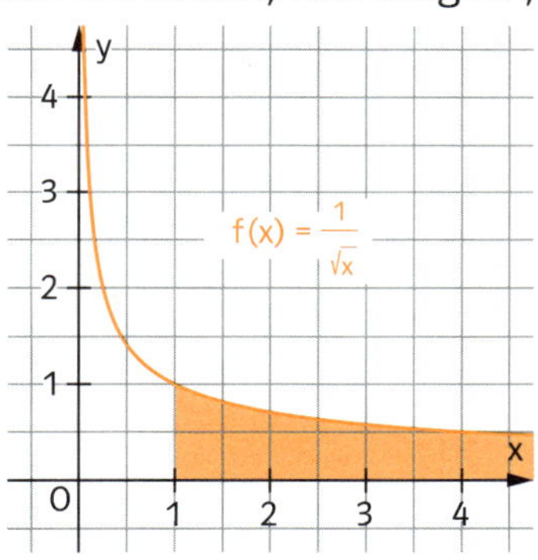

(2)

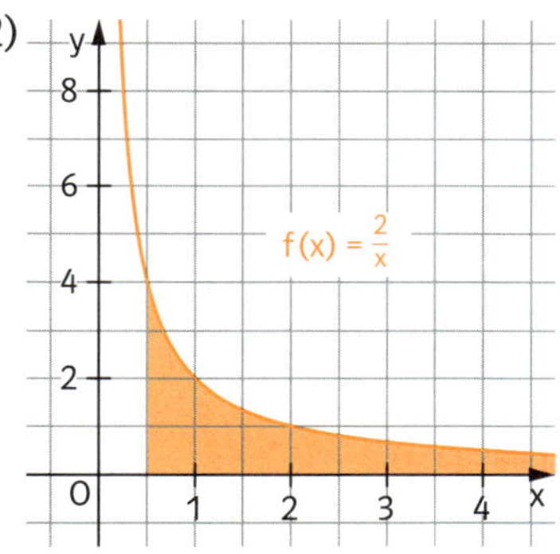

(3)

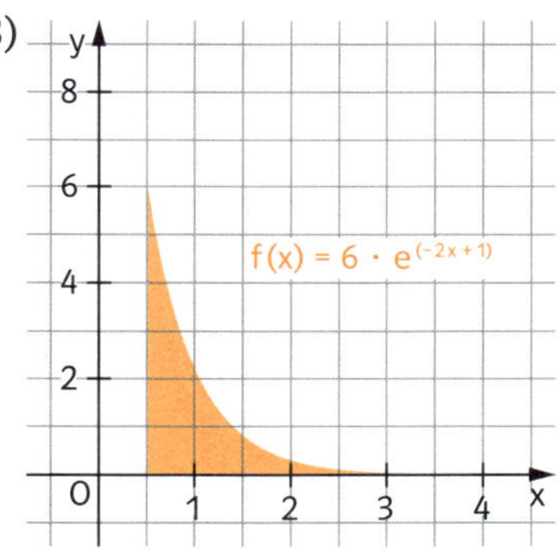

4 An einem bewölkten Tag kommt die Sonne für 10 Sekunden hinter einer Wolke hervor. Die Leistung einer Solarzelle wird in dieser Zeit durch die Funktion p mit $p(t) = -\frac{1}{2}t^3 + 5t^2;\ 0 \le t \le 10$ modellhaft beschrieben (p: Leistung in Joule/Sekunde; t Zeit in Sekunden).

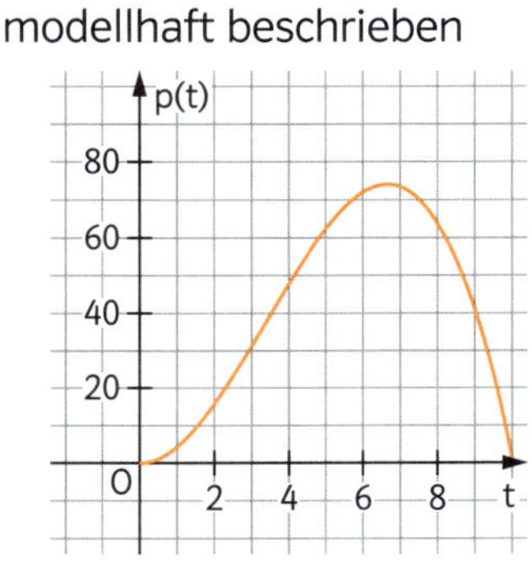

a) Berechnen Sie, wie viel Joule Energie insgesamt abgegeben werden:

____

b) Die durchschnittliche Leistung der Solarzelle erhält man, wenn man ____________ durch ____________ teilt. Sie beträgt ______ Joule/Sekunde.

[T1] Berechnen Sie den nötigten Mittelwert im 2-Stunden-Zeitraum.

1 Geben Sie eine Stammfunktion an.

a) $f(x) = 6x^7 - \frac{7}{x^8}$ b) $f(x) = \sqrt{3x + 4}$ [T1] c) $f(x) = e^{-3x+7} + \pi \cdot \sin(\sqrt{2} \cdot x)$ [T1]

2 Berechnen Sie z.

a) $\int_1^z \left(4 - \frac{2}{x^2}\right) dx = 3$ b) $\int_0^{\frac{\pi}{2}} \left(z \cdot \cos\left(2x + \frac{\pi}{2}\right)\right) dx = 17$ [T2] c) $\int_z^e \left(\frac{2}{x+e}\right) dx = 2 \cdot \ln 2$ [T2/T3]

3 Ergänzen Sie den Lückentext.

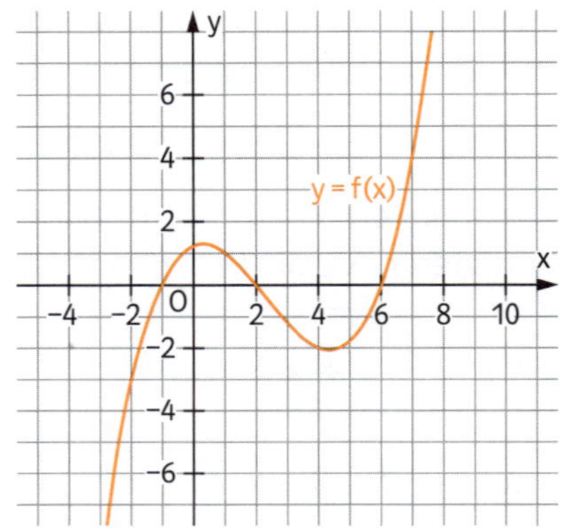

a) An den Nullstellen von f hat der Graph von F ________________ Tangenten, d.h. F hat dort ____________stellen oder ___________stellen. An den Extremstellen von f hat F ____________. Zwei beliebige Stammfunktionen von f unterscheiden sich lediglich durch ________________.

b) Skizzieren Sie in der nebenstehenden Abbildung den Graph der Stammfunktion F von f mit $F(0) = 0$.

4 Gegeben ist die Funktion f mit $f(x) = 2x^3 - 3x^2$.

a) Für welche Stammfunktion F von f gilt $F(-1) = 1$?

b) Bestimmen Sie die Steigung der Tangente an den Graphen von F im Punkt $P(-0{,}5 \mid F(-0{,}5))$.

5 Berechnen Sie $\int_1^3 (x^2 - 2x)\, dx$ und deuten Sie das Ergebnis anhand geeigneter Flächeninhalte.

6 a) Der Graph von f mit $f(x) = 3x^2$, die Normale an den Graph von f in $P(2 \mid 12)$ und die x-Achse schließen eine Fläche ein. Berechnen Sie den Inhalt dieser Fläche.

b) Der Graph von f mit $f(x) = 3x^2$, die Normale an den Graph von f in $P(2 \mid 12)$ und die y-Achse schließen eine Fläche ein. Berechnen Sie den Inhalt dieser Fläche. [T4]

7 Gegeben ist der Graph einer Stammfunktion F von f.

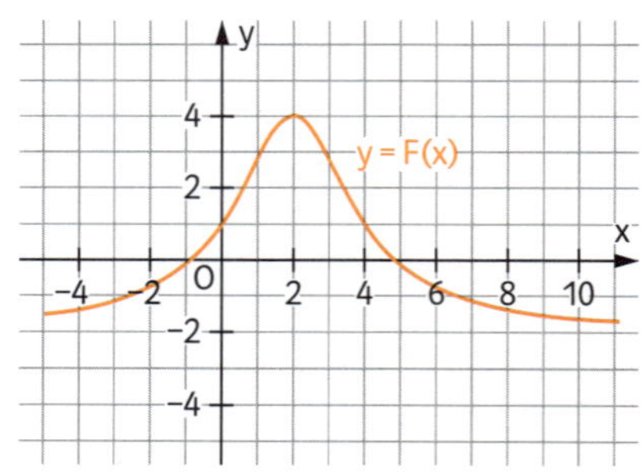

a) Bestimmen Sie einen Näherungswert für f(4).

b) Bestimmen Sie näherungsweise $\int_0^2 f(x)\, dx$ und $\int_0^2 F(x)\, dx$.

c) Begründen Sie, dass f′ im Intervall [0; 2] eine Nullstelle hat.

d) Begründen Sie, dass f′ im Intervall [1; 3] negativ ist.

e) Skizzieren Sie den Graph von f in die nebenstehende Abbildung.

8 Für jedes $k > 0$ ist die Funktion f_k mit $f_k(x) = -x^3 + kx^2$ gegeben. Welchen Wert von k hat die vom Graph von f_k und der x-Achse eingeschlossene Fläche den Inhalt $21\frac{1}{3}$ FE?

9 Berechnen Sie, falls möglich, einen Wert von a, so dass gilt:

a) $\int_a^{\infty} \frac{100}{x^2}\, dx = 20$ b) $\int_a^{\infty} \left(\frac{1}{x^2} + \frac{1}{100}\right) dx = 100$ c) $\int_0^a \left(\frac{1}{\sqrt{x}}\right) dx = 4{,}5$ d)

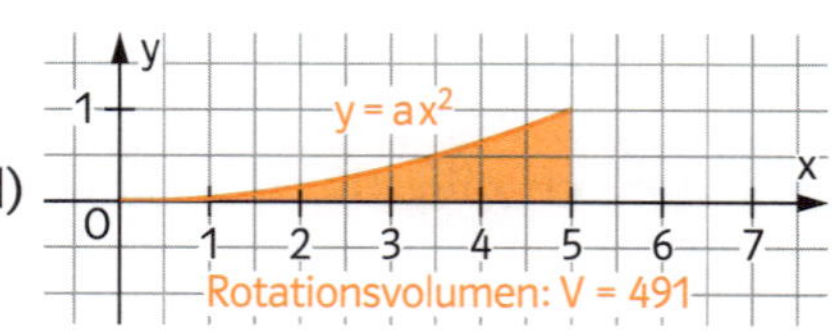

[T1] Beachten Sie, dass es sich um eine Verkettung von Funktionen handelt. [T2] Ziehen Sie die Konstante vor das Integral.

[T3] Für $f(x) = \frac{1}{x}$ gilt: $F(x) = \ln|x|$. [T4] Fertigen Sie eine Skizze an und verwenden Sie das Ergebnis von Teilaufgabe a) geschickt.

10 Der Graph von f mit $f(x) = 8 + \frac{72}{x^2 - 25}$, die x-Achse und die Geraden mit den Gleichungen $x = -5$; $x = 5$ und $y = 6$ begrenzen eine Fläche, die den Querschnitt eines 3 m tiefen Tores darstellt (1 LE ≙ 1 m).

a) Skizzieren Sie den Querschnitt des Tores.

b) Wie viele m^3 Stein wurden für den Bau des Tores benötigt?

c) Mittig durch das Tor führt eine 6 m breite, zweispurige Straße. Ein 2,0 m breiter und 3,0 m hoher Kleintransporter mit rechteckiger Querschnittsfläche durchfährt den Torbogen auf der Mitte der rechten Fahrspur. Stellen Sie eine Funktion d auf, deren Minimum den Abstand zwischen Kleintransporter und Bogen beschreibt und bestimmen Sie den minimalen Abstand.

11 An einem Januarabend um 18 Uhr beginnt es auf eine schneelose Landschaft zu schneien. Die Funktion f mit $f(t) = \frac{75}{t^2 - 7t + 21}$ $(t \geq 0)$ beschreibt, wie viel Schnee (in cm) pro Stunde fällt (t in Stunden ab 18 Uhr). Auf einer Wiese bleibt der Schnee liegen, ohne zu schmelzen. Auf dem Flachdach eines Hauses schmelzen pro Stunde 5 cm des gefallenen Schnees.

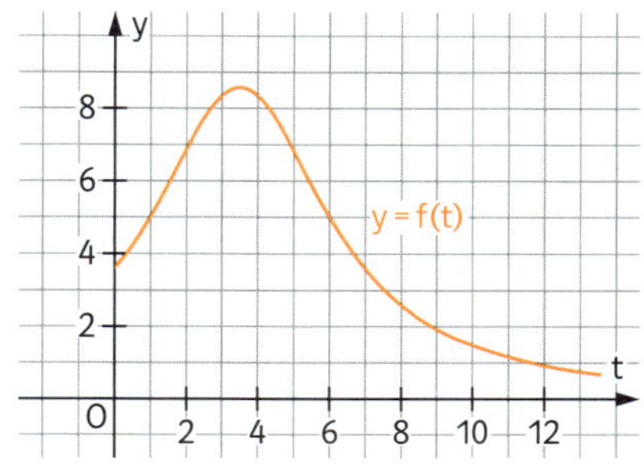

a) Begründen Sie, warum die Schneehöhe auf der Wiese ständig zunimmt.

b) Interpretieren Sie $\int_0^3 f(t)\,dt \approx 17{,}8$ im Sachzusammenhang.

c) Um wie viel Uhr bleibt erstmals Schnee auf dem Dach liegen?

d) Wann ist die Schneehöhe auf dem Dach maximal? Wie hoch ist sie dann ungefähr? [T1]

e) Begründen Sie anhand des Graphen, dass die Schneehöhe auf dem Dach von 1 Uhr bis 2 Uhr um etwa 2 cm abnimmt.

12 An einem Montagmorgen um 10 Uhr wird bekannt gegeben, dass die Gruppe „Take Five" ein Konzert in der Westfalenhalle gibt. Sofort gehen bei der Vorverkaufsstelle Mails mit Kartenbestellungen ein. Diese „Bestellrate" wird durch eine Funktion f mit $f(t) = -0{,}083\,t^4 + 2{,}1\,t^3 - 17\,t^2 + 45\,t + 24$; $0 \leq t \leq 12$ modellhaft beschrieben (t: Zeit nach 10 Uhr in Stunden, f(t): Bestellrate in Bestellungen pro Minute).

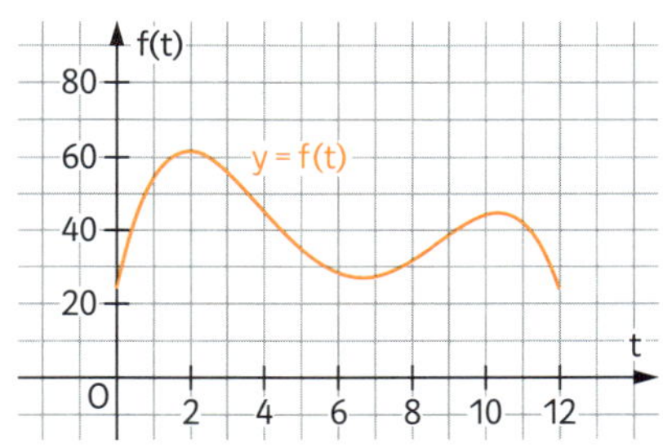

a) Wie viele Karten werden bis 12 Uhr bestellt? [T2]

b) Wie viele Karten werden durchschnittlich pro Minute zwischen 10 und 20 Uhr bestellt?

Um 14 Uhr wird bekannt, dass der bei den weiblichen Fans beliebte „Robbie" aufgrund gesundheitlicher Probleme nicht am Konzert teilnehmen kann. Deshalb werden ab diesem Zeitpunkt wieder Karten abbestellt. Die Anzahl der Abbestellungen wird näherungsweise durch die Funktion g mit $g(t) = -0{,}5\,t^2 + 5\,t + 22$; $4 \leq t \leq 12$ beschrieben (t: Zeit nach 10 Uhr in Stunden, g(t): Abbestellungen pro Minute).

c) Interpretieren Sie die Schnittstellen der Graphen von f und g im konkreten Sachzusammenhang.

d) Wie viele Karten sind um 18 Uhr bestellt?

13 Berechnen Sie durch Produktintegration oder Substitution:

a) $\int_0^2 (2x \cdot e^{2x})\,dx$ b) $\int_0^1 (x^2 \cdot (3x-1)^4)\,dx$ c) $\int_0^1 \frac{2}{5x+1}\,dx$ d) $\int_1^5 \frac{4x}{\sqrt{2x^2 - 1}}\,dx$

14 Um wie viel Prozent weicht der mit der Fassregel von Kepler berechnete Wert der Integrale $\int_0^1 x^3\,dx$ und $\int_0^1 x^4\,dx$ vom exakten Wert ab?

[T1] Die Funktion g mit $g(t) = f(t) - 5$ beschreibt für $t > 1$ die Entwicklung der Schneehöhe auf dem Dach. [T2] Die Bestellrate in der Einheit Bestellungen pro Stunde ist durch $60 \cdot f(t)$ gegeben.

1 Bestimmen Sie die Lösungen der linearen Gleichungssysteme.

a)
$$\begin{array}{ll} \text{I} & x_1 + 5x_2 + 4x_3 = 7 \\ \text{II} & 3x_2 - 2x_3 = -1 \\ \text{III} & 2x_3 = 4 \end{array}$$
Lösung: (___ ; ___ ; ___) [T1]

b)
$$\begin{array}{ll} \text{I} & 2x_1 + 6x_3 = 2 \\ \text{II} & x_2 + x_3 = -1 \\ \text{III} & x_3 = -4 \end{array}$$
Lösung: (___ ; ___ ; ___)

c)
$$\begin{array}{ll} \text{I} & -x_1 - 3x_2 = 1 \\ \text{II} & 2x_2 + 3x_3 = 4 \\ \text{III} & -5x_3 = 6 \end{array}$$
Lösung: (___ ; ___ ; ___)

2 Überprüfen Sie, ob das lineare Gleichungssystem die angegebene Lösung hat. [T2]

a)
$$\begin{array}{l} -x_1 - x_2 + x_3 = 7 \\ 2x_1 - x_2 - 4x_3 = -10 \\ 4x_1 - 5x_2 - 15x_3 = -36 \end{array}$$
Lösung: (1; −4; 4)

b)
$$\begin{array}{l} 2x_1 + 3x_2 + x_3 = 16 \\ -4x_1 - 11x_2 + 2x_3 = 51 \\ 14x_1 + 36x_2 - 7x_3 = 171 \end{array}$$
Lösung: (4; 3; −1)

c)
$$\begin{array}{l} -4x_1 + x_2 + 4x_3 = 13 \\ 7x_1 + \frac{13}{4}x_2 - 5x_3 = -\frac{31}{4} \\ 26x_1 + \frac{17}{2}x_2 - 15x_3 = -\frac{29}{2} \end{array}$$
Lösung: (2; 1; 5)

3 Formen Sie das lineare Gleichungssystem in Stufenform um und bestimmen Sie die Lösung.

$$\begin{array}{ll} \text{I} & -4x_1 - 4x_2 + x_3 = 12 \\ \text{II} & -12x_1 - 15x_2 + 7x_3 = 10 \\ \text{III} & 44x_1 + 53x_2 - 18x_3 = -94 \end{array}$$
Ia = ___ · I [T3]

$$\begin{array}{ll} \text{Ia} & 12x_1 \text{\_\_\_\_\_\_\_\_\_\_\_\_} = -36 \\ \text{I} & -12x_1 - 15x_2 + 7x_3 = 10 \\ \text{III} & 44x_1 + 53x_2 - 18x_3 = -94 \end{array}$$
IIa = Ia + II [T4]

$$\begin{array}{ll} \text{I} & -4x_1 - 4x_2 + x_3 = 12 \\ \text{IIa} & \text{\_\_\_\_\_\_\_\_\_\_\_\_\_\_\_\_} \\ \text{III} & 44x_1 + 53x_2 - 18x_3 = -94 \end{array}$$
Ib = ___ · I

$$\begin{array}{ll} \text{Ib} & -44x_1 \text{\_\_\_\_\_\_\_\_\_\_\_\_} = \text{\_\_\_} \\ \text{IIa} & -3x_2 + 4x_3 = -26 \\ \text{III} & 44x_1 + 53x_2 - 18x_3 = -94 \end{array}$$
IIIa = Ib + III

$$\begin{array}{ll} \text{I} & -4x_1 - 4x_2 + x_3 = 12 \\ \text{IIa} & -3x_2 + 4x_3 = -26 \\ \text{IIIa} & \text{\_\_\_\_\_\_\_\_\_\_\_\_\_\_\_\_} \end{array}$$
IIb = ___ · IIa

$$\begin{array}{ll} \text{I} & -4x_1 - 4x_2 + x_3 = 12 \\ \text{IIb} & \text{\_\_\_\_\_\_\_\_\_\_\_\_\_\_\_\_} \\ \text{IIIa} & 9x_2 - 7x_3 = 38 \end{array}$$
IIIb = IIb + IIIa

$$\begin{array}{ll} \text{I} & -4x_1 - 4x_2 + x_3 = 12 \\ \text{IIa} & -3x_2 + 4x_3 = -26 \\ \text{IIIb} & \text{\_\_\_\_\_\_\_\_\_\_\_\_\_\_\_\_} \end{array}$$
Lösung: (___ ; −2; ___)

4 Formen Sie das lineare Gleichungssystem in Stufenform um und bestimmen Sie die Lösung.

a)
$$\begin{array}{l} 2x_1 + 2x_2 - x_3 = -4 \\ -6x_1 - 5x_2 + 6x_3 = 10 \\ -10x_1 - 8x_2 + 16x_3 = 16 \end{array}$$
Lösung: (___ ; ___ ; ___) [T5]

b)
$$\begin{array}{l} 4x_1 - 2x_2 + 9x_3 = -32 \\ 4x_1 + 2x_2 - x_3 = 0 \\ 2x_1 + 3x_2 - 3x_3 = 11 \end{array}$$
Lösung: (___ ; ___ ; ___)

c)
$$\begin{array}{l} -3x_1 + x_2 + 5x_3 = 2 \\ -2x_1 + \frac{17}{3}x_2 + \frac{19}{3}x_3 = \frac{37}{3} \\ 14x_1 - \frac{59}{3}x_2 - \frac{109}{3}x_3 = -\frac{151}{3} \end{array}$$
Lösung: (___ ; ___ ; ___) [T6]

5 Welche Fehler wurden bei der Umformung des Gleichungssystems gemacht? Markieren Sie die Fehler und beschreiben Sie, was falsch gemacht wurde.

a)
$$\begin{array}{ll} \text{I} & 5x_1 - 2x_2 + x_3 = 17 \\ \text{II} & 10x_1 - 6x_2 + 6x_3 = 36 \\ \text{III} & 15x_1 - 10x_2 + 12x_3 = 55 \end{array}$$
Ia = (−2) · I + II
$$\begin{array}{ll} \text{Ia} & -10x_2 + 4x_3 = 2 \\ \text{II} & 10x_1 - 6x_2 + 6x_3 = 36 \\ \text{III} & 15x_1 - 10x_2 + 12x_3 = 55 \end{array}$$

____

b)
$$\begin{array}{ll} \text{I} & 5x_2 + 3x_3 = 72 \\ \text{II} & -5x_2 + 7x_3 = -66 \\ \text{III} & 24x_1 - 32x_2 - 40x_3 = -120 \end{array}$$
$$\begin{array}{ll} \text{I} & 5x_2 + 3x_3 = 72 \\ \text{II} & -5x_2 + 7x_3 = -66 \\ \text{IIIa} = \text{I} + \text{II} & 10x_3 = 8 \end{array}$$

____

c)
$$\begin{array}{ll} \text{I} & x_1 - x_2 - 2x_3 = 0 \\ \text{II} & -x_2 = 10 \\ \text{III} & 0x_3 = -39 \end{array}$$
$$\begin{array}{l} x_1 = -10 \\ x_2 = -10 \\ x_3 = 0 \end{array}$$

____

6 Geben Sie ein lineares Gleichungssystem an, bei dem alle Koeffizienten von Null verschieden sind und das die Lösung (−2; 5; 3) besitzt. [T7]

[T1] Berechnen Sie zuerst x_3, setzen Sie dann in die 2. Gleichung ein. [T2] Setzen Sie die Werte in die Gleichungen ein. Sie müssen alle Gleichungen erfüllen. [T3] Aus dem Faktor vor x_1 erkennen Sie, mit welcher Zahl multipliziert wurde. [T4] Verwenden Sie die Gleichungen im vorhergehenden System. [T5] Multiplizieren Sie die erste Gleichung mit 3. Ersetzen Sie sie dann durch die Summe mit der zweiten Gleichung. [T6] Die Rechnung wird einfacher, wenn Sie die zweite und dritte Gleichung jeweils mit 3 durchmultiplizieren. [T7] Beginnen Sie mit einem System in Stufenform und ersetzen Sie jede Gleichungen nach und nach durch die Summe bzw. das Vielfache aus der Gleichung und einer anderen.

VII Lösungsmengen linearer Gleichungssysteme

1 Bestimmen Sie jeweils die Lösungsmenge des linearen Gleichungssystems aus der GTR-Darstellung.

a)
```
rref([A])
 [[1 0 0 -1]
  [0 1 0 0 ]
  [0 0 0 2]]
```
b)
```
rref([A])
 [[1 0 0 5 ]
  [0 1 1 -3]
  [0 0 0 0]]
```
c)
```
rref([A])
 [[1 0 1 -2]
  [0 1 2 -4]
  [0 0 0 0]]
```

Die Darstellung entspricht dem Gleichungssystem:

a) ______
______
______

Das LGS hat die Lösungsmenge

L = ______.

b) ______
______
______

Das LGS hat ______

Lösungen. Man setzt x_3 = ___.

Eingesetzt in Gleichung II

______

x_2 = ___; L = ______

Lösen Sie c) ohne Hilfe:

2 Geben Sie jeweils die Lösungsmenge des linearen Gleichungssystems an.

a)
I $2x_1 + x_2 - 9x_3 = 25$
II $3x_2 - 2x_3 = 0$
III $7x_3 = 21$
L = ______

b) [T1]
I $x_1 - 3x_2 + 2x_3 = 0$
II $-x_3 = 6$
III $4x_2 + 5x_3 = 6$
L = ______

c) [T2]
I $3x_1 + 5x_2 + 6x_3 = -2$
II $x_2 + 1{,}5x_3 = 7$
III $3 = -3$
L = ______

d) [T3]
I $x_1 + 4x_3 = -8$
II $7 = 7$
III $x_3 = -1$
L = ______

3 Bestimmen Sie die Lösungsmenge des Gleichungssystems.

Gleichungssystem:
I $2x_1 + x_3 = -1$
II $x_1 + x_2 - x_3 = 0$
III $x_1 + 3x_2 - 4x_3 = 1$

GTR-Darstellung: [T4]
```
[A]
 [[▢ ▢ ▢ ▢]
  [▢ ▢ ▢ ▢]
  [▢ ▢ ▢ ▢]]
```

GTR-Lösung:
```
rref([A])
 [[▢ ▢ ▢ ▢]
  [▢ ▢ ▢ ▢]
  [▢ ▢ ▢ ▢]]
```

Stufenform:
Ia x_1 + ___ = ___
IIa x_2 − ___ = ___
IIIa ___ = 0

Es gibt unendlich viele Lösungen. Setze $x_3 = t$. Dann erhält man aus Gleichung IIa x_2 = ______ und aus Gleichung Ia x_1 = ______. Ergebnis: L = ______ [T5]

4 Von den drei Gleichungssystemen hat eines genau eine Lösung, eines keine Lösung und eines unendlich viele Lösungen. Bestimmen Sie jeweils die Lösungsmenge.

a)
$15x_1 + 9x_2 + 3x_3 = 51$
$-15x_1 - 12x_2 + 2x_3 = -38$
$30x_1 + 21x_2 = 84$

b)
$-3x_1 - 4x_2 - 3x_3 = 26$
$-6x_1 - 12x_2 - 8x_3 = 72$
$3x_1 + 12x_2 + 7x_3 = -66$

c)
$3x_1 - x_2 - 4x_3 = -3$
$6x_1 - x_2 - 4x_3 = -9$
$21x_1 - 4x_2 - 16x_3 = -39$

5 Geben Sie ein lineares Gleichungssystem an, bei dem alle Koeffizienten von Null verschieden sind und das die angegebene Lösungsmenge besitzt.

a) L = {(1; 0; 0)} [T6] b) L = { } c) L = {(1; t; t) | t ∈ ℝ} [T7] d) L = {(t − 1; t + 1; t) | t ∈ ℝ}

[T1] Vertauschen Sie die zweite und die dritte Gleichung, dann ergibt sich eine Stufenform. [T2] Entscheiden Sie, ob die dritte Gleichung erfüllt werden kann. [T3] Schauen Sie sich die zweite Gleichung genauer an. Stellen Sie eine passende Bedingung für x_2 auf. [T4] Schreiben Sie die Koeffizienten vor x_1, x_2 und x_3 ab. Denken Sie sich eine 0 als Koeffizient, wenn z. B. x_2 nicht vorkommt. [T5] Setzen Sie für $x_3 = t$ in Gleichung IIa und Ia ein und lösen Sie jeweils nach x_2 bzw. x_1 auf. Schreiben Sie die Lösungsmenge analog zu Aufgabe 5d auf. [T6] Schreiben Sie zuerst ein passendes Gleichungssystem in Stufenform auf. Ersetzen Sie nun nach und nach eine Gleichung durch die Summe aus dieser Gleichung und (dem Vielfachen) einer anderen Gleichung, bis alle Koeffizienten ungleich 0 sind. [T7] Die dritte Gleichung muss 0 = 0 lauten. Schreiben Sie nun die beiden anderen in Stufenform auf und wenden Sie T6 an. Achten Sie darauf, dass t herausfällt.

1 Der Graph einer ganzrationalen Funktion 3. Grades schneidet die Koordinatenachsen in $S_1(0|1)$ und $S_2(-1|0)$. Außerdem hat er in $T(2|0)$ einen Tiefpunkt. Bestimmen Sie die Funktionsgleichung.

Ansatz: $f(x) = ax^3 + bx^2 + cx + d$

Ableitung: $f'(x) =$ ____________________

Aus den 4 Bedingungen ergeben sich 4 Gleichungen für a, b, c und d:

1. Bedingung Achsenschnittpunkt S_1: f(___) = ___ — I ____________________ [T2]
2. Bedingung Achsenschnittpunkt S_2: f(___) = ___ — II ____________________
3. Bedingung Achsenschnittpunkt T: f(___) = ___ — III ____________________
4. Bedingung Tiefpunkt T: f'(___) = ___ [T1] — IV ____________________ [T3]

Lösung des LGS mit dem GTR ergibt a = ___; b = ___; c = ___; d = ___, also gilt f(x) = ____________________.

2 Der Graph einer ganzrationalen Funktion 3. Grades hat einen Hochpunkt $H(2|0)$ und einen Wendepunkt $W(1|-2)$. Bestimmen Sie die Funktionsgleichung.

3 Untersuchen Sie, ob es eine ganzrationale Funktion 2. Grades gibt, die die Nullstellen $x_1 = 5$ und $x_2 = -4$ hat und deren Graph an der Stelle 0 eine waagrechte Tangente besitzt.

Ansatz: $f(x) = ax^2 + bx + c$

Ableitung: $f'(x) =$ ____________________

Gleichungssystem:

1. Bedingung: f(5) = ___ — ____________________
2. Bedingung: f(___) = 0 — ____________________
3. Bedingung: f'(___) = ___ — ____________________

Lösung mit GTR ergibt a = ___; b = ___; c = ___, daraus folgt: ____________________. [T4]

4 Welche ganzrationalen Funktionen 4. Grades haben zur y-Achse symmetrische Graphen, die in $W(2|4)$ einen Wendepunkt besitzen?

Ansatz: f(x) = ____________________ [T5]

Ableitung: $f'(x) =$ ____________________

$f''(x) =$ ____________________

Gleichungssystem:

1. Bedingung: f(___) = ___ — ____________________
2. Bedingung: f''(___) = ___ — ____________________

Das LGS hat ____________ Lösungen. Man wählt ________ = k.

Die Lösungsmenge ist L = ____________________. [T6]

Jede Funktion mit der Funktionsgleichung $f_k(x) =$ ____________ erfüllt die genannten Bedingungen.

5 Welche ganzrationalen Funktionen 3. Grades haben zum Ursprung symmetrische Graphen, die in $E(1|-1)$ einen Extrempunkt besitzen?

[T1] Hier benötigen Sie die notwendige Bedingung für ein Extremum. [T2] Setzen Sie x = 0 in die Funktionsgleichung ein. [T3] Setzen Sie x = 2 in die Gleichung der Ableitung ein. Es muss sich 0 ergeben. [T4] Wenn eine ganzrationale Funktion den Grad n haben soll, dann darf der Koeffizient vor der höchsten Potenz n nicht 0 sein. [T5] Bei Funktionen mit symmetrischen Schaubildern kommen einige Potenzen nicht vor! [T6] Lösen Sie die Gleichung, in der nur noch a vorkommt, nach a auf und setzen Sie das Ergebnis in die andere Gleichung ein.

1 Bestimmen Sie die Lösungsmenge des linearen Gleichungssystems.

a) $\begin{array}{rcl} 4x_1 + x_2 - 3x_3 &=& 38 \\ -8x_1 + x_2 + 9x_3 &=& -106 \\ -16x_1 - x_2 + 14x_3 &=& -181 \end{array}$

b) $\begin{array}{rcl} 2x_1 + 5x_2 + x_3 &=& 7 \\ -5x_2 + x_3 &=& -1 \\ x_1 \qquad + x_3 &=& 3 \end{array}$ [T1]

c) $\begin{array}{rcl} -4x_1 + x_2 - 2x_3 &=& 4 \\ 2x_1 - 3x_2 + x_3 &=& -2 \\ x_2 &=& 1 \end{array}$ [T2]

d) $\begin{array}{rcl} x_1 + 2x_2 - x_3 &=& -1 \\ x_1 - x_2 + x_3 &=& 1 + 3r \\ 2x_1 + x_2 + x_3 &=& 3r \end{array}$ [T3]

2 Gesucht ist eine Funktion f mit der Gleichung $f(x) = ax^3 + bx^2 + cx + d$, deren Graph in $H(4\,|\,0)$ einen Hochpunkt und in $P(-1\,|\,-3)$ eine zur Geraden g mit der Gleichung $y = 2x + 1$ parallele Tangente hat. Überprüfen Sie, welches der Gleichungssysteme zur Bestimmung der Koeffizienten a, b, c und d geeignet ist.

$\begin{array}{rcl} 64a + 16b + 4c + d &=& 0 \\ 48a + 8b + c &=& 0 \\ -a - b - c + d &=& -3 \\ 3a - 2b + c &=& 2 \end{array}$

$\begin{array}{rcl} d &=& 4 \\ c &=& 0 \\ -a + b - c + d &=& -3 \\ 3a - 2b + c &=& 2 \end{array}$

$\begin{array}{rcl} 64a + 16b + 4c + d &=& 0 \\ -a + b - c + d &=& -3 \\ 48a + 8b + c &=& 0 \\ 3a - 2b + c &=& 2 \end{array}$

$\begin{array}{rcl} 64a + 16b + 4c + d &=& 0 \\ -a + b - c + d &=& -3 \\ 48a + 8b + c &=& 0 \\ 3a - 2b + c &=& 1 \end{array}$

3 Zwei Geraden schneiden sich im Punkt $S(4\,|\,-2)$. Ihre beiden y-Achsenabschnitte haben den Abstand 8 und die Summe ihrer Steigungen ist 2. Bestimmen Sie die Geradengleichungen. [T4]

4 In einem Viereck beträgt die Summe gegenüberliegender Winkel 180°. Wie groß sind die Winkel, wenn es zwei Paare benachbarter Winkel gibt, deren Summe jeweils 120° beträgt? [T5]

5 Prüfen Sie, ob es eine ganzrationale Funktion 3. Grades mit folgenden Eigenschaften gibt:
Der Graph hat einen Hochpunkt $H\left(2\,\middle|\,\frac{10}{3}\right)$ und einen Wendepunkt $W\left(1\,\middle|\,\frac{8}{3}\right)$ mit Wendetangente $t\colon y = x + \frac{5}{3}$. [T6]

6 In einem Experiment wird die Dehnung eines Gummibandes in Abhängigkeit von der Zugkraft F gemessen. Modellieren Sie ein Dehnungsgesetz durch eine ganzrationale Funktion von möglichst kleinem Grad und machen Sie eine Vorhersage für die Dehnung bei einer Zugkraft von 5 N. [T7]
Warum ist es nicht sinnvoll, eine Vorhersage für 1 N anhand der aufgestellten Funktion zu machen?

F in N	2	3	4	7	10
s in cm	0	1	3	6	7

7 Bestimmen Sie eine ganzrationale Funktion 5. Grades, die im Punkt $P(-4\,|\,-4)$ einen Sattelpunkt und im Ursprung einen Wendepunkt hat. Die Wendetangente im Ursprung hat die Gleichung $y = x$.
Zeichnen Sie den Graph der Funktion zwischen $x = -5$ und $x = 2$. [T8]

[T1] Lautet (nach der Umformung des Gleichungssystems) eine Gleichung 0 = 0, so kann man hier $x_3 = t$ ansetzen und dann aus den anderen Gleichungen x_2 und x_1 bestimmen. [T2] Lautet (nach der Umformung des Gleichungssystems) eine Gleichung z. B. 1 = 0, so ist die Lösungsmenge die leere Menge. [T3] Rechnen Sie mit r wie mit einer Zahl. [T4] Setzen Sie $y = ax + b$ und $y = cx + d$ an und stellen Sie Bedingungen auf, aus denen sich dann Gleichungen ergeben. [T5] Fertigen Sie eine Zeichnung an. Man benötigt 4 Gleichungen. Viele Bedingungen sind aber voneinander abhängig. Ist die Summe zweier gegenüberliegender Winkel 180°, dann ist wegen der Winkelsumme im Viereck auch die Summe der anderen beiden Winkel 180°. Ebenso können wegen der Winkelsumme im Viereck die beiden Paare benachbarter Winkel mit der Summe 120° sich nicht gegenüber liegen. [T6] Wenn Sie alle Bedingungen aufstellen, dann erhalten Sie 5 Gleichungen mit 4 Unbekannten. Damit das Gleichungssystem eine Lösung besitzt, muss eine Gleichung der GTR-Lösung 0 = 0 lauten. [T7] Bestimmen Sie eine ganzrationale Funktion 4. Grades, deren Graph durch die 5 gegebenen Punkte verläuft. [T8] Setzen Sie eine ganzrationale Funktion 5. Grades an und stellen Sie ein Gleichungssystem auf, das sich aus der Übereinstimmung der Funktionswerte und der Werte der ersten und zweiten Ableitung an den Stellen −4 und 0 ergibt. Lösen Sie das Gleichungssystem mit dem GTR.

1 a) Zeichnen Sie die Punkte A(2 | −1 | 0), B(2 | 2 | 0), C(0 | 2 | 0), D(0 | −1 | 0) und E(2 | −1 | 1,5) in das Koordinatensystem.

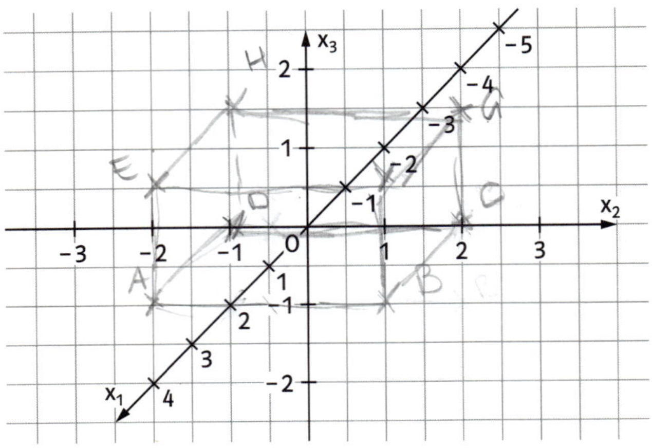

b) Die fünf Punkte sind die Eckpunkte eines Quaders. Geben Sie die Koordinaten der fehlenden Eckpunkte an und zeichnen Sie die Punkte ein.
F(___ | ___ | ___), G(___ | ___ | ___), H(___ | ___ | ___)

c) Betrachten Sie die Punkte A und E und geben Sie die Höhe h des Quaders an. $h = \overline{AE}$ = ____ cm

d) Bestimmen Sie den Mittelpunkt der Kante $\overline{AB}$ sowie die Länge der Diagonalen $\overline{AC}$. M_{AB}(___ | ___ | ___)

$\overline{AC} = \sqrt{(0 - \_\_\_)^2 + \_\_\_\_\_\_}$ cm = ____________

2 a) Die Punkte A und B liegen in der x_1x_2-Ebene, die Punkte C und D in der x_2x_3-Ebene und die Punkte E und F in der x_1x_3-Ebene.
Geben Sie die Koordinaten der Punkte an.

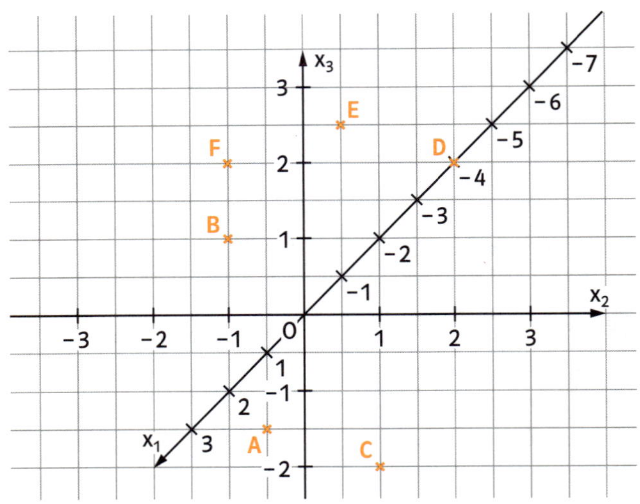

A(___ | ___ | ___), B(___ | ___ | ___), C(___ | ___ | ___)
D(___ | ___ | ___), E(___ | ___ | ___), F(___ | ___ | ___)

b) Notieren Sie je einen weiteren Punkt für jede der drei Ebenen und zeichnen Sie sie ein.

x_1x_2-Ebene: G(___ | ___ | ___)
x_2x_3-Ebene: H(___ | ___ | ___)
x_1x_3-Ebene: I(___ | ___ | ___)

3 a) Streichen Sie die Punkte durch, die nicht auf der Geraden liegen, die parallel zur x_3-Achse durch den Punkt P(2 | 0 | 0) verläuft.

A(2 | 0 | −1) B(2 | 2 | 0) C(0 | 2 | 0) D(2 | 0 | 3)
E(2 | −1 | 3) F(−1 | 0 | 2) G(2 | 0 | 15)

b) Ergänzen Sie die fehlenden Koordinaten so, dass die Punkte auf der Parallelen zur x_2-Achse, die durch den Punkt S(0 | 1,5 | 2) verläuft, liegen.

Q(___ | 0 | 2) R(0 | 3 | ___)
S(___ | ___ | 2) T(0 | ___ | 2)
U(___ | −5 | ___) V(0 | ___ | ___)

4 a) Das gleichschenklige Dreieck ABC mit A(−2 | −0,5 | 0) und B(4 | −0,5 | 0) liegt in der x_1x_2-Ebene (Längeneinheit 1 cm). Die Höhe h_c über der Basis $\overline{AB}$ beträgt 4 cm. Geben Sie mögliche Koordinaten des Punktes C an. C(___ | ___ | ___)

b) Ein Prisma über dem Dreieck ABC hat eine Höhe von 5 cm. Geben Sie die Koordinaten der drei weiteren Eckpunkte D, E und F an:

D(___ | ___ | ___), E(___ | ___ | ___), F(___ | ___ | ___)

5 Eine senkrechte Pyramide mit quadratischer Grundfläche ABCD und der Spitze S hat die Höhe 3 cm. Die Strecke $\overline{AB}$ ist 2 cm lang. Bestimmen Sie die Koordinaten der Eckpunkte A, B, C und D.

A(___ | ___ | ___), B(___ | ___ | ___), C(___ | ___ | ___),
D(___ | ___ | ___)

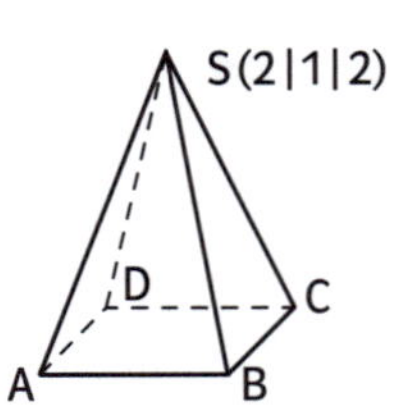

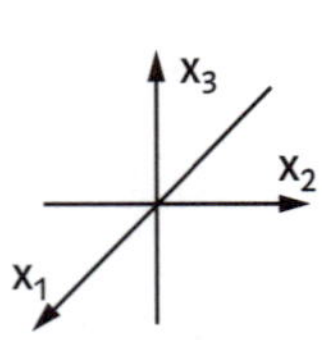

(Angaben in cm)

1 a) Der Vektor $\overrightarrow{AB} = \begin{pmatrix} 1 \\ 3 \\ -2 \end{pmatrix}$ beschreibt, wie man zum Punkt A(3 | −1 | 5) den Punkt B erhält.
Die Koordinaten von B sind:

B(3 + 1 | −1 + 3 | 5 + −2), also

B(4 | 2 | 3).

b) Der Vektor $\overrightarrow{AB}$ ist der Ortsvektor $\overrightarrow{OP}$ zum Punkt

P(1 | 3 | −2).

c) Geben Sie die Ortsvektoren an. $\overrightarrow{OA} = \begin{pmatrix} 3 \\ -1 \\ 5 \end{pmatrix}$, $\overrightarrow{OB} = \begin{pmatrix} 4 \\ 2 \\ 3 \end{pmatrix}$

2 Bestimmen Sie die Koordinaten der Vektoren $\overrightarrow{PQ}$ und $\overrightarrow{QP}$.

a) P(0 | 3 | −1), Q(−4 | 3 | 5)

$\overrightarrow{PQ} = \begin{pmatrix} -4 \\ 0 \\ 6 \end{pmatrix}$, $\overrightarrow{QP} = \begin{pmatrix} 4 \\ 0 \\ -6 \end{pmatrix}$

b) P(−8 | 2 | 18), Q(−2 | 3 | −13)

$\overrightarrow{PQ} = \begin{pmatrix} 6 \\ 1 \\ -31 \end{pmatrix}$, $\overrightarrow{QP} = \begin{pmatrix} -6 \\ -1 \\ 31 \end{pmatrix}$

3 a) Zeichnen Sie den Punkt A(2 | 0 | −1) in das Koordinatensystem. Der Vektor $\vec{v} = \begin{pmatrix} -1 \\ 2 \\ 2 \end{pmatrix}$ beschreibt den Weg vom Punkt A zum Punkt A'.

Die Koordinaten des Punktes A' sind:

A'(2 − 1 | 0 + 2 | −1 ____), also A'(__ | __ | __).

Zeichnen Sie A' und den Vektor $\vec{v} = \overrightarrow{AA'}$ ein.

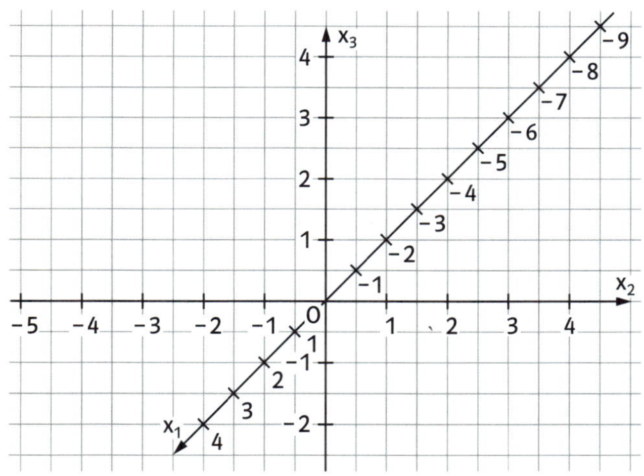

b) Der Vektor $\vec{v}$ beschreibt auch, wie man zum Punkt B(__ | __ | __) den Punkt B'(−2 | 1 | 2) erhält. Zeichnen Sie B, B' und einen Pfeil des Vektors $\vec{v} = \overrightarrow{BB'}$ ein.

c) Zeichnen Sie C(1 | 1 | −1) und D(−2 | 2 | 0) ein. Allein mit der Zeichnung lässt sich nicht klären, ob man den Punkt D vom Punkt C aus durch den Vektor $\vec{v}$ erhält.

Rechnerisch ergibt sich, dass ______________________________

____

____.

4 a) Die Punkte A, B, C, D, E und F sind die Eckpunkte eines Prismas. Wie viele unterschiedliche Vektoren sind in der Figur dargestellt?

____

b) Welche Pfeile in der Figur gehören zu demselben Vektor? $\overrightarrow{AB}$ = $\overrightarrow{\quad}$, ______________________

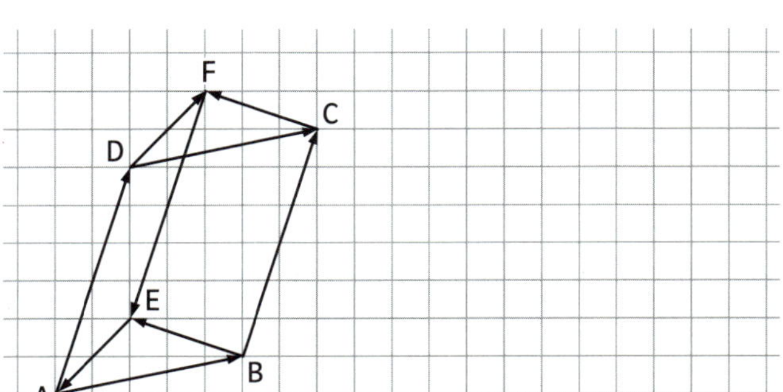

5 Markieren Sie zusammengehörende Karten.

B(1 | −1 | 2)

$\overrightarrow{BA} = \begin{pmatrix} -2 \\ 3 \\ -5 \end{pmatrix}$

A(7 | −2 | −3)

$\overrightarrow{AB} = \begin{pmatrix} 2 \\ -3 \\ 5 \end{pmatrix}$

A(−1 | 2 | −3)

$\overrightarrow{BA} = \begin{pmatrix} -2 \\ 3 \\ -4 \end{pmatrix}$

B(6 | 1 | −7)

$\overrightarrow{AB} = \begin{pmatrix} 2 \\ -3 \\ 4 \end{pmatrix}$

A(5 | 10 | 3)

$\overrightarrow{BA} = \begin{pmatrix} 1 \\ -3 \\ 4 \end{pmatrix}$

B(7 | 7 | 7)

$\overrightarrow{AB} = \begin{pmatrix} -1 \\ 3 \\ -4 \end{pmatrix}$

1 Gegeben sind die Vektoren $\vec{a}$ und $\vec{b}$. Zeichnen Sie die angegebenen Vektoren.

a) $\vec{a} + \vec{b}$ b) $-\vec{a}$
c) $\vec{b} - \vec{a}$ d) $2\vec{b}$
e) $\vec{a} + 2\vec{b}$ f) $\frac{1}{2}\vec{a} + \vec{b}$

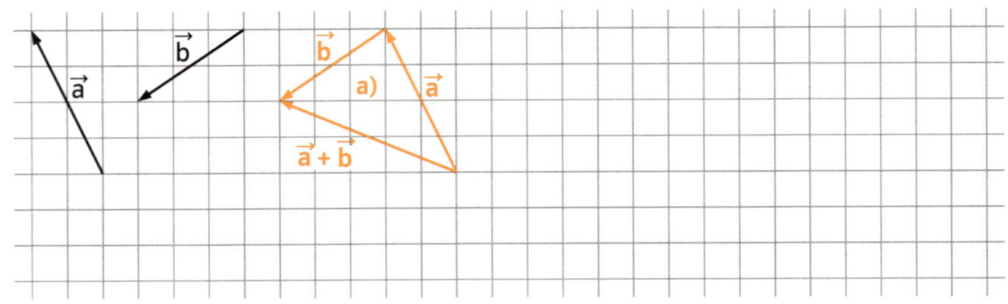

2 Berechnen Sie.

a) $\begin{pmatrix} 2 \\ -3 \end{pmatrix} - \begin{pmatrix} -7 \\ 2 \end{pmatrix} = \begin{pmatrix} 2-(-7) \\ -3-2 \end{pmatrix} = \begin{pmatrix} \\ \end{pmatrix}$

b) $5 \cdot \begin{pmatrix} -2 \\ 1 \end{pmatrix} - 0{,}5 \cdot \begin{pmatrix} -4 \\ 5 \end{pmatrix} =$ ________

c) $\begin{pmatrix} 10 \\ 0{,}5 \\ -1{,}5 \end{pmatrix} - \begin{pmatrix} 5 \\ -3 \\ 3 \end{pmatrix} + \begin{pmatrix} -3{,}5 \\ 0{,}5 \\ 2{,}5 \end{pmatrix} =$ ________

d) $-\begin{pmatrix} -3 \\ 4 \\ 1 \end{pmatrix} - 2 \cdot \begin{pmatrix} 1 \\ -1 \\ 1{,}5 \end{pmatrix} =$ ________

3 Im Schrägbild des Quaders sind die Vektoren $\vec{a}$, $\vec{b}$ und $\vec{c}$ eingezeichnet. Ergänzen Sie.

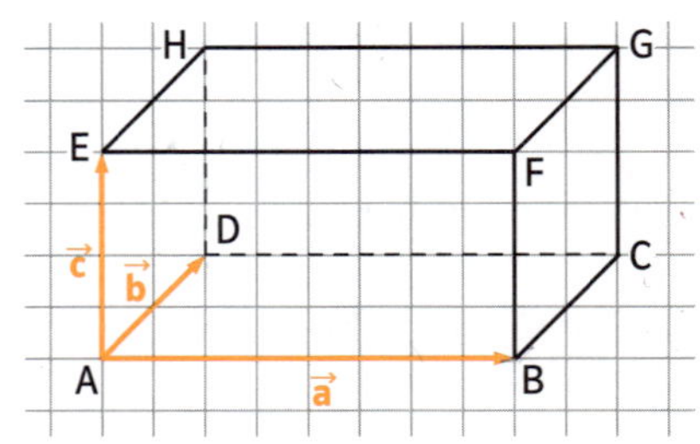

a) $\vec{a} + \vec{b} = \overrightarrow{AC} = \overrightarrow{E\_}$
b) $\vec{a} + \overrightarrow{\_\_} + \vec{c} = \overrightarrow{AG}$
c) $\vec{c} + \overrightarrow{\_\_} = \overrightarrow{AH} = \overrightarrow{B\_}$
d) $\vec{a} + \vec{c} = \overrightarrow{\_G} = \overrightarrow{A\_}$
e) $\vec{b} - \overrightarrow{\_\_} = \overrightarrow{BD} = \overrightarrow{\_H}$
f) $\overrightarrow{\_\_} - \vec{b} - \overrightarrow{\_\_} = \overrightarrow{HB}$

4 Markieren Sie zusammengehörende Kärtchen.

- $-3\vec{b} + (3\vec{a} - 2\vec{b} - 2\vec{a})$
- $2\vec{a} - 5\vec{b}$
- $-4\vec{b} - (-2\vec{a} + 6\vec{b})$
- $5\vec{a} - \vec{b} - 3\vec{a} - 2\vec{b}$
- $\vec{a} - 5\vec{b}$
- $4\vec{a} - (3\vec{a} + 5\vec{b})$
- $2\vec{b} - 2\vec{a} - 3\vec{b}$
- $2\vec{a} - 3\vec{b}$
- $-(\vec{b} - \vec{a}) + \vec{a} - 2\vec{b}$
- $6\vec{a} - (5\vec{a} - 3\vec{b})$
- $\vec{a} + 3\vec{b}$
- $4\vec{a} - (6\vec{a} + \vec{b})$
- $5\vec{a} + (-3\vec{a} - \vec{b}) - 4\vec{b}$
- $-2\vec{a} - \vec{b}$
- $-4\vec{b} + \vec{a} + 7\vec{b}$

5 a) Die Punkte eines Dreiecks haben die Koordinaten A(3 | 0 | −2), B(−1 | 6 | −2), C(−1 | 6 | 2). Bestimmen Sie den Mittelpunkt M_1 der Strecke $\overline{AB}$ und den Mittelpunkt M_2 der Strecke $\overline{BC}$.

$\overrightarrow{OM_1} = \overrightarrow{OA} + \frac{1}{2}\overrightarrow{AB} =$ ________

M_1(__ | __ | __) M_2(__ | __ | __)

b) Vergleichen Sie die Vektoren $\overrightarrow{M_1M_2}$ und $\overrightarrow{AC}$.

____

6 Berechnen Sie die Koordinaten des Vektors, der durch die Linearkombination gegeben ist.

a) $\begin{pmatrix} 4 \\ 2 \\ -16 \end{pmatrix} - 2 \cdot \begin{pmatrix} 1 \\ 1 \\ -8 \end{pmatrix} + 4 \cdot \begin{pmatrix} -0{,}5 \\ 1 \\ 0 \end{pmatrix}$

b) $\frac{1}{5} \cdot \begin{pmatrix} 5 \\ 20 \\ -15 \end{pmatrix} + 3 \cdot \begin{pmatrix} 1 \\ 1 \\ -2 \end{pmatrix} + \left(-\frac{2}{3}\right)\begin{pmatrix} -\frac{9}{2} \\ \frac{3}{2} \\ 0 \end{pmatrix}$

7 M(5 | 2 | 3) ist der Mittelpunkt der Strecke $\overline{AB}$ mit A(1 | 9 | 2). Berechnen Sie die Koordinaten des Punktes B.

1 a) Geben Sie mithilfe von Vektoren eine Gleichung für die Gerade g an.

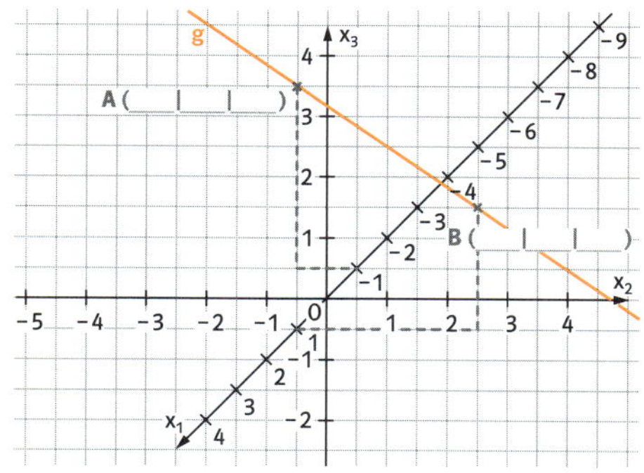

g: $\vec{x} = \begin{pmatrix} \square \\ \square \\ \square \end{pmatrix} + \_\_\_ \cdot \begin{pmatrix} \square \\ \square \\ \square \end{pmatrix}$

b) Zeichnen Sie einen Pfeil des Stütz- und des Richtungsvektors aus Teilaufgabe a) ein.

c) Geben Sie eine andere Gleichung der Geraden g an.

g: $\vec{x} = \begin{pmatrix} \square \\ \square \\ \square \end{pmatrix} + \_\_\_ \cdot \begin{pmatrix} \square \\ \square \\ \square \end{pmatrix}$

d) Die drei Punkte liegen auf der Geraden g. Ergänzen Sie die fehlende Koordinate.

C(−1|___|3), D(−5|−9|___), E(___|1|2,5)

2 a) Svenja weiß, dass die x_2-Achse durch die Gleichung $\vec{x} = t \cdot \begin{pmatrix} 0 \\ 1 \\ 0 \end{pmatrix}$ beschrieben wird.
Thomas behauptet, dass auch die Gleichung $\vec{x} = \begin{pmatrix} 0 \\ 1 \\ 0 \end{pmatrix} + t \cdot \begin{pmatrix} 0 \\ 1 \\ 0 \end{pmatrix}$ die x_2-Achse beschreibt.

Thomas hat Recht, weil

- ☐ nur der Richtungsvektor für die Lage der Geraden entscheidend ist.
- ☒ der Stützvektor der Ortsvektor zu einem Punkt der x_2-Achse ist und der Richtungsvektor derselbe ist.
- ☐ der Stützvektor dieselben Koordinaten hat wie der Richtungsvektor.
- ☒ die x_2-Koordinate von $\vec{x}$ jeden beliebigen Wert annehmen kann.
- ☒ die x_1- und die x_3-Koordinaten von $\vec{x}$ immer null sind.
- ☐ in der Darstellung genau vier Nullen sind.

b) Svenja meint, dass dann auch $\vec{x} = \begin{pmatrix} 0 \\ -1 \\ 0 \end{pmatrix} + t \cdot \begin{pmatrix} 0 \\ -1 \\ 0 \end{pmatrix}$ eine mögliche Gleichung für die x_2-Achse sein müsste.

Was sagen Sie dazu? ______________________________

____

3 Für den abgebildeten Quader gilt $\overline{AD} = 4\,\text{cm}$, $\overline{AB} = 5\,\text{cm}$ und $\overline{CG} = 3\,\text{cm}$.
a) Geben Sie je eine Gleichung für die Gerade g durch die Punkte A und G und für die Gerade h durch die Punkte B und H an. Notieren Sie zuerst die Koordinaten der benötigten Eckpunkte (Einheit cm).

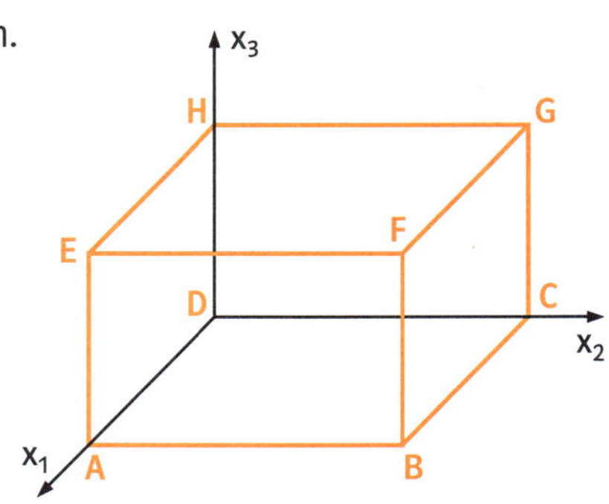

A(___|___|___), G(___|___|___), B(___|___|___), H(___|___|___)

g: $\vec{x} = \begin{pmatrix} \square \\ \square \\ \square \end{pmatrix} + \_\_\_ \cdot \begin{pmatrix} \square \\ \square \\ \square \end{pmatrix}$ h: $\vec{x} = \begin{pmatrix} \square \\ \square \\ \square \end{pmatrix} + \_\_\_ \cdot \begin{pmatrix} \square \\ \square \\ \square \end{pmatrix}$

b) Zeichnen Sie die Geraden g und h ein. Sie schneiden sich im Punkt M.

Bestimmen Sie die Koordinaten des Punktes. M(___|___|___)

4 Michael hat eine Gleichung der Geraden g durch die Punkte A und B mit dem Richtungsvektor $\overrightarrow{AB}$ aufgestellt. Finden Sie die Koordinaten des fehlenden Punktes heraus.

a) g: $\vec{x} = \begin{pmatrix} 3 \\ 0 \\ 2 \end{pmatrix} + t \cdot \begin{pmatrix} 1 \\ 2 \\ -3 \end{pmatrix}$

b) g: $\vec{x} = \begin{pmatrix} 6 \\ -3 \\ -1 \end{pmatrix} + t \cdot \begin{pmatrix} -10 \\ 8 \\ -1 \end{pmatrix}$

1 Laura, Fynn und Malin betrachten die Gleichungen von drei Geraden g, h und i. Jeder schließt von den Gleichungen auf die Lagebeziehung zweier Geraden. Vervollständigen Sie ihre Gedanken und ordnen Sie L (Laura), F (Fynn) und M (Malin) den weiteren Überlegungen richtig zu.

$g: \vec{x} = \begin{pmatrix} 4 \\ 2 \\ -1 \end{pmatrix} + r\begin{pmatrix} -2 \\ 3 \\ 2 \end{pmatrix}$ $\quad h: \vec{x} = \begin{pmatrix} 4 \\ 2 \\ 3 \end{pmatrix} + s\begin{pmatrix} -2 \\ 3 \\ 2 \end{pmatrix}$ $\quad i: \vec{x} = \begin{pmatrix} 4 \\ 2 \\ -1 \end{pmatrix} + t\begin{pmatrix} 3 \\ -2 \\ 2 \end{pmatrix}$

L Laura: „Die Geraden g und h sind entweder zueinander parallel oder die Gleichungen beschreiben dieselbe Gerade, da sie denselben Richtungsvektor haben."

F Fynn: „Die Geraden g und i haben entweder einen Schnittpunkt oder sie sind zueinander windschief, da $\begin{pmatrix} -2 \\ 3 \\ 2 \end{pmatrix}$ kein Vielfaches von $\begin{pmatrix} 3 \\ -2 \\ 2 \end{pmatrix}$ ist."

M Malin: „Die Geraden h und i haben entweder einen Schnittpunkt oder sie sind zueinander windschief, da $s\cdot\begin{pmatrix} -2 \\ 3 \\ 2 \end{pmatrix} = \begin{pmatrix} 3 \\ -2 \\ 2 \end{pmatrix}$ $r = -\frac{3}{2}$, $r = -\frac{2}{3}$."

M „Die beiden Geraden haben einen gemeinsamen Punkt, da sie den gleichen Ortsvektor haben."

F „Es muss überprüft werden, ob die Gleichung $\begin{pmatrix} 4 \\ 2 \\ 3 \end{pmatrix} + s\begin{pmatrix} -2 \\ 3 \\ 2 \end{pmatrix} = \begin{pmatrix} 4 \\ 2 \\ -1 \end{pmatrix} + t\begin{pmatrix} 3 \\ -2 \\ 2 \end{pmatrix}$ eine einzige Lösung hat."

L „Wenn P(4 | 2 | −1) auf der Geraden h liegt, dann beschreiben die beiden Gleichungen dieselbe Gerade."

F „Der Vektorgleichung entspricht das lineare Gleichungssystem:
$-2s - 3t = 0$
$3s + 2t = 0$
$2s - 2t = -4$
Das Gleichungssystem hat keine Lösung."

L „Die Betrachtung der Gleichung $\begin{pmatrix} 4 \\ 2 \\ -1 \end{pmatrix} = \begin{pmatrix} 4 \\ 2 \\ 3 \end{pmatrix} + s\begin{pmatrix} -2 \\ 3 \\ 2 \end{pmatrix}$ zeigt, dass diese nicht lösbar ist. Also liegt P nicht auf der Geraden h."

M „Der gemeinsame Punkt ist S(4 | 2 | −1)."

L „Die beiden Geraden sind zueinander parallel."

F „Die beiden Geraden sind zueinander windschief."

M „Die beiden Geraden schneiden sich im Punkt S."

2 Bestimmen Sie die Koordinaten des Schnittpunktes S der Geraden g und h.

a) $g: \vec{x} = \begin{pmatrix} 5 \\ 0 \\ 3 \end{pmatrix} + r\begin{pmatrix} 2 \\ 4 \\ -2 \end{pmatrix}$, $h: \vec{x} = \begin{pmatrix} -1 \\ -2 \\ 6 \end{pmatrix} + s\begin{pmatrix} 4 \\ -2 \\ -1 \end{pmatrix}$

b) $g: \vec{x} = \begin{pmatrix} 0 \\ 1 \\ 1 \end{pmatrix} + r\begin{pmatrix} 1 \\ 0 \\ 1 \end{pmatrix}$, $h: \vec{x} = \begin{pmatrix} 6 \\ 3 \\ 5 \end{pmatrix} + s\begin{pmatrix} 2 \\ 1 \\ 1 \end{pmatrix}$

3 a) Bestimmen Sie den Scharparameter a so, dass die Geraden

$g_a: \vec{x} = \begin{pmatrix} 4 \\ 2 \\ -1 \end{pmatrix} + t\cdot\begin{pmatrix} -1 \\ a \\ -2 \end{pmatrix}$ und $h_a: \vec{x} = \begin{pmatrix} 1 \\ 1 \\ 1 \end{pmatrix} + s\cdot\begin{pmatrix} 4a \\ 1 \\ 4 \end{pmatrix}$ zueinander parallel sind. [T1] $-\frac{1}{2} = a$

b) Bestimmen Sie den Scharparameter a so, dass die Geraden

$g_a: \vec{x} = \begin{pmatrix} 1 \\ a \\ 0 \end{pmatrix} + t\cdot\begin{pmatrix} 1 \\ 0 \\ -2 \end{pmatrix}$ und $h_a: \vec{x} = \begin{pmatrix} 3 \\ 2 \\ 3a \end{pmatrix} + s\cdot\begin{pmatrix} 0 \\ 3 \\ 1 \end{pmatrix}$ sich schneiden. [T2]

Geben Sie für diesen Fall die Koordinaten des Schnittpunkts S an.

[T1] Die Richtungsvektoren der beiden Geraden müssen Vielfache voneinander sein. [T2] Stellen Sie ein geeignetes LGS auf und fassen Sie dabei den Scharparameter a als dritte Variable auf. Lösen Sie das LGS und setzen Sie den Wert von a und t bzw. a und s in die Parametergleichung von g_a bzw. h_a ein.

1 a) Geben Sie die Koordinaten des Punktes P′ an, der durch Spiegeln des Punktes P(2 | 4 | 7) am Punkt Q(1 | 5 | 3) entsteht.

Es gilt $\overrightarrow{OP'} = \overrightarrow{OP} +$ ______________. Es ist $\overrightarrow{PQ} =$ __________.

Damit gilt für die Koordinaten von P′: P′(____ | ____ | ____).

b) Die Punkte A und B legen eine Gerade g fest.
Gibt es immer Punkte auf g, die von A dreimal soweit entfernt sind wie von B? Begründen Sie Ihre Antwort anschaulich.

c) Gibt es immer Punkte auf g, die von A den Abstand 3 und von B den Abstand 1 haben? Begründen Sie Ihre Antwort.

zu a) Zeichnen Sie P′ in die Skizze ein:

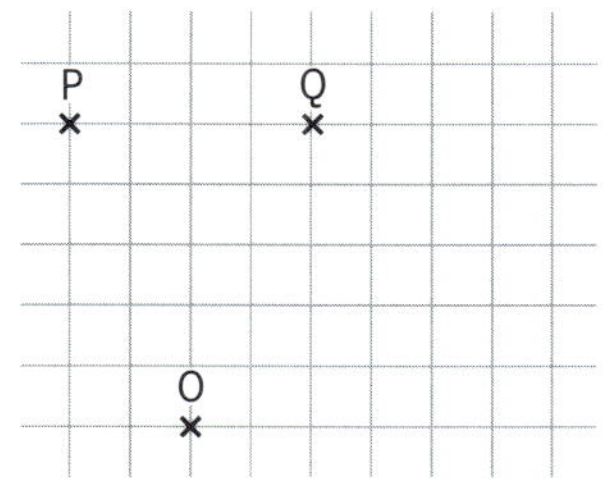

zu b) Füllen Sie die Lücken mit Zahlen geeignet aus.

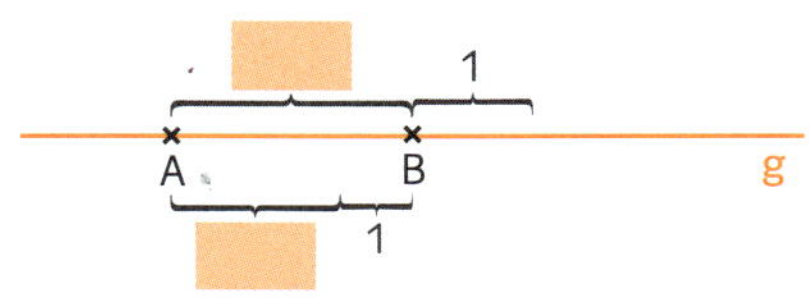

2 a) Geben Sie einen Vektor $\vec{a_0}$ der Länge 1 an, der die Richtung von A(1 | 5 | 2) nach B(4 | 1 | 9) angibt.

$\overrightarrow{AB} =$ ______ . $|\overrightarrow{AB}| =$ ____________________ = ______. Also $\vec{a_0} =$ ______ $\cdot \overrightarrow{AB} =$ ______ .

b) Geben Sie eine Gleichung der Geraden durch die Punkte A(0 | 2 | 5) und B(−2 | 1 | 3) so an, dass der Richtungsvektor ein Einheitsvektor ist. Bestimmen Sie die Koordinaten aller Punkte auf g, die von A den Abstand 1; 3 und 12 haben.

3 Die Punkte P(2 | 1 | 3) und Q(−1 | 1 | 7) liegen auf einer Geraden g. Geben Sie die Koordinaten der Punkte R und S auf g an, die von P doppelt soweit entfernt sind wie Q.

4 a) Für eine Raute ABCD muss gelten: $\overrightarrow{AB} =$ ______________ und $|\overrightarrow{AD}| =$ ______________.
Untersuchen Sie, ob es sich beim Viereck ABCD mit A(3 | 1 | −3), B(0 | 2 | 0), C(3 | 3 | 3) und D(6 | 2 | 0) um eine Raute handelt.

b) Für ein Trapez ABCD muss gelten: $\overrightarrow{AB} =$ ______________ oder $\overrightarrow{BC} =$ ______________, $r \in \mathbb{R}$.
Untersuchen Sie, ob es sich beim Viereck ABCD mit A(6 | 3 | 0), B(0 | 0 | 4), C(−3 | 6 | 1) und D(0 | 7,5 | −1) um ein Trapez handelt.

c) Für ein gleichschenkliges Dreieck ABC muss gelten: $|\overrightarrow{AB}| =$ __________ oder $|\overrightarrow{BC}| =$ __________ oder $|\overrightarrow{CA}| =$ __________.
Untersuchen Sie, ob das Dreieck mit den Eckpunkten A(4 | −2 | 2), B(2 | 0 | 3) und C(1 | −2 | 1) gleichschenklig ist.

d) Überprüfen Sie, ob eine Seitenhalbierende im Dreieck ABC mit A(6 | 0 | −1), B(4 | −2 | 0) und C(3 | 0 | 2) eine ganzzahlige Länge besitzt.

5 Zwei Kleinflugzeuge F_1 und F_2 bewegen sich auf einer geradlinigen Flugbahn, wobei sich F_1 zum Beobachtungsstart im Punkt P(1 | 4 | 2) und nach einer Minute im Punkt Q(3 | 6 | 3) befindet. F_2 befindet sich zu Beobachtungsbeginn im Punkt R(2 | 6 | 6) und fliegt mit $300\,\frac{km}{h}$ in Richtung S(6 | 3 | 6) (die Koordinaten geben die Entfernungen zum Koordinatenursprung in Kilometer an).

a) Wie schnell fliegt das Flugzeug F_1 (in $\frac{km}{h}$)? [T1]

b) Wo befinden sich die Flugzeuge nach drei Minuten? [T2]

c) Wie weit sind die Flugzeuge zu diesem Zeitpunkt voneinander entfernt?

[T1] Die Länge des Vektors $\overrightarrow{PQ}$ liefert die zurückgelegte Strecke nach einer Minute, also $\frac{1}{60}$ einer Stunde. [T2] Aus den Geradengleichungen der Flugbahnen kann für t = 3 der gesuchte Ort bestimmt werden.

1 a) Berechnen Sie die Koordinaten des Vektors $\vec{x}$, der durch die Linearkombination
$\begin{pmatrix} 2 \\ 1 \\ -13 \end{pmatrix} - 3 \cdot \begin{pmatrix} 1 \\ 1 \\ -6 \end{pmatrix} + \frac{1}{3} \cdot \begin{pmatrix} 15 \\ -30 \\ -6 \end{pmatrix}$ gegeben ist.

b) Berechnen Sie die Länge des Vektors $\vec{x}$ und bestimmen Sie den zugehörigen Einheitsvektor $\vec{x_0}$.

c) Geben Sie alle Punkte auf der Geraden $g: \vec{x} = \begin{pmatrix} 2 \\ 3 \\ 1 \end{pmatrix} + t \cdot \begin{pmatrix} 4 \\ -12 \\ 3 \end{pmatrix}$ an, die vom Punkt A(2 | 3 | 1) den Abstand 39 haben.

2 Das Dreieck ABC wird durch die Vektoren $\vec{a} = \overrightarrow{AB}$ und $\vec{b} = \overrightarrow{AC}$ aufgespannt. M sei die Mitte der Strecke $\overline{BC}$. Geben Sie die Vektoren $\overrightarrow{AM}$ und $\overrightarrow{BM}$ als Linearkombination von $\vec{a}$ und $\vec{b}$ an.

3 a) Geben Sie eine Parametergleichung der Geraden g durch die Punkte A(7 | 2 | −1) und B(3 | 1 | 2) an.

b) Überprüfen Sie, ob der Punkt P(−1 | 0 | 4) auf g liegt.

c) Geben Sie eine Parametergleichung der zu g parallelen Geraden h an, die durch den Ursprung verläuft.

d) Geben Sie eine Parametergleichung der Geraden i an, auf der B liegt und die orthogonal zur x_1x_3-Ebene verläuft.

e) Der Punkt C(5 | 4 | 3) wird am Punkt A gespiegelt. Bestimmen Sie die Koordinaten von C′.

4 Untersuchen Sie die gegenseitige Lage von g und h. Berechnen Sie gegebenenfalls die Koordinaten des Schnittpunkts.

a) $g: \vec{x} = \begin{pmatrix} 2 \\ 2 \\ -1 \end{pmatrix} + r \cdot \begin{pmatrix} 4 \\ -1 \\ 2 \end{pmatrix}$; $h: \vec{x} = \begin{pmatrix} 1 \\ 1 \\ 0 \end{pmatrix} + s \cdot \begin{pmatrix} -2 \\ 0{,}5 \\ -1 \end{pmatrix}$

b) $g: \vec{x} = \begin{pmatrix} 1 \\ 2 \\ 3 \end{pmatrix} + r \cdot \begin{pmatrix} -1 \\ 2 \\ 5 \end{pmatrix}$; $h: \vec{x} = \begin{pmatrix} -6 \\ 16 \\ 38 \end{pmatrix} + s \cdot \begin{pmatrix} 3 \\ -6 \\ -15 \end{pmatrix}$

c) $g: \vec{x} = \begin{pmatrix} 1 \\ 2 \\ 3 \end{pmatrix} + r \cdot \begin{pmatrix} -1 \\ 2 \\ 5 \end{pmatrix}$; $h: \vec{x} = \begin{pmatrix} 10 \\ 2 \\ 0 \end{pmatrix} + s \cdot \begin{pmatrix} 1 \\ 1 \\ 2 \end{pmatrix}$

d) $g: \vec{x} = \begin{pmatrix} 1 \\ 0 \\ 1 \end{pmatrix} + r \cdot \begin{pmatrix} 1 \\ -3 \\ 2 \end{pmatrix}$; $h: \vec{x} = \begin{pmatrix} 3 \\ 2 \\ 0 \end{pmatrix} + s \cdot \begin{pmatrix} 1 \\ 5 \\ -1 \end{pmatrix}$

5 Ein Körper bewegt sich geradlinig mit der konstanten Geschwindigkeit 5 km/h auf der Geraden durch die Punkte A(2 | 1 | 5) und B(6 | 1 | 2) (Koordinaten in km). Der Körper startet von A in Richtung B.

a) Wo befindet sich der Körper nach 90 Minuten?

b) Wann befindet sich der Körper im Punkt C(10 | 1 | −1)?

6 Gegeben ist eine senkrechte Pyramide mit quadratischer Grundfläche ABCD und Spitze S mit A(−1 | −2 | 0), B(3 | −2 | 0) und C(3 | 2 | 0).

a) Geben Sie die Koordinaten von D und des Mittelpunkts M der Grundfläche an.

b) Bestimmen Sie mögliche Koordinaten von S, wenn das Volumen der Pyramide 16 VE beträgt. [T1]

c) Zeichnen Sie die Pyramide in ein Koordinatensystem ein.

d) Berechnen Sie die Oberflächeninhalt der Pyramide. [T2]

7 Durch die Koordinaten der Eckpunkte A(4 | 1 | −1), B(4 | 5 | −1), D(−2 | 1 | −1) und E(4 | 1 | 0,5) wird ein Quader festgelegt.

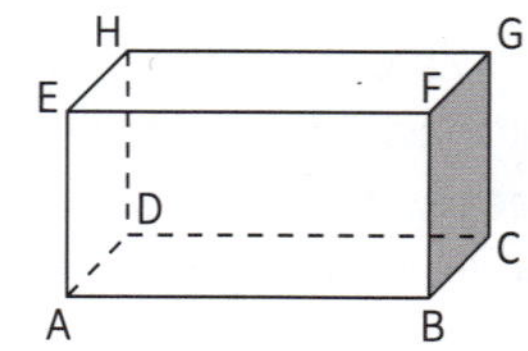

a) Geben Sie die Koordinaten der fehlenden Eckpunkte C, F, G und H an.

b) Berechnen Sie die Länge der Kante $\overline{AE}$.

c) Der Punkt R(s | 5 | −1) liegt auf der Geraden durch die Punkte A und M, wobei M der Mittelpunkt von $\overline{BD}$ ist. Bestimmen Sie die fehlende Koordinate s.

[T1] Lösen Sie die Formel zur Berechnung des Volumens einer Pyramide nach h auf; die Höhe h entspricht der x_3-Koordinate von S; die beiden anderen Koordinaten stimmen mit denen von M überein. [T2] Die vier flächeninhaltsgleichen Manteldreiecksflächen sind gleichschenklig. Der Abstand des Mittelpunkts der Basiskante von der Spitze S liefert die Höhe im gleichschenkligen Dreieck.

1 Kreuzen Sie an.

	W	F
E: $\vec{x} = \begin{pmatrix}1\\0\\0\end{pmatrix} + r \cdot \begin{pmatrix}0\\1\\0\end{pmatrix} + s \cdot \begin{pmatrix}0\\0\\1\end{pmatrix}$ ist parallel zur x_1x_2-Ebene.		X
E ist parallel zur x_1x_3-Ebene.		X
E ist parallel zur x_2x_3-Ebene.	X	
Drei Punkte im Raum legen immer eine Ebene fest.		X
Zwei parallele Geraden im Raum legen immer eine Ebene fest.	X	
Die Ebene F: $\vec{x} = r \cdot \begin{pmatrix}1\\1\\0\end{pmatrix} + s \cdot \begin{pmatrix}0\\0\\1\end{pmatrix}$ enthält den Ursprung.	X	
F enthält die x_3-Achse.	X	
F schneidet die x_1-Achse unter einem Winkel von 45°.	X	

2 Stellen Sie eine Parametergleichung der Ebene durch die Punkte A(1 | 0 | 2), B(3 | 2 | 5) und C(−2 | 1 | 3) auf.

Wählt man als Stützvektor $\overrightarrow{OA} = \begin{pmatrix}1\\0\\2\end{pmatrix}$, und als Spannvektoren $\overrightarrow{AB} = \begin{pmatrix}2\\2\\3\end{pmatrix}$ und $\overrightarrow{AC} = \begin{pmatrix}-3\\1\\1\end{pmatrix}$, so ergibt sich

E: $\vec{x}$ = ______________________________.

Da die Spannvektoren $\overrightarrow{AB}$ und $\overrightarrow{AC}$ nicht ______________ sind, erhält man eine Ebenengleichung.

Ein weiterer Punkt der Ebene ist D(0 | 3 | __).

3 a) Überprüfen Sie, ob die Punkte A(3 | 2 | 9) und B(1 | 2 | 5) in der Ebene E: $\vec{x} = \begin{pmatrix}1\\2\\3\end{pmatrix} + r \cdot \begin{pmatrix}0\\0\\1\end{pmatrix} + s \cdot \begin{pmatrix}2\\0\\3\end{pmatrix}$ liegen.

b) Überprüfen Sie, ob die Punkte A(3 | 2 | 9), B(2 | 1 | 3), C(3 | 1 | 1) und D(2 | 2 | 1) in einer Ebene liegen.

c) Prüfen Sie, ob die Geraden g: $\vec{x} = \begin{pmatrix}1\\0\\3\end{pmatrix} + r \cdot \begin{pmatrix}2\\7\\5\end{pmatrix}$ und h: $\vec{x} = \begin{pmatrix}3\\7\\8\end{pmatrix} + s \cdot \begin{pmatrix}1\\3\\4\end{pmatrix}$ sich schneiden.

Geben Sie, falls möglich, eine Parametergleichung der Ebene an, die durch die Geraden g und h festgelegt wird.

4 Gegeben ist die Ebene E: $\vec{x} = \begin{pmatrix}2\\0\\5\end{pmatrix} + r \cdot \begin{pmatrix}1\\5\\2\end{pmatrix} + s \cdot \begin{pmatrix}0\\-2\\7\end{pmatrix}$. Begründen Sie, warum die Gerade g: $\vec{x} = \begin{pmatrix}3\\5\\7\end{pmatrix} + r \cdot \begin{pmatrix}1\\3\\9\end{pmatrix}$ in E liegt.

5 Ein Würfel hat die diagonal liegenden Eckpunkte A(0 | 0 | 0) und G(1 | 1 | 1). Geben Sie die übrigen Koordinaten der Eckpunkte an. Geben Sie eine Parametergleichung der Ebene E an, die durch A und G geht und den Würfel halbiert.

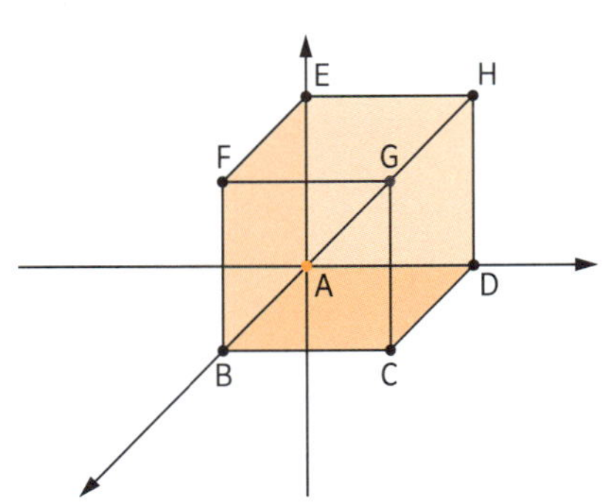

1 Ordnen Sie orthogonale Vektoren einander zu.

$\begin{pmatrix}2\\1\\9\end{pmatrix}$ $\begin{pmatrix}-13\\7\\-7\end{pmatrix}$ $\begin{pmatrix}-3\\2\\-5{,}5\end{pmatrix}$ $\begin{pmatrix}0\\1\\2\end{pmatrix}$ $\begin{pmatrix}10\\1\\1\end{pmatrix}$ $\begin{pmatrix}1\\7\\2\end{pmatrix}$ $\begin{pmatrix}7\\-2\\1\end{pmatrix}$ $\begin{pmatrix}-1\\2\\0\end{pmatrix}$

2 Überprüfen Sie, ob das Dreieck ABC mit A(3 | 2 | 9), B(1 | −2 | 5) und C(−3 | −1 | 6) bei B einen rechten Winkel hat.

$\overrightarrow{BA} = \begin{pmatrix}\_\\\_\\\_\end{pmatrix}$, $\overrightarrow{BC} = \begin{pmatrix}\_\\\_\\\_\end{pmatrix}$

$\overrightarrow{BA} \cdot \overrightarrow{BC} =$ ______________________ = ______________________

Antwort: ____

3 Kreuzen Sie für das Dreieck ABC und Viereck ABCD richtig an.

	W	F
Wenn $\overrightarrow{AB} = \overrightarrow{BC}$, dann ist ABC gleichschenklig.		X
Wenn $\lvert\overrightarrow{AB}\rvert = \lvert\overrightarrow{BC}\rvert$, dann ist ABC gleichschenklig.	X	
Wenn $\overrightarrow{AB} \cdot \overrightarrow{AC} = 0$, dann ist ABC rechtwinklig.	X	
Wenn $\overrightarrow{AB} + \overrightarrow{AC} = 0$, dann ist ABC rechtwinklig.		X
Wenn $\overrightarrow{AB} = \overrightarrow{DC}$ und $\overrightarrow{AD} = \overrightarrow{BC}$, dann ist ABCD eine Raute.		X
Wenn $\overrightarrow{AB} = \overrightarrow{DC}$ und $\lvert\overrightarrow{BC}\rvert = \lvert\overrightarrow{AB}\rvert$, dann ist ABCD eine Raute.	X	
Wenn $\overrightarrow{AB} = \overrightarrow{DC}$, dann ist ABCD ein Parallelogramm. [T1]	X	
Wenn $\overrightarrow{AB} = r \cdot \overrightarrow{DC}$ für ein $r \in \mathbb{R}$, dann ist ABCD ein Trapez. [T2]	X	X
Wenn $\overrightarrow{AB} = \overrightarrow{DC}$, $\overrightarrow{BC} = \overrightarrow{AD}$ und $\overrightarrow{AB} \cdot \overrightarrow{AD} = 0$, dann ist ABCD ein Quadrat.		X
Wenn $\overrightarrow{AB} = \overrightarrow{DC}$, $\lvert\overrightarrow{AB}\rvert = \lvert\overrightarrow{AD}\rvert$ und $\overrightarrow{CB} \cdot \overrightarrow{CD} = 0$, dann ist ABCD ein Quadrat.	X	

4 a) Geben Sie drei Vektoren an, die zu $\vec{a} = \begin{pmatrix}1\\3\\2\end{pmatrix}$ orthogonal sind und in verschiedene Richtungen zeigen.

b) Geben Sie drei Vektoren an, die zu $\vec{a} = \begin{pmatrix}2\\1\\3\end{pmatrix}$ und $\vec{b} = \begin{pmatrix}1\\0\\2\end{pmatrix}$ orthogonal sind.

c) Bestimmen Sie die fehlenden Koordinaten so, dass die Vektoren $\vec{a} = \begin{pmatrix}1\\a_2\\1\end{pmatrix}$ und $\vec{b} = \begin{pmatrix}b_1\\1\\-2\end{pmatrix}$ zu $\vec{c} = \begin{pmatrix}2\\3\\1\end{pmatrix}$ orthogonal sind. [T3]

5 Untersuchen Sie, welche besonderen Eigenschaften das Viereck ABCD mit den Eckpunkten A(3 | 5 | 7), B(6 | 1 | 7), C(6 | −2 | 3) und D(3 | 2 | 3) besitzt.

[T1] Ist in einem Viereck eine zu einer Seite gegenüberliegende Seite parallel und gleich lang, so gilt diese Beziehung auch für die anderen beiden Seiten. [T2] In einem Trapez sind zwei sich gegenüberliegende Seiten parallel. [T3] Bilden Sie das Skalarprodukt von $\vec{a}$ und $\vec{c}$ sowie $\vec{b}$ und $\vec{c}$.

1 Ordnen Sie passende Kärtchen zu.

$E_1: \left[\vec{x} - \begin{pmatrix}5\\0\\3\end{pmatrix}\right] \cdot \begin{pmatrix}1\\-1\\0\end{pmatrix} = 0$	$E_2: \left[\vec{x} - \begin{pmatrix}5\\3\\0\end{pmatrix}\right] \cdot \begin{pmatrix}0\\0\\1\end{pmatrix} = 0$	$E_3: x_1 - x_2 = 5$	E_4 ist parallel zur x_1x_2-Ebene	$E_5: x_3 = 5$	$E_6: \vec{x} = r \cdot \begin{pmatrix}0\\0\\1\end{pmatrix} + s \cdot \begin{pmatrix}1\\1\\0\end{pmatrix} = 0$	E_7 ist parallel zur x_3-Achse

2 Wahr oder falsch?

	W	F
Unterscheiden sich die Koordinatengleichungen der Form $ax_1 + bx_2 + cx_3 = d$ zweier Ebenen nur in der Konstanten d, dann sind die Ebenen parallel.	X	
Sind zwei Ebenen parallel, so sind bei den zugehörigen Koordinatengleichungen die Koeffizienten a, b und c gleich.		X
Die Gerade $g: \vec{x} = \begin{pmatrix}3\\0\\1\end{pmatrix} + t \cdot \begin{pmatrix}2\\-1\\3\end{pmatrix}$ und die Ebene $E: -6x_1 + 3x_2 - 9x_3 = 0$ sind parallel. vielfaches schneiden		
Die Ebenen der Schar $E_a: -2x_2 = a$ sind orthogonal zur x_2-Achse.	X	
Die Ebenen der Schar $E_a: -2x_2 = a$ sind parallel zur x_1x_3-Ebene.	X	

3 Bestimmen Sie für die Ebene E in nebenstehender Figur eine Normalen- und Koordinatengleichung. Bestimmen Sie anschließend die gemeinsamen Punkte von E mit den Koordinatenachsen.

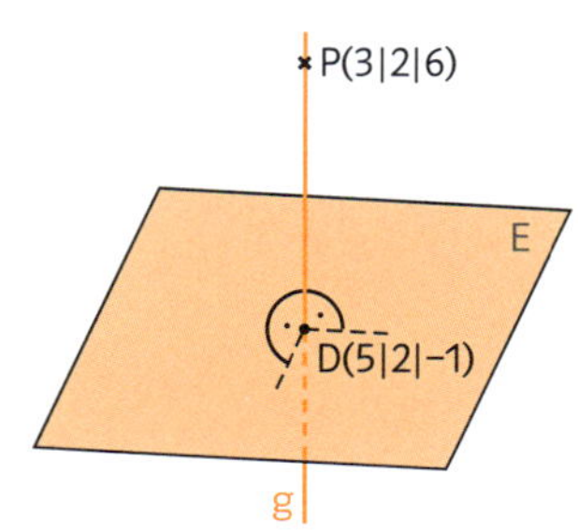

4 Bestimmen Sie eine mögliche Koordinatengleichung von E.

a) Die Ebene E ist parallel zur x_2x_3-Ebene und enthält den Punkt P(97|83|101).

b) Die Ebene E ist parallel zur x_1x_2-Ebene und hat von dieser den Abstand 3.

c) E ist festgelegt durch die zwei parallelen Geraden $g: \vec{x} = \begin{pmatrix}-2\\1\\5\end{pmatrix} + t \cdot \begin{pmatrix}1\\1\\-1\end{pmatrix}$ und $h: \vec{x} = \begin{pmatrix}5\\0\\1\end{pmatrix} + s \cdot \begin{pmatrix}-1\\-1\\1\end{pmatrix}$. [T1]

d) Die Gerade g durch P(1|5|−2) und Q(3|1|6) schneidet E orthogonal, wobei P und Q denselben Abstand von E haben. [T2]

5 Gegeben sind die Punkte A(2|3|0), B(1|5|2) und C(0|7|−1), die in einer Ebene E liegen. Bestimmen Sie eine

a) Parametergleichung [T3] b) Normalengleichung [T4] c) Koordinatengleichung [T5] von E.

6 Gegeben ist der Punkt P(2|5|3) und der Vektor $\vec{n} = \begin{pmatrix}1\\2\\9\end{pmatrix}$. Bestimmen Sie eine Normalen- und Koordinatengleichung der Ebene E, die senkrecht zu $\vec{n}$ liegt und den Punkt P enthält.

7 Prüfen Sie nach, ob der Punkt A(2|9|3) auf

a) $E: 3x_1 + 2x_2 - x_3 = 20$ b) $E: \vec{x} = \begin{pmatrix}0\\1\\7\end{pmatrix} + r \cdot \begin{pmatrix}1\\1\\3\end{pmatrix} + s \cdot \begin{pmatrix}3\\9\\-1\end{pmatrix}$ c) $E: \left[\vec{x} - \begin{pmatrix}3\\0\\6\end{pmatrix}\right] \cdot \begin{pmatrix}3\\2\\5\end{pmatrix} = 0$ liegt.

[T1] Der sich aus den beiden Stützvektoren ergebende Verbindungsvektor ist ein möglicher zweiter Spannvektor von E.
[T2] Der Mittelpunkt der Strecke $\overline{PQ}$ ist ein Punkt von E. Ein Normalenvektor von E ist z. B. $\overrightarrow{PQ}$. [T3] Verwenden Sie als Stützvektor z. B. den Vektor $\overrightarrow{0A}$ und als Spannvektoren $\overrightarrow{AB}$ und $\overrightarrow{AC}$. [T4] Bestimmen Sie einen Normalenvektor $\vec{n}$, indem Sie das LGS bestehend aus $\overrightarrow{AB} \cdot \vec{n} = 0$ und $\overrightarrow{AC} \cdot \vec{n} = 0$ lösen. Eine Normalengleichung ist z. B. $(\vec{x} - \overrightarrow{0A}) \cdot \vec{n} = 0$. [T5] Ausmultiplizieren der Normalengleichung liefert eine Koordinatengleichung.

1 Welche besondere Lage hat die Ebene E? Kreuzen Sie an.

	parallel zur x_1-Achse	parallel zur x_2-Achse	parallel zur x_3-Achse	parallel zur x_1x_2-Ebene	parallel zur x_1x_3-Ebene	parallel zur x_2x_3-Ebene
E: $2x_1 + 3x_2 = -7$						
E: $x_3 = 5$						
E: $x_1 - x_3 = 15$						
E: $x_2 = -2$						
E: $5x_2 + 2x_3 = 0$						
E: $3x_1 = -22$						

2 Füllen Sie die Lücken aus.

Eine Ebene schneidet mindestens ______ und höchstens ______ Koordinatenachse(n). Schneidet sie genau ______ Koordinatenachse(n), dann ist sie parallel zu einer Koordinatenachse; schneidet sie genau ______ Koordinatenachse(n), so ist sie parallel zu einer Koordinatenebene. Eine Ebene hat mindestens ______ und höchstens ______ Spurgeraden. Die Spurpunkte einer Ebene sind Ecken eines gleichschenkligen Dreiecks, falls in der Koordinatengleichung von E: $ax_1 + bx_2 + cx_3 = d$ gilt [T1]: ______________________________.

3 Bestimmen Sie eine Koordinatengleichung von E.

a)

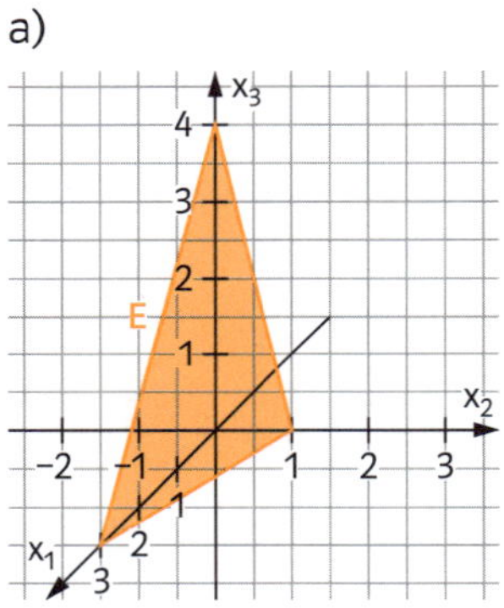

b)

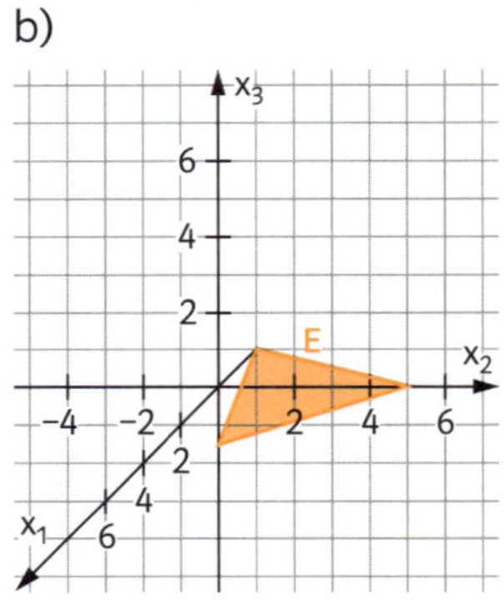

c)

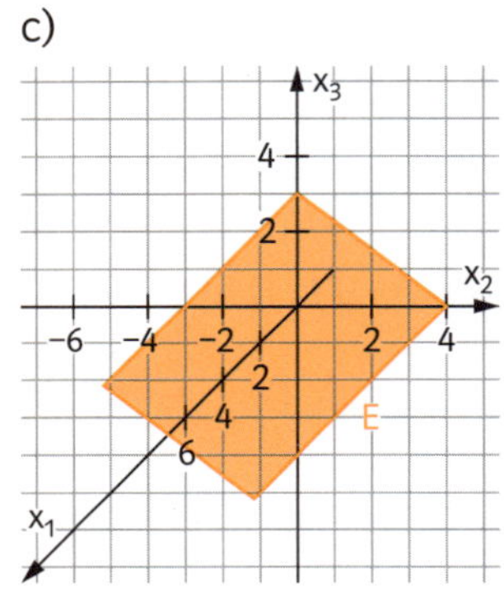

d)

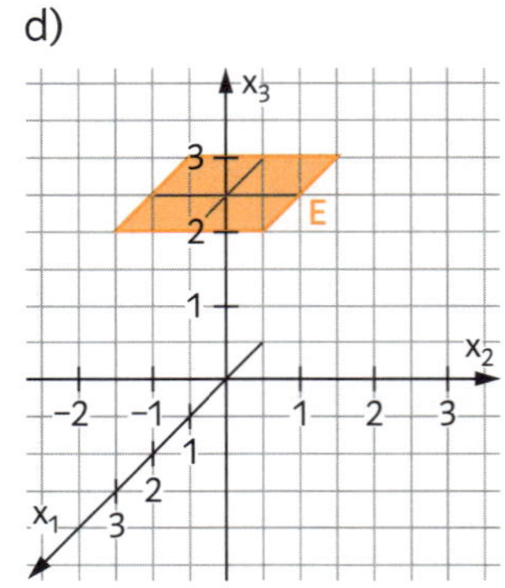

4 Veranschaulichen Sie die Ebene E in einem Koordinatensystem.

a) E: $2x_1 + 3x_2 - x_3 = 6$
b) E: $5x_1 - 2x_2 = 10$
c) E: $2x_3 = -5$
d) E: $-3x_1 + 2x_2 - 4x_3 = 12$

5 Bestimmen Sie aus den Spurpunkten oder Spurgeraden eine Koordinatengleichung der zugehörigen Ebene E.

a) $S_2(0|2|0)$, $S_3(0|0|5)$ (kein weiterer Spurpunkt)
b) $S_1(0|1|0)$ (einziger Spurpunkt)
c) $S_1(3|0|0)$, $S_2(0|2|0)$, $S_3(0|0|5)$
d) $S_1(4|0|0)$ und g: $\vec{x} = \begin{pmatrix} 0 \\ 2 \\ 0 \end{pmatrix} + r \cdot \begin{pmatrix} 0 \\ 3 \\ 3 \end{pmatrix}$
e) g: $\vec{x} = \begin{pmatrix} 1 \\ 0 \\ 0 \end{pmatrix} + r \cdot \begin{pmatrix} 0 \\ 1 \\ 0 \end{pmatrix}$ und h: $\vec{x} = \begin{pmatrix} 1 \\ 0 \\ 0 \end{pmatrix} + s \cdot \begin{pmatrix} 0 \\ 0 \\ 1 \end{pmatrix}$

[T1] Fertigen Sie eine Skizze an und tragen Sie die Koordinaten der Spurpunkte ein.

1 Füllen Sie die Kärtchen in Bezug auf die Lagebeziehung der beiden geometrischen Objekte geeignet aus.

Gegeben sind die Geraden $g: \vec{x} = \begin{pmatrix} p_1 \\ p_2 \\ p_3 \end{pmatrix} + t \cdot \begin{pmatrix} u_1 \\ u_2 \\ u_3 \end{pmatrix}$ und die Ebene $E: a x_1 + b x_2 + c x_3 = d$.

Die Gleichung $a \cdot (p_1 + t \cdot u_1) + b \cdot (p_2 + t \cdot u_2) + c \cdot (p_3 + t \cdot u_3) = d$ hat für t

- **genau eine Lösung:** ______
- **keine Lösung:** ______
- **unendlich viele Lösungen:** ______

Die Koordinaten des Durchstoßpunktes bestimmt man, indem man

______.

2 Ordnen Sie geeignete Kärtchen einander zu.

- A „Der Richtungsvektor von g ist orthogonal zu jedem der beiden Spannvektoren von E"
- B „Der Normalenvektor von E ist kein Vielfaches des Richtungsvektors von g"
- C „g schneidet E senkrecht"
- D „Das Skalarprodukt des Normalenvektors von E mit dem Richtungsvektor von g ist 0"
- E „Der Richtungsvektor von g ist ein möglicher Spannvektor von E"
- F „Der Normalenvektor von E ist ein Vielfaches des Richtungsvektors von g"
- G „g ist parallel zu E oder g liegt in E"
- H „g ist parallel zu E oder g schneidet E nicht orthogonal"

3 Untersuchen Sie die Lagebeziehung der Geraden durch P(2|1|3) und Q(7|1|5) mit der Ebene E. Bestimmen Sie gegebenenfalls die Koordinaten des Durchstoßpunktes.

a) $E: x_1 + x_2 - x_3 = 5$
b) $E: x_3 = 0$
c) $E: 2x_1 - 5x_3 = 4$
d) $E: 2x_1 - 5x_3 = -11$
e) $E: \vec{x} = \begin{pmatrix} 0 \\ -8 \\ -17 \end{pmatrix} + r \cdot \begin{pmatrix} 2 \\ 0 \\ 5 \end{pmatrix} + s \cdot \begin{pmatrix} 1 \\ 3 \\ 4 \end{pmatrix}$

4 Gegeben sind zwei Ebenen in Koordinatendarstellung.
Füllen Sie die Kärtchen in Bezug auf die Lagebeziehung der beiden Ebenen geeignet aus.

Das zugehörige lineare Gleichungssystem hat

- **keine Lösung** ______
- **unendlich viele Lösungen**
  - **Die Normalenvektoren sind keine Vielfache voneinander** ______
  - **Die Normalenvektoren sind Vielfache voneinander** ______

Die Gleichung der Schnittgerade bestimmt man, indem

______.

5 Bestimmen Sie die Schnittgerade der beiden Ebenen $E_1: \vec{x} = \begin{pmatrix} 2 \\ 3 \\ 5 \end{pmatrix} + r \cdot \begin{pmatrix} 1 \\ 0 \\ 3 \end{pmatrix} + s \cdot \begin{pmatrix} -1 \\ 2 \\ 1 \end{pmatrix}$ und $E_2: 2x_1 - 3x_2 = 5$.
[T1]

[T1] Stellen Sie die Parametergleichung von E_1 zeilenweise für x_1, x_2 und x_3 dar und setzen Sie diese x_i in die Koordinatengleichung von E_2 ein. Lösen Sie die Gleichung nach z.B. r auf und setzen Sie in der Gleichung von E_1 den Wert für r (in Abhängigkeit von s) ein.

1

a) Zeigen Sie, dass die Vektoren $\vec{a}$ und $\vec{b}$ aufeinander senkrecht stehen und dass $|\vec{a}+\vec{b}|^2 = |\vec{a}|^2 + |\vec{b}|^2$ ist.

$\vec{a} = \begin{pmatrix}1\\2\\3\end{pmatrix}$; $\vec{b} = \begin{pmatrix}6\\-3\\0\end{pmatrix}$

Bedingung für $\vec{a} \perp \vec{b}$:

__________ = 0

Rechnung:

____

$|\vec{a}|^2 =$ __________

$|\vec{b}|^2 =$ __________

$|\vec{a}|^2 + |\vec{b}|^2 =$ __________

Summenvektor:

$\vec{a} +$ __________ $= \begin{pmatrix} \\ \\ \end{pmatrix}$

$|\vec{a}+\vec{b}|^2 =$ __________

b) Zeigen Sie allgemein: Im rechtwinkligen Dreieck gilt der Satz des Pythagoras: Stehen die Vektoren $\vec{a}$ und $\vec{b}$ aufeinander senkrecht, dann ist das Quadrat der Länge des Summenvektors $\vec{a}+\vec{b}$ gleich der Summe der Quadrate der Länge der Vektoren $\vec{a}$ und $\vec{b}$.

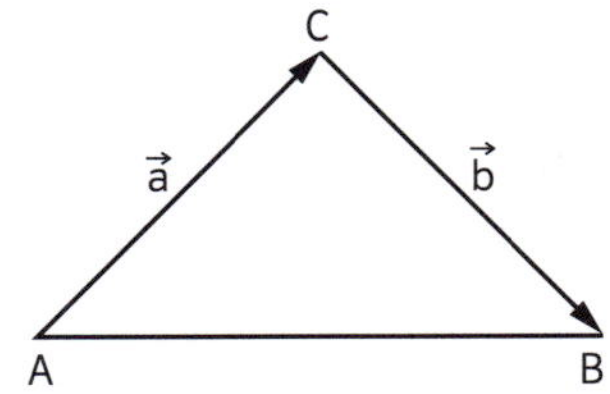

Voraussetzung: __________ [T1] Behauptung: $|\vec{a}+\vec{b}|^2 =$ __________

Beweis: $|\vec{a}+\vec{b}|^2 =$ ____________________ [T2]

2

a) Gegeben sind die Punkte A (0|1|5), B (5|−4|−1) und C (7|−2|3).
M sei die Mitte von $\overline{AB}$. Zeigen Sie, dass die Vektoren $\overrightarrow{AC}$ und $\overrightarrow{BC}$ aufeinander senkrecht stehen und dass $\overrightarrow{MA}$ und $\overrightarrow{MC}$ gleich lang sind. [T3]

b) Zeigen Sie allgemein: Stehen die Vektoren $\overrightarrow{AC}$ und $\overrightarrow{BC}$ aufeinander senkrecht und ist M die Mitte von $\overline{AB}$, dann sind die Vektoren $\overrightarrow{MA}$, $\overrightarrow{MB}$ und $\overrightarrow{MC}$ gleich lang. [T4]

3

Gegeben ist ein beliebiger Würfel. M ist der Schnittpunkt der Diagonalen einer Würfelfläche. Zeigen Sie, dass der Vektor $\overrightarrow{MP}$ senkrecht auf dem Vektor $\overrightarrow{MQ}$ steht, wobei $\overline{PQ}$ die Diagonale einer benachbarten Würfelfläche ist.
Wählen Sie die zur Aufgabe passende Zeichnung aus.
Der Würfel wird aus den Vektoren $\vec{a}$, $\vec{b}$ und $\vec{c}$ aufgespannt.

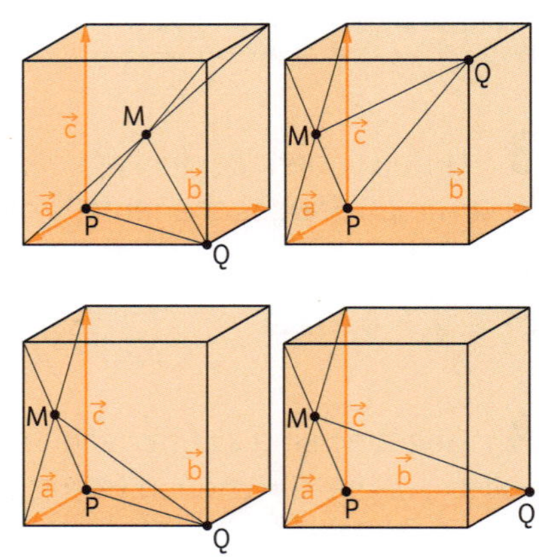

Es ist $\overrightarrow{MP} =$ ____________________

und $\overrightarrow{MQ} =$ ____________________. [T5]

$\overrightarrow{MP} \cdot \overrightarrow{MQ} =$ ____________________.

Begründung: ____________________ [T6]

4

Gegeben ist ein Parallelogramm ABCD. Zeigen Sie: Wenn die Diagonalen des Parallelogramms aufeinander senkrecht stehen, dann ist das Parallelogramm eine Raute.
Sei $\overrightarrow{AB} = \vec{a}$ und $\overrightarrow{BC} = \vec{b}$.

Zeichnung:

Voraussetzungen:

ABCD ist ein Parallelogramm, d.h. $\overrightarrow{AB} =$ _____ $= \vec{a}$; _____ = _____ = _____

Die Diagonalen stehen aufeinander senkrecht, d.h. __________

Behauptung: ____________________, d.h. __________ [T7]

Beweis: $\overrightarrow{AC} \cdot \overrightarrow{BD} = (\vec{a} +$ ____ $) \cdot ($ ____ − ____ $) =$ __________ [T8]; daraus folgt: __________

[T1] Wenn zwei Vektoren aufeinander senkrecht stehen, dann ist ihr Skalarprodukt 0. [T2] $|\vec{a}+\vec{b}|^2 = (\vec{a}+\vec{b})^2$. Wenden Sie die 1. binomische Formel an und setzen Sie die Voraussetzung ein. [T3] Zeichnung! Der Mittelpunkt einer Strecke hat als Koordinaten jeweils das arithmetische Mittel der Koordinaten der Endpunkte. [T4] Setzen Sie $\overrightarrow{AC} = \vec{a}$ und $\overrightarrow{BC} = \vec{b}$. Stellen Sie nun die Vektoren $\overrightarrow{MA}$, $\overrightarrow{MB}$ und $\overrightarrow{MC}$ in Abhängigkeit von $\vec{a}$ und $\vec{b}$ auf und berechnen Sie die Quadrate derer Längen. Die Quadrate sind genau dann gleich groß, wenn die Längen gleich groß sind. [T5] Stellen Sie einen Diagonalenvektor auf. $\overrightarrow{MP}$ ist dann $\frac{1}{2}$mal dieser Vektor. [T6] Nutzen Sie die Eigenschaft „Würfel". [T7] Eine Raute ist ein Parallelogramm, bei dem benachbarte Seiten gleich lang sind. [T8] Wenden Sie die 3. binomische Formel an.

1 Gegeben sind die Geraden $g\colon \vec{x} = \begin{pmatrix} 4 \\ 2 \\ -16 \end{pmatrix} + t \cdot \begin{pmatrix} 1 \\ 1 \\ -8 \end{pmatrix}$ und $h\colon \vec{x} = \begin{pmatrix} 0 \\ 4 \\ -8 \end{pmatrix} + s \cdot \begin{pmatrix} -1 \\ 2 \\ -4 \end{pmatrix}$
sowie die Ebene $E_1: 2x_1 + 4x_2 + x_3 = 8$.
a) Berechnen Sie die Schnittpunkte der Ebene E_1 mit den Koordinatenachsen und veranschaulichen Sie die Lage der Ebene in einem kartesischen Koordinatensystem.
b) Berechnen Sie den Schnittpunkt von g und h.
c) Die Ebene E_2 wird durch die Geraden g und h aufgespannt. Geben Sie eine Gleichung von E_2 an. Untersuchen Sie die gegenseitige Lage von E_1 und E_2 und berechnen Sie gegebenenfalls eine Gleichung der Schnittgeraden.

2 a) Die Ebene E enthält den Punkt P(−3|4|7) und ist orthogonal zu den Ebenen $E_1: 2x_1 - 3x_3 = -1$ und $E_2: x_1 + 4x_2 - 3x_3 = 7$. Geben Sie eine Parameterdarstellung von E an. [T1]
b) Bestimmen Sie eine Gleichung der zu E_1 orthogonalen Geraden g durch P. Begründen Sie, warum g in E aus Teilaufgabe a) liegt. Berechnen Sie anschließend die Koordinaten des Durchstoßpunktes D dieser Geraden mit E_1.

3 Gegeben sind die Ebenen $E_1: x_1 - 3x_2 + 10x_3 = 7$ und $E_2: 3x_1 + x_2 = 11$. Bestimmen Sie eine Gleichung der Schnittgeraden der beiden Ebenen und zeigen Sie, dass sich E_1 und E_2 orthogonal schneiden.

4 Durch A(2|0|3), B(−1|2|6) und C(9|1|4) ist eine Ebene E_1 festgelegt. Die Ebene E_2 hat die Gleichung $E_2: 2x_1 - 48x_2 + 34x_3 = 9$. Untersuchen Sie die gegenseitige Lage von E_1 und E_2 und berechnen Sie gegebenenfalls eine Gleichung der Schnittgeraden.

5 In untenstehenden Figuren ist jeweils ein Ausschnitt einer Ebene gezeichnet. Bestimmen Sie für die Ebenen E_1, E_2 und E_3 jeweils eine Gleichung.

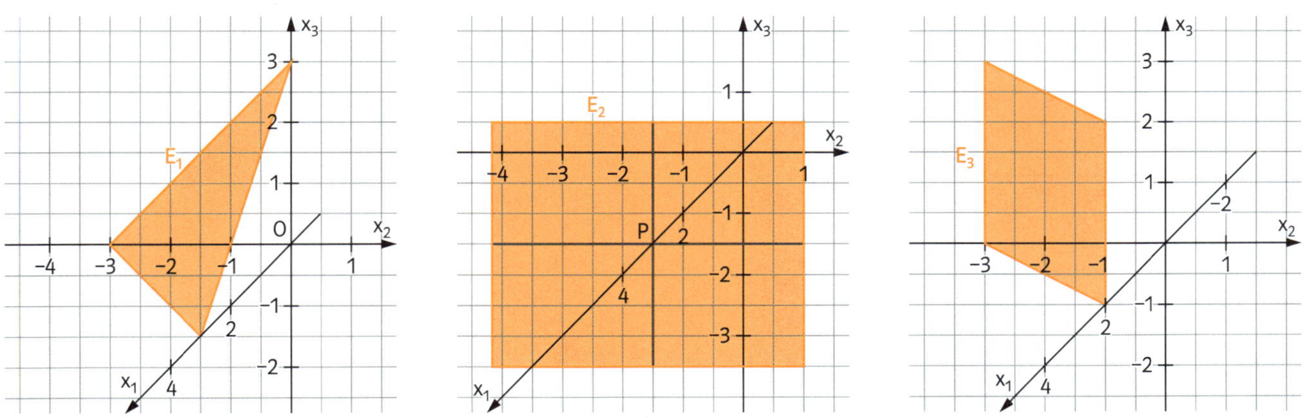

6 Zeigen Sie: Wenn die Diagonalen in einem Parallelogramm gleich lang sind, dann ist das Parallelogramm ein Rechteck. [T2]

7 Formulieren Sie die Voraussetzung und die Behauptung des Satzes in vektorieller Form.
Satz: In jedem gleichschenkligen Dreieck ABC steht die Seitenhalbierende der Basis AB senkrecht auf der Basis. Sei M die Mitte von AB. [T6]

Voraussetzung: ______________________ Behauptung: ______________________

[T1] Die Normalenvektoren von E_1 und E_2 sind mögliche Spannvektoren von E. [T2] Setzen Sie $\overrightarrow{AB} = \vec{a}$ und $\overrightarrow{AD} = \vec{b}$. Drücken Sie nun alle Vektoren durch $\vec{a}$ und $\vec{b}$ aus. [T3] Die Voraussetzung ist: $\overrightarrow{AC}$ ist gleichlang wie $\overrightarrow{BC}$. Die Behauptung ist: Der Vektor der Basis ist orthogonal zum Vektor der Seitenhalbierenden. Dies muss nun noch durch Gleichungen formuliert werden.

8 Eine Pyramide mit quadratischer Grundfläche und Kantenlänge 4 m hat eine Höhe von 6 m. Der Punkt D liegt im Ursprung eines kartesischen Koordinatensystems mit der Längeneinheit 1 m.

a) Geben Sie die Koordinaten der Punkte A, B, C und S an.

b) Bestimmen Sie eine Koordinatengleichung der Ebene E, die die Punkte B, C und S enthält.

c) Im Umkreismittelpunkt des Dreiecks BCS wird senkrecht zu dieser Dreiecksfläche ein Loch gebohrt. Die Bohrung wird bis zur Bodenfläche in der x_1x_2-Ebene durchgeführt. Berechnen Sie die Koordinaten des Endpunktes P der Bohrung und begründen Sie, ob P innerhalb oder außerhalb der Pyramidengrundfläche ABCD liegt. [T1]

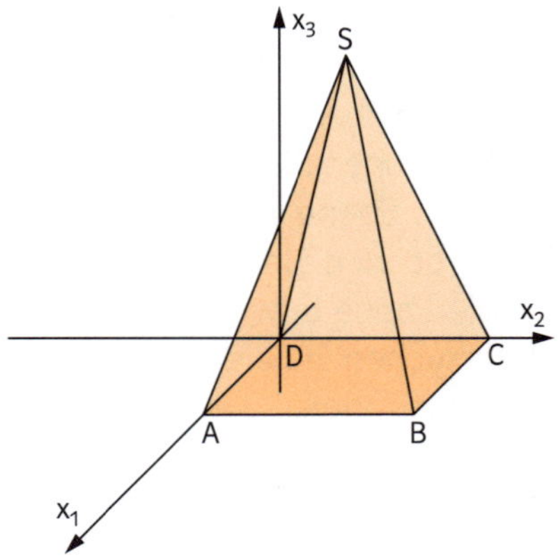

9 Auf einen 5 m hohen Laternenmast, dessen Fuß die Koordinaten P(1 | 1 | 0) hat (Koordinaten in m), fallen Sonnenstrahlen aus der Richtung $\begin{pmatrix} 2 \\ -2 \\ -1 \end{pmatrix}$.

a) Bestimmen Sie eine Normalen- und Koordinatengleichung der Ebene E, in der die Sonnenstrahlen und der Laternenmast liegen.

b) Berechnen Sie die Länge des Schattens auf dem Boden (in der x_1x_2-Ebene), den der Laternenmast wirft, und geben Sie die Gleichung einer Geraden an, in der der Schatten des Laternenmasts liegt. [T2]

10 Zwei Flugzeuge F_1 und F_2 befinden sich zu Beobachtungsbeginn im Punkt A(−6 | 1 | 2) bzw. P(−3 | 6 | 4) (in Bezug auf den Flughafentower, der sich im Ursprung befindet; Angaben in km). F_1 fliegt mit dem Geschwindigkeitsvektor $\vec{v_1} = \begin{pmatrix} -1 \\ 5 \\ 2 \end{pmatrix}$ (Angaben in km pro Minute), F_2 befindet sich nach einer Minute im Punkt Q(−2 | 11 | 6). Beide Flugzeuge fliegen geradlinig und mit konstanter Geschwindigkeit.

a) Geben Sie je eine Gleichung für die Flugbahnen der beiden Flugzeuge an.

b) Wie weit sind die Flugzeuge voneinander entfernt, wenn F_1 sich in einer Höhe von 8 km befindet? [T3]

c) Zeigen Sie, dass sich die Flugbahnen der Flugzeuge schneiden.

d) Kommt es zur Kollision der beiden Flugzeuge?

11 Für $a \in \mathbb{R}$ ist eine Ebenenschar gegeben durch E_a: $(a-2)x_1 + (a-1)x_2 + a x_3 = 6$. Die Gerade g hat die Gleichung g: $\vec{x} = \begin{pmatrix} 3 \\ 1 \\ -3 \end{pmatrix} + r \cdot \begin{pmatrix} 1 \\ 0 \\ -1 \end{pmatrix}$.

a) Bestimmen Sie die Werte von a, für welche E_a parallel zu einer Koordinatenachse ist.

b) Bestimmen Sie den Wert von a so, dass g orthogonal zu E_a ist. [T4]

c) Zeigen Sie, dass g für keinen Wert von a parallel zu E_a ist.

[T1] Der Umkreismittelpunkt ist der Schnittpunkt der Mittelsenkrechten der Seiten eines Dreiecks. Als Richtungsvektor der Bohrung kann der Normalenvektor der Ebene verwendet werden. Überlegen Sie, was für die x_3-Koordinate von Punkten in der x_1x_2-Ebene gilt. [T2] Die Richtung des Mastes ist ein möglicher zweiter Spannvektor von E. Die Gerade des Sonnenstrahls durch die Laternenspitze trifft den Boden in einem wichtigen Punkt mit $x_3 = 0$. [T3] Berechnen Sie, wie schnell die beiden Flugzeuge in einer Minute fliegen. Überlegen Sie, was sich bei diesem Vergleich für das Aufstellen der beiden Geradengleichungen ergibt. Für die Höhe muss nur die x_3-Koordinate betrachtet werden. [T4] Aus der Koordinatendarstellung einer Ebene ergibt sich eine besondere Lage, wenn ein Koeffizient verschwindet. Überlegen Sie, welchen Zusammenhang zwischen Normalenvektor und Richtungsvektor es bei Parallelität bzw. Orthogonalität von Ebene und Gerade gibt.

1 Ein Reißnagel bleibt nach einem Wurf mit einer relativen Häufigkeit von 60 % auf dem Kopf liegen. Sonst landet er schräg auf seiner Seite. Konstantin wirft einen Reißnagel viermal hintereinander und notiert die Ergebnisse in der Form SSKS (K = Kopf, S = Seite).

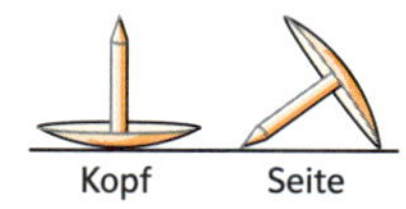

a) Beschreiben Sie das Ereignis E „Bei höchstens einem Wurf landet der Reißnagel der Seite" als Menge und berechnen Sie die Wahrscheinlichkeit P(E). [T1]

E = { ______________________ } P(E) = ______________________

b) Beschreiben Sie das Ereignis E = {SSKK; SKSK; SKKS; KSSK; KSKS; KKSS} in Worten.

E: ______________________

Es gilt: P(E) = ______________________ .

2 Auf einem Tetraederwürfel stehen die Zahlen von 1 bis 4, auf einem Oktaederwürfel die Zahlen von 1 bis 8. Beide Würfel werden zusammen mit einem normalen Würfel geworfen.
Dabei soll folgende Reihenfolge der Notation verwendet werden:
Augenzahl des Tetraederwürfels – Augenzahl des normalen Würfels – **Augenzahl des Oktaederwürfels**.

a) Bestimmen Sie die Wahrscheinlichkeit des Ergebnisses 4–1–8.

P(4–1–8) = $\frac{1}{4} \cdot \frac{1}{6} \cdot \frac{1}{8} = \frac{1}{192} \approx 0{,}52\,\%$. Jedes andere Ergebnis hat

Ergebnis: 4–1–8

die ____________ Wahrscheinlichkeit wie das Ergebnis 4–1–8. Demnach handelt es sich bei diesem Zufallsversuch um ein ______________-Experiment.

b) Notieren Sie die folgenden Ereignisse in der Mengenschreibweise und berechnen Sie ihre Wahrscheinlichkeit.

E: „Die Augensumme beträgt 17." E = { 4–6–7; ______________ } P(E) = ______________

F: „Der Tetraederwürfel zeigt eine höhere Punktzahl als die anderen beiden Würfel an."

F = ______________________

P(F) = ______________________

c) Das Ereignis E „Alle Würfel landen auf der 5" hat die Wahrscheinlichkeit P(E) = ______ . Es ist ein ______________ Ereignis. Das Ereignis F „Die Augensumme ist kleiner als 19" hat die Wahrscheinlichkeit P(F) = ______ . Es ist ein ______________ Ereignis.

d) Beschreiben Sie das Ereignis E in Worten. E = {2–4–8; 4–2–8; 2–3–6; 3–2–6; 1–6–6; 2–2–4; 1–4–4; 4–1–4; 1–1–1}

E: ______________________

3 Christopher hat in seinem Rucksack drei orange und drei weiße Jonglierbälle. Er nimmt nacheinander zufällig einen Ball nach dem anderen aus dem Rucksack, bis er drei Bälle gleicher Farbe hat.

a) Notieren Sie das Ereignis E „Christopher erhält drei orange Bälle" in der Mengenschreibweise.

E = {ooo; wooo; ______________________ .

b) Berechnen Sie die Wahrscheinlichkeit, mit der Christopher nach höchstens vier Versuchen drei orange Bälle hat.

______________________ [T2]

[T1] „Höchstens ein Wurf" bedeutet: Kein Wurf oder genau ein Wurf. [T2] Ein weißer Ball muss gezogen werden. Er kann an 1., 2. oder 3. Stelle gezogen werden.

X Wahrscheinlichkeiten und Ereignisse (2)

ab Kapitel X, Lerneinheit 1 und 2

4 Ein Kurs besteht aus 15 Mädchen und 7 Jungen. In einer Urne befinden sich Namenszettel aller Schülerinnen und Schüler. Zwei Zettel werden nacheinander gezogen.

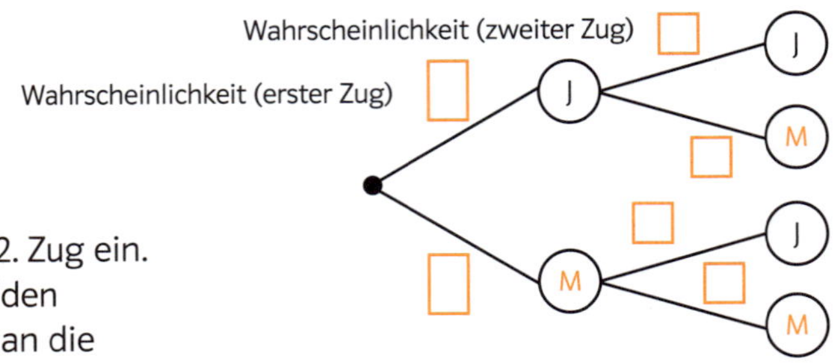

a) Tragen Sie in das nebenstehende Baumdiagramm die jeweiligen Wahrscheinlichkeiten für den 1. und den 2. Zug ein.

b) Zur Berechnung der Wahrscheinlichkeit, dass auf beiden Zetteln der Name eines Jungen steht, also P(JJ), muss man die Wahrscheinlichkeiten ______________, weil beim 1. Zug *und* auch beim 2. Zug eine Junge gezogen werden muss.

c) Zur Berechnung der Wahrscheinlichkeit, dass auf nur einem Zettel der Name eines Jungen steht, also auf dem 1. Zettel *oder* auf dem 2. Zettel, muss man die Wahrscheinlichkeiten ______________________.

d) Tragen Sie die Wahrscheinlichkeitsverteilung in die folgende Tabelle ein.

e	JJ	JM	MJ	MM
P(e)				

[T1]

5 In einer Urne befinden sich 2 rote und 3 schwarze Kugeln. Ohne Zurücklegen wird dreimal je eine Kugel entnommen.

a) Zeichnen Sie ein Baumdiagramm und geben Sie die Wahrscheinlichkeitsverteilung an.

e	rrs	rsr	rss	srr	srs	ssr	sss
P(e)							

b) Berechnen Sie die Wahrscheinlichkeit dafür, dass beim zweiten Zug eine schwarze Kugel gezogen wird.

P(2. Zug schwarz) = ______________ = ________

c) Berechnen Sie die Wahrscheinlichkeit dafür, dass beim dritten Zug eine rote Kugel gezogen wird.

P(3. Zug rot) = ______________ = ________

6 Der Hausmeister einer Schule hat fünf Schlüssel lose in der Tasche, von denen nur einer zum Schloss des Chemieraums passt. Er zieht blindlings einen nach dem anderen aus der Tasche, ohne ihn zurückzulegen. Zeichnen Sie ein Baumdiagramm für diesen Vorgang.
Berechnen Sie die Wahrscheinlichkeit für folgende Ereignisse:

a) Der richtige Schlüssel wird erst beim zweiten Griff gezogen.

b) Der richtige Schlüssel wird als letzter gezogen.

7 In einer Urne befinden sich nur schwarze und rote Kugeln. Von den insgesamt zwanzig Kugeln werden zwei ohne Zurücklegen gezogen. Bestimmen Sie die Anzahl der schwarzen Kugeln in dieser Urne, wenn die Wahrscheinlichkeit, mindestens eine schwarze unter den gezogenen Kugeln zu haben, $\frac{27}{38}$ beträgt. [T2]

8 Bei einer bestimmten Patientengruppe kommen drei Krankheitsursachen U1, U2 und U3 in Frage, die mit unterschiedlichen Wahrscheinlichkeiten auftreten. Es ist P(U1) = 0,05, P(U2) = 0,35 und P(U3) = 0,60. Bei neu hinzukommenden Patienten beobachtet man ein Symptom S, welches bei der Krankheitsursache U1 in 25 %, bei U2 in 20 % und bei U3 in 10 % aller Fälle vorkommt.
Zeichnen Sie ein Baumdiagramm und ermitteln Sie die Wahrscheinlichkeit für das Vorliegen des Symptoms. [T3]

[T1] Multiplizieren Sie die Wahrscheinlichkeiten längs des jeweiligen Pfades. [T2] Ist X die Anzahl schwarzer Kugeln, dann kann der gegebene Wert als P(X ≥ 1) gewertet werden. [T3] Teilen Sie zunächst in der ersten Stufe in die Krankheitsursachen und erst in der zweiten Stufe in das Vorliegen des Symptoms auf.

X Berechnen von Wahrscheinlichkeiten mit Abzählverfahren (1)

1 Ein Eisstand führt acht verschiedene Sorten Eis. Wie viele Möglichkeiten gibt es, zwei Kugeln auszuwählen, um die folgenden Wünsche zu erfüllen?

a) Beide Kugeln sollen von der gleichen Sorte Eis sein. Dann gibt es ___ Möglichkeiten.

b) Es kommt nur auf die Reihenfolge in der Eistüte an. Dann hat man für die 1. Kugel ___ Möglichkeiten ___ für die 2. Kugel ___ Möglichkeiten, also insgesamt ___ = ___ Möglichkeiten.

c) Die Reihenfolge in der Tüte ist uninteressant, aber keine Sorte soll zweimal vorkommen. Dann hat man für die 1. Kugel ___ Möglichkeiten ___ für die 2. Kugel ___ Möglichkeiten, also insgesamt ___ = ___ Möglichkeiten. Dabei muss diese Anzahl halbiert werden, weil ___ ___. Also gibt es ___ Möglichkeiten. [T1]

2 Beschreiben Sie die Situation in den einzelnen Teilaufgaben der Aufgabe 1 mithilfe des Urnenmodells.
In der Urne sind ___ Kugeln, sie repräsentieren die ___.

a) Ziehen von einer Kugel aus einer Urne mit ___ Kugeln.

b) Nacheinander Ziehen von ___ Kugeln aus einer Urne mit ___ Kugeln ___ Zurücklegen.

c) Ziehen mit einem Griff von ___ Kugeln aus einer Urne mit ___ Kugeln.

3 Ordnen Sie den Teilaufgaben jeweils eines der Kärtchen mit der richtigen Formel für die Anzahl der Möglichkeiten zu.

a) Ziehen von 3 Kugeln aus einer Urne mit 5 unterschiedlichen Kugeln unter Beachtung der Reihenfolge ohne Zurücklegen. ___

b) Ziehen von 3 Kugeln aus einer Urne mit 5 unterschiedlichen Kugeln mit einem Griff. ___

c) Ziehen aller Kugeln aus einer Urne mit 5 unterschiedlichen Kugeln unter Beachtung der Reihenfolge ohne Zurücklegen. ___

d) Ziehen von 5 Kugeln aus einer Urne mit drei unterschiedlichen Kugeln mit Zurücklegen unter Beachtung der Reihenfolge. ___

A $\binom{5}{3} = \frac{5!}{3! \cdot (5-3)!}$

B 5^3

C 3^5

D $5 \cdot 4 \cdot 3 = \frac{5!}{(5-3)!}$

E $5 \cdot 4 \cdot 3 \cdot 2 \cdot 1 = 5!$

4 Ordnen Sie jeder Teilaufgabe den richtigen Lösungsansatz zur Berechnung der Anzahl der Möglichkeiten zu. [T2]

a) 12-maliges Werfen einer idealen Münze. ___

b) 12 Personen stellen sich vor einem Fahrkartenschalter an. ___

c) In einer Gruppe von 12 Personen soll ein Dreierausschuss gebildet werden. ___

d) Von 12 Freunden sollen 3 zum Geburtstag eingeladen werden. ___

e) Beim Pferderennen sollen von 12 laufenden Pferden die ersten drei in der richtigen Reihenfolge getippt werden. ___

f) Bei einem Tippschein für 12 Fußballspiele soll jeweils der Gewinner bzw. unentschieden als Ergebnis angekreuzt werden. ___

g) Aus einer Urne mit 12 unterschiedlichen Kugeln sollen drei Kugeln mit Zurücklegen gezogen werden. ___

12^3 | 2^{12} | $12!$ | $12 \cdot 11 \cdot 10$ | 3^{12} | $\binom{12}{3}$ | 12^2

5 Ein Ausschuss aus vier Frauen und drei Männern wählt einen Vorsitzenden bzw. eine Vorsitzende und einen Stellvertreter bzw. eine Stellvertreterin.

a) Wie viele Möglichkeiten gibt es insgesamt?

b) Wie viele Möglichkeiten gibt es, wenn beide gleichen Geschlechts sind?

c) Wie viele Möglichkeiten gibt es, wenn mindestens eine Frau dabei ist?

[T1] Werden Aussagen mit dem (logischen) „und" verbunden, so multipliziert man die einzelnen Möglichkeiten bzw. Wahrscheinlichkeiten (bei Unabhängigkeit). Die Verbindung der Aussagen mit dem (logischen) „oder" führt auf die Addition (wenn die Schnittmenge leer ist). [T2] Überlegen Sie, wie man das Problem mithilfe des Urnenmodells beschreiben kann.

6 In einer Urne befinden sich 5 rote und 3 blaue Kugeln.
Nacheinander werden zwei Kugeln ohne Zurücklegen gezogen. Wie groß ist die Wahrscheinlichkeit, zwei gleichfarbige Kugeln zu ziehen? Man muss also beim 1. Zug eine rote und beim 2. Zug eine rote oder beim 1. Zug eine blaue und beim 2. Zug eine blaue Kugel ziehen. Für die Wahrscheinlichkeiten bedeutet das
___ · ___ + ___ · ___ = ___. [T1], [T2]

7 In einer Urne befinden sich zehn Kugeln mit den Nummern 1 bis 10. Mit welcher Wahrscheinlichkeit erhält man
a) stets die gleiche Nummer, wenn man dreimal mit Zurücklegen zieht?
b) nur unterschiedliche Nummern, wenn man dreimal mit Zurücklegen zieht?
c) die drei höchsten Nummern, wenn man dreimal ohne Zurücklegen zieht? [T3]
d) drei Nummern über 5, wenn man drei Kugeln mit einem Griff zieht?

8 Max kann von seinen 8 Freunden nur 5 zu einer Bootsparty einladen. Mit welcher Wahrscheinlichkeit ist sein Freund Moritz dabei, wenn Max das Los entscheiden lässt?
Günstig zur Ermittlung der Anzahl der Möglichkeiten ist die Verwendung des Urnenmodells.

Anzahl aller Möglichkeiten: Im Urnenmodell vertreten die ___ Kugeln die ______________________.

Es werden ___ Kugeln für die ______________________ Freunde gezogen. Die Reihenfolge ist nicht von Bedeutung, sie sollen nur zur Bootsparty eingeladen werden.

Die Anzahl aller Möglichkeiten ist also ___ = ___.
Anzahl der günstigen Möglichkeiten: Wenn Moritz dabei sein soll, können nur noch ___ Freunde ausgelost werden, also $\binom{\_\_}{\_\_}$ = ___ Wahrscheinlichkeit P(A) = ___

9 Berechnen Sie die Wahrscheinlichkeit, bei der Wettspielart „6 aus 49" im Zahlenlotto bei einem Tipp
a) keine Zahl richtig zu haben.
b) genau 4 richtige Zahlen getippt zu haben. [T4]
c) einen Sechser mit der richtigen Superzahl, eine Zahl von 0 bis 9, zu haben.

10 In einem Kurs sind 7 Mädchen und 13 Jungen. Zur Vorbereitung der Studienfahrt wird ein Dreierausschuss ausgelost. Mit welcher Wahrscheinlichkeit
a) wird die Kurssprecherin in den Ausschuss gelost?
b) besteht der Ausschuss nur aus Jungen?
c) enthält der Ausschuss höchstens einen Jungen?

11 Vier Sportler gelten als gleichstarke Läufer. Vor einem Lauf notiert sich ein Zuschauer die Reihenfolge eines möglichen Einlaufs für den 1. und den 2. Platz. Mit welcher Wahrscheinlichkeit tritt dieser ein?

12 a) Wie groß ist die Wahrscheinlichkeit, dass zwei zufällig ausgewählte Personen am gleichen Tag Geburtstag haben?
Günstig zur Ermittlung der Anzahl der Möglichkeiten ist die Verwendung des Urnenmodells:
Anzahl aller Möglichkeiten: Ziehen von ___ Kugeln aus einer Urne mit ___ unterschiedlichen Kugeln

__________ Zurücklegen, also ___.
Anzahl der günstigen Möglichkeiten: ___

Es ist P(A) = $\frac{\_\_\_}{\_\_\_}$.

b) Berechnen Sie die Wahrscheinlichkeit, dass in einem Kurs mit 13 Schülern zwei am gleichen Tag Geburtstag haben.
Anzahl aller Möglichkeiten: Ziehen von ___ Kugeln aus einer Urne mit ___ unterschiedlichen Kugeln

___ Zurücklegen.
Anzahl der ungünstigen Möglichkeiten: Ziehen von ___ Kugeln aus einer Urne mit ___ unterschiedlichen Kugeln __________ Zurücklegen.

$P(B) = 1 - P(\overline{B}) = 1 - \frac{\_\_\_}{\_\_\_}$

$\approx 1 -$ ___ = ___

[T1] Wahrscheinlichkeit = Anzahl der günstigen Möglichkeiten durch Anzahl aller Möglichkeiten. [T2] „und" bedeutet Multiplikation der Wahrscheinlichkeiten, „oder" bedeutet Addition der Wahrscheinlichkeiten. [T3] Da kann man auch mit einem Griff ziehen. [T4] Von sechs gezogenen Zahlen hat man vier und von den 43 nicht gezogenen Zahlen zwei auf dem Lottoschein.

1 Formulieren Sie jeweils ein Gegenereignis zum Ereignis A. [T1]

a) A …Es wird eine Zahl größer als 2 gewürfelt. $\overline{A}$: Es wird höchstens eine 2 gewürfelt

b) A … Die gezogene Kugel ist weiß. $\overline{A}$: Kugel nicht weiß

c) A … Es werden höchstens fünf Sechsen gewürfelt. $\overline{A}$: es wird keine 6 gewürfelt

d) A … Mindestens ein Teil ist defekt. $\overline{A}$: ein Teil ist defekt

e) A … Kein Satz ist fehlerhaft. $\overline{A}$: mindest ein Satz ist fehlerhaft

2 In der Klassenstufe 11 des Herder-Gymnasiums lernen 74 Schülerinnen und Schüler. 17 Schülerinnen und Schüler besuchen den Leistungskurs (LK) Deutsch und 16 den Leistungskurs (LK) Mathematik. Nur vier dieser Leistungskursschüler besuchen beide Leistungskurse.

a) Tragen Sie die Anzahl der Schülerinnen und Schüler in das nebenstehende Diagramm ein. [T2]

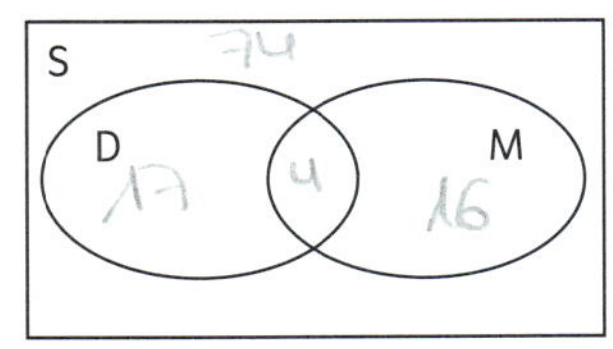

b) Färben Sie die entsprechenden Felder ein, geben Sie einen mathematischen Ausdruck dafür an und berechnen Sie die Wahrscheinlichkeit, dass auf einen zufällig ausgewählten Schüler bzw. Schülerin der Klassenstufe 11 dieses Gymnasiums das genannte Merkmal zutrifft.

(1) … besucht nicht den LK Mathematik.	(2) … besucht beide LK.	(3) … besucht den LK Mathematik, aber nicht den LK Deutsch.	(4) … besucht den LK Deutsch oder den LK Mathematik.
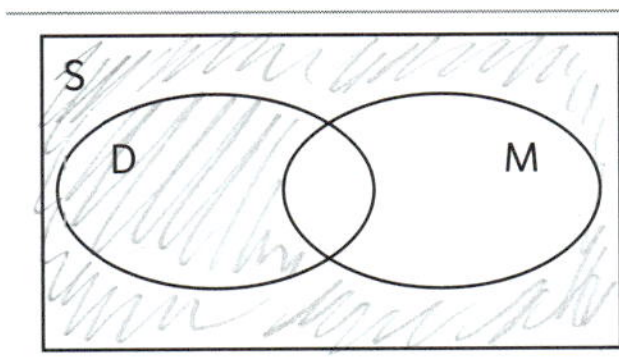	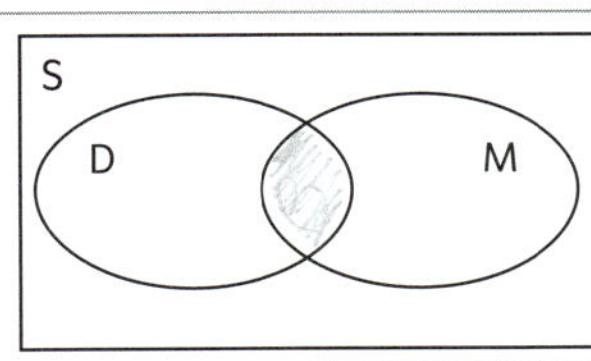	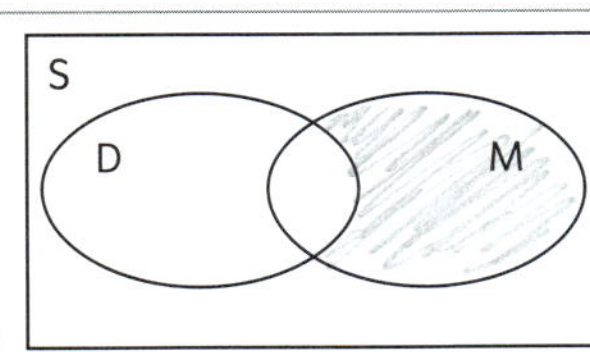	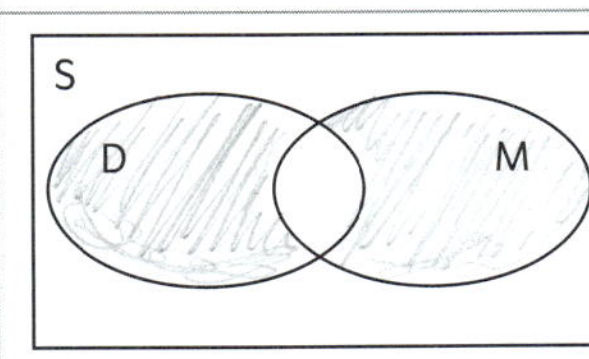
$\overline{M}$	D ∩ M	$\overline{D}$	D ∪ M
$P(\overline{M}) = \frac{58}{74}$	$P(D \cap M) = \frac{4}{74}$	$P(\overline{D}) = \frac{12}{74}$	$P(D \cup M) = \frac{17}{74} + \frac{14}{74} - \frac{4}{74}$

3 Beim Würfeln sei S = {1; 2; 3; 4; 5; 6}, A = {1; 3; 5}, B = {4; 5; 6} und C = {1; 2; 3}.

Geben Sie die folgenden Ereignisse in aufzählender Schreibweise an und berechnen Sie ihre Wahrscheinlichkeiten. [T3]

a) A ∪ B = ____ P(A ∪ B) =

b) A ∪ C = ____ P(A ∪ C) =

c) $\overline{A \cap C}$ = ____ $P(\overline{A \cap C})$ =

d) $\overline{A \cup B}$ = ____ $P(\overline{A \cup B})$ =

e) $\overline{A} \cap \overline{B}$ = ____ $P(\overline{A} \cap \overline{B})$ =

f) $A \cap \overline{B}$ = ____ $P(A \cap \overline{B})$ =

[T1] Das Gegenereignis umfasst alle anderen Fälle. [T2] Die Summe der Zahlen innerhalb einer Abgrenzung muss der Gesamtzahl der Gruppe entsprechen. [T3] Veranschaulichen Sie sich die Situation mithilfe eines Diagramms.

1 Ein Papageienzüchter besitzt 130 bunte Vögel. Der Anteil seiner einfarbigen Vögel beträgt 35 %. 55 % aller Vögel können sprechen; von den bunten Vögeln genau 70. Ein Papagei wird zufällig ausgewählt. B ist das Ereignis „Der Papagei ist bunt“ und S ist das Ereignis „Der Papagei kann sprechen“.

a) Ergänzen Sie die Daten in der Vierfeldertafel. [T1]

	bunt B	einfarbig ($\overline{B}$)	gesamt
spricht (S)	70		
spricht nicht ($\overline{S}$)	60		
gesamt			Λ

b) Es gibt insgesamt ______ sprechende und ______ bunte Papageien. Lukas möchte einen bunten oder sprechenden Papagei. Um die Anzahl dieser Papageien zur ermitteln, darf man nicht die Anzahl der bunten und die der sprechenden Papageien addieren, denn dann hätte man ______________________ doppelt gezählt.

Die richtige Anzahl beträgt also ____ + ____ − ____ = ____ .

c) Für die Wahrscheinlichkeit, zufällig einen bunten oder sprechenden Papagei auszuwählen gilt:

P(B ∪ S) = P(____) + P(____) − P(____) = ____ % + ____ % − ____ % = ____ %.

2 Ein idealer Würfel wird zweimal nacheinander geworfen. Die Wahrscheinlichkeit des Ereignisses E „Es wird mindestens eine Sechs gewürfelt“ soll berechnet werden. Vervollständigen Sie die Schülerantworten.

Sabrina: Da jede Wurfkombination gleich wahrscheinlich ist, handelt es sich um ein ______________-Experiment. Ich teile also die Anzahl der günstigen Möglichkeiten durch die Anzahl aller Möglichkeiten.

Günstige Möglichkeiten: 1–6; 2–6; ______________

____

____

Anzahl günstiger Möglichkeiten: ____

Anzahl aller Möglichkeiten: ____

P(E) = ____

David: Ich lege fest: A ist das Ereignis „Im ersten Wurf fällt eine Sechs“ und B sei das Ereignis „Im zweiten Wurf fällt eine Sechs“. Dann rechne ich mit dem Additionssatz:

P(E) = P(____ ∪ ____) = P(____) + P(____) − P(______)

= ______________________

Laura: Ich rechne mit dem Gegenereignis. Dies lautet:

____

P(E) = 1 − ____ = 1 − ____ = ______________

3 Das nebenstehende Glücksrad wird zweimal gedreht.

a) Schreiben Sie in die Kästen der jeweiligen Ereignisse die Buchstaben A, B, C, D und E, wenn gilt:

$P(A) = \frac{25}{64}$, $P(B) = \frac{5}{64}$, $P(C) = \frac{28}{64}$, $P(D) = \frac{34}{64}$ und $P(E) = \frac{49}{64}$.

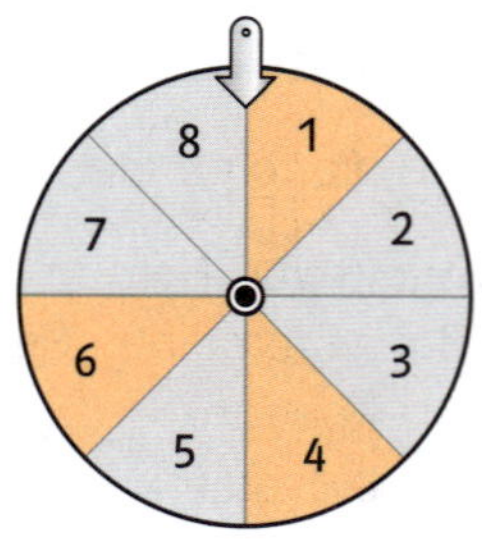

- [ ] Es kommt zweimal die gleiche Farbe.
- [ ] Beim ersten Drehen kommt ein oranges Feld oder beim zweiten Drehen kommt ein graues Feld.
- [ ] Die zweite Zahl ist größer als die erste Zahl.
- [ ] Jedes Mal kommt eine gerade Zahl oder ein oranges Feld.
- [ ] Die Summe der zwei Zahlen ist 12.

b) Zum Ereignis B ∩ D gehören folgende Ergebnisse: 5–7; ______________ .

Demnach gilt: P(B ∩ D) = ______ .

Mit dem Additionssatz ergibt sich: P(B ∪ D) = ______________________ .

[T1] Berechnen Sie zunächst aus den Prozentsätzen die jeweilige Anzahl.

1 Ein Spieler zahlt 1 € Einsatz und wirft 3 ideale Würfel. Erscheint dabei die 6 ein-, zwei bzw. dreimal, so erhält er seinen Einsatz zurück und außerdem einen Gewinn von 1 €, 2 € bzw. 3 €. Erscheint keine 6, ist der Einsatz verloren. Geben Sie die Wahrscheinlichkeitsverteilung für die Zufallsgröße „Gewinn" an. [T1]

Gewinn g				
P(G = g)				

Weisen Sie rechnerisch nach, dass dieses Spiel nicht fair ist. [T2]

E(G) = ______________________ = ________

Welchen Gewinn wird der Spieler im Durchschnitt erzielen?

____

Welchen Einsatz müsste der Spieler bezahlen, damit ein faires Spiel entsteht?

2 Es wird mit zwei idealen Würfeln geworfen. Bei 4 € Einsatz gilt folgender Auszahlungsplan: [T1]

Augensumme	Gerade Primzahl	Ungerade Primzahl	Gerade Nicht-Primzahl	Ungerade Nicht-Primzahl
Anzahl				
Auszahlung in €	9	5	3	0
Gewinn g in €				
P(G = g)				

Ergänzen Sie die Tabelle für die Zufallsgröße G (Gewinn) und berechnen Sie den Erwartungswert von G.

E(G) = ______________________ ≈ ________

3 Ein Glücksrad mit den Zahlen von 1 bis 16 in gleichgroßen Sektoren wird gedreht. Mike und Anna verabreden folgendes Spiel: Mike zahlt an Anna 3 €, wenn die Sektornummer eine Primzahl ist. Anna zahlt an Mike 2 €, wenn die Sektornummer gerade ist. Erstellen Sie einen Gewinnplan für Anna und entscheiden Sie, ob das Spiel fair ist. [T2]
Füllen Sie die Lücken und tragen Sie die Werte ein.

Von 1 bis 16 gibt es ______ Primzahlen und ______ gerade Zahlen. Die Zahl _____ ist sowohl Primzahl, als auch gerade.

Gewinn g von Anna in EURO			
P(G = g)			

E(X) = ______________________ = ________

Das Spiel ist nicht fair, weil ______________________

____

4 Peter bietet Anna folgendes Spiel an: Anna soll 20 € auf den Tisch legen und zweimal ein Glücksrad drehen. Das Glücksrad trägt mit $\alpha = 180°$ die Bezeichnung 2 und im übrigen Bereich den Wert $\frac{1}{2}$.
Zeigt der Zeiger auf 2, so verdoppelt Peter den gerade auf dem Tisch liegenden Betrag. Weist er auf $\frac{1}{2}$, so halbiert er ihn. Anna erhält schließlich den Betrag, der auf dem Tisch liegt, nachdem das Rad zweimal gedreht wurde. Berechnen Sie den Erwartungswert des Gewinns von Anna.
Wie groß muss der Winkel α gewählt werden, damit das Spiel fair ist? [T2], [T3]

[T1] Gewinn = Auszahlung − Einsatz. [T2] Ein Spiel ist fair, wenn der Erwartungswert des Gewinns null ist. [T3] Fertigen Sie ein Baumdiagramm für den Gewinn von Anna an und tragen Sie die unbekannten Wahrscheinlichkeiten p und 1 − p ein.

1 Eine Zufallsgröße X legt fest, wie viele unbrauchbare Teile in einer Stichprobe von 10 Teilen gefunden werden. Dann ist $P(X = 3)$ die Wahrscheinlichkeit, dass genau drei Teile in der Stichprobe unbrauchbar sind.

Die Zufallsgröße X hat die Realisierungen {______________________}.

Interpretieren Sie die folgenden Aussagen:

a) $P(X = 0)$: ____

b) $P(X < 2)$: ____

c) $P(X > 0)$: ____

d) $P(X = k) < 0{,}9$: ____

____

e) $P(X \leq k) < 0{,}5$: ____

2 Ein Automat packt Streichhölzer ab. Dabei weicht durchschnittlich bei 2 von 100 Schachteln die Anzahl der Streichhölzer in der Schachtel von der vorgeschriebenen Anzahl ab. Mit welcher Wahrscheinlichkeit sind unter 100 Schachteln höchstens 3 Schachteln, die nicht die vorgesehene Anzahl Streichhölzer enthalten? [T1]

Die Anzahl X der ______________________________________ ist binomialverteilt

mit n = ____________ und p = ____________: P(X ≤ ____________) ≈ ____________.

3 Ein Parasitenbefall bei Hausschweinen kann durch besonderes Futter mit der Erfolgsaussicht von 80 % bekämpft werden. Mit welcher Wahrscheinlichkeit werden in einem Schweinezuchtbetrieb, deren 100 Schweine von Parasiten befallen sind, durch dieses Futter

a) mindestens 70 Schweine b) weniger als 80 Schweine geheilt? [T1]

4 In einer Werkskantine werden freitags ein Fischgericht und zwei weitere Menüs angeboten. Von 100 Kantinenbenutzern wählt erfahrungsgemäß jeder dritte das Fischgericht.

a) Die Küche bereitet 33 Fischgerichte vor. Wie groß ist die Wahrscheinlichkeit, dass weitere Fischgerichte zubereitet werden müssen?

b) Wie viele Fischgerichte müssen vorbereitet werden, damit sie mit einer Wahrscheinlichkeit von mindestens 90 % ausreichen?

5 Ein idealer Würfel wird achtmal geworfen und jeweils das Ergebnis notiert. X sei dabei die Anzahl der Fünfen.

a) Begründen Sie, dass X eine binomialverteilte Zufallsgröße ist.

b) Berechnen Sie die folgenden Wahrscheinlichkeiten und formulieren Sie diese in einem Satz.

$P(X > 0)$ = ____

$P(X = 8)$ = ____

$P(X < 2)$ = ____ [T2]

6 Ein Fachgeschäft erhält eine Lieferung von 166 gleichartigen Handys. Leider hat die Lieferfirma bei 5 Verpackungen versäumt, das Netzteil beizulegen. Aus der Lieferung wird eine Stichprobe von 10 Handys genommen und auf Vollständigkeit überprüft.

Bestimmen Sie die Wahrscheinlichkeit folgender Ereignisse: [T1]

Ereignis A: In der Stichprobe sind höchstens 2 unvollständige Packungen. [T2]

Ereignis B: In der Stichprobe sind mindestens 4 unvollständige Packungen.

Ereignis C: Alle Packungen in der Stichprobe sind vollständig.

[T1] Legen Sie die Zufallsgröße fest. Schreiben Sie: Die Anzahl X der … ist binomialverteilt mit n = … und p = …

[T2] Manchmal ist der Weg über das Gegenereignis der kürzere.

X Erwartungswert und Standardabweichung – Sigma-Regeln

1 Füllen Sie die Lücken: Gegeben ist eine binomialverteilte Zufallsgröße X mit $n = 500$ und $p = 0{,}2$.

Der Erwartungswert der Zufallsgröße ist $E(X) = \mu =$ ________ = ________ und ihre Standardabweichung wird mit $\sigma =$ ____________ = ____________ berechnet.

Die Wahrscheinlichkeit, dass die Anzahl Treffer im Intervall [____ ; ____] liegt, beträgt etwa 68 %.

2 Die Vertrauenszahl γ und die Größe c stehen über die Beziehung $P(\mu - c \cdot \sigma \le X \le \mu + c \cdot \sigma) = \gamma$ im Zusammenhang. Ordnen Sie die Kärtchen dieser Größe jeweils der gegebenen Vertrauenszahl zu.

c = 2,58 | c = 2 | c = 1,64 | c = 1 | c = 1,96 | c = 3

γ = 95 % | γ = 99,7 % | γ = 90 % | γ = 99 % | γ = 68,3 % | γ = 95,4 %

3 Sigma-Regeln sind bei der Binomialverteilung für den Praktiker wichtig. Die 1σ-Regel beschreibt die ______________________________ der Zufallsgröße für das Intervall [__________ ; __________]).

Man nennt P(________ ≤ X ≤ ________) ≈ 0,955 die ____________ und P(________ ≤ X ≤ ________) ≈ 0,997 die ____________.

4 Gegeben ist eine binomialverteilte Zufallsgröße mit $n = 1000$ und $p = 0{,}04$. Ermitteln Sie mithilfe der 3σ-Regel den Bereich, in dem sich 99,7% der Realisierungen dieser Zufallsgröße befinden.

5 Entscheiden Sie bei den folgenden Aussagen über binomialverteilte Zufallsgrößen, ob sie richtig oder falsch sind.

	richtig	falsch
a) Sigmaintervalle sind Näherungen, die im Allgemeinen für $\sigma > 3$ brauchbar sind.	☐	☐
b) Je größer die Standardabweichung, um so größer ist auch das σ-Intervall.	☐	☐
c) Der Erwartungswert liegt stets in der Mitte des σ-Intervalls.	☐	☐
d) Um den Erwartungswert zu vergrößern, braucht man nur die Anzahl der Bernoulli-Experimente zu vergrößern.	☐	☐
e) Bei einem Bernoulliexperiment liegen nicht alle Realisierungen der Zufallsgröße im 2σ-Intervall.	☐	☐

6 Ein defekter Parkscheinautomat eines Parkhauses codiert ca. 20 % aller Parkkarten so falsch, dass eine Ausfahrt nicht möglich ist. An einem Samstagvormittag möchten zwischen 9.30 Uhr und 10 Uhr 100 Autofahrer mit ihren Autos das Parkhaus verlassen.
Schätzen Sie ab, wie viele dieser Pkw-Fahrer mit einer Wahrscheinlichkeit von 0,955 entsprechende Probleme bei der Ausfahrt haben werden.

7 Bei einer Lieferung von Transistoren wird vom Hersteller eine Ausschussquote von 8 % angegeben.
a) Mit wieviel defekten Transistoren muss man bei einer Lieferung von 500 Stück rechnen, wenn man von einer Vertrauenszahl von 0,90 ($c = 1{,}645$) ausgeht.
b) Berechnen Sie das 2σ-Intervall und beschreiben Sie, was dieses Intervall angibt. [T1]
c) Wieviel Transistoren müssen bestellt werden, damit mit 99 %-iger Sicherheit mindestens 480 Transistoren funktionsfähig sind.

8 Bei einem Glücksrad wird jeder der 5 Sektoren mit der Wahrscheinlichkeit 0,2 getroffen.
Die fünf Sektoren tragen die Zahlen 1; 2; 3; 4; 5.
Das Glücksrad wird 500-mal gedreht. Die Zufallsvariable X beschreibe die relative Häufigkeit für „5".
Berechnen Sie näherungsweise den zu μ_X symmetrischen Bereich, in den die relative Häufigkeit für „5" mit 95 %iger Wahrscheinlichkeit fällt. [T2]

[T1] Verwenden Sie das Ergebnis der Aufgabe 3. [T2] Berechnen Sie zunächst die Werte für μ und σ der absoluten Häufigkeiten und nutzen Sie das Ergebnis der Aufgabe 2.

1 Ein Glücksrad wird in sechs gleich große Sektoren eingeteilt.
Die Sektoren sind mit den Zahlen 2, 3, 3, 6, 6, 6 versehen. Bei jeder Drehung wird genau ein Sektor markiert.

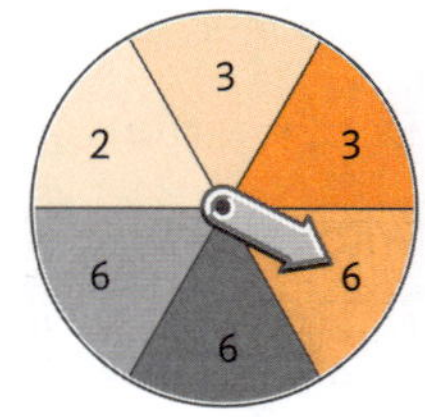

a) Das Glücksrad wird zweimal gedreht. Bestimmen Sie die Wahrscheinlichkeiten folgender Ereignisse: [T1]

A: Zwei gleiche Zahlen werden markiert.
B: Die Summe der beiden Zahlen ist kleiner als 6 oder die Zahlen sind gleich.
C: Die Zahlen sind verschieden und die Summe ist größer als 6.

b) Wie viele Sechsen kann man im Mittel erwarten, wenn man viele Serien von 20 Drehungen mit diesem Glücksrad ausführt? [T2]

2 Bei einem Sportvergleichskampf zwischen mehreren Schulen wird das Schillergymnasium durch sechs Schülerinnen der Klassenstufe 8, acht Schülerinnen der Klassenstufe 9 und vier Schülerinnen der Klassenstufe 10 vertreten.

a) Vor dem Wettkampf werden zwei Schülerinnen ausgewählt, die bei der Einrichtung der Wettkampfstationen helfen sollen.
Bestimmen Sie die Wahrscheinlichkeiten folgender Ereignisse: [T3]

A: Beide Schülerinnen gehören nicht der Klassenstufe 8 an.
B: Beide Schülerinnen sind aus der Klassenstufe 10.
C: Beide Schülerinnen sind aus verschiedenen Klassenstufen.

b) Zur Eröffnung stellen sich alle Teilnehmer dieser Schule in einer Linie auf.
Wie viele Anordnungsmöglichkeiten gibt es, wenn nur die Zugehörigkeit zu den Klassenstufen interessiert?
Wie groß ist bei zufälliger Anordnung die Wahrscheinlichkeit, dass die vier Schülerinnen der Klassenstufe 10 nebeneinander stehen?

c) Vor dem Fußballspiel wird das Elfmeterschießen geübt. Der Torwart hält in 20 % der Fälle den Ball.
Es wird fünfmal auf das Tor geschossen.
(1) Mit welcher Wahrscheinlichkeit hält er die ersten beiden Bälle?
(2) Mit welcher Wahrscheinlichkeit hält er keinen der fünf Bälle?
(3) Mit welcher Wahrscheinlichkeit hält er genau vier der fünf Bälle? [T4]

3 Entscheiden Sie, ob das Ereignis sicher, unmöglich oder keines von beiden ist.

Ereignis	sicher	unmöglich	weder – noch
a) Eine ideale Münze fällt auf Zahl oder Wappen.	◯	◯	◯
b) Sie würfeln mit zwei Würfeln die Augensumme 1.	◯	◯	◯
c) Borussia Dortmund gewinnt oder verliert das nächste Heimspiel.	◯	◯	◯
d) Ein neugeborenes Elefantenbaby ist männlich oder weiblich.	◯	◯	◯
e) Sie würfeln eine Primzahl oder eine gerade Zahl (normaler Würfel).	◯	◯	◯
f) Bei der Lottoziehung ist die Zusatzzahl gleich der erstgezogenen Zahl.	◯	◯	◯
g) Beim Roulette erscheint Rot oder Schwarz.	◯	◯	◯

4 Auf einem Tisch liegen gut gemischt 10 Schachfiguren. Schachfiguren sind entweder schwarz oder weiß. Zufällig werden mit einem Griff 2 Figuren entnommen. Die Wahrscheinlichkeit, dass darunter genau eine weiße und genau eine schwarze Figur sind, beträgt $\frac{16}{45}$. Wie viele weiße Figuren lagen auf dem Tisch? [T5]

5 Einer Klasse von 25 Schülerinnen und Schülern werden fünf Freikarten für ein Rockkonzert zur Verfügung gestellt. Um diese zu verteilen, werden Lose gezogen. In der Lostrommel befinden sich neben fünf Gewinnlosen auch zwanzig Nieten. Prüfen Sie, ob der Zweite, der zieht, die gleiche Chance auf eine Freikarte hat wie der Erste.

[T1] Beachten Sie die Bedeutung der Schlüsselwörter „und“ und „oder“ für die Wahrscheinlichkeiten. [T2] Den Erwartungswert binomialverteilter Zufallsgrößen berechnet man mit $E(X) = n \cdot p$. [T3] Die Reihenfolge der ausgewählten Schülerinnen ist nicht von Bedeutung, d.h. dies entspricht dem Urnenmodell „Ziehen mit einem Griff“. [T4] Die Anzahl der gehaltenen Bälle ist binomialverteilt mit $n = 5$ und $p = 0{,}2$. [T5] Es befinden sich x schwarze und 10 – x weiße Figuren auf dem Tisch.

6 Ein idealer Würfel wird nacheinander geworfen.

a) Mit welcher Wahrscheinlichkeit ist bei 20 Würfen keine 6 dabei?

b) Mit welcher Wahrscheinlichkeit wird bei den ersten drei Würfen mindestens eine 2 geworfen?

c) Mit welcher Wahrscheinlichkeit ist bei drei Würfen kein Ergebnis unter dem Wert 3?

d) Wie oft muss man den Würfel werfen, um mit mindestens 99%iger Sicherheit mindestens eine 6 zu erzielen?

7 Gegeben ist eine binomialverteilte Zufallsgröße mit $n = 1000$ und $p = 0{,}04$.
Ermitteln Sie mithilfe der 3σ-Regel den Bereich, in dem sich 99,7% der Realisierungen dieser Zufallsgröße befinden.

8 Bei der Herstellung von Spielbällen sind beim Hersteller 1 nur 90% fehlerfrei. Alle produzierten Bälle werden in Kartons zu je 10 Stück verpackt.

a) Wie groß ist die Wahrscheinlichkeit, dass in einem Karton kein Ball fehlerhaft ist?

b) In einem Karton befinden sich drei fehlerhafte Bälle. Wie groß ist die Wahrscheinlichkeit, dass eine Verkäuferin von 2 entnommenen Bällen höchstens einen fehlerhaften Ball findet?

c) Ein Warenhaus wird noch von einem zweiten Hersteller beliefert, bei dessen Herstellung nur 9% fehlerhafte Bälle produziert werden. Insgesamt stammen ein Drittel aller fehlerhaften Bälle vom Hersteller 1. Welchen Anteil aller Bälle bezieht das Warenhaus vom Hersteller 1? [T1]

9 Eine Urne enthält fünf blaue und eine gelbe Kugel. Beim Ziehen einer Kugel aus dieser Urne gilt folgende Regel: Ist die gezogenen Kugel gelb, so wird sie in die Urne zurückgelegt. Ist sie dagegen blau, wird sie beiseite gelegt und in der Urne durch eine gelbe Kugel ersetzt.
Auf einem Rummelplatz wird folgendes Spiel angeboten:
Nach einem Einsatz von 3€ darf der Spieler dreimal je eine Kugel ziehen. Er erhält bei drei gezogenen gelben Kugeln 50€, bei zwei gezogenen gelben Kugeln 5€ und bei einer gezogenen gelben Kugel den Einsatz ausgezahlt.
Weisen Sie rechnerisch nach, dass dieses Spiel nicht fair ist. Welchen Einsatz müsste der Spieler bezahlen, damit ein faires Spiel entsteht? [T2]

10 Eine Firma produziert einfache Taschenrechner. Bekannt ist, dass 10% dieser produzierten Geräte defekt sind. Ursachen dafür können die Fehler F_1 oder F_2 sein. Die Wahrscheinlichkeit für das Auftreten des Fehlers F_1 beträgt 0,04. Sowohl Fehler F_1 als auch Fehler F_2 habe 0,25% aller produzierten Rechner.

a) Berechnen Sie die Wahrscheinlichkeit für das Auftreten des Fehlers F_2. [T3]

b) In einem Karton sind 20 Rechner verpackt. Berechnen Sie die Wahrscheinlichkeit, dass kein Rechner in diesem Karton fehlerhaft ist.

c) Ein Kontrolleur benötigt für die Analyse einen Taschenrechner, der sowohl Fehler F_1 als auch Fehler F_2 aufweist. Wie viele Geräte müssen der Produktion wenigstens entnommen werden, damit mit einer Wahrscheinlichkeit von mindestens 99% wenigstens ein solcher Rechner dabei ist?

11 Ein Spieler zahlt 1€ Einsatz und wirft drei ideale Würfel. Erscheint dabei die 6 ein-, zwei, bzw, dreimal, so erhält er seinen Einsatz zurück und außerdem einen Gewinn von 1 bzw. 2, bzw. 3€. Erscheint keine 6, ist der Einsatz verloren.

a) Weisen Sie rechnerisch nach, dass dieses Spiel nicht fair ist.

b) Welchen Einsatz müsste der Spieler bezahlen, damit das Spiel fair ist? [T2]

[T1] Zeichnen Sie ein zweistufiges Baumdiagramm und bezeichnen Sie in der ersten Stufe die Anteile der Hersteller mit p und 1 − p. [T2] Stellen Sie zunächst den Gewinnplan als Tabelle auf und verändern Sie ihn dann mit einem variablen Einsatz.
[T3] Überprüfen Sie, welche Teile des Additionssatzes in der Aufgabe bekannt sind.

1 Eine Nullhypothese H_0 mit der Wahrscheinlichkeit p_0 soll getestet werden. Ordnen Sie nebenstehende Begriffe zu und füllen Sie die Lücken.

a) Die Gegenhypothese H_1 geht von einer Wahrscheinlichkeit $p_1 < p_0$ aus. Vor dem Test wird ein __________ Ablehnungsbereich festgelegt. [T1]
Wird die Nullhypothese dann angenommen, obwohl sie falsch ist, spricht man von einem Fehler __________, den man auch ___ -Fehler nennt.

b) Wird der Annahmebereich mit einer Umgebung des Erwartungswertes festgelegt, dann handelt es sich um einen __________ Test.
Für jeden der beiden Ablehnungsbereiche gilt dann die __________ Irrtumswahrscheinlichkeit.

c) Behauptet die Gegenhypothese einen konkreten Wert für p_1, dann kann man die Wahrscheinlichkeit beider Fehler berechnen. Für die binomialverteilte Zufallgröße X mit dem Stichprobenumfang n gilt dann:

Fehler ________: Die Nullhypothese wird __________, obwohl __________.

Fehler ________: ______________________________________.

d) Der Bereich {0, 1, 2, …, g} ist linksseitiger Ablehnungsbereich, wenn p_0 ___ p_1 ist. Der α-Fehler wird mit $\alpha = P(X$ ___ $)$ unter Verwendung von n und der Wahrscheinlichkeit ___ berechnet.

halbe | 2. Art | linksseitiger | links | ≥ | p_1 | > | abgelehnt | 1. Art | p_0 | angenommen | zweiseitiger | < | ≤ | rechts | ganze | rechtsseitiger | wahr | falsch

2 Ein Kandidat, der bei der letzten Wahl 50 % der Stimmen erhielt, möchte vor der nächsten Wahl wissen, ob er ein besseres Stimmergebnis erhält. Dazu wird eine repräsentative Umfrage bei 100 Personen durchgeführt.

a) Wie viele von den 100 befragten Personen müssten ihm ihre Stimme geben, damit er bei der nächsten Wahl mit einem besseren Ergebnis rechnen kann, wenn er eine Irrtumswahrscheinlichkeit von 5 % akzeptiert?
Sieht man als Nullhypothese $p_0 = 0{,}5$ an, dann ist das bessere Ergebnis mit der Wahrscheinlichkeit von $p_1 > p_0$ zu erwarten. Für die Ablehnung von H_0 ist der Ablehnungsbereich also __________ und wird mit {g, …, 100} festgelegt. Füllen Sie die Lücken in den einzelnen Schritten:

Es ist $\alpha = 0{,}05$ und g erhält man aus dem Ansatz $P(X$ ___ $g)$ ___ $0{,}05$.

Umformungsschritte: $1 - P(X$ ___ $)$ ___ ___ $P(X$ ___ $g)$ ___ $0{,}95$ $P(X \leq$ ___ $)$ ___ $0{,}95$ [T2]

Aus der F-Tabelle der Binomialverteilung entnimmt man für n = ___ den Wert g = ___.

b) Der Test hat ergeben, dass sich 65 Befragte für den Kandidaten entschieden haben. Was schlussfolgert der Kandidat daraus? Bei seiner weiteren Wahltaktik geht er von einem verbesserten Wahlergebnis, als bei der vorigen Wahl aus. Mit welcher Wahrscheinlichkeit irrt er sich?

3 Ein Zuckerrübenbauer weiß aus Erfahrung, dass der Anteil „süßer" Rüben in normalen Jahren 40 % beträgt. Er entnimmt seiner Ernte eine Stichprobe von 50 Rüben und stellt fest, dass 10 Rüben davon „süß" sind. Welche Möglichkeiten für das Zustandekommen dieses Ergebnisses sind denkbar? Für welche Möglichkeit wird er sich entscheiden?

[T1] Liegt p_1 auf dem Zahlenstrahl rechts von p_0 (also $p_0 < p_1$), so liegt ein rechtsseitiger Ablehnungsbereich vor. [T2] Bei einem rechtsseitigen Ablehnungsbereich ist der Weg über das Gegenereignis günstiger. Beachten Sie dabei die Veränderungen bei der Wahl des Ungleichheitszeichens.

4 Die Hypothese $H_0 : p_0 = 0{,}4$ soll gegen $H_1 : p_1 < 0{,}4$ bei einem Stichprobenumfang $n = 100$ und der Irrtumswahrscheinlichkeit 5 % getestet werden. Ermitteln Sie den Ablehnungsbereich.

Da p_1 links von p_0 liegt, lehnen wir H_0 ab, wenn die Stichprobe im Ablehnungsbereich $\{0, 1, 2, \ldots, g\}$ liegt, wobei die größte ganze Zahl g mit $P(T \leq g) \leq$ ____ gesucht ist.

Die Trefferanzahl ist binomialverteilt mit $n =$ ____ und $p =$ ____.

Aus $P(T \leq$ ____ $) \approx 0{,}0398$ und $P(T \leq$ ____ $) \approx 0{,}0615$ folgt $g =$ ____.

Der Ablehnungsbereich ist $\{0, 1, \ldots,$ ____ $\}$.

5 Eine Nullhypothese $H_0 : p = p_0$ soll mit einem Stichprobenumfang von 200 und einer Irrtumswahrscheinlichkeit α getestet werden. Füllen Sie die folgenden Fälle zeilenweise aus:

H_1:	Ablehnungsbereich	α	Ansatz
$p < p_0$	{ ____ }	0,05	P(X ____) ____
	{ ____ }		$P(X \geq g) \leq 0{,}01$

6 Ein Pharmaunternehmen bringt ein neues Medikament auf den Markt und behauptet, dass 40 % der Patienten damit geheilt werden. Bei der Zulassung des Medikaments treten Zweifel auf. Es wird deshalb ein Test an 25 Patienten vorgenommen. Man glaubt der Behauptung, wenn mindestens 8 dieser Patienten geheilt werden. Berechnen Sie den Fehler 1. Art.

7 Von einer Tierart wird behauptet, dass männliche und weibliche Nachkommen gleich häufig sind. In einem Institut wird bei 50 Nachkommen dieser Tierart das Geschlecht bestimmt. Man findet 30 männliche Tiere. Kann man daraus mit einer Irrtumswahrscheinlichkeit von 5 % schließen, dass die Geschlechter unter den Nachkommen nicht gleich häufig sind? [T1]

8 Eine Fabrik liefert Schachteln mit Schrauben hoher Qualität (10 % der Schrauben sind fehlerhaft) und mit Schrauben minderer Qualität (40 % der Schrauben sind fehlerhaft) an eine Baumarktkette. Während des Ausladens geht bei einigen Verpackungen das Etikett verloren, sodass man nicht mehr erkennen kann, ob es sich um eine Packung mit Schrauben hoher oder minderer Qualität handelt. Es soll ein Verfahren gefunden werden, um die Schrauben in kürzester Zeit und ohne großen Aufwand der richtigen Qualität zuzuordnen. Zu diesem Zweck wird ein Test durchgeführt und zwischen zwei Hypothesen unterschieden, der so genannten Nullhypothese (H_0) und der Alternativhypothese (H_1).

H_0: „Die Schachtel ist von hoher Qualität“. H_1: „Die Schachtel ist von minderer Qualität“.

Jeder Schachtel werden zufällig 10 Schrauben entnommen und auf Fehler untersucht. Die Zufallsvariable X sei die Anzahl der fehlerhaften Schrauben. Aufgrund dieser Stichprobe wird die Schachtel neu etikettiert. Die Entscheidungsregel lautet: „Wenn von den 10 Schrauben in der Stichprobe mehr als 3 Schrauben fehlerhaft sind, wird die gesamte Schachtel als von minderer Qualität etikettiert“.
Wie groß sind die Wahrscheinlichkeiten der Fehler 1. und 2. Art? [T2]

[T1] Da die Gegenhypothese die Wahrscheinlichkeit $p_1 \neq p_0$ besitzt, liegt ein zweiseitiger Test vor. Formulieren Sie zwei Ablehnungsbereiche bzw. einen Annahmebereich. [T2] Den Fehler 1. Art begeht man, wenn die Nullhypothese verworfen wird, obwohl sie richtig ist. Den Fehler 2. Art begeht man, wenn die Nullhypothese angenommen wird, obwohl sie falsch ist.

1 Für eine Testvariable X legt man den Stichprobenumfang n und das Signifikanzniveau α fest. Man geht von einer Nullhypothese H_0: $p = p_0$ aus. Ordnen Sie die gegebenen Begriffe richtig zu.

a) Die Alternative ist H_1: $p > p_0$. Dann liegt ein ______________ Hypothesentest mit dem Annahmebereich ______________ vor. Den Annahmebereich erhält man aus der Ungleichung ______________________.

b) Die Alternative ist H_1: $p \neq p_0$. Dann liegt ein ______________ Hypothesentest mit dem Annahmebereich ______________ vor. Den Annahmebereich erhält man aus der Ungleichung ______________________.

c) Die Alternative ist H_1: $p < p_0$. Dann liegt ein ______________ Hypothesentest mit dem Annahmebereich ______________ vor. Den Annahmebereich erhält man aus der Ungleichung ______________________.

einseitiger | $P(X < a) > 1 - \alpha$ | [0; b] | einseitiger | $P(X < a) < \frac{\alpha}{2}$ | $P(X \leq b) > 1 - \alpha$ | [a; n] | zweiseitiger | [a; b]

2 Ein Händler kauft einen Posten elektrischer Geräte aus einer Fehlproduktion auf. Die Funktionsweise von 20 % dieser Geräte ist eingeschränkt. Der Händler vertraut einem Kleinbetrieb, der diese Geräte so zu reparieren vorschlägt, dass nur noch höchstens 5 % fehlerhaft sind. Bei der Rücklieferung hat er allerdings den Verdacht, dass die Geräte ohne eine Reparatur zurückkamen. Es wird ein Test mit einer Stichprobe von 15 Stück so vereinbart, dass beide Partner ein möglichst kleines Risiko tragen.
Schlagen Sie eine Entscheidungsregel vor, berechnen Sie die Fehler 1. und 2. Art und interpretieren Sie diese. [T1]

3 Michael behauptet hellsehen zu können. Er wird einem Test unterzogen, bei dem wiederholt aus einem vollständigen Stapel Karten eine einzelne Karte verdeckt gezogen wird. Michael soll dann die Kartenfarbe (Herz, Kreuz, Pik oder Karo) angeben. Seine Freunde sind bereit, Michael gewisse Fähigkeiten zu attestieren, wenn er in einer Zehnerserie mindestens 6 richtige Farben angeben kann.
a) Mit welcher Wahrscheinlichkeit besteht ein Nicht-Hellseher diesen Test, wenn er nur rät?
b) Jemand mit einer Trefferquote von 0,6 gilt als Hellseher. Mit welcher Wahrscheinlichkeit fällt ein solcher Hellseher durch den Test?

4 Nachdem eine neue Maschine angeschafft wurde, erhoffte man sich eine Qualitätsverbesserung. Bisher entsprachen 8 % der produzierten Werkstücke nicht den Anforderungen der Qualitätsstufe 1. Der Prüfplan sieht vor, dass 100 Werkstücke überprüft werden. Dabei soll die Irrtumswahrscheinlichkeit den Wert 5 % nicht übersteigen.
Geben Sie einen Annahmebereich für die erhoffte Qualitätsverbesserung an.

5 Der Oberbürgermeister einer Stadt erhielt bei seiner letzten Wahl 60 % der Stimmen.
Bei einer Befragung vor der nächsten Wahl bevorzugten von 100 zufällig ausgewählten Personen 48 den bisherigen Bürgermeister. Kann man daraus mit einer Irrtumswahrscheinlichkeit von 5 % schließen, dass sich sein Stimmenanteil seit der letzten Wahl verändert hat? [T2]

6 Ein Großunternehmen bietet einem Elektrohändler aus Restbeständen eine größere Anzahl 40 W- und 60 W-Glühlampen zu einem Pauschalpreis an. Der Händler ist an dem Angebot interessiert, falls beide Sorten gleich stark vertreten sind. Um den Handel nicht unbesehen einzugehen, entschließt er sich zu folgendem Vorgehen: Er entnimmt dem Angebot 10 Glühlampen; falls von einer Sorte nicht weniger als 3 Stück darunter sind, nimmt er das Angebot an, andernfalls lehnt er es ab.
a) Wie groß ist die Wahrscheinlichkeit, dass der Elektrohändler ein passendes Angebot ablehnt? [T3]
b) Mit welcher Wahrscheinlichkeit wird ein Angebot, das doppelt so viele 40 W-Lampen wie 60 W-Lampen enthält, fälschlicherweise angenommen?

[T1] Die Fehler 1. und 2. Art stellen die Risiken der beiden Partner dar. Sie sollten deshalb etwa gleich groß sein. [T2] Es handelt sich um einen zweiseitigen Test. [T3] Formulieren Sie zunächst den Annahmebereich.

Steigung von Funktionsgraphen

Steigung des Graphen einer Funktion f an der Stelle x_0
Gemeint ist die Steigung m der Tangente: $m = f'(x_0)$
1. Schritt: $f'(x)$ ermitteln
2. Schritt: x_0 einsetzen, also $m = f'(x_0)$ berechnen

Beispiel: $f(x) = x^2$; $x_0 = 3$

$f'(x) = 2x$
$m = f'(3) = 2 \cdot 3 = 6$

An welchen Stellen x_0 hat der Graph von f die Steigung m?
Gegeben: $m = f'(x_0)$
1. Schritt: $f'(x)$ ermitteln
2. Schritt: $m = f'(x_0)$ ansetzen und nach x_0 auflösen

Beispiel: $f(x) = -x^2 + 3x$; $m = -1$

$f'(x) = -2x + 3$
$-1 = f'(x_0) = -2x_0 + 3 \quad x_0 = 2$

Monotonie
1. Schritt: $f'(x)$ ermitteln
2. Schritt: Bedingung $f'(x_0) > 0$ nach x_0 auflösen, um das Intervall zu erhalten, in dem der Graph von f streng monoton wächst.
3. Schritt: Monotonie im gesamten Definitionsbereich von f angeben

Beispiel: $f(x) = x^2$

$f'(x) = 2x \begin{cases} > 0, \text{ wenn } x > 0 \\ < 0, \text{ wenn } x < 0 \end{cases}$

streng monoton fallend $(-\infty, 0]$
streng monoton wachsend $[0, \infty)$

Tangente und Normale

Gleichung der Tangente an den Graph von f im Punkt $P(x_0 \mid f(x_0))$
1. Schritt: $f'(x)$ ermitteln, x_0 für x einsetzen
$f'(x_0) = m_t$
2. Schritt: $y_0 = f(x_0)$ berechnen
3. Schritt: Tangente mit errechnetem Anstieg ansetzen

$y = m_t x + n$ geht durch $(x_0 \mid y_0)$

$\Rightarrow n = \ldots$

4. Schritt: Tangentengleichung angeben

oder alternativ zur Schrittfolge die allgemeine Tangentengleichung $y = f'(x_0) \cdot (x - x_0) + f(x_0)$ verwenden

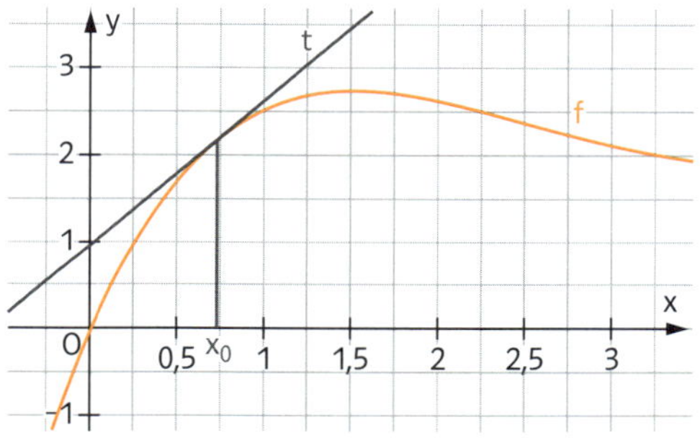

Beispiel: $f(x) = x^2$; $x_0 = 3$
$f'(x) = 2x$; $m = f'(3) = 6$
$f(3) = 9$
$y = 6x + n$ geht durch $(3 \mid 9)$
$9 = 6 \cdot 3 + n \qquad n = -9$
Tangente t: $y = 6x - 9$

Gleichung der Tangente von einem Punkt außerhalb des Graphen
Gegeben: $P(a \mid b)$, $f(x)$ Gesucht: Berührstelle x_0, Tangentengleichung
1. Schritt: m in Anhängigkeit von x_0 ermitteln
$\Rightarrow m = f'(x_0)$
2. Schritt: x = a und y = b in die allgemeine Tangentengleichung $y = f'(x_0) \cdot (x - x_0) + f(x_0)$ einsetzen, x_0 berechnen
3. Schritt: x_0 in die allgemeine Tangentengleichung einsetzen

Beispiel: $f(x) = \sqrt{x}$; $P(-1 \mid 0)$

$m = f'(x_0) = \frac{1}{2 \cdot \sqrt{x_0}}$

$0 = \frac{1}{2 \cdot \sqrt{x_0}}(-1 - x_0) + \sqrt{x_0} \qquad x_0 = 1$

$y = \frac{1}{2 \cdot \sqrt{1}}(x - 1) + \sqrt{1} = \frac{1}{2}x + \frac{1}{2}$

Gleichung der Normalen
Die Normale ist eine Gerade, die den Graphen der Funktion senkrecht schneidet.
1. Schritt: Die Steigung m_n mit $m_n = -\frac{1}{m_t}$ aus der Steigung der Tangente m_t berechnen.
2. Schritt: Die Koordinaten des Punktes $P(x_0 \mid f(x_0))$ in $y = m_n x + n$ mit $x = x_0$ und $y = f(x_0)$ einsetzen und nach n auflösen
3. Schritt: Normalengleichung in der Form $y = m_n x + n$ angeben.

Beispiel: $f(x) = x^2 - 3x \qquad x_0 = 1$
$f'(x) = 2x - 3$

$m = -\frac{1}{f'(1)} = -\frac{1}{-1} = 1$

$y = x + n$ geht durch $(1 \mid -2)$
$-2 = 1 + n \qquad n = -3$
Normale n: $y = x - 3$

Zwei Funktionen

Stelle x_0 mit gleicher Steigung der Graphen von f und g

Es muss für diesen Wert x_0 gelten, dass die Steigung der beiden Graphen an dieser Stelle gleich groß ist.

1. Schritt: $f'(x_0) = g'(x_0)$ ansetzen
2. Schritt: Gleichung nach x_0 auflösen

Beispiel: $f(x) = 4x^2$; $g(x) = \frac{1}{x}$

Ansatz: $8x_0 = -\frac{1}{x_0^2}$ mit der Lösung $x_0 = -\frac{1}{2}$

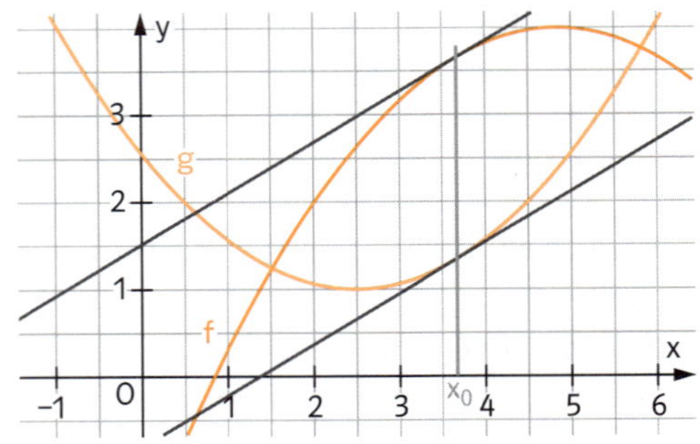

Stelle x_0 mit zueinander senkrechten Tangenten

1. Schritt: Ansatz $f'(x_0) = -\frac{1}{g'(x_0)}$
2. Schritt: Gleichung nach x_0 auflösen

Beispiel: $f(x) = 2x^2 - x + 3$; $g(x) = -x^2$

Ansatz: $4x_0 - 1 = \frac{1}{2x_0}$ mit den Lösungen $x_1 = \frac{1}{2}$ und $x_2 = -\frac{1}{4}$

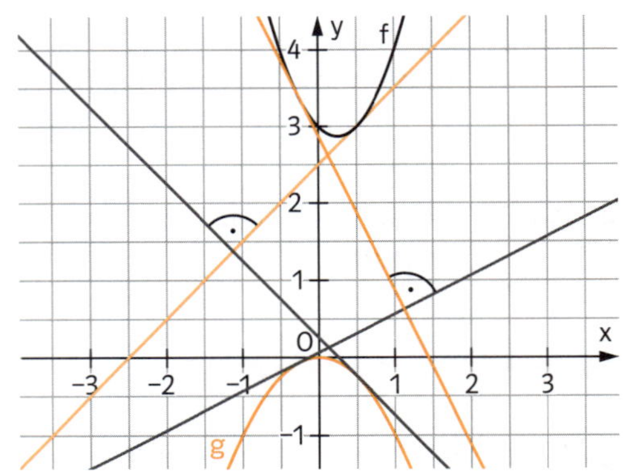

Die Graphen von f und g berühren sich bei x_0

(Es muss $f'(x_0) = g'(x_0)$ und $f(x_0) = g(x_0)$ gelten)

1. Schritt: aus $f'(x_0) = g'(x_0)$ Stellen x_0 mit gleicher Steigung ermitteln
2. Schritt: prüfen, ob an den Stellen x_0 die Gleichung $f(x_0) = g(x_0)$ für gleiche Funktionswerte erfüllt ist.

Beispiel: $f(x) = \frac{4}{x^2}$; $g(x) = 3 - \frac{9}{16}x^2$

$f'(x_0) = g'(x_0)$ $\quad -\frac{8}{x_0^3} = -\frac{9}{8}x_0 \quad x_0^4 = \frac{64}{9} \quad x_0 = \pm\sqrt{\frac{8}{3}}$

$f\left(\pm\sqrt{\frac{8}{3}}\right) = 4 \cdot \frac{3}{8} = \frac{3}{2}$; $g\left(\pm\sqrt{\frac{8}{3}}\right) = 3 - \frac{9}{16} \cdot \frac{8}{3} = \frac{3}{2}$

Die Funktionen f und g berühren sich an der Stellen $-\sqrt{\frac{8}{3}}$ und $\sqrt{\frac{8}{3}}$.

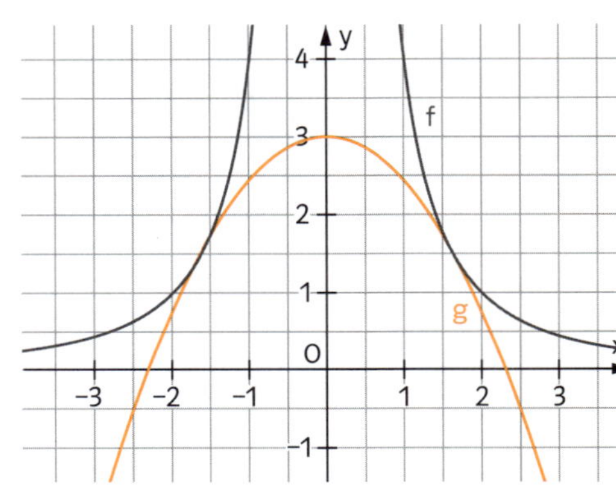

Schnittpunkt und -winkel der Graphen zweier Funktionen

1. Schritt: Schnittstelle x_S mit $f(x_S) = g(x_S)$ berechnen
2. Schritt: $y_S = f(x_S)$ berechnen und Schnittpunkt $S(x_S | y_S)$ angeben
3. Schritt: $f'(x)$ und $g'(x)$ berechnen: $m_1 = f'(x_S)$; $m_2 = g'(x_S)$
4. Schritt: mit $\tan(\delta) = \left|\frac{m_2 - m_1}{1 + m_1 \cdot m_2}\right|$ den Winkel berechnen.

Beispiel: $f(x) = x^2$; $g(x) = x^2 - 4x + 4$

Schnittstelle: $x_S = 1$; Schnittpunkt $(1|1)$

$m_1 = f'(1) = 2$; $m_2 = g'(1) = -2$

$\tan\delta = \left|\frac{-2-2}{1 + 2 \cdot (-2)}\right| = \frac{4}{3} \qquad \delta = 53{,}13°$

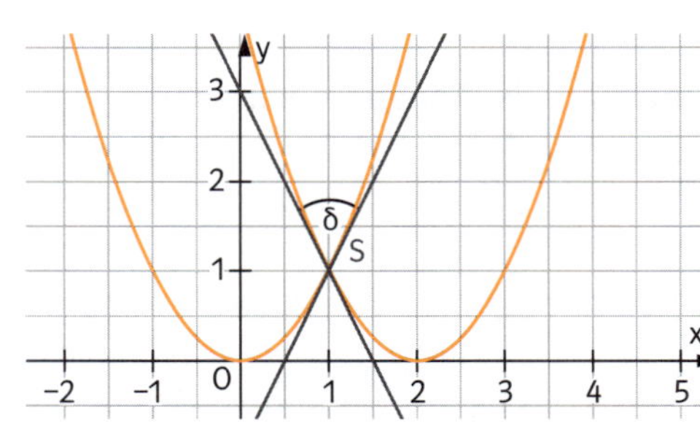

Charakteristische Punkte des Graphen einer Funktion

Schnittpunkte mit den Koordinatenachsen
Schnitt mit der y-Achse: f(0) berechnen; Schnittpunkt (0 | f(0))
Schnitt mit der x-Achse:
1. Schritt: Ansatz $f(x_0) = 0$
2. Schritt: x_0 ermitteln

Methoden: Auflösen nach x_0, Lösungsformel für quadratische Gleichungen, Substitution, Polynomdivision, Darstellung als Nullprodukt, um die Faktoren einzeln zu betrachten

Beispiel:
$f(x) = (x - 3) \cdot (x^2 + 2x + 1)$
Umformung: $f(x) = (x - 3) \cdot (x + 1)^2$
Schnitt mit der y-Achse: $f(0) = -3$; $P_0(0|-3)$
Schnitt mit der x-Achse: $f(x_0) = 0$
$x_{01} = 3$; $x_{02} = -1$
$P_1(3|0)$; $P_2(-1|0)$

Lokale Extrempunkte
1. Schritt: aus $f''(x_0) = 0$ als notwendiger Bedingung Stellen x_0 ermitteln
2. Schritt: $f''(x_0) \neq 0$ oder Vorzeichenwechsel der 1. Ableitung sind hinreichend für die Existenz einer lokalen Extremstelle.
3. Schritt: Funktionswert an der Stelle x_0 berechnen und Punkt angeben

Beispiel:
$f(x) = x^3 - 3x^2 - 24x + 3$
$f'(x) = 3x^2 - 6x - 24$
$f''(x) = 6x - 6$
Mit Lösungsformel: $x_1 = -2$; $x_2 = 4$
$f''(-2) = -18 \neq 0$; $f''(4) = 18 \neq 0$
$H(-2|31)$; $T(4|-77)$

Wendepunkte
1. Schritt: Aus $f''(x_0) = 0$ als notwendiger Bedingung Stellen x_0 ermitteln
2. Schritt: $f'''(x_0) \neq 0$ oder Vorzeichenwechsel der 2. Ableitung sind hinreichend für die Existenz einer Wendestelle.
3. Schritt: Funktionswert an der Stelle x_0 berechnen und Punkt angeben

Beispiel:
$f(x) = x^3 - 3x^2 - 24x + 3$
$f'(x) = 3x^2 - 6x - 24$
$f''(x) = 6x - 6 = 0$; $f'''(x) = 6$
$x_0 = 1$
$f'''(1) = 6 \neq 0$
$f(1) = -23$; $W(1|-23)$

Sattelpunkte
Spezieller Wendepunkt, bei dem f keinen Monotoniewechsel hat.
1. Schritt: Aus $f''(x_0) = 0$ mögliche Wendestellen ermitteln.
2. Schritt: Gilt bei x_0 auch: $f'(x_0) = 0$ und ist x_0 Nullstelle von f' ohne Vorzeichenwechsel, so ist $(x_0 | f(x_0))$ Sattelpunkt.

Beispiel:
$f(x) = x^4 - 2x^3 + 1$
Aus $f''(x_0) = 0$ folgt $x_1 = 0$ und $x_2 = 1$.
An der Stelle $x_0 = 0$ hat f einen Sattelpunkt, weil $f'(0) = 0$; und $f'(x) = 4x^3 - 6x^2 = 2x^2 \cdot (2x - 3)$ bei 0 eine Nullstelle ohne Vorzeichenwechsel hat.

Funktionenscharen

Der Graph welcher der Funktionen f_t geht durch P?
1. Schritt: Koordinaten von P für x und $f_t(x)$ einsetzen
2. Schritt: Variable t aus dieser Gleichung berechnen

Beispiel: Für welchen Wert von t geht f_t mit $f_t(x) = t \cdot (x - x^2)$ durch $P(-1|-4)$?
Aus $-4 = t \cdot (-1 - (-1)^2)$ folgt $t = 2$.

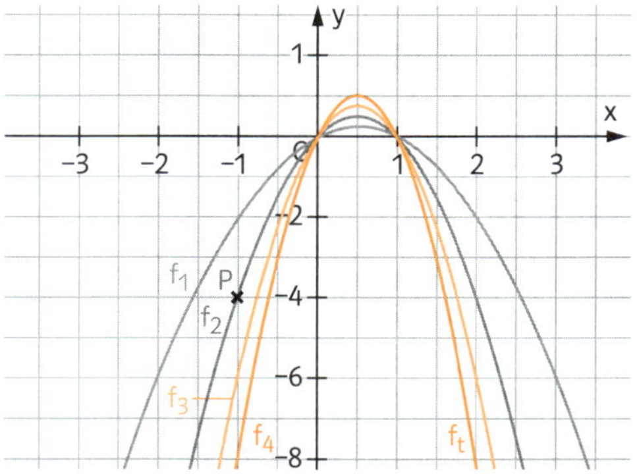

Für welche der Funktionen f_t liegt der Tiefpunkt auf der Geraden g?

1\. Schritt: Koordinaten von $T(x_0 | y_0)$ in Abhängigkeit von t ermitteln
2\. Schritt: x_0 und y_0 für x und y in die Geradengleichung einsetzen
3\. Schritt: aus dieser Gleichung die einzige Variable t berechnen

Beispiel: Für welchen Wert von t liegt der Tiefpunkt $T(2t | t^2 + 1)$ auf der Geraden $y = x$?
$x_0 = 2t$ und $y_0 = t^2 + 1$ in die Geradengleichung einsetzen:
$t^2 + 1 = 2t$, d.h. $t^2 - 2t + 1 = 0$ hat die einzige Lösung $t = 1$.

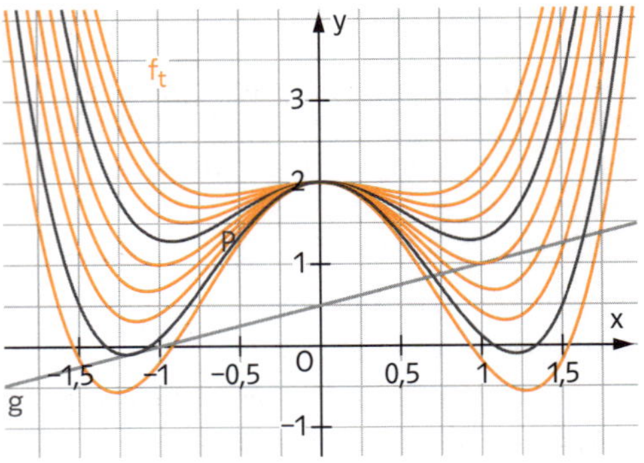

Der Graph welcher der Funktionen f_t hat an der Stelle x_0 die gleiche Steigung wie die Gerade g?

1\. Schritt: Steigung m der Geraden in $m = f'(x_0)$ einsetzen
2\. Schritt: aus dieser Gleichung den Parameter berechnen

Beispiel: Für welchen Wert von t ist die Tangente an den Graphen der Funktion f_t mit $f_t(x) = \frac{1}{t}x^2 - 2x + 2$ im Punkt $(4 | f_t(4))$ parallel zur Geraden $y = \frac{1}{2}x$?
Die Gerade hat die Steigung $\frac{1}{2}$. $f_t'(x) = \frac{2}{t}x - 2$
Also muss $f_t'(4) = \frac{1}{2}$ sein. $f_t'(4) = \frac{2}{t} \cdot 4 - 2 = \frac{1}{2}$ $t = \frac{16}{5}$

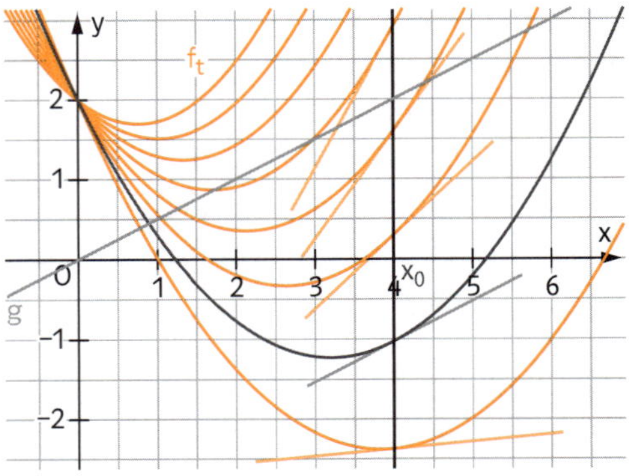

Ortskurve einer Funktionsschar

Gesucht ist die Funktion, auf deren Graph alle Extrempunkte oder Wendepunkte liegen. (vgl. nebenstehende Grafik)

1\. Schritt: die Koordinaten von Extrempunkt bzw. Wendepunkt in Abhängigkeit von t berechnen $(x(t) | y(t))$
2\. Schritt: x(t) nach t auflösen und in y(t) einsetzen

Beispiel: Ortskurve von $T(2t | 9 - t^2)$
$x(t) = 2t$; $y(t) = 9 - t^2$
$t = \frac{x}{2}$ in y(t) einsetzen
$y = 9 - \frac{1}{4}x^2$

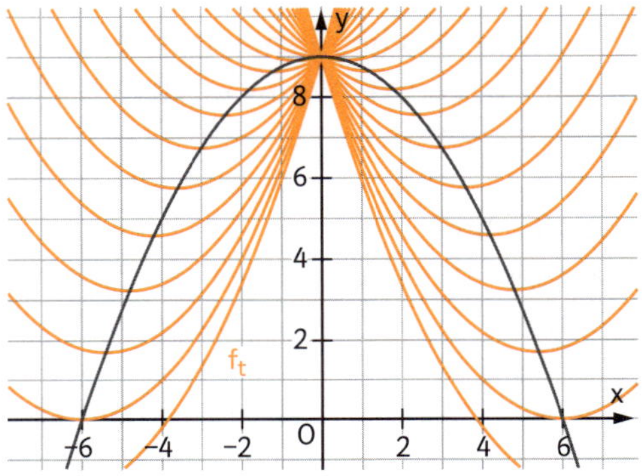

Für welchen Wert von t ist das Minimum von f_t am größten?

1\. Schritt: Ortskurve des Tiefpunktes berechnen
2\. Schritt: Maximumstelle der Ortskurve x_0 berechnen
3\. Schritt: aus $x_0 = x(t)$ den Wert für t berechnen.

Beispiel: Der Tiefpunkt einer Funktionsschar liegt bei $(t | 4 - t^2)$. Für welchen Wert von t ist das Minimum am größten?
Ortskurve: $y = 4 - x^2$
$y' = -2x = 0 \rightarrow x_0 = 0 = t$
Minimum für $t = 0$

Welche Punkte haben die Graphen aller Funktionen f_t gemeinsam?

1\. Schritt: für t die Parameter r und s im Ansatz $f_r(x) = f_s(x)$ verwenden.
2\. Schritt: für $r \neq s$ die Schnittstellen errechnen.
3\. Schritt: y-Werte errechnen und gemeinsame Punkte angeben

Beispiel: $f_t(x) = x^3 + tx^2 + (8t - 1)x$
Ansatz $f_r(x) = f_s(x)$, also $x^3 + rx^2 + (8r - 1)x = x^3 + sx^2 + (8s - 1)x$
$x_1 = 0$ Restgleichung: $rx + (8r - 1) = sx + (8s - 1)$
$(r - s) \cdot x = -8 \cdot (r - s)$ $x_2 = -8$
gemeinsame Punkte: $P_1(0 | 0)$ und $P_2(-8 | -504)$

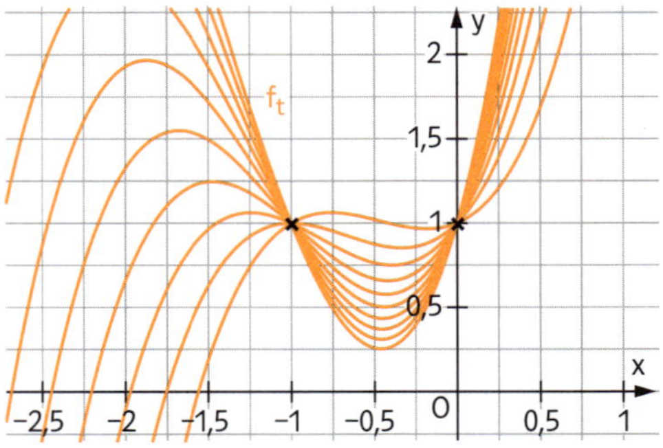

Integrale berechnen

Berechnung von Integralen der Form $\int_a^b f(x)\,dx$

1. Schritt: Eine Stammfunktion F von f bestimmen
2. Schritt: Das Integral hat den Wert F(b) − F(a)

Beispiel:

$$\int_1^5 \left(1 + \frac{2}{x^2}\right)dx = \left[x - \frac{2}{x}\right]_1^5 = \left(5 - \frac{2}{5}\right) - \left(1 - \frac{2}{1}\right) = 5{,}6$$

Berechnung einer Integrationsgrenze bei gegebenem Integralwert

1. Schritt: Eine Stammfunktion F von f bestimmen
2. Schritt: Den Integralwert mit F(b) − F(a) gleichsetzen

Beispiel: $\int_2^b \frac{20}{x^2}dx = 3$

$F(x) = -\frac{20}{x}$;

$F(b) - F(2) = -\frac{20}{b} - \left(-\frac{20}{2}\right) = 5 - \frac{20}{b} = 3$;

$b = 10$

Uneigentliche Integrale berechnen

1. Schritt: Eine Grenze durch den Parameter z ersetzen
2. Schritt: Integral in Abhängigkeit von z berechnen
3. Schritt: Für z eine Grenzbetrachtung durchführen

Beispiel: $\int_2^\infty \left(\frac{20}{x^2}\right)dx$

$\int_2^z \left(\frac{20}{x^2}\right)dx = \left[-\frac{20}{x}\right]_2^z = -\frac{20}{z} - (-10) = 10 - \frac{20}{z}$; $\int_2^z \left(\frac{20}{x^2}\right)dx \to 10$ für $z \to \infty$

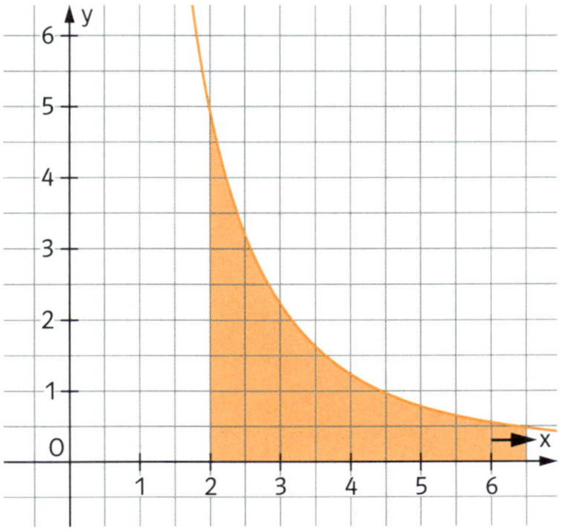

Flächenberechnungen

Berechnung des Inhalts der vom Graphen von f und der x-Achse eingeschlossenen Fläche

1. Schritt: Schnittstellen mit der x-Achse bestimmen
2. Schritt: Zwischen benachbarten Schnittstellen integrieren. Liegt die Fläche unterhalb der x-Achse, so ist der Betrag des Integrals zu nehmen.

Beispiel: $f(x) = x^3 - 8x^2 + 15x$

$x^3 - 8x^2 + 15x = 0 \quad x \cdot (x^2 - 8x + 15) = 0 \quad x_1 = 0 \quad x_2 = 3 \quad x_3 = 5$

$\int_0^3 (x^3 - 8x^2 + 15x)\,dx = \left[\frac{1}{4}x^4 - \frac{8}{3}x^3 + \frac{15}{2}x^2\right]_0^3 = \frac{81}{4} - 72 + \frac{135}{2} - 0 = 15\frac{3}{4}$

Der Flächeninhalt beträgt $15\frac{3}{4} + 5\frac{1}{3} = 21\frac{1}{12}$.

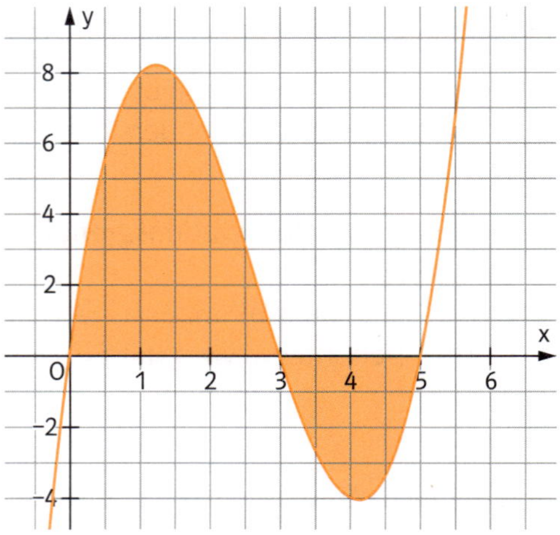

Berechnung des Inhalts der von den Graphen von f und g eingeschlossenen Fläche

1. Schritt: Schnittstellen mit Hilfe des Ansatzes $f(x) = g(x)$ bestimmen
2. Schritt: A ist der Betrag des Integrals der Differenzfunktion $f - g$ zwischen den Schnittstellen. (Bei mehr als zwei Schnittstellen ist A die Summe dieser Beträge zwischen benachbarten Schnittstellen).

Beispiel: $f(x) = -x + 7 \quad g(x) = -x^2 + 6x - 3$

$-x + 7 = -x^2 + 6x - 3 \quad -x^2 + 7x - 10 = 0 \quad x_1 = 2 \quad x_2 = 5$

$\int_2^5 (x^2 - 7x + 10)\,dx = \left[\frac{1}{3}x^3 - \frac{7}{2}x^2 + 10x\right]_2^5 = \frac{125}{3} - \frac{175}{2} + 50 - \left(\frac{8}{3} - \frac{28}{2} + 20\right)$
$= -4{,}5$

Der Flächeninhalt beträgt $+4{,}5$.

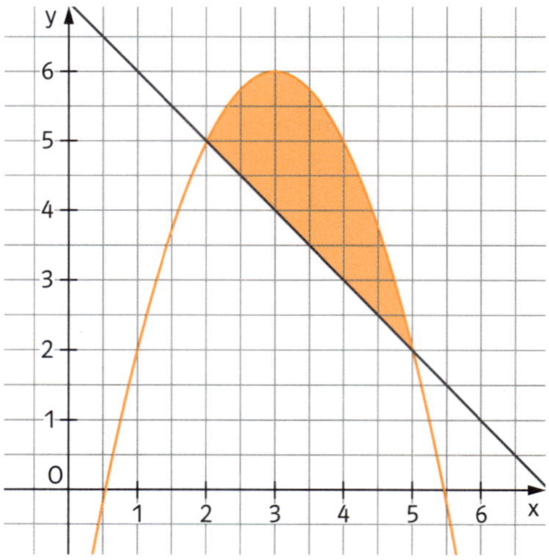

Rekonstruieren einer Größe

Integralfunktion I_a zur unteren Grenze a bestimmen

1. Schritt: Stammfunktion F von f bestimmen
2. Schritt: $I_a(x) = F(x) - F(a)$ berechnen

Beispiel: $f(x) = 3x^2 - 4x \quad a = 3$

Stammfunktion: $F(x) = x^3 - 2x^2$

Intergralfunktion: $I_3(x) = x^3 - 2x^2 - (27 - 18)$

$I_3(x) = x^3 - 2x^2 - 9$

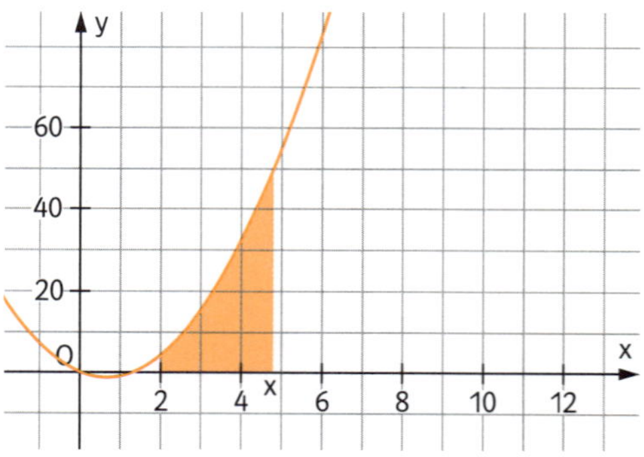

Gesamtänderung einer Größe berechnen

Ist f die Änderungsrate einer Größe, so ist $F(b) - F(a) = \int_a^b f(x)\,dx$ die Gesamtänderung der Größe F im Intervall [a; b].

Beispiel:

Geschwindigkeit eines Fahrzeugs:

$v(t) = 0{,}6t^2$ ($v(t)$ in $\frac{m}{s}$; t in s):

Zurückgelegte Strecke in m: $s(t) = \int_0^t (0{,}6x^2)\,dx = [0{,}2x^3]_0^t = 0{,}2t^3$

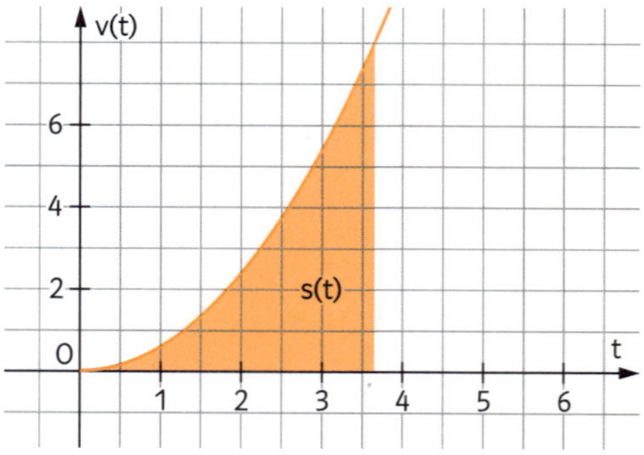

Punkte und Vektoren

Einheitsvektor

1. Schritt: Betrag des Vektors berechnen
2. Schritt: den Vektor durch seinen Betrag dividieren

Beispiel:

$\vec{a} = \begin{pmatrix} 1 \\ 2 \\ 2 \end{pmatrix}$ $|\vec{a}| = \sqrt{1^2 + 2^2 + 2^2} = \sqrt{9} = 3$ $\vec{a_0} = \frac{1}{3} \cdot \begin{pmatrix} 1 \\ 2 \\ 2 \end{pmatrix}$

Mittelpunkt einer Strecke

1. Schritt: Ortsvektoren der Randpunkte erstellen
2. Schritt: $\overrightarrow{OM} = \frac{1}{2}\left(\overrightarrow{OB} + \overrightarrow{OA}\right)$

Beispiel: $A(3|5|2)$; $B(1|-3|6)$

$\overrightarrow{OM} = \frac{1}{2} \cdot \left(\begin{pmatrix} 1 \\ -3 \\ 6 \end{pmatrix} + \begin{pmatrix} 3 \\ 5 \\ 2 \end{pmatrix} \right) = \begin{pmatrix} 2 \\ 1 \\ 4 \end{pmatrix}$ $M(2|1|4)$

Ebenengleichung aus gegebenen Spurpunkten ermitteln

1. Schritt: Achsenabschnitte a, b und c ablesen
2. Schritt: Ansatz: $\frac{x_1}{a} + \frac{x_2}{b} + \frac{x_3}{c} = 1$

Beispiel:

$P_1(2|0|0)$; $P_2(0|5|0)$;
$P_3(0|0|3)$
$a = 2$; $b = 5$; $c = 3$
Ansatz: $\frac{x_1}{2} + \frac{x_2}{5} + \frac{x_3}{3} = 1 \quad | \cdot 30$
Ebenengleichung:
$15x_1 + 6x_2 + 10x_3 = 30$

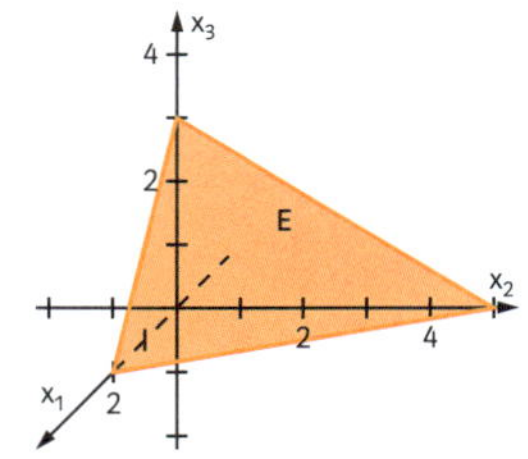

Spurpunkte einer Ebene

1. Schritt: Koordinatengleichung der Ebene angeben
2. Schritt: Schnitt mit der x_1-Achse; $x_2 = 0$ und $x_3 = 0$
3. Schritt: analoge Punkte auf den beiden anderen Achsen berechnen

Beispiel:

E: $\left[\vec{x} - \begin{pmatrix} 3 \\ 1 \\ 2 \end{pmatrix}\right] \cdot \begin{pmatrix} 1 \\ -2 \\ 2 \end{pmatrix} = 0$ $x_1 - 2x_2 + 2x_3 = 5$

$x_1 = 5$; $x_2 = -\frac{5}{2}$; $x_3 = \frac{5}{2}$, also $(5|0|0)$; $\left(0\middle|-\frac{5}{2}\middle|0\right)$, $\left(0\middle|0\middle|\frac{5}{2}\right)$

Spurpunkte einer Geraden

1. Schritt: $\vec{x}$ in der Geradengleichung nacheinander mit $\begin{pmatrix} x_1 \\ x_2 \\ 0 \end{pmatrix}$; $\begin{pmatrix} x_1 \\ 0 \\ x_3 \end{pmatrix}$; $\begin{pmatrix} 0 \\ x_2 \\ x_3 \end{pmatrix}$ ersetzen
2. Schritt: jeweils den Parameterwert berechnen
3. Schritt: Spurpunkte angeben

Beispiel:
Spurpunkt von $\vec{x} = \begin{pmatrix} 1 \\ 3 \\ -2 \end{pmatrix} + t \cdot \begin{pmatrix} 8 \\ 0 \\ 4 \end{pmatrix}$ in der x_2x_3-Ebene

$\begin{pmatrix} 0 \\ x_2 \\ x_3 \end{pmatrix} = \begin{pmatrix} 1 \\ 3 \\ -2 \end{pmatrix} + t \cdot \begin{pmatrix} 8 \\ 0 \\ 4 \end{pmatrix}$

$0 = 1 + 8t \qquad t = -\frac{1}{8}$

$x_2 = 3$

$x_3 = -2 + 4t \qquad x_3 = -2 - \frac{4}{8} = -2{,}5$

$S_{x_2x_3}(0|3|-2{,}5)$

Schnittpunkt von Gerade und Ebene

1. Schritt: allgemeinen Geradenpunkt in die Koordinatenform der Ebenengleichung einsetzen
2. Schritt: Parameterwert berechnen
3. Schritt: Parameterwert in den allgemeinen Geradenpunkt einsetzen

Beispiel:
E: $x_1 - 2x_2 + 2x_3 = 7$ g: $\vec{x} = \begin{pmatrix} 3 \\ 5 \\ 2 \end{pmatrix} + t \cdot \begin{pmatrix} -2 \\ 8 \\ 4 \end{pmatrix}$

$G_t(3 - 2t|5 + 8t|2 + 4t)$
$(3 - 2t) - 2 \cdot (5 + 8t) + 2 \cdot (2 + 4t) = 7$
$-3 - 10t = 7$
$t = -1$ $S(5|-3|-2)$

Berechnung des Lotfußpunktes von P auf der Ebene E

1. Schritt: eine Gerade g durch P senkrecht zu E bestimmen (Richtungsvektor von g ist Normalenvektor von E)
2. Schritt: Schnittpunkt von g mit E ist der Fußpunkt

Beispiel:
E: $2x_1 + 3x_2 - 5x_3 = 77$ $P(4|1|2)$

$\vec{x} = \begin{pmatrix} 4 \\ 1 \\ 2 \end{pmatrix} + t \cdot \begin{pmatrix} 2 \\ 3 \\ -5 \end{pmatrix}$

$2 \cdot (4 + 2t) + 3 \cdot (1 + 3t) - 5 \cdot (2 - 5t) = 77$
$t = 2$ $F(8|7|-8)$

Lagebeziehungen

Liegt der Punkt P auf der Geraden g?

1. Schritt: den Ortsvektor von P für $\vec{x}$ in g einsetzen
2. Schritt: prüfen, ob es genau eine Lösung für den Wert der bzw. des Parameters gibt

Beispiel: $\vec{x} = \begin{pmatrix}3\\5\\2\end{pmatrix} + t \cdot \begin{pmatrix}-2\\8\\4\end{pmatrix}$ P(1 | −3 | 6)

$\begin{pmatrix}1\\-3\\6\end{pmatrix} = \begin{pmatrix}3\\5\\2\end{pmatrix} + t \cdot \begin{pmatrix}-2\\8\\4\end{pmatrix}$ $\begin{matrix}t = 1\\t = -1\\t = 1\end{matrix}$ P liegt nicht auf g.

Liegt der Punkt P in der Ebene E?

1. Schritt: Koordinatengleichung von E angeben
2. Schritt: die Koordinaten von P für x_1, x_2 und x_3 einsetzen und prüfen, ob eine wahre Aussage entsteht.

Beispiel: E: $3x_1 + 4x_2 + x_3 = 12$ P(2 | 1 | 2)
$3 \cdot 2 + 4 \cdot 1 + 1 \cdot 2 = 12$
Der Punkt P liegt in der Ebene E.

Bilden drei gegebene Punkte ein Dreieck?

1. Schritt: Vektoren $\overrightarrow{AB}$ und $\overrightarrow{AC}$ bilden
2. Schritt: Ist $\overrightarrow{AB} = t \cdot \overrightarrow{AC}$, so liegen sie auf einer Geraden und bilden kein Dreieck

Beispiel: A(2 | 3 | 0); B(3 | 1 | −1); C(0 | 7 | 1)

$\overrightarrow{AB} = \begin{pmatrix}1\\-2\\-1\end{pmatrix}$; $\overrightarrow{AC} = \begin{pmatrix}-2\\4\\1\end{pmatrix}$ $\begin{matrix}1 = -2t & t = -\frac{1}{2}\\-2 = 4t & t = -\frac{1}{2}\\-1 = t & t = -1\end{matrix}$

A, B und C bilden ein Dreieck.

Spurgerade in einer Koordinatenebene ermitteln

1. Schritt: Spurpunkte in dieser Koordinatenebene ermitteln
2. Schritt: Geradengleichung aus diesen beiden Punkten aufstellen

Beispiel: Spurgerade in der x_1x_3-Ebene von E mit E: $3x_1 + 4x_2 + x_3 = 12$; Spurpunkte (4 | 0 | 0) und (0 | 0 | 12)

Spurgerade: $\vec{x} = \begin{pmatrix}4\\0\\0\end{pmatrix} + t \cdot \begin{pmatrix}4\\0\\-12\end{pmatrix}$

Schnittgerade zweier Ebenen ermitteln

(Koordinatengleichung und Parametergleichung)

1. Schritt: Allgemeinen Ebenenpunkt aus der Parametergleichung in die Koordinatengleichung einsetzen
2. Schritt: Nach einer Variablen auflösen
3. Schritt: Term für diese Variable in die Parameterform einsetzen und zusammenfassen

Beispiel: E_1: $3x_1 - 5x_2 + 2x_3 = -5$

E_2: $\vec{x} = \begin{pmatrix}4\\1\\1\end{pmatrix} + r \cdot \begin{pmatrix}-3\\1\\0\end{pmatrix} + s \cdot \begin{pmatrix}-10\\0\\1\end{pmatrix}$

$P_{E_2}(4 - 3r - 10s \mid 1 + r \mid 1 + s)$
in E_1: $3(4 - 3r - 10s) - 5(1 + r) + 2(1 + s) = -5$
$12 - 9r - 30s - 5 - 5r + 2 + 2s = -5$
$-14r = -14 + 28s$; $r = 1 - 2s$

in E_2: $\vec{x} = \begin{pmatrix}4\\1\\1\end{pmatrix} + (1 - 2s) \cdot \begin{pmatrix}-3\\1\\0\end{pmatrix} + s \cdot \begin{pmatrix}-10\\0\\1\end{pmatrix}$

$\vec{x} = \begin{pmatrix}4\\1\\1\end{pmatrix} + \begin{pmatrix}-3\\1\\0\end{pmatrix} - 2s \cdot \begin{pmatrix}-3\\1\\0\end{pmatrix} + s \cdot \begin{pmatrix}-10\\0\\1\end{pmatrix} = \begin{pmatrix}1\\2\\1\end{pmatrix} + s \cdot \begin{pmatrix}-4\\-2\\1\end{pmatrix}$

(Zwei Koordinatengleichungen)

1. Schritt: Normalenvektoren auf Parallelität überprüfen (Wenn $\overrightarrow{n_1} = t \cdot \overrightarrow{n_2}$, dann gibt es keine Schnittgerade.)
2. Schritt: Koordinatengleichungen der Ebenen E_1 und E_2 als Gleichungssystem behandeln und willkürlich eine Variable als Parameter verwenden
3. Schritt: Lösung des Gleichungssystems ist ein allgemeiner Geradenpunkt, der sich als Geradengleichung schreiben lässt.

Beispiel: E_1: $3x_1 - 5x_2 + 2x_3 = -5$
E_2: $x_1 + 3x_2 + 10x_3 = 17$

LGS: I $3x_1 - 5x_2 + 2x_3 = -5$
II $x_1 + 3x_2 + 10x_3 = 17$

I − 3II: $-14x_2 - 28x_3 = -56$

Setze $x_3 = t$: $-14x_2 = -56 + 28t \quad | :(-14)$
$x_2 = 4 - 2t$

in Gleichung II: $x_1 + 3(4 - 2t) + 10t = 17$; $x_1 = 5 - 4t$
allgemeiner Geradenpunkt $(5 - 4t \mid 4 - 2t \mid t)$ als

Vektor $\begin{pmatrix}5 - 4t\\4 - 2t\\t\end{pmatrix}$, also Schnittgerade $\vec{x} = \begin{pmatrix}5\\4\\0\end{pmatrix} + t \cdot \begin{pmatrix}-4\\-2\\1\end{pmatrix}$

Analysieren gegebener Aufgaben

Schlüsselbegriffe erkennen	Beispiel	Lösungsansätze
Aussagenverknüpfung mit „und“	… beim 1. Wurf eine 6 und beim 2. Wurf eine 1 …	A und B P(A) · P(B) (wenn sich A und B nicht gegenseitig beeinflussen)
Aussagenverknüpfung mit „oder“	… beim Würfeln eine 6 oder eine ungerade Zahl …	A oder B P(A) + P(B) (wenn kein Ergebnis für A und für B gilt)
Anzahl der Möglichkeiten	… dreimal nacheinander eine 6	Urnenmodell, Baumdiagramm
Anzahl als Zufallsgröße mit „genau“, „mindestens“, „höchstens“, „weniger als…“	… genau zwei Teile sind defekt … … von 10 Teilen der Stichprobe sind mindestens 6 brauchbar …	Binomialverteilung
„… wird durchschnittlich erwartet“ „Erwartungswert“	Wie viele gerade Ergebnisse sind bei 100 mal Würfeln zu erwarten?	Wahrscheinlichkeitsverteilung, für Binomialverteilung $E(X) = n \cdot p$
„Faires Spiel“	Wie hoch muss der Einsatz sein, damit das Spiel fair ist?	Wahrscheinlichkeitsverteilung mit $E(X) = 0$
„getestet“, „Ablehnungsbereich“, „Irrtumswahrscheinlichkeit“, „Hypothese“, „Entscheidungsregel“	… ab welchem Ergebnis der Stichprobe muss man die Hypothese ablehnen?	Hypothesentest

Systematisierung der Fälle zum Urnenmodell und Ermittlung der Anzahl aller Möglichkeiten

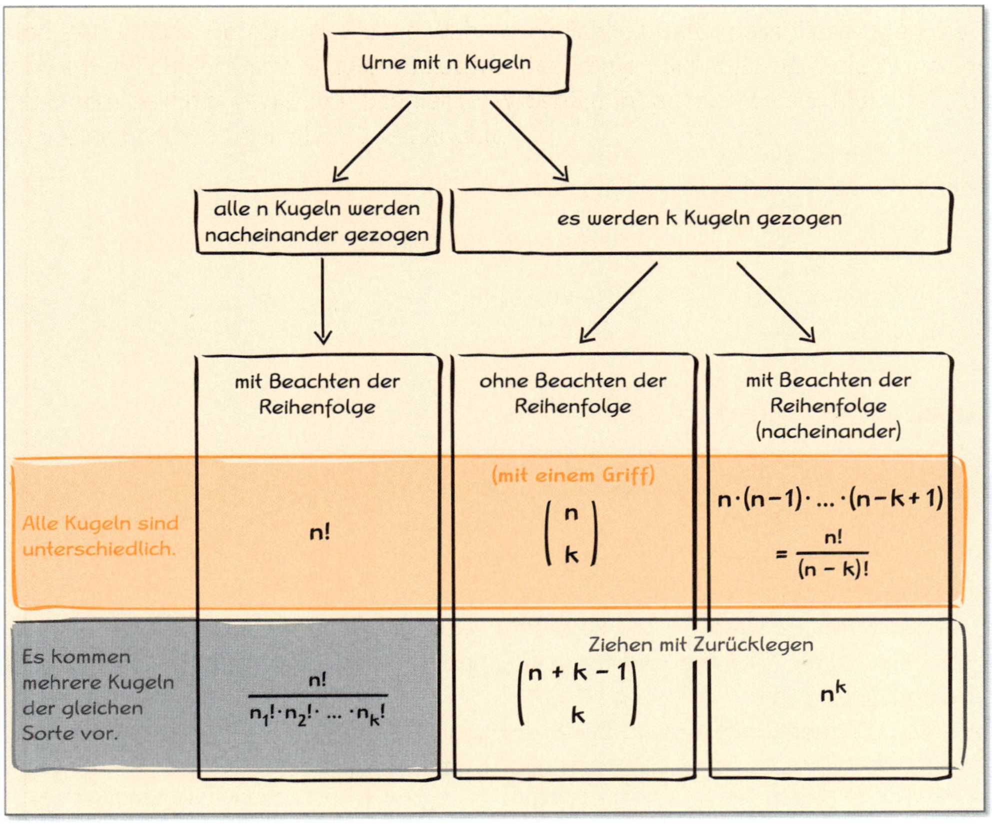

Entscheidung für ein Modell
Anzahl der Möglichkeiten: Urnenmodell

Zu klären: Wofür stehen die Kugeln in der Urne? Sind die Kugeln in der Urne alle unterschiedlich? Zieht man mit einem Griff (also ohne Beachtung der Reihenfolge) oder zieht man nacheinander, mit oder ohne Zurücklegen?

Mehrstufiges Experiment
Baumdiagramm, wenn der Baum noch sinnvoll zu zeichnen ist.
Urnenmodell, wenn es nur um die Anzahl der Erfolge geht.
Bernoullikette (Binomialverteilung), wenn nur die Anzahl von Erfolgen gezählt wird und jede Stufe die gleiche Wahrscheinlichkeit hat.

Berechnung von Wahrscheinlichkeiten in Laplace-Experimenten

Wahrscheinlichkeiten für Ereignisse ohne Beachtung der Reihenfolge
1. Schritt: prüfen, ob jedes Ereignis die gleiche Wahrscheinlichkeit besitzt
2. Schritt: prüfen, ob die gezogene Kugel zurückgelegt werden muss.
3. Schritt: Berechnung der Anzahl aller Möglichkeiten, von n unterschiedlichen Kugeln genau k Kugeln zu ziehen
4. Schritt: Berechnung der Anzahl der günstigen Möglichkeiten, k Kugeln zu ziehen
5. Schritt: Quotient aus dem Ergebnissen des 4. Schritts und des 3. Schritts bilden

Beispiel:
Ein Skatspieler erhält nacheinander drei Karten. Mit welcher Wahrscheinlichkeit sind es nur Herzkarten?
Urnenmodell ohne Zurücklegen, weil alle Karten unterschiedlich sind.
Alle Möglichkeiten: Ziehen mit einem Griff von drei Kugeln aus einer Urne mit 32 Kugeln.
$\binom{32}{3} = \frac{32 \cdot 31 \cdot 30}{1 \cdot 2 \cdot 3} = 4960$
Günstige Möglichkeiten: Ziehen mit einem Griff von drei Kugeln aus einer Urne mit 8 Kugeln.
$\binom{8}{3} = \frac{8 \cdot 7 \cdot 6}{1 \cdot 2 \cdot 3} = 56 \quad P(A) = \frac{56}{4960} \approx 0{,}0113$

Wahrscheinlichkeiten für Ereignisse mit Beachtung der Reihenfolge
1. Schritt: prüfen, ob jedes Ereignis die gleiche Wahrscheinlichkeit besitzt
2. Schritt: prüfen, ob die gezogene Kugel zurückgelegt werden muss.
3. Schritt: Berechnung der Anzahl aller Möglichkeiten, von n unterschiedlichen Kugeln nacheinander genau k Kugeln mit Beachtung der Reihenfolge zu ziehen
4. Schritt: Wahrscheinlichkeit für genau eine günstige Anordnung angeben

Beispiel:
Aus einer Urne mit einer roten und einer schwarzen Kugel sollen nacheinander 4 Kugeln gezogen werden. Mit welcher Wahrscheinlichkeit sind nur die ersten drei Kugeln rot? (Die Aufgabenstellung macht ein Zurücklegen erforderlich!)
Anzahl der Möglichkeiten: $2^4 = 16$
Günstig ist nur eine Möglichkeit $P(A) = \frac{1}{16}$
Alternative: Betrachtet man gleich die Wahrscheinlichkeiten, so ist $P(A) = \left(\frac{1}{2}\right)^4 = \frac{1}{16}$

Wahrscheinlichkeit für eine bestimmte Anzahl einer Zufallsgröße

Binomialverteilte Zufallsgrößen – Einzelwahrscheinlichkeit
1. Schritt: prüfen, ob Binomialverteilung vorliegt
2. Schritt: „Treffer" geeignet definieren, Parameter n und p der Binomialverteilung festlegen
3. Schritt: die gesuchte Wahrscheinlichkeit in mathematischer Schreibweise ausdrücken
4. Schritt: Einzelwahrscheinlichkeit angeben (GTR)

Beispiel: Ein idealer Würfel wird zehnmal geworfen. Gesucht ist die Wahrscheinlichkeit, dass genau dreimal eine Zahl größer 4 fällt.
X: Anzahl der geworfenen 5 oder 6
X ist binomialverteilt, weil jedes Ergebnis der $n = 10$ Bernoulli-Experimente die gleiche Wahrscheinlichkeit $p = \frac{1}{3}$ gilt.
$P(X = 3) = B_{10;\,1/3}(3) \approx 0{,}2601$

Binomialverteilte Zufallsgrößen – Intervallwahrscheinlichkeit

1. Schritt: prüfen, ob Binomialverteilung vorliegt
2. Schritt: „Treffer" geeignet definieren, Parameter n und p der Binomialverteilung festlegen
3. Schritt: die gesuchte Wahrscheinlichkeit in mathematischer Schreibweise ausdrücken
3. Schritt: Intervallwahrscheinlichkeit angeben (GTR)

Beispiel: Ein idealer Würfel wird zehnmal geworfen. Gesucht ist die Wahrscheinlichkeit, dass mindestens drei Sechsen geworfen werden.
X: Anzahl der geworfenen Sechsen
X ist binomialverteilt, weil für jedes Ergebnis der $n = 10$ Bernoulli-Experimente die gleiche Wahrscheinlichkeit $p = \frac{1}{6}$ gilt.
$P(X \geq 3) = 1 - P(X \leq 2) = 1 - F_{10;\,1/6}(2) \approx 0{,}2248$

Wahrscheinlichkeiten mit Baumdiagramm und Urnenmodell

1. Schritt: Wahrscheinlichkeiten für Erfolg und Misserfolg in den einzelnen Stufen des Baumdiagramms festlegen
2. Schritt: Anzahl der Pfade mit der gewünschten Anzahl von Erfolgen mit dem Urnenmodell berechnen
3. Schritt: Wahrscheinlichkeit längs eines Pfades als Multiplikation der Einzelwahrscheinlichkeiten mit der Anzahl der Pfade multiplizieren

Beispiel: In einer Urne sind 4 weiße und 3 rote Kugeln. Berechnen Sie die Wahrscheinlichkeit, bei fünfmaligem Ziehen mit Zurücklegen genau 2 rote Kugeln zu ziehen.
P(Ziehen einer roten Kugel) $= \frac{3}{7}$
P(Ziehen einer weißen Kugel) $= \frac{4}{7}$
Anzahl der Pfade mit genau 2 roten Kugeln: $\binom{5}{2} = 10$
P(genau 2 rote Kugeln) $= 10 \cdot \left(\frac{3}{7}\right)^2 \cdot \left(\frac{4}{7}\right)^3 = \frac{5760}{16807}$
$\approx 0{,}3427$

Wahrscheinlichkeitsverteilung und Erwartungswert

1. Schritt: alle möglichen Ergebnisse in eine Tabelle schreiben
2. Schritt: jedem Ergebnis seine Wahrscheinlichkeit zuordnen
3. Schritt: prüfen, ob die Summe dieser Wahrscheinlichkeiten den Wert 1 hat
4. Schritt: der Erwartungswert E(X) ist die Summe der Produkte aus den Ergebnissen und ihren Wahrscheinlichkeiten

Beispiel: Wie viel Einsen erhält man durchschnittlich, wenn man einen idealen Würfel fünfmal wirft?
Wahrscheinlichkeitsverteilung:

x_i	0	1	2	3	4	5
$P(X = x_i)$	0,132	0,329	0,329	0,165	0,041	0,004

Erwartungswert:
$E(X) = 0 \cdot 0{,}132 + 1 \cdot 0{,}329 + 2 \cdot 0{,}329 + 3 \cdot 0{,}165 + 4 \cdot 0{,}041 + 5 \cdot 0{,}004 = 1{,}798 \approx 1{,}8$
Es sind also durchschnittlich 1,8 Einsen zu erwarten.

Faires Spiel

1. Schritt: Wahrscheinlichkeitsverteilung für den Gewinn des betrachteten Spielers und die jeweiligen Wahrscheinlichkeiten aufstellen
2. Schritt: Erwartungswert dieses Gewinns berechnen und dieses Ergebnis interpretieren
3. Schritt: die Spielbedingungen so festlegen, dass das Spiel fair ist, also E(G) = 0 ist oder das gewünschte Ergebnis zeigt

Beispiel: e = 2… Spieleinsatz
Betrachten des Gewinns von Spieler A

Auszahlung an A	0 €	1€	2 €	3 €	4 €
Gewinn g_i	−2 €	−1 €	0 €	1€	2 €
$P(G = g_i)$	0,2	0,2	0,4	0,1	0,1

$E(X) = -0{,}3$, d.h. Spieler A verliert pro Spiel im Durchschnitt 30 ct.
Damit das Spiel fair ist, wird der Einsatz verändert:

Gewinn g_i	−e €	(1 − e) €	(2 − e) €	(3 − e) €	(4 − e) €
$P(G = g_i)$	0,2	0,2	0,4	0,1	0,1

$E(X) = 0$
$= -0{,}2e + 0{,}2(1 - e) + 0{,}4(2 - e) + 0{,}1(3 - e) + 0{,}1(4 - e)$
$= -e + 1{,}7 = 0$ fairer Einsatz 1,70 €

Bedingte Wahrscheinlichkeiten

Unabhängigkeit von Ereignissen überprüfen

1. Schritt: Aufstellen einer Vierfeldertafel
2. Schritt: Vergleich von $P(A) \cdot P(B)$ mit $P(A \cap B)$

Beispiel:
Die Hälfte der Jungen und Mädchen einer Klasse ist kleiner als 1,30 m. Davon sind 60 % Mädchen. 60 % aller Schüler dieser Klasse sind Jungen. Besteht eine Abhängigkeit zwischen den Ereignissen „Mädchen" und „kleiner als 1,30 m"?

Lösung:

Vierfeldertafel	< 1,30 m	> 1,30 m	
Mädchen	0,3	0,1	0,4
Jungen	0,2	0,4	0,6
	0,5	0,5	1

Vergleich:
P(„Mädchen" ∩ „< 1,30") = 0,3
P(Mädchen) = 0,4; P(< 1,30) = 0,5; $0{,}4 \cdot 0{,}5 \neq 0{,}3$
Beide Ereignisse sind stochastisch abhängig.

Testen von Wahrscheinlichkeiten – Zweiseitiger Hypothesentest

Sigma-Regeln als Näherung

1. Schritt: Parameter n, Mittelwert μ und Standardabweichung σ ermitteln
2. Schritt: Bedingung $\sigma > 3$ überprüfen
3. Schritt: Verwenden der Formel
   $P(\mu - k\sigma \le X \le \mu + k\sigma) \approx \alpha$
   Für $\alpha = 10\,\%$ $\alpha = 5\,\%$ $\alpha = 1\,\%$
   ist $k = 1{,}64$ $k = 1{,}96$ $k = 2{,}58$.

Beispiel:
Aus $n = 100$ und $p = 0{,}6$ folgt $\mu = n \cdot p = 60$;
$\sigma = \sqrt{n \cdot p \cdot (1 - p)} = \sqrt{100 \cdot 0{,}6 \cdot 0{,}4} = 4{,}9$; $\sigma > 3$.
Für $\alpha = 1\,\%$ gilt dann
$P(60 - 2{,}58 \cdot 4{,}9 < X < 60 + 2{,}58 \cdot 4{,}9)$,
also $P(48 \le X \le 72) = 0{,}99$.
Die Zufallsgröße X befindet sich mit 99 %-iger Wahrscheinlichkeit im Intervall [48; 72].

Annahmebereich [a; b] berechnen

1. Schritt: Halbieren der Irrtumswahrscheinlichkeit
2. Schritt: a und b so berechnen, dass
   $P(X < a) \le \frac{\alpha}{2}$ und $P(X > b) \le \frac{\alpha}{2}$ ist

Beispiel: $n = 100$ und $p = 0{,}6$, $\alpha = 5\,\%$
$\frac{\alpha}{2} = 2{,}5\,\%$
$P(X < 51) = 0{,}0271$; $P(X < 50) = 0{,}0168$
$P(X > 67) = 0{,}0398$; $P(X > 68) = 0{,}0248$
Annahmebereich: [50, 51, …, 68]

Testen von Wahrscheinlichkeiten – Einseitiger Hypothesentest

Ablehnungsbereich ermitteln

Gegeben ist eine Hypothese H_0 mit der Wahrscheinlichkeit p_0 und gegebenenfalls eine Gegenhypothese H_1 mit p_1 und die Irrtumswahrscheinlichkeit α.

1. Schritt: Prüfen, ob ein linksseitiger oder ein rechtsseitiger Ablehnungsbereich vorliegt.
   Für $p_0 > p_1$: Ablehnungsbereich $0, 1, 2, \ldots, g$
   Für $p_0 < p_1$: Ablehnungsbereich $g, g + 1, \ldots, n$
2. Schritt: Den Wert g suchen, für den beide Ungleichungen mit n und p_0 erfüllt sind:
   Linksseitiger Ablehnungsbereich:
   $P(X \le g) \le \alpha$ und $P(X \le g + 1) > \alpha$
   Rechtsseitiger Ablehnungsbereich:
   $P(X \geqq g) \le \alpha$ und $P(X \geqq g - 1) > \alpha$

Ablehnungsbereich mit den Sigmaregeln ermitteln

1. Schritt: Prüfen, ob ein rechts- oder linksseitiger Ablehnungsbereich vorliegt
2. Schritt: Bedingung $\sigma > 3$ überprüfen
3. Schritt: linksseitige Grenze $a = \mu - k\sigma - 1$
   rechtsseitige Grenze $b = \mu + k\sigma + 1$

am Beispiel 1:

$\mu = n \cdot p = 50 \cdot \frac{2}{3} = 33{,}3$

$\sigma = \sqrt{n \cdot p \cdot (1 - p)} = \sqrt{50 \cdot \frac{2}{3} \cdot \frac{1}{3}} = \frac{10}{3} \approx 3{,}33$

$a = 33{,}3 - 1{,}645 \cdot 3{,}33 - 1 = 26{,}8 \approx 27$

Ablehnungsbereich: [0, 1, ...,27]

Beispiel 1:
Ein Losbudenbesitzer wirbt damit, dass zwei Drittel seiner Lose gewinnen. Ein Besucher kauft 50 Lose. Bei welcher Anzahl von Gewinnlosen kann er den Losbudenbesitzer beschuldigen, eine falsche Behauptung verbreitet zu haben, wenn er sich höchstens mit einer Wahrscheinlichkeit von 5 % irren will?

Die Behauptung wird abgelehnt, wenn 0, 1, ..., g Gewinnlose in der Stichprobe sind.

$P(X \le g) \le 0{,}05$ und $P(X \le g + 1) > 0{,}05$ gilt für $g = 27$, weil $P(X \le 27) = 0{,}0424$ und $P(X \le 28) = 0{,}0756$ ist.

Ablehnungsbereich: {0, 1, 2, ..., 27}

Beispiel 2:
Ein Händler behauptet von seiner Ware, dass höchstens 3 % fehlerhaft sind. Es soll der Verdacht überprüft werden, dass diese Angabe zu niedrig ist und setzt dabei eine Irrtumswahrscheinlichkeit von 5 % bei einem Stichprobenumfang von 50 an. Ermitteln Sie den Ablehnungsbereich.

Die Behauptung des Händlers wird abgelehnt, wenn man g, g + 1, ..., 50 fehlerhafte Waren in der Stichprobe findet.

$P(X \geqq g) \le 0{,}05$ und $P(X \geqq g - 1) > 0{,}05$ gilt für $g = 5$, weil $P(X \geqq 5) = 0{,}0168$ und $P(X \geqq 4) = 0{,}0628$ ist.

Ablehnungsbereich: {5, 6, ..., 50}

Fehler beim Testen von Hypothesen

Fehler 1. Art berechnen

Wahrscheinlichkeit berechnen, dass die Nullhypothese abgelehnt wird, obwohl sie wahr ist.
Verwendung von p_0

Fehler 2. Art berechnen

Wahrscheinlichkeit berechnen, dass die Nullhypothese angenommen wird, obwohl sie falsch ist.
Verwendung von p_1

Beispiel:
Nullhypothese H_0: $p_0 = 0{,}6$
Gegenhypothese H_1: $p_1 = 0{,}3$
Berechnen Sie die Fehler 1. und 2. Art für den Stichprobenumfang: n = 20 bei dem festgelegtem Ablehnungsbereich [0, ... ,5]
Fehler 1. Art: $\alpha = P(X \le 5)$ mit $n = 20$ und $p_0 = 0{,}6$
$\alpha = 0{,}0016$
Fehler 2. Art: $\beta = P(X > 5)$ mit $n = 20$ und $p_1 = 0{,}3$
$\beta = 0{,}5836$

Entscheidungsregel so finden, dass beide Fehler etwa gleich groß sind

1. Schritt: Erwartungswerte für H_0 und H_1 berechnen
2. Schritt: α- und β- Fehler in diesem Bereich berechnen
3. Schritt: Den Wert g aussuchen, der das Risiko beider Fehler ausgewogen erscheinen lässt.

Legen Sie einen Ablehnungsbereich so fest, dass er von beiden Seiten als gerecht empfunden wird.
(α- und β-Fehler sollen beide gering sein.)
Tabelle:

g	7	8	9	10
α-Fehler	0,021	0,057	0,128	0,225
β-Fehler	0,392	0,228	0,113	0,048

Ablehnungsbereich: [0, ..., 9]

1 An einer Baustelle an einer Bundesstraße kommt es jeden Werktag aufgrund des Verkehrsaufkommens zu einer Stauentwicklung. Ab 6:00 Uhr morgens beginnen sich die Fahrzeuge zu stauen. Die momentane Änderungsrate der Staulänge kann näherungsweise durch die Funktionenschar f_a mit $f_a(t) = 0{,}5t^3 - 1{,}5at^2 + a^2t$, $0 \le t \le 2a$ (t in Stunden nach 6:00 Uhr; $f_a(t)$ in Kilometern je Stunde) beschrieben werden, wobei $a > 0$ ein vom Verkehrsaufkommen abhängiger Wert ist.

a) Die Abbildung zeigt den Graph von f_2.
Erklären Sie die Bedeutung positiver und negativer Funktionswerte von f_2 für die Stauentwicklung.
Bestimmen Sie für $a = 2$, zu welcher Uhrzeit die Staulänge am schnellsten zunimmt und wann der Stau die maximale Länge erreicht. [T1]
Geben Sie für $a = 2$ die maximale Staulänge an. [T2]

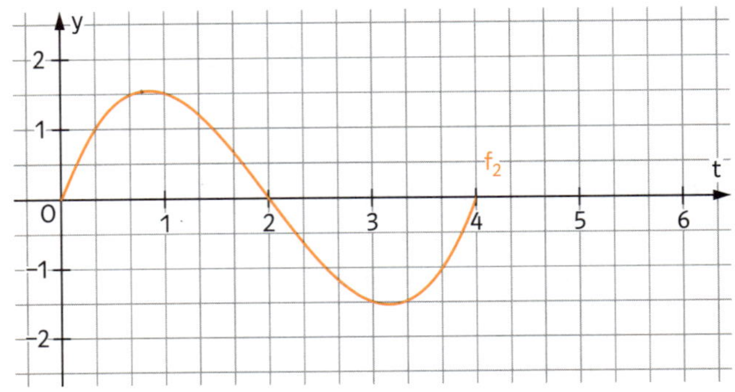

b) Bestimmen Sie in Abhängigkeit von a, zu welcher Uhrzeit der Verkehrsstau die maximale Länge erreicht. [T3]
Bestimmen Sie einen Term für die Staulänge zum Zeitpunkt t in Abhängigkeit von a. [T4]
Für welche Werte von a beträgt um 8:00 Uhr die Staulänge 3,0 km? [T5]

c) An einer anderen Baustelle beginnt der Verkehrsstau um 16:00 Uhr (t = 0) und endet um 19:00 Uhr (t = 3).
Begründen Sie, warum es nicht möglich ist, die momentane Änderungsrate der Staulänge an dieser Baustelle durch die ganzrationale Funktion g zu beschreiben, deren Graph dargestellt ist. [T6]

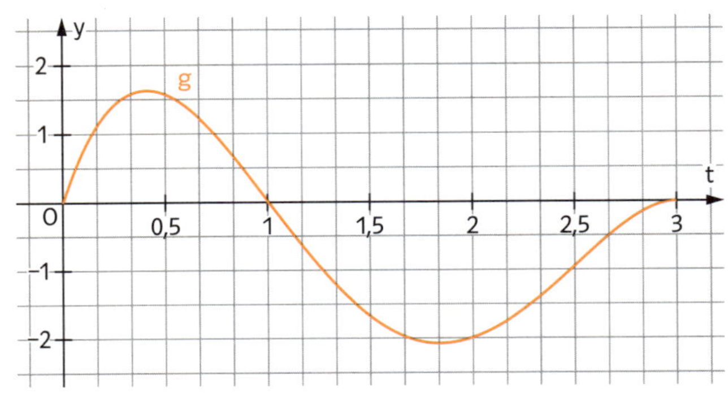

[T1] Bestimmen Sie die Zeitpunkte, an denen die Stauänderungsrate das Maximum erreicht bzw. an dem die Staulänge nicht mehr weiter zunimmt. [T2] Ermitteln Sie die Staulänge als Integral der Stauänderungsrate f_2. [T3] Bestimmen Sie den Zeitpunkt, an dem die Staulänge nicht mehr weiter zunimmt. Dies ist die Nullstelle von f_a, an der f_a einen Vorzeichenwechsel von + nach − hat. [T4] Die Staulänge wird durch eine Stammfunktion $F_a(t)$ von $f_a(t)$ angegeben. Bestimmen Sie die Stammfunktion $F_a(t)$, so dass bei $t = 0$ die Staulänge 0 km beträgt. [T5] Stellen Sie eine Gleichung auf und lösen Sie diese mit der Lösungsformel für quadratische Gleichungen. [T6] Untersuchen Sie die Staulänge in Abhängigkeit von der Zeit.

2 Ein Medikament wird in unterschiedlichen Wirkstoffdosierungen hergestellt.
Durch die Funktion f_a mit $f_a(t) = a \cdot t \cdot e^{-0{,}25t}$ wird die Konzentration dieses Medikamentenwirkstoffs im Blut eines Patienten beschrieben. Der Parameter $a > 0$ berücksichtigt die Höhe der Wirkstoffdosierung.
Dabei wird die Zeit t in Stunden seit der Einnahme und die Wirkstoffkonzentration $f_a(t)$ im Blut in Milligramm pro Liter $\left(\frac{mg}{l}\right)$ gemessen.

a) Die Abbildung zeigt den zeitlichen Verlauf einer Wirkstoffkonzentration im Blut eines Patienten.
Die Wirkstoffkonzentration im Blut des Patienten beträgt vier Stunden nach der Einnahme $8{,}83\,\frac{mg}{l}$.
Berechnen Sie den Parameter a. [T1]
Damit das Medikament wirksam ist, sollte die Wirkstoffkonzentration im Blut mindestens $3\,\frac{mg}{l}$ betragen.
Bestimmen Sie anhand des Funktionsgraphen, wie lange dies bei dieser Dosierungshöhe ungefähr der Fall ist. [T2]
Zwischenergebnis: Für den abgebildeten Graphen gilt $a = 6$.

b) Zeigen Sie, dass die Wirkstoffkonzentration im Blut unabhängig vom Parameter a vier Stunden nach der Einnahme maximal ist. [T3]
Um eine Gefährdung des Patienten auszuschließen sollte eine Wirkstoffkonzentration von mehr als $14\,\frac{mg}{l}$ vermieden werden. Ermitteln Sie die Dosierung a, die nicht überschritten werden sollte. [T4]

c) Zu welchem Zeitpunkt wird das Medikament am stärksten abgebaut? [T5]
Begründen Sie, dass dieser Zeitpunkt unabhängig von der Wirkstoffdosierung ist. [T6]

d) Weisen Sie nach, dass die Funktion F_a mit $F_a(t) = -4a \cdot (t + 4) \cdot e^{-0{,}25t}$ eine Stammfunktion von f_a ist. [T7]
Wie hoch ist für $a = 6$ die mittlere Wirkstoffkonzentration des Medikaments in den ersten 24 Stunden?
[T8] [T9]

[T1] Setzen Sie die Werte in die Funktionsgleichung ein und lösen Sie die entstehende Gleichung. [T2] Bestimmen Sie die Schnittpunkte des Graphen von f_6 und der Geraden $y = 3$. Die Zeitspanne ergibt sich aus der Differenz der ermittelten Zeiten. [T3] Zeigen Sie, dass die Ableitungsfunktion f_a' unabhängig vom Parameter a für $t = 4$ den Wert 0 annimmt und an dieser Stelle einen Vorzeichenwechsel von + nach – aufweist. [T4] Bestimmen Sie den Parameter a, so dass der maximale Funktionswert 14 ist. [T5] Zur Bestimmung des Zeitpunktes t_0, an dem der Wirkstoff am stärksten abgebaut wird, bestimmen Sie das Minimum der Ableitungsfunktion f_a', d.h. bestimmen Sie t_0, so dass $f_a''(t_0) = 0$ und f_a'' an dieser Stelle einen Vorzeichenwechsel von – nach + aufweist. [T6] Formen Sie den Term der zweiten Ableitung so um, dass Sie den Parameter a als Faktor ausklammern können. [T7] Leiten Sie F_a mithilfe der Produkt- und Kettenregel ab und zeigen Sie die Übereinstimmung mit f_a. [T8] Für die Bestimmung eines Mittelwerts m gilt: $m = \frac{1}{b-a} \cdot \int_a^b f(t)\,dt$. [T9] Bestimmen Sie einen Term für den Mittelwert mithilfe der Stammfunktion F_a.

1 Der Gesamtschuldenstand des Landes Krisenland nahm in den letzten 20 Jahren dramatisch zu. Betrug er im Jahre 1990 noch 18 Milliarden Euro, so wuchs der Gesamtschuldenstand im Jahr 2010 auf 95 Milliarden Euro an. Um diesen Schuldenberg im Jahr 2010 abzutragen, hätten die kompletten Steuereinnahmen des Landes im Jahr 2010 verwendet werden müssen. (Die angegebenen Zahlen sind sehr realistisch. Ersetzt man Milliarden durch Billionen handelt es sich um die tatsächliche Weltverschuldung, die so dramatisch wächst!)

a) Modellieren Sie den jährlichen Schuldenstand mit Hilfe der Exponentialfunktion $f(t) = s\,e^{kt}$, wobei t die Anzahl der Jahre seit 1990 angibt. Überprüfen Sie die Qualität des Modells mit dem Schuldenstand im Jahr 2005 in Höhe von 59 Milliarden Euro. Wie groß ist der prozentuale Fehler des Modells im Jahr 2005? [T1]

b) Angenommen, seit 1990 nahm der Schuldenstand jedes Jahr um den selben Prozentsatz zu, wie hoch ist dieser Prozentsatz anzusetzen? [T2]
Ein Arbeitnehmer zahlt durchschnittlich 40 Jahre Steuern, die der Staat zu einem großen Teil für Sozialausgaben wie Renten, Gesundheit und Bildung ausgibt. In welchem Jahr sind die Schulden so weit angewachsen, dass der Schuldenstand das 40-fache der Schulden des Jahres 2010 beträgt, das ganze Volk also „lebenslang" Steuern nur für die Abtragung der Schulden zahlen müsste? [T3]

c) Unter der Neuverschuldung versteht man den absoluten jährlichen Schuldenzuwachs. [T4]
Da der Schuldenberg ins Unermessliche zu steigen droht, wird ein Plan entworfen, wie die Neuverschuldung reduziert werden kann. Im nebenstehenden Koordinatensystem ist diese geplante Neuverschuldung für die nächsten 10 Jahre ab 2010 aufgetragen.
Zeichnen Sie den ungefähren Verlauf des Schuldenstands des Landes in den nächsten 10 Jahren in ein Koordinatensystem ein. [T5]
Lesen Sie aus dem erstellten Graphen ab, in welchem Jahr die Schulden den Stand von 2010 wieder erreicht haben. Beschreiben Sie in Worten, wie man diesen Zeitpunkt aus dem nebenstehenden Graphen der Neuverschuldung bestimmen könnte.

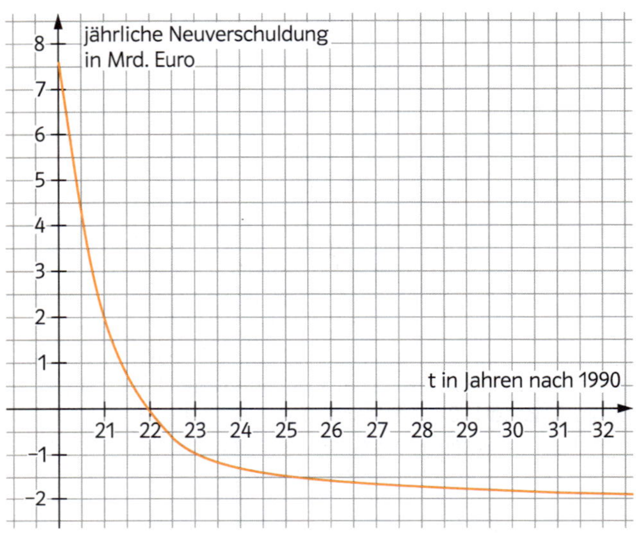

d) Ab dem Jahr 2016 kann der Graph der Neuverschuldung durch eine Gerade angenähert werden. Bestimmen Sie zeichnerisch die Gleichung der Geraden und berechnen Sie, in welchem Jahr die Schulden zurückgezahlt sind, wenn die Neuverschuldung über das Jahr 2020 hinaus so weiterverläuft. [T6]

Eine andere Idee, die Verschuldung in den Griff zu bekommen, geht von folgenden beiden Thesen aus:
- Der absolute Schuldenstand spielt keine Rolle, wenn nur die Zinsen bezahlt werden können.
- Die steigende Zinslast kann durch ein entsprechend hohes Wirtschaftswachstum und daraus resultierende höhere Steuereinnahmen bewältigt werden.

Im Jahr 2010 waren die jährlichen Steuereinnahmen genauso hoch wie der Schuldenstand des Landes. Für den absoluten Schuldenstand von 2010 bis 2030 wird folgende Funktion angenommen:

$f(t) = 95\left(1 - \frac{1}{40}t\right)e^{2\frac{t}{20}}$, wobei t die Anzahl der Jahre ab 2010 angibt. [T7]

e) Berechnen Sie das Maximum des Schuldenstandes. [T8]

f) Angenommen, vom Jahr 2020 zum Jahr 2021 steigen die Schulden genau um die Zinsen, die das Land im Jahr 2020 bezahlen muss. Wie hoch ist im Jahr 2020 der Zinssatz, den das Land bezahlen muss? [T9]

[T1] Berechnen Sie den Funktionswert und setzen Sie die Abweichung von 59 ins Verhältnis zu 59. [T2] Hier ist nach dem Wachstumsfaktor gefragt. [T3] Es soll der t-Wert berechnet werden, für den der Funktionswert $40 \cdot f(20)$ ergibt. [T4] Das ist die Wachstumsrate bzw. die Ableitungsfunktion. [T5] Sie kennen den Startwert. Der Flächeninhalt unter der Änderungsrate (Neuverschuldung) hilft Ihnen, die ungefähren weiteren Werte zu ermitteln. [T6] Dazu müssen Sie die Steigung und den y-Achsenabschnitt der Geraden aus dem Graphen ablesen. [T7] Achtung: Die Skalierung der t-Achse wurde verändert.
[T8] Berechnen Sie die Extremstelle und stellen Sie eine Bedingung für t auf, damit die Extremstelle zwischen 0 und 20 liegt.
[T9] Da die Verzinsung jährlich anfällt, können Sie die Differenz der Funktionswerte für die Jahre 2020 und 2021 nehmen.

2 Gegeben ist für $a \neq 0$ eine Schar von Funktionen mit der Gleichung $f_a(x) = (x - a) \cdot e^{\frac{x}{a}}$.
Rechts sehen Sie zwei Graphen dieser Funktionenschar.

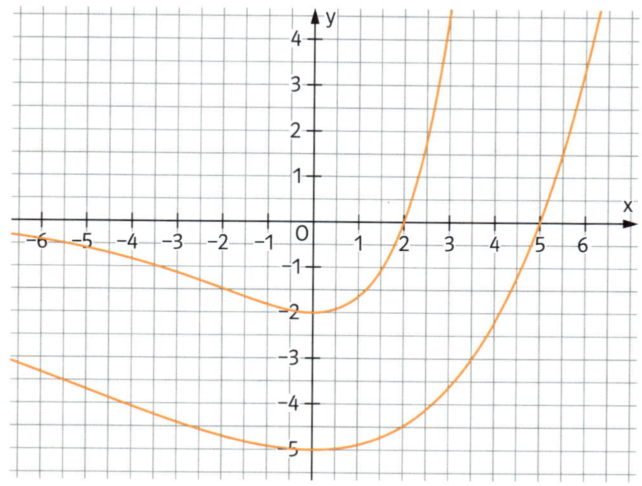

a) Zu welchen Werten des Parameters a gehören die abgebildeten Graphen? [T1]

b) Geben Sie die Gleichung der Ortskurve an, auf der die Wendepunkte der Graphen von f_a liegen. [T2]

c) Bestimmen Sie die Gleichung der Tangente t_a an den Graph von f_a in $P(a\,|\,0)$. [T3]

d) Gegeben ist der Punkt $P(u\,|\,f_5(u))$. Für welchen positiven Wert von u hat das Rechteck mit den Ecken $O(0\,|\,0)$, $Q(u\,|\,0)$, $R(0\,|\,f_5(u))$ und P den größten Flächeninhalt? Geben Sie diesen größtmöglichen Flächeninhalt an. [T4]

e) Welcher geometrische Zusammenhang besteht zwischen den Graphen von f_2 und f_{-2}? [T5]

f) Zeigen Sie, dass F_a mit $F_a(x) = a(x - 2a)e^{\frac{x}{a}}$ eine Stammfunktion von f_a ist. [T6]
Für welchen positiven Wert von a hat der Inhalt der Fläche, die vom Graph von f_a und den Koordinatenachsen eingeschlossen wird, den Wert 10 FE? [T7]

[T1] Achten sie auf die Schnittpunkte der Graphen mit den Koordinatenachsen. [T2] Notwendiges Kriterium: $f_a''(x) = 0$; Hinreichendes Kriterium: $f_a''(x) = 0$ und $f_a'''(x) \neq 0$ oder $f_a''(x) = 0$ und Vorzeichenwechsel von f_a''. Verwenden Sie die Produktregel und die Kettenregel. [T3] Die Steigung der Tangente entspricht dem Wert der 1. Ableitung an der betrachteten Stelle.
[T4] Fertigen Sie eine Skizze an. [T5] In Betracht kommen eine Verschiebung, Streckung oder eine Symmetriebeziehung.
[T6] Leiten Sie die Funktion F_a ab. [T7] Berechnen Sie zunächst $\int_0^a \left((x - a) \cdot e^{\frac{x}{a}}\right) dx$ in Abhängigkeit von a. Setzen sie dann diesen Term gleich 10.

1 In der nebenstehenden Grafik ist der Graph einer Funktion f mit $f(x) = \frac{1}{3}x^3 - 4 \cdot x^2 + 12 \cdot x \ (x \in \mathbb{R})$ dargestellt.

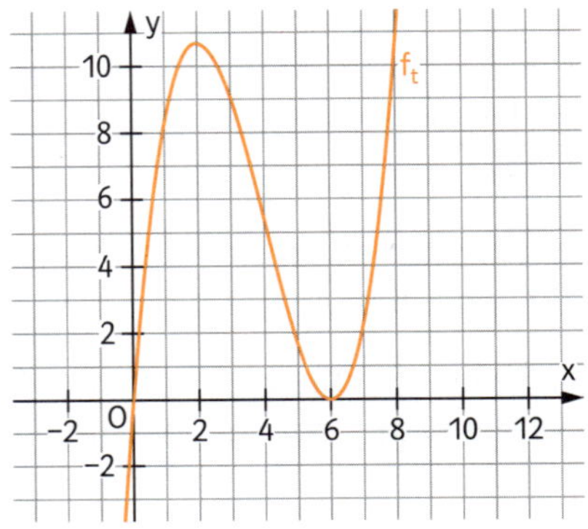

a) Durch $g_t(x) = \frac{1}{3}x \cdot (x - 3t)^2$ ist eine Funktionsschar g_t gegeben.
Berechnen Sie, für welchen Wert t die Funktionen f und g_t identisch sind.
[T1] (Zur Kontrolle: $g_t(x) = \frac{1}{3}x^3 - 2t \cdot x^2 + 3t^2 \cdot x$)

b) Berechnen Sie alle Nullstellen, die lokalen Extrempunkte und Wendepunkte des Graphen der Funktion f.

c) Der Graph der Funktion f schließt mit der x-Achse eine Fläche vollständig ein. Berechnen Sie den Inhalt dieser Fläche. Durch den Hochpunkt des Graphen der Funktion f verläuft eine Gerade, die diese Fläche halbiert. Berechnen Sie die Schnittstelle dieser Geraden mit der x-Achse. [T2]

d) Auf dem vom Graphen der Funktion f und der x-Achse eingeschlossenen Fläche soll ein Rechteck so festgelegt werden, dass eine Seite auf der x-Achse liegt, einer seiner Eckpunkte der Wendepunkt des Graphen von f ist und ein weiterer Eckpunkt auf dem Graphen von f liegt. Berechnen Sie Länge und Breite dieses Rechtecks. [T3]

e) Durch die Punkte O(0 | 0), P(t | 0) und R(t | f(t)) wird für $0 < t < 6$ ein Dreieck beschrieben.
Berechnen Sie, für welchen Wert von t dieses Dreieck den größten Flächeninhalt besitzt und berechnen Sie ihn. [T4]

f) Die Wendepunkte aller Funktionen g_t liegen auf der Kurve h. Berechnen Sie die Funktionsgleichung dieser Funktion. [T5]
(Zur Kontrolle: Wendepunkt $W\left(2t \middle| \frac{2}{3}t^3\right)$)

[T1] Multiplizieren Sie g_t unter Beachtung der binomischen Formel aus und vergleichen Sie g_t und f. [T2] Fertigen Sie eine Skizze an und lesen Sie die Integrationsgrenzen für die eingeschlossene Fläche ab. Zeichnen Sie eine Gerade k durch den Hochpunkt so ein, dass die Fläche etwa halbiert wird. Die Fläche von 0 bis 2 und eine Dreiecksfläche zusammen müssen halb so groß, wie die Gesamtfläche sein. Aus zwei Punkten kann man nun die Geradengleichung aufstellen. [T3] Eine Rechteckseite verläuft parallel zur x-Achse durch den Wendepunkt. Die x-Koordinate eines weiteren Eckpunkts des Rechtecks erhält man als Lösung der Gleichung f(x) = f(4). Der Ansatz f(a) = f(4) führt auf eine Gleichung dritten Grades, deren eine Lösung bekannt ist. Die beiden anderen Lösungen erhält man nach Polynomdivision. [T4] Fertigen Sie zunächst eine Skizze an und wählen Sie den Ansatz $A = \frac{1}{2}t \cdot f(t)$. [T5] Gesucht sind die Ortskurven. Zunächst den Wendepunkt in Abhängigkeit von t berechnen. Dann x = x(t) des Wendepunktes nach t auflösen und in y = y(t) einsetzen.

2 Gegeben ist die Funktion f durch $f(x) = -\frac{1}{81}x^3 + \frac{1}{9}x$ $(x \in \mathbb{R})$.

a) Berechnen Sie die Nullstellen der Funktion f sowie die Koordinaten der lokalen Extrempunkte des Graphen von f, untersuchen Sie die Lage und die Art der Extrema und skizzieren Sie den Graphen von f in ein Koordinatensystem. Begründen Sie, dass der Wendepunkt des Graphen dieser Funktion im Koordinatenursprung liegen muss. [T1]

b) Die x-Achse und der Graph der Funktion f begrenzen im 1. Quadranten eine Fläche A vollständig. Berechnen Sie den Inhalt dieser Fläche.
Durch eine Gerade, die durch den lokalen Hochpunkt des Graphen von f geht und parallel zur y-Achse verläuft, wird diese Fläche in zwei Teilflächen zerlegt. Berechnen Sie das Verhältnis der Inhalte der Teilflächen. [T2]

Gegeben sind die Parabeln g_a durch $g_a(x) = a \cdot x^2 + \frac{7}{4}x$ $(x \in \mathbb{R};\ a \in \mathbb{R};\ a \neq 0)$.

c) Bestimmen Sie den Wert a so, dass g_a an der Stelle $x = -0{,}5$ den Anstieg 2 hat. Ermitteln Sie rechnerisch die Gleichung der Tangente an die Parabel an der Stelle $x = -0{,}5$.

d) Jede Parabel schließt mit der x-Achse für $a < 0$ die Fläche A_a ein. Berechnen Sie den Wert a so, dass dieser Flächeninhalt $\frac{21}{8}$ FE beträgt.

Betrachtet wird bei den folgenden Aufgabenteilen nur die Parabel g_a mit $a = -\frac{1}{3}$.

e) Zeichnen Sie diese Parabel in das Koordinatensystem aus Teilaufgabe a) ein. Verbinden Sie nun die beiden Nullstellen der Parabel mit ihrem Extrempunkt zu einem Dreieck. Berechnen Sie den Flächeninhalt dieses Dreiecks.

f) Jede Gerade mit der Gleichung $x = u$ $(0 < u < 6)$ schneidet den Graph der Funktion f im Punkt R_u und die betrachtete Parabel im Punkt Q_u. Berechnen Sie den Wert von u, für den der Abstand der Punkte R_u und Q_u am größten ist. [T3]

[T1] Nutzen Sie die Symmetrieeigenschaft des Graphen der Funktion. [T2] Berechnen Sie außer der Gesamtfläche die Teilfläche von 0 bis zur x-Koordinate des Hochpunktes. Die andere Teilfläche ergibt sich aus der Differenz von Gesamtfläche und der berechneten Teilfläche. [T3] Bilden Sie die Differenzfunktion von Parabel und der Funktion f und berechnen Sie deren Maximum.

1 Gegeben ist die Funktionenschar f_t mit $f_t(x) = -\frac{1}{18}x^3 + \frac{1}{2}tx^2$, $x \in \mathbb{R}$ und $t > 0$.

a) Untersuchen Sie die Graphen der Funktionenschar auf gemeinsame Punkte mit der x-Achse, Extrem- und Wendepunkte. [T1]
Zeichnen Sie den Graphen von f_1.

b) Bestimmen Sie die Punkte, in denen der Graph von f_1 die Steigung $-\frac{9}{2}$ besitzt.

Zeigen Sie, dass die Gerade g mit $y = -\frac{9}{2}x + \frac{81}{2}$ Tangente an den Graphen von f_1 ist.

Bestimmen Sie die Gleichung der Tangente t an den Graphen von f_1 im Wendepunkt W_1. [T2]
Die Gerade g bildet zusammen mit der Tangente t und der x-Achse ein Dreieck. Bestimmen Sie den Flächeninhalt dieses Dreiecks.

c) Der Graph von f_t schließt mit der x-Achse eine Fläche ein.
Bestimmen Sie den Inhalt A dieser Fläche in Abhängigkeit von t. [T3]
Für welchen Wert von t beträgt dieser Flächeninhalt 6 FE?

[T1] Bestimmen Sie die Koordinaten der Punkte in Abhängigkeit von t. [T2] (1) Berechnen Sie mithilfe von f_1' die Steigung des Graphen von f_1 im Punkt $P(x_0 \mid f(x_0))$. (2) Die Tangentengleichung erhalten Sie mithilfe der Punkt-Steigungs-Form einer Geraden bzw. der allgemeinen Tangentengleichung t: $y = f_1'(x_0) \cdot (x - x_0) + f(x_0)$. [T3] Bestimmen Sie eine Stammfunktion F_t von f_t und berechnen Sie damit das Integral. Die Integrationsgrenzen sind die in a) bestimmten Nullstellen von f_t.

1 Die geradlinigen Flugbahnen zweier mit konstanter Geschwindigkeit fliegender Flugzeuge F_1 und F_2 können mithilfe eines Koordinatensystems angegeben werden. F_1 befindet sich zu Beobachtungsbeginn in $P(3|5|2)$, Flugzeug F_2 in $R(-1|3|3)$ (Angaben in km; die x_3-Koordinate gibt die Flughöhe über dem ebenen Gelände an). F_1 befindet sich nach einer Minute im Punkt $Q(-1|9|3)$, F_2 bewegt sich in Richtung $\begin{pmatrix} 2 \\ -2 \\ 1 \end{pmatrix}$ mit einer Geschwindigkeit von $300\,\frac{\text{km}}{\text{h}}$.

a) Geben Sie eine Geradengleichung an, die die Flugbahn von F_1 beschreibt.
Bestimmen Sie den Punkt, an dem sich F_1 nach drei Minuten befindet.
Berechnen Sie den Zeitpunkt, zu dem sich F_1 in einer Höhe von 6 km befindet.
Bestimmen Sie die Geschwindigkeit von F_1 in km/h.
Bestimmen Sie eine Geradengleichung, die die Flugbahn von F_2 beschreibt.
Berechnen Sie den Ort, an dem sich F_2 nach einer Minute befindet.

b) Zeigen Sie, dass sich die Flugbahnen von F_1 und F_2 nicht kreuzen.
Bestimmen Sie den minimalen Abstand der beiden Flugbahnen.
Berechnen Sie die Entfernung der beiden Flugzeuge F_1 und F_2 nach drei Minuten.
Ermitteln Sie den minimalen Abstand der beiden Flugzeuge.

Ein quadratisches Messegelände liegt in der x_1x_2-Ebene und hat den Mittelpunkt $(3|3|0)$. Die Quadratseiten sind parallel zu den Koordinatenachsen und haben die Länge 2 km. Bei einer Flugschau haben die Zuschauer auf dem Messegelände die Möglichkeit, Flugzeuge zu beobachten.

c) Zeichnen Sie das Messegelände in ein geeignetes Koordinatensystem ein.
Berechnen Sie den minimalen und maximalen Winkel zur Horizontalen, unter dem man von diesem Messegelände aus ein Flugzeug betrachten kann, das sich gerade im Punkt $F(6|6|1)$ befindet.

d) Bei einem Programmpunkt der Flugschau fliegen mehrere Flugzeuge parallel zur x_1-Achse unter einem Winkel von 45° in die Höhe. Eines der Flugzeuge fliegt durch den Punkt $(3|0|1)$.
Ermitteln Sie eine Gleichung der Ebene in Parameterform und in Koordinatenform, in der alle Flugbahnen dieser Flugzeuge liegen.

1 Das Bildermuseum in Kunststadt zeigt neben seiner ständigen Ausstellung auch themen- oder künstlerorientierte Sonderausstellungen. Im Eingangsbereich befindet sich noch vor dem Kassenbereich eine Buchhandlung, die sich auf künstlerische Werke spezialisiert hat. Alle Besucher werden in den unterschiedlichen Bereichen elektronisch gezählt. Bei der Sonderausstellung der Werke von Max Beckmann stellte man fest, dass von den Besuchern des Bildermuseums 85 % die Sonderausstellung, 28 % die ständige Ausstellung und 15 % beide Ausstellungsteile besuchen.

a) Berechnen Sie die Wahrscheinlichkeit dafür, dass ein beliebiger Besucher des Bildermuseums nur die Buchhandlung aufsucht. [T1]

b) Für eine Befragung werden 20 Museumsbesucher zufällig ausgewählt. Berechnen Sie die Wahrscheinlichkeit der Ereignisse:

A: Mindestens drei dieser Befragten haben die Beckmannausstellung nicht besucht.
B: Die Anzahl der Befragten, die nur die Buchhandlung besucht haben, beträgt höchstens eins.

c) Berechnen Sie, wie viele Besucher mindestens zufällig ausgewählt werden müssen, um mit mindestens 99 %-iger Sicherheit einen Besucher der Sonderausstellung befragen zu können. [T2]

d) Geben Sie im dargestellten Zusammenhang zwei Ereignisse C und D an, die die Wahrscheinlichkeit

$P(C) = \binom{20}{3} \cdot 0{,}15^3 \cdot 0{,}85^{17}$ und $P(D) = \dfrac{\binom{11}{0} \cdot \binom{9}{6} + \binom{11}{1} \cdot \binom{9}{5}}{\binom{20}{6}}$ besitzen. [T3]

e) Für die Bezahlung der Eintrittsgebühr gibt es zwei Schalter. Der Vorgang für einen zahlenden Besucher dauert jeweils drei Minuten, für Besucher mit Jahreskarte ist es nur eine Minute. Gleichzeitig treffen acht Besucher ein, die sich rein zufällig zu je 4 Personen auf die beiden Schalter aufteilen.
Herr Schmidt und drei weitere Besucher haben eine Jahreskarte. Berechnen Sie den Erwartungswert für die Zufallsgröße X: „Zufällige Zeit bis Herr Schmidt den Schalter verlassen kann, wenn dieser als Letzter an seinem Schalter steht". [T4]

[T1] Verwenden Sie den Additionssatz für Wahrscheinlichkeiten mit $P(S \cup B) = P(S) + P(B) - P(S \cap B)$. [T2] Der Weg über das Gegenereignis ist hier günstiger. [T3] 20 Personen werden befragt. Teilen Sie diese in Männer und Frauen ein. [T4] Erfassen Sie alle möglichen Fälle in der Tabelle der Wahrscheinlichkeitsverteilung.

2 Im Streit um ein Verkehrsprojekt gab es in einem Bundesland einen Volksentscheid. 48,3 % der Wahlberechtigten gaben ihre Stimme ab. 58,8 % der Wähler befürworteten das Projekt. Damit erlitten die Projektgegner eine Niederlage.

a) Wie viel Prozent aller Wahlberechtigten haben sich bei dieser Abstimmung gegen das Verkehrsprojekt entschieden? Wie viele Wahlberechtigte muss man ansprechen, um mit einer Wahrscheinlichkeit von 99 % mindestens einen Projektgegner zu finden? [T1]

b) In einer Klasse von 28 Schülern erhält jeder Schüler den Auftrag, 20 Erwachsene zu befragen, ob sie an diesem Volksentscheid teilgenommen haben. Im Unterricht werden diese Zahlen zusammengefasst.
Mit welchem Ergebnis für die Anzahl von Wählern ist zu rechnen? In welchem Intervall wird die tatsächliche Wähleranzahl liegen, wenn man von einem Vertrauensniveau von 95,4 % ausgeht? [T2]

c) Ein Meinungsforschungsinstitut führt mit 1000 Wahlberechtigten eine Befragung durch. Die Zufallsgröße X stellt die Anzahl der Personen dar, die gegen das Verkehrsprojekt gestimmt haben. Berechnen Sie die Wahrscheinlichkeiten folgender Ereignisse: [T3]

A: Genau 483 Wahlberechtigte haben gegen das Projekt gestimmt.
B: Höchstens 483 Wahlberechtigte haben gegen das Projekt gestimmt.
C: Die Anzahl der Projektgegner, die ihre Stimme abgegeben haben, ist größer als 200.
D: Die Anzahl der Projektgegner, die ihre Stimme abgegeben haben, weicht höchstens um den Wert 10 vom Erwartungswert ab.

d) Der Kommentator eine Lokalzeitung meint, dass die geringe Wahlbeteiligung das Ergebnis verfälscht habe und schätzt den Anteil der Projektbefürworter im Bundesland auf etwa 70 %. Berechnen Sie, wie die Anteile der Projektgegner und Projektbefürworter im Bundesland unter den Nichtwählern verteilt sind. [T4]

e) Ein Projektbefürworter behauptet nach der Wahl, dass fast alle Projektgegner an der Abstimmung teilgenommen haben und das damit der Anteil der Befürworter in der Bevölkerung viel höher sei als unter den Wählern. Formulieren Sie für einen Hypothesentest die Nullhypothese und die Gegenhypothese, treffen Sie eine Aussage über einen festzulegenden Ablehnungsbereich und formulieren Sie, was man dabei unter dem Fehler 1. Art versteht. [T5]

[T1] Zeichnen Sie für diese Situation ein Baumdiagramm. [T2] Nutzen Sie das entsprechende σ-Intervall. [T3] Beachten Sie, dass die verwendete Wahrscheinlichkeit p in diesem Bernoulli-Experiment aus den Wahrscheinlichkeiten für die Wahlbeteiligung und die Gegenstimme besteht. [T4] Nutzen Sie das Baumdiagramm oder verwenden Sie eine Vierfeldertafel. [T5] Legen Sie die Nullhypothese mit p_0 = ? fest und überlegen Sie, ob es sich um einen rechts- oder linksseitigen Ablehnungsbereich handelt.

3 Ein Betrieb stellt Rauchmelder als Massenprodukt zum kleinen Preis her. Diese zeigen eine existierende Brandgefahr mit der Wahrscheinlichkeit p an.

a) Zur Erhöhung der Sicherheit wird vorgeschlagen, nebeneinander zwei dieser Rauchmelder zu installieren, die unabhängig von einander reagieren. Berechnen Sie zunächst allgemein die Wahrscheinlichkeit dafür, dass eine existierende Brandgefahr nicht erkannt wird. [T1]
Berechnen Sie dann für $p = 0{,}90$ wie weit sich bei der Installation von zwei Rauchmeldern nebeneinander die Sicherheit erhöht.

b) Bei der Qualitätskontrolle hat sich gezeigt, dass 8 % der Rauchmelder generell nicht funktionieren, weil ein Materialfehler oder ein Montagefehler vorliegt. Berechnen Sie die Wahrscheinlichkeit für einen Montagefehler, wenn 2 % des Materials fehlerhaft ist. [T2]

c) Der laufenden Produktion werden 50 Rauchmelder entnommen und auf Funktionalität überprüft. Begründen Sie, dass die Anzahl defekter Rauchmelder in der Stichprobe etwa binomialverteilt ist.
Berechnen Sie die Wahrscheinlichkeit, dass
- A genau 4 Rauchmelder defekt sind
- B weniger als 3 Rauchmelder defekt sind
- C mindestens 45 Rauchmelder einwandfrei funktionieren

d) Wie viele dieser Rauchmelder müsste ein Bauträger bestellen, damit mit 95 %-iger Wahrscheinlichkeit mindestens 80 funktionierende Rauchmelder in der Lieferung sind? [T3]
(Hinweis: Ein CAS-Rechner ermittelt für $p = 0{,}92$ die folgende Tabelle:)

n	90	91	92	95	100
$F_{n;p}(79)$	0,1043	0,059	0,0315	0,0035	3.734E−5

e) Die Rauchmelder werden auf 3 Montagebändern zusammengebaut. Die Bänder 1, 2 und 3 montieren 20 %, 30 % bzw. 50 % der Rauchmelder und haben eine Fehlerquote von 10 %, 9 % bzw. 7 %.
Berechnen Sie die Wahrscheinlichkeit, dass ein defekter Rauchmelder auf dem Band 3 montiert wurde. [T4]

f) Nach einer Schulung des Personals geht man nur noch von einer Fehlerquote von 5 % aus.
Ein Kunde kauft 100 Rauchmelder und stellt fest, dass 8 Rauchmelder nicht funktionieren. Gegenüber dem Hersteller behauptet er nun, dass die Fehlerquote 8 % beträgt.
Beschreiben Sie eine Möglichkeit, mit einer Stichprobe von 50 Rauchmeldern zu testen, ob der Kunde Recht hat. Was ist in diesem Fall mit den Fehlern 1. und 2. Art gemeint?
Legen Sie eine Entscheidungsregel so fest, dass beide Fehler möglichst gering sind. [T5]

Anlage:

n = 50

k		Binomialverteilung Einzelwahrscheinlichkeit $B_{n,p}(k)$		Summenverteilung $F_{n,p}(k)$	
		p = 0,05	p = 0,08	p = 0,05	p = 0,08
0		0,0769	0,0155	0,0769	0,0155
1		0,2025	0,0672	0,2794	0,0827
2		0,2611	0,1433	0,5405	0,2260
3		0,2199	0,1993	0,7604	0,4253
4		0,1360	0,2037	0,8964	0,6290
5		0,0658	0,1629	0,9622	0,7919
6		0,0260	0,1063	0,9882	0,8981
7		0,0086	0,0581	0,9968	0,9562

[T1] Wählen Sie den Weg über das Gegenereignis. [T2] Das Gerät funktioniert nur, wenn beide Fehler nicht auftreten. Formulieren Sie einen Ansatz für die Wahrscheinlichkeit funktionierender Geräte. [T3] Formulieren Sie eine Gleichung für die Wahrscheinlichkeit nicht funktionierender Rauchmelder. Interpretieren Sie die Zahlen in der Tabelle für diese Aufgabe. [T4] Verdeutlichen Sie sich die Situation mit einem zweistufigen Baumdiagramm, das in der ersten Stufe die Anteile der Bänder und in der zweiten Stufe die Fehlerquoten enthält. [T5] Legen Sie die Nullhypothese mit $p_0 = 0{,}05$ fest und überlegen Sie, ob es sich um einen rechts- oder linksseitigen Ablehnungsbereich handelt.

4 Am Friedrichgymnasium in Schillerstadt lernen zurzeit 510 Schülerinnen und 356 Schüler in 8 Klassenstufen. In Vorbereitung des Ganztagsunterrichts ist die Anzahl der Kinder Alleinerziehender von Bedeutung.

a) Der Klassenlehrer einer 6. Klasse stellt fest, dass in seiner Klasse der Anteil allein erziehender Elternteile (A) besonders hoch ist. In seiner Klasse sind 12 Jungen (J) und 16 Mädchen (M). Als Mathematiklehrer erfasst er die Anteile mit $P_J(A) = \frac{5}{6}$ und $P_A(J) = \frac{1}{2}$. Stellen Sie eine Vierfeldertafel für diese Gegebenheiten auf und bestimmen Sie die Wahrscheinlichkeit, dass ein beliebiger Schüler oder eine beliebige Schülerin dieser Klasse ein Kind Alleinerziehender ist. Prüfen Sie, ob das Geschlecht vom Merkmal A stochastisch abhängig ist. [T1]

b) In der Schulstatistik wurde festgestellt, dass $\frac{2}{3}$ aller Schüler und Schülerinnen der Klassenstufe 6 Kinder Alleinerziehender sind. Berechnen Sie die Wahrscheinlichkeit dafür, dass
(1) von 20 beliebig gewählten Kindern dieser Klassenstufe mindestens 8 Kinder allein erziehende Elternteile haben. [T2]
(2) in einer Klasse von 25 Schülern höchstens ein Kind ein allein erziehendes Elternteil hat.

c) Ermitteln Sie die Anzahl der Kinder dieser Klassenstufe, die man auswählen muss, um mit 99 %-iger Sicherheit mindestens ein Kind, das bei beiden Elterteilen aufwächst, zu finden. [T3]

d) In einem Mathematikkurs der Oberstufe erhalten die Teilnehmer die Aufgabe, die Wahrscheinlichkeit $p = P(A)$ an der Schule zu schätzen. Dazu befragen sie 200 Schülerinnen und Schüler, die nach Unterrichtsschluss das Schulgebäude verlassen und stellen fest, dass 108 der Befragten Kinder Alleinerziehender sind. Die Schätzung der Wahrscheinlichkeit p soll nun so erfolgen, dass das Ergebnis der Schätzung um höchstens $2 \cdot \sigma_A$ vom Erwartungswert μ_A abweicht. [T4]

e) Ermitteln Sie ein Konfidenzintervall zur Vertrauenszahl $\gamma = 0{,}99$ für die Wahrscheinlichkeit p (Kinder Alleinerziehender), wenn 200 Kinder befragt werden und das Merkmal auf 108 Kinder zutrifft.
Wie viel Kinder müsste man befragen, wenn bei gleicher Vertrauenszahl die Intervalllänge mit höchstens 0,1 akzeptiert wird. [T5]

f) Die Schulsekretärin recherchiert in ihrem Computer, dass zurzeit 210 Schülerinnen und Schüler die Oberstufe besuchen, von denen 60 % allein erziehende Elternteile (A) haben. Bei den anderen Schülern sind es nur 50 %. Berechnen Sie die Wahrscheinlichkeit dafür, dass dieses Merkmal (A) für einen beliebig gewählten Schüler (bzw. Schülerin) zutrifft. Bestimmen Sie außerdem die Wahrscheinlichkeit, dass es sich bei einem beliebig gewählten Schüler (bzw. Schülerin) auf den dieses Merkmal (A) zutrifft um einen Schüler oder eine Schülerin der Oberstufe handelt. [T6]

[T1] Tragen Sie die gegebenen Werte in die Vierfeldertafel ein nutzen Sie die Definition der bedingten Wahrscheinlichkeit. [T2] Drücken Sie „mindestens“ und „höchstens“ als Ungleichung mithilfe Zufallsvariablen aus. [T3] Gehen Sie vom Ansatz $P(X \geq 1) \geq 0{,}99$ aus. [T4] Für binomialverteilte Zufallsgrößen ist $\mu = n \cdot p$ und $\sigma^2 = n \cdot p \cdot (1 - p)$. Damit kann man das Intervall $\mu - 2\sigma \leq 108 \leq \mu + 2\sigma$ erstellen und die Intervallgrenzen von p berechnen. [T5] Mit $\Phi(c) = \frac{1 + \gamma}{2}$ und $(h - p)^2 \leq c^2 \cdot \frac{p(1 - p)}{n}$ kann man die Intervallgrenzen ermitteln. [T6] Hier sollte man ein zweistufiges Baumdiagramm verwenden, das zunächst Oberstufenschüler und Nichtoberstufenschüler trennt.

Lambacher Schweizer

Mathematatik für Gymnasien

Abitur- und Klausurtraining Rheinland-Pfalz

Lösungen zum Arbeitsheft

I Folgen und Grenzwerte

I Folgen und ihre Eigenschaften, Seite 5

1 a) Rekursive Darstellung $a_1 = 1;\ a_{n+1} = a_n\sqrt{2}$
b) $a_1 = 1;\ a_2 = \sqrt{2};\ a_3 = 2;\ a_4 = 2\sqrt{2}$.
c) Explizite Darstellung der Folge: $a_n = (\sqrt{2})^{n-1}$.
d) Ungleichung $(\sqrt{2})^{n-1} > 10^6$ nach n auflösen.
Man erhält $n > \frac{12}{\lg 2} + 1 \approx 40{,}9$. Ab dem 41. Glied.

2 Zeigen Sie, dass die Folge (a_n) mit $a_n = \frac{n+2}{n+1}$ streng monoton fallend ist.
Dazu betrachtet man die Differenz

$$a_{n+1} - a_n = \frac{n+3}{n+2} - \frac{n+2}{n+1} = \frac{n^2+3n+n+3-n^2-4n-4}{(n+2)(n+1)} = \frac{-1}{(n+2)(n+1)}.$$

Diese ist immer negativ, weil n positiv ist.

3 a) Würde zusätzlich noch für alle n gelten $a_n > 0$, dann wäre die Aussage richtig. Es genügt, ein geeignetes Gegenbeispiel anzugeben. Man wählt z. B. $a_n = (-1)^n$.
b) Wenn $a_n > 0$ für alle n ist, dann gilt $a_{n+1} > a_n$. Also ist die Folge streng monoton steigend.
Wenn $a_n < 0$ für alle n ist, dann gilt $a_{n+1} < a_n$. Also ist die Folge streng monoton fallend.
(Es reicht schon, wenn a_1 kleiner bzw. größer als 0 ist.)

4

Folge	Geschickte Umformung	Kleinste obere Schranke	Größte untere Schranke
$a_n = \frac{2n+1}{n^2}$	$a_n = \frac{2}{n} + \frac{1}{n^2}$	3	0
$a_1 = 2;$ $a_{n+1} = \frac{a_n}{n+1}$	$a_{n+1} = \frac{a_{n-1}}{(n+1)n} = \frac{a_1}{(n+1)n(n-1)\cdot\ldots\cdot 2}$	2	0
$a_n = \left(-\frac{1}{4}\right)^n$	$a_n = (-1)^n \cdot \frac{1}{4^n}$	$\frac{1}{16}$	$-\frac{1}{4}$

5 Sei S eine obere Schranke. Wir suchen ein n, sodass gilt $\frac{n^2+1}{n} > S$. Sei n_0 eine natürliche Zahl größer als S, dann gilt: $\frac{n_0^2+1}{n_0} = n_0 + \frac{1}{n_0} > S$, also kann S keine obere Schranke sein.

I Grenzwert einer Folge, Seite 6

1 Nullfolgen sind b), d), e) und h).

2 Man setzt an $\frac{1}{2n-1} < \varepsilon$ und löst nach n auf: $n > \frac{\varepsilon+1}{2\varepsilon}$.

ε	1	$\frac{1}{4}$	0,1	0,001
n_0	2	3	6	501

3 a) V → II; b) II → III; c) I → V; d) I → IV;
e) III → VI; f) V → VI

4

n	10	100	1000	10 000
a_n	−1,82	−1,53	−1,502	−1,5002

Vermutung $\lim\limits_{n\to\infty} a_n = -1{,}5$; $\left|\frac{3n+1}{3-2n} + 1{,}5\right| < \varepsilon$;

$\left|\frac{3n+1+4{,}5-3n}{3-2n}\right| < \varepsilon$; $\left|\frac{5{,}5}{3-2n}\right| < \varepsilon$; $\frac{5{,}5}{2n-3} < \varepsilon$ für $n > 1$;

$5{,}5 < 2n\varepsilon - 3\varepsilon$; $\frac{5{,}5+3\varepsilon}{2\varepsilon} < n$. Also gilt für alle $n > n_0$ mit $n_0 > \frac{5{,}5+3\varepsilon}{2\varepsilon}$ die Ungleichung $|a_n - (-1{,}5)| < \varepsilon$.

5 Wählt man z. B. $\varepsilon = 1$, dann liegen endlich viele Folgenglieder außerhalb des Streifens $[g - \varepsilon; g + \varepsilon]$.
Unter diesen Folgengliedern gibt es eine kleinste Zahl a und eine größte Zahl b. Eine untere Schranke ist dann die kleinere der Zahlen a und $g - 1$.
Eine obere Schranke ist dann die größere der Zahlen b und $g + 1$.

6 a) und b) sind Nullfolgen, c) ist divergent, wegen $a_n = \frac{1-2n^2}{n} = \frac{1}{n} - 2n$, d) ist divergent, weil je zwei aufeinanderfolgende Folgenglieder mindestens den Abstand 2 haben, e) ist eine Nullfolge.

I Grenzwertsätze, Seite 7

1 Aussagen a) falsch, Nenner darf keine Nullfolge sein, b) wahr, Grenzwertsatz, c) falsch: $\left(n + \frac{1}{n}\right) + (-n)$, d) wahr, sonst wäre die Differenz zweier konvergenter Folgen divergent, e) falsch: $(n^2) \cdot \left(\frac{1}{n}\right)$, f) wahr, Grenzwertsatz.

2 $\frac{-3n^2-3n+2}{(n+1)^2} = \frac{-3n^2-3n+2}{n^2+2n+1} = \frac{n^2\left(-3-\frac{3}{n}+\frac{2}{n^2}\right)}{n^2\left(1+\frac{2}{n}+\frac{1}{n^2}\right)} = \frac{-3-\frac{3}{n}+\frac{2}{n^2}}{1+\frac{2}{n}+\frac{1}{n^2}}$; also gilt:

$$\lim_{n\to\infty} \frac{-3n^2-3n+2}{(n+1)^2} = \frac{\lim\limits_{n\to\infty}(-3) - \lim\limits_{n\to\infty}\frac{3}{n} + \lim\limits_{n\to\infty}\frac{2}{n^2}}{\lim\limits_{n\to\infty}1 + \lim\limits_{n\to\infty}\frac{2}{n} + \lim\limits_{n\to\infty}\frac{1}{n^2}} = \frac{-3-0+0}{1+0+0} = -3$$

3 a) $\lim\limits_{n\to\infty} \frac{2n+1}{n^2-\sqrt{n}} = \lim\limits_{n\to\infty} \frac{n^2\left(\frac{2}{n}+\frac{1}{n^2}\right)}{n^2\left(1-\frac{\sqrt{n}}{n^2}\right)} = \lim\limits_{n\to\infty} \frac{\frac{2}{n}+\frac{1}{n^2}}{1-\sqrt{\frac{1}{n^3}}} = 0$

b) $\lim\limits_{n\to\infty} \frac{2^{n+1}-5}{2^{n-1}+5} = \lim\limits_{n\to\infty} \frac{2^{n-1}\left(2^2-\frac{5}{2^{n-1}}\right)}{2^{n-1}\left(1+\frac{5}{2^{n-1}}\right)} = \lim\limits_{n\to\infty} \frac{4-\frac{5}{2^{n-1}}}{1+\frac{5}{2^{n-1}}} = 4$

c) $\lim\limits_{n\to\infty} 2^{-n}\frac{\sqrt{n}+1}{3-2\sqrt{n}} = \lim\limits_{n\to\infty} \frac{1}{2^n} \cdot \frac{\sqrt{n}\left(1+\frac{1}{\sqrt{n}}\right)}{\sqrt{n}\left(\frac{3}{\sqrt{n}}-2\right)} = \lim\limits_{n\to\infty} \frac{1}{2^n} \cdot \lim\limits_{n\to\infty} \frac{1+\frac{1}{\sqrt{n}}}{\frac{3}{\sqrt{n}}-2}$
$= 0 \cdot \left(-\frac{1}{2}\right) = 0$

d) $\lim\limits_{n\to\infty} \frac{b_n - 2c_n}{b_n + c_n} = \frac{\lim\limits_{n\to\infty} b_n - 2\lim\limits_{n\to\infty} c_n}{\lim\limits_{n\to\infty} b_n + \lim\limits_{n\to\infty} c_n} = \frac{2+1}{2-\frac{1}{2}} = 2$

4 Bei der Bestimmung des Grenzwerts von Folgen vom Typ wie in Aufgabe 2 geht man folgendermaßen vor:
1. Schritt: Ausmultiplizieren und Zusammenfassen jeweils im Zähler und Nenner.
2. Schritt: Kürzen durch die höchste Potenz von n und Zerlegen des Zählers und Nenners in Summen.
3. Schritt: Hat jeder Summand einen Grenzwert, so kann man jeweils im Zähler und Nenner den Grenzwertsatz für Summen anwenden.
4. Schritt: Nun wendet man den Grenzwertsatz für Quotienten an, wenn der Grenzwert des Nenners nicht Null ist.

5 $g = \frac{1+5g}{1-4g}$; $g - 4g^2 = 1 + 5g$; $4g^2 + 4g + 1 = 0$; $(2g+1)^2 = 0$;
$g = -\frac{1}{2}$; $\lim\limits_{n \to \infty} a_n = -\frac{1}{2}$

6 Folge: 1; 2; −3; $1\frac{2}{3}$; 4,6; 0,2754; −32,4105; 1,0170; 64,7380; 0,9686
Die Methode darf nur angewendet werden, wenn die Folge konvergent ist. Das scheint hier nicht der Fall zu sein.

I Klausurtraining, Seite 8

1 a) $a_n = 4n - 1$; $a_{n-1} = 4n - 4 - 1 = a_n - 4$; $a_n = a_{n-1} + 4$.
Rekursive Darstellung: $a_1 = 3$; $a_n = a_{n-1} + 4$
b) $a_n = (-1)^n$

2 a), b) wahr, wegen der Grenzwertsätze, c) falsch, Gegenbeispiel: $a_n = \frac{1}{n}$; … $b_n = \frac{1}{n^2}$

3 $\lim\limits_{n \to \infty}(a_n + b_n) = \lim\limits_{n \to \infty} a_n + \lim\limits_{n \to \infty} b_n = 2 - 2 = 0$;
Obere Schranke: 4; Untere Schranke: −4; über Monotonie kann man nichts sagen, Bsp.: $a_n = 2 - \frac{1}{n}$; $b_n = -2 + \frac{1}{n^2}$;
$(a_n + b_n)$: 0; $-\frac{1}{4}$; $-\frac{2}{9}$; … und $0 > -\frac{1}{4}$, aber $-\frac{2}{9} > -\frac{1}{4}$.

4 $\frac{n^2+2}{n} = n + \frac{2}{n}$; Summe aus einer divergenten und einer konvergenten Folge kann nicht konvergent sein, weil sonst die Differenz aus zwei konvergenten Folgen divergent wäre (Widerspruch zu den Grenzwertsätzen).

5 a) $a_n = \frac{a_{n-1}^2}{a_{n-1}+1}$; $a_1 = 2$; $a_2 = \frac{4}{3}$; $a_3 = \frac{16}{21}$; $a_4 = \frac{256}{777}$; Die Folge ist streng monoton fallend: $a_n = \frac{a_{n-1}^2}{a_{n-1}+1} > \frac{a_{n-1}^2}{a_{n-1}} = a_{n-1}$. Wenn $a_1 > 0$ ist, dann sind alle Folgenglieder größer als 0 und die Folge ist nach unten beschränkt, also ist die Folge konvergent mit Grenzwert $g = \frac{g^2}{g+1}$; $g^2 + g = g^2$; $g = \lim\limits_{n \to \infty} a_n = 0$.
b) Für $a_1 = -2$ ergeben sich die Folgenglieder $a_2 = -4$; $a_3 = -\frac{16}{3}$; $a_4 = -\frac{256}{39}$; Die Folge ist wieder streng monoton fallend, hat aber keine untere Schranke mehr. Der Abstand
$|a_{n-1} - a_n| = \left|\frac{a_{n-1}(a_{n-1}+1) - a_{n-1}^2}{a_{n-1}+1}\right| = \left|\frac{a_{n-1}}{a_{n-1}+1}\right|$ wird mit zunehmendem n immer größer, da a_{n-1} betragsmäßig immer größer wird, also kann es keine untere Schranke geben.

6 a) $\lim\limits_{x \to \infty} \frac{1+\sqrt{x}}{1-\sqrt{x}} = \lim\limits_{x \to \infty} \frac{\frac{1}{\sqrt{x}}+1}{\frac{1}{\sqrt{x}}-1} = -1$

b) $\lim\limits_{x \to -\infty} \frac{2^x + x}{3^x - x} = \lim\limits_{x \to -\infty} \frac{2^x \cdot \frac{1}{x} + 1}{3^x \cdot \frac{1}{x} - 1} = \frac{\lim\limits_{x \to -\infty} 2^x \cdot \lim\limits_{x \to -\infty} \frac{1}{x} + 1}{\lim\limits_{x \to -\infty} 3^x \cdot \lim\limits_{x \to -\infty} \frac{1}{x} - 1} = \frac{0 \cdot 0 + 1}{0 \cdot 0 - 1} = -1$

c) $\lim\limits_{x \to 1} \frac{x-1}{\sqrt{x}-1} = \lim\limits_{x \to 1} \frac{(\sqrt{x}+1)(\sqrt{x}-1)}{\sqrt{x}-1} = \lim\limits_{x \to 1}(\sqrt{x}+1) = 2$

d) $\lim\limits_{x \to \infty} \frac{\sin x + \cos x}{x} = 0$, da $\sin x$ und $\cos x$ immer zwischen −1 und 1 schwanken.

7 a) $a_n = a_{n-1} \cdot 1{,}05 - 12\,000$
b) $a_1 = 200\,000$; $a_2 = 198\,000$; $a_3 = 195\,900$; $a_4 = 193\,695$
c) $a_n = 240\,000 - 40\,000 \cdot 1{,}05^n$; $a_{n-1} = 240\,000 - 40\,000 \cdot 1{,}05^{n-1}$;
$a_n = 240\,000 - 40\,000 \cdot 1{,}05^{n-1} \cdot 1{,}05$
$= (240\,000 - 40\,000 \cdot 1{,}05^{n-1}) \cdot 1{,}05 - 240\,000 \cdot 0{,}05$
$= a_{n-1} \cdot 1{,}05 - 12\,000$;
$a_1 = 240\,000 - 40\,000 \cdot 1 = 200\,000$
d) $240\,000 = 40\,000 \cdot 1{,}05^n$; $n = \frac{\log 6}{\log 1{,}05} = 36{,}72 \approx 37$. Da n = 2 nach dem ersten Jahr gilt, sind die Schulden nach 36 Jahren zurückbezahlt.

8 a)

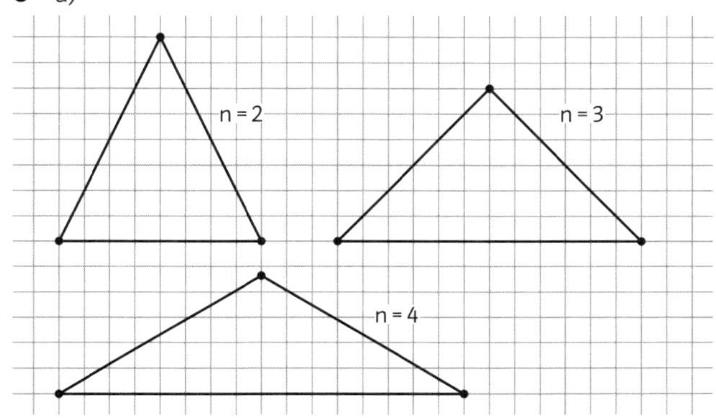

b) $A_n = \frac{1}{2} 2n \cdot h_n = \frac{10n^2}{n^2+1}$
c) $\lim\limits_{n \to \infty} \frac{10n^2}{n^2+1} = \lim\limits_{x \to \infty} \frac{10}{1+\frac{1}{n^2}} = 10$
d) Die Seitenlänge geht gegen unendlich und die Höhe gegen 0.

II Schlüsselkonzept: Ableitung

II Funktionen, Seite 9

1 $f(x) = \frac{4}{x}$ → $f(2) = 2$ → $D_f = \mathbb{R} \setminus \{0\}$ → $P(4|1)$
$f(x) = \sqrt{9 - x^2}$ → $f(0) = 3$ → $D_f = [-3; 3]$ → $P(3|0)$
$f(x) = \frac{x^2}{3}$ → $f(3) = 3$ → $D_f = \mathbb{R}$ → $P(0|0)$

2 a) $f(2) = 6$
b) $D_g = \mathbb{R} \setminus \{4\}$
c) Die Funktion g nimmt an der Stelle −1 den Funktionswert 0 an.
d) Die Definitionsmenge der Funktion g umfasst alle reellen Zahlen außer 0.
e) $f(0) < f(-2)$
f) Die Wertemenge der Funktion g umfasst die reellen Zahlen von 0 bis 10.

3 a) $s(t) = 3 \cdot t$
b) proportionale bzw. lineare
c) $D_s = [0; 210]$
d) $s(15) = 3 \cdot 15 = 45$
Nach 15 Minuten hat der Hubschrauber 45 km zurückgelegt.

4 a) $x^2 - 16 = 0$; $x_1 = 4$; $x_2 = -4$; $D_f = \mathbb{R} \setminus \{-4; 4\}$
b) $4 - x \geq 0$; $x \leq 4$; $D_f = (-\infty; 4]$
c) $4 - x^2 \geq 0$; $x^2 \leq 4$; $D_f = [-2; 2]$

5 Der Punkt P(2|0) liegt nur auf dem Graphen der Funktion aus c).

6 a) $D_h = [0; \infty)$ b) rund 89,90 m
c) 1,755 m d) rund 18,51 m sowie rund 67,49 m
e) 11 m

II Mittlere Änderungsrate – Differenzenquotient, Seite 10

1 a) $\frac{f(2)-f(0)}{2-0} = \frac{-2-(-4)}{2} = 1$

b) $\frac{f(2)-f(1)}{2-1} = \frac{-2-(-3{,}5)}{1} = 1{,}5$

c) $\frac{f(2)-f(1{,}9)}{2-1{,}9} = \frac{-2-(-2{,}195)}{0{,}1} = 1{,}95$

d) $\frac{f(-1{,}9)-f(-2)}{-1{,}9-(-2)} = \frac{-2{,}195-(-2)}{0{,}1} = -1{,}95$

2 a)

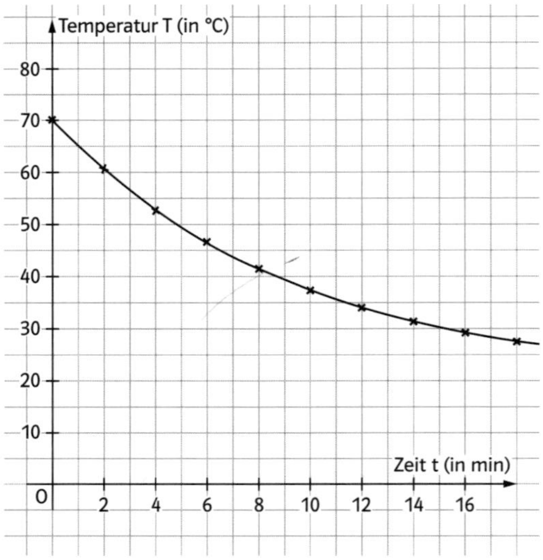

b) $\frac{27{,}5-70}{18-0} \approx -2{,}36 \left(\text{in } \frac{°C}{min}\right)$

c) Die mittlere Änderungsrate ist negativ, weil die Temperatur abnimmt.

d) Für die ersten zwei Minuten: $\frac{60{,}6-70}{2-0} = -4{,}7 \left(\text{in } \frac{°C}{min}\right)$

Für die letzten zwei Minuten: $\frac{27{,}5-29{,}3}{18-16} = -0{,}9 \left(\text{in } \frac{°C}{min}\right)$

e) Der Tee kühlt zuerst schnell, dann immer langsamer ab.

3 a) 45; 10; langsamer

b) Minute 70 bis Minute 90: $\frac{0-500}{90-70} = -25 \left(\text{in } \frac{m}{min}\right)$

Minute 65 bis Minute 70: $\frac{500-600}{70-65} = -20 \left(\text{in } \frac{m}{min}\right)$

II Momentane Änderungsrate – Ableitung, Seite 11

1 a) In den Punkten A und F ist die Steigung des Graphen negativ, in den Punkten C und E ist sie null und in den Punkten B und D ist die Steigung positiv. Also ist die Steigung in den Punkten C und E gleich.

b) A, F, C, E, B, D bzw. A, F, E, C, B, D

2 a) $h = 0{,}2$: $\frac{f(2+0{,}2)-f(2)}{0{,}2} = \frac{0{,}5\cdot(2+0{,}2)^2-0{,}5\cdot 2^2}{0{,}2} \approx 2{,}1$

$h = 0{,}1$: $\frac{f(2+0{,}1)-f(2)}{0{,}1} = \frac{0{,}5\cdot(2+0{,}1)^2-0{,}5\cdot 2^2}{0{,}1} \approx 2{,}05$

$h = 0{,}01$: $\frac{f(2+0{,}01)-f(2)}{0{,}01} = \frac{0{,}5\cdot(2+0{,}01)^2-0{,}5\cdot 2^2}{0{,}01} \approx 2{,}005$

Vermutlich gilt: $f'(2) = 2$.

b) Steigung der Tangente im Punkt P(2 | 2):

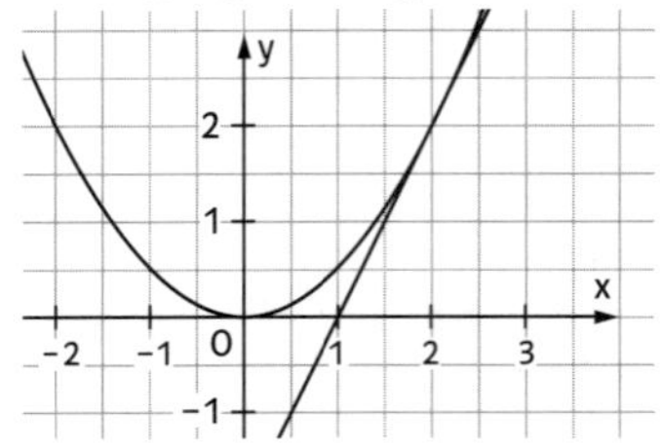

Vermutlich gilt: $f'(2) = 2$.

3 a) $f'(0) = 1$ b) $f'(3) = -2$ c) $f'(-1{,}5) = 1{,}5$

4 Individuelle Lösung; als kleine Werte von h werden hier $h = 0{,}1$ und $h = 0{,}01$ verwendet.

a) $h = 0{,}1$: $\frac{f(1+0{,}1)-f(1)}{0{,}1} = \frac{2\cdot(1+0{,}1)^2-2\cdot 1^2}{0{,}1} \approx 4{,}2$

$h = 0{,}01$: $\frac{f(1+0{,}01)-f(1)}{0{,}01} = \frac{2\cdot(1+0{,}01)^2-2\cdot 1^2}{0{,}01} \approx 4{,}02$

Vermutung: $f'(1) = 4$

b) $h = 0{,}1$: $\frac{f(-1+0{,}1)-f(-1)}{0{,}1} = \frac{\frac{4}{(-1+0{,}1)}-\frac{4}{(-1)}}{0{,}1} \approx -4{,}44$

$h = 0{,}01$: $\frac{f(-1+0{,}01)-f(-1)}{0{,}01} = \frac{\frac{4}{(-1+0{,}01)}-\frac{4}{(-1)}}{0{,}01} \approx -4{,}04$

Vermutung: $f'(-1) = -4$

c) $h = 0{,}1$: $\frac{f(2+0{,}1)-f(2)}{0{,}1} = \frac{2\sqrt{2+0{,}1}-2\sqrt{2}}{0{,}1} \approx 0{,}698$

$h = 0{,}01$: $\frac{f(2+0{,}01)-f(2)}{0{,}01} = \frac{2\sqrt{2+0{,}01}-2\sqrt{2}}{0{,}01} \approx 0{,}706$

Vermutung: $f'(2) = \frac{\sqrt{2}}{2} \approx 0{,}707$

5 siehe Tabelle 1

II Ableitung berechnen (1), Seite 12

1 a) $\frac{f(-1+h)-f(-1)}{h} = \frac{4\cdot(-1+h)^2-4\cdot(-1)^2}{h} = \frac{4\cdot(1-2h+h^2)-4}{h}$

$= \frac{4-8h+4h^2-4}{h} = \frac{-8h+4h^2}{h} = \frac{h\cdot(-8+4h)}{h} = -8+4h \to -8$ für $h \to 0$

Man erhält für die Ableitung $f'(-1) = -8$.

b) $\frac{f(2+h)-f(2)}{h} = \frac{\frac{2}{2+h}-\frac{2}{2}}{h} = \frac{\frac{2}{2+h}-1}{h} = \frac{\frac{2}{2+h}-\frac{2+h}{2+h}}{h} = \frac{\frac{2-2-h}{2+h}}{h} = -\frac{\frac{h}{2+h}}{h}$

$= -\frac{h}{2+h}\cdot\frac{1}{h} = -\frac{1}{2+h} \to -\frac{1}{2}$ für $h \to 0$

Man erhält für die Ableitung $f'(2) = -\frac{1}{2}$.

c) $\frac{f(-2+h)-f(-2)}{h} = \frac{-(-2+h)^2-2-\left(-(-2)^2-2\right)}{h}$

$= \frac{-(4-4h+h^2)-2-(-4-2)}{h} = \frac{-4+4h-h^2-2+6}{h} = \frac{4h-h^2}{h} = \frac{h\cdot(4-h)}{h}$

$= 4-h \to 4$ für $h \to 0$

Man erhält für die Ableitung $f'(-2) = 4$.

2 a) $m = f'(1)$

$\frac{f(1+h)-f(1)}{h} = \frac{(1+h)^2+(1+h)-(1^2+1)}{h} = \frac{1+2h+h^2+1+h-1-1}{h} = \frac{3h+h^2}{h}$

$= \frac{h\cdot(3+h)}{h} = 3+h \to 3$ für $h \to 0$

$m = f'(1) = 3$; also $y = 3x + c$.

Einsetzen der Koordinaten von P(1 | 2): $2 = 3\cdot 1 + c$; $c = -1$

Die Tangente hat die Gleichung $y = 3x - 1$.

Tabelle 1

	$x_0 = -2$	$x_0 = -1$	$x_0 = 0$	$x_0 = 0{,}5$	$x_0 = 3$
$f(x) = x^4 - 3$	Ableitung negativ	Ableitung negativ	Ableitung null	Ableitung positiv	Ableitung positiv
$f(x) = x^3$	Ableitung positiv	Ableitung positiv	Ableitung null	Ableitung positiv	Ableitung positiv
$f(x) = (x+1)^2$	Ableitung negativ	Ableitung null	Ableitung positiv	Ableitung positiv	Ableitung positiv
$f(x) = -\left(x-\frac{1}{2}\right)^3$	Ableitung negativ	Ableitung negativ	Ableitung negativ	Ableitung null	Ableitung negativ

b) $y = mx + c$; $m = f'(-2)$

$$\frac{f(-2+h)-f(-2)}{h} = \frac{-\frac{1}{-2+h}-\left(-\frac{1}{-2}\right)}{h} = \frac{\frac{1}{2-h}-\frac{1}{2}}{h} = \frac{\frac{2}{2(2-h)}-\frac{2-h}{2(2-h)}}{h} = \frac{\frac{2-2+h}{2(2-h)}}{h}$$

$$= \frac{\frac{h}{2(2-h)}}{h} = \frac{h}{2(2-h)} \cdot \frac{1}{h} = \frac{1}{2(2-h)} = \frac{1}{4-2h} \to \frac{1}{4} \text{ für } h \to 0$$

$m = f'(-2) = \frac{1}{4}$; also $y = \frac{1}{4}x + c$.

Einsetzen der Koordinaten von $P\left(-2 \,\middle|\, \frac{1}{2}\right)$: $\frac{1}{2} = \frac{1}{4} \cdot (-2) + c$;
$c = 1$
Die Tangente hat die Gleichung $y = \frac{1}{4}x + 1$.

3 $f'(0) = 2 \;\to\; P(0|0) \;\to\; t(x) = 2x$
$f'(1) = -1 \;\to\; P(1|-0{,}5) \;\to\; t(x) = -x + 0{,}5$
$f'(0) = 0 \;\to\; P(0|2) \;\to\; t(x) = 2$
$f'(1) = 1 \;\to\; P(1|0{,}5) \;\to\; t(x) = x - 0{,}5$

II Ableitung berechnen (2), Seite 13

4
a) Durchschnittsgeschwindigkeit; momentanen Geschwindigkeit
b) $30\frac{m}{s}$; $10\frac{m}{s}$
Nebenrechnungen: $\frac{a(2)-a(0)}{2-0} = \frac{60-0}{2} = 30$;
$\frac{a(4)-a(2)}{4-2} = \frac{80-60}{2} = 10$
c) $20\frac{m}{s}$
Nebenrechnung: $\frac{a(2+h)-a(2)}{h} = \frac{-5\cdot(2+h)^2 + 40\cdot(2+h) - 60}{h}$
$= \frac{-5\cdot(4+4h+h^2) + 80 + 40h - 60}{h} = \frac{20h - 5h^2}{h} = 20 - 5h \to 20$
für $h \to 0$
d) Bei Start und Landung ist die Flugkurve am steilsten, der Betrag der Geschwindigkeit also am größten.

5 a) 40 m
b) $4\frac{m}{s}$, da $\frac{s(10)-s(0)}{10-0} = \frac{40-0}{10} = 4$
c) Gesucht ist $s'(10)$.
$$\frac{s(10+h)-s(10)}{h} = \frac{0{,}4\cdot(10+h)^2 - 0{,}4\cdot 10^2}{h} = \frac{0{,}4\cdot(100+20h+h^2) - 40}{h}$$
$$= \frac{8h + 0{,}4h^2}{h} = \frac{h\cdot(8+0{,}4h)}{h} = 8 + 0{,}4h \to 8 \text{ für } h \to 0$$
$s'(10) = 8$
Nach 10 s hat der Schlittenfahrer die Geschwindigkeit $8\frac{m}{s}$.

6 a) [5; 10]; Benzinmenge; km;
Benzinverbrauch; Benzinverbrauch; 10
b) [5; 10]; der geförderten Ölmenge pro Zeit von Stunde 5 bis 10; Fördergeschwindigkeit; Fördergeschwindigkeit (nach 10 Stunden)

II Ableitungsfunktion, Seite 14

1 Graphen der Ableitungsfunktionen von links nach rechts:
B; D; A; C

2 a) $\frac{f(x_0+h)-f(x_0)}{h} = \frac{-2(x_0+h)^2-(-2x_0^2)}{h} = \frac{-2(x_0^2+2x_0h+h^2)+2x_0^2}{h}$
$$= \frac{-2x_0^2 - 4x_0h - 2h^2 + 2x_0^2}{h} = \frac{-4x_0h - 2h^2}{h} = \frac{h(-4x_0 - 2h)}{h}$$
$= -4x_0 - 2h \to -4x_0$ für $h \to 0$
Funktionsgleichung von f': $f'(x) = -4x$

b) $\frac{f(x_0+h)-f(x_0)}{h} = \frac{4(x_0+h)^2 + 4 - (4x_0^2+4)}{h} = \frac{4(x_0^2+2x_0h+h^2) + 4 - 4x_0^2 - 4}{h}$
$$= \frac{4x_0^2 + 8x_0h + 4h^2 - 4x_0^2}{h} = \frac{8x_0h + 4h^2}{h} = 8x_0 + 4h \to 8x_0 \text{ für } h \to 0$$
Funktionsgleichung von f': $f'(x) = 8x$

3

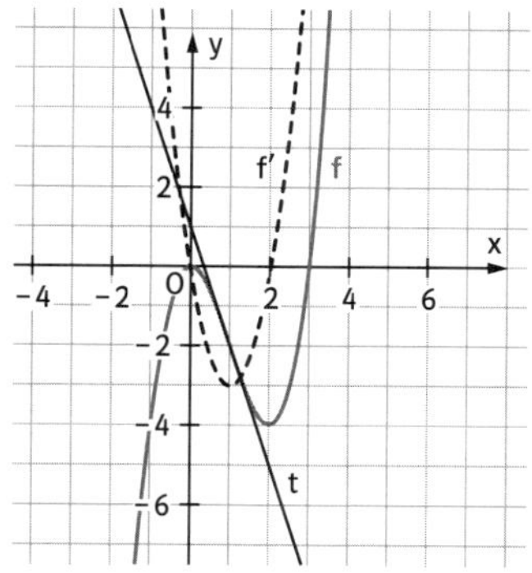

0; 2; 0; Nullstellen; 2; oberhalb;
2; negativ; unterhalb; −2; −3

II Ableitungsregeln, Seite 15

1 a) $f'(x) = 4x^3$
b) $f'(x) = -3x^{-4} = -\frac{3}{x^4}$
c) $f'(x) = 8x$
d) $f(x) = x^{-2}$; $f'(x) = -2x^{-3} = -\frac{2}{x^3}$
e) $f'(x) = 12x^5 + 3x^2$
f) $f'(x) = x^3 + 4x^{-5} = x^3 + \frac{4}{x^5}$
g) $f'(x) = 2{,}5x^4 - 6x^2$
h) $f(x) = 4x^{-4} + x^{-2}$; $f'(x) = -16x^{-5} - 2x^{-3} = -\frac{16}{x^5} - \frac{2}{x^3}$

2 $f(x) = x^2 + tx \;\to\; f'(x) = 2x + t$
$f(x) = tx^2 + tx \;\to\; f'(x) = 2tx + t$
$f(x) = x^2 - t^2x \;\to\; f'(x) = 2x - t^2$
$f(t) = tx^2 + tx \;\to\; f'(t) = x^2 + x$
$f(t) = x^2 - t^2x \;\to\; f'(t) = -2tx$
$f(t) = tx^2 - t^2x \;\to\; f'(t) = x^2 - 2tx$

3 b) falsch; $f'(x) = -6x^{-7}$;
Exponent wurde erhöht statt vermindert.
c) richtig
d) falsch; $f'(x) = \frac{4}{3}x - 4$; Vorfaktor war falsch.
e) falsch; $f'(t) = x^2$;
es wurde nach x statt nach t abgeleitet.

4 a) $f(x) = x^3 - 2x^2$; $f'(x) = 3x^2 - 4x$
b) $f(x) = (x^2 + 4x + 4)\cdot 5 = 5x^2 + 20x + 20$; $f'(x) = 10x + 20$
c) $f(x) = \frac{1}{2}(x^2 - 8x + 16) = \frac{1}{2}x^2 - 4x + 8$; $f'(x) = x - 4$
d) $f(x) = x^2 - 2x + 3x - 6 = x^2 + x - 6$; $f'(x) = 2x + 1$
e) $f(x) = x^2 - 25$; $f'(x) = 2x$
f) $f(x) = 4\cdot(x^6 + 3x^2) = 4x^6 + 12x^2$; $f'(x) = 24x^5 + 24x$

5 a) Steigung der Tangente: $m = f'(1)$
$f'(x) = 6x^2 + 3$
$m = f'(1) = 6\cdot 1^2 + 3 = 9$
y-Koordinate des Berührpunktes P: $f(1) = 2\cdot 1^3 + 3\cdot 1 = 5$
Tangentengleichung allgemein: $y = m\cdot x + c$
Einsetzen der Steigung m und der Koordinaten von P:
$5 = 9\cdot 1 + c$; $c = -4$
Die Tangente hat die Gleichung $y = 9x - 4$.
b) Tangentengleichung $y = -5x + 8$

II Klausurtraining, Seite 16

1 A3, B4, C1, D2

2 Beispiele

a)

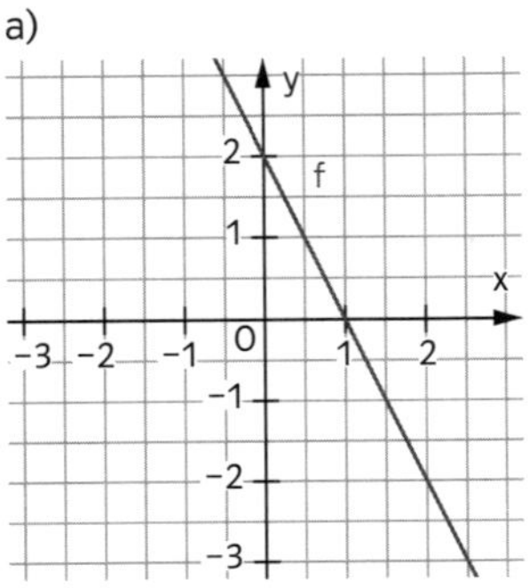

b)

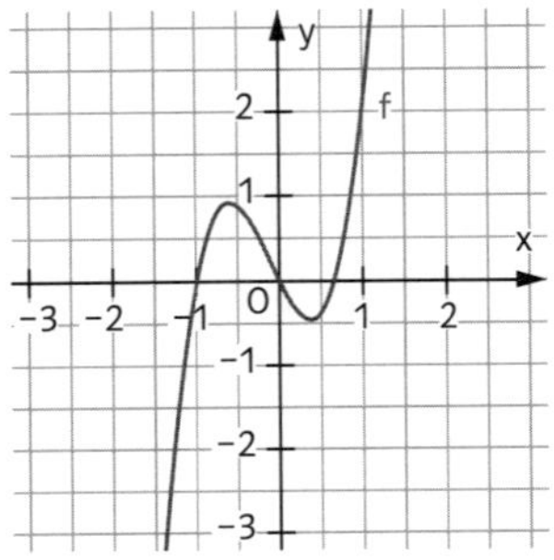

c)

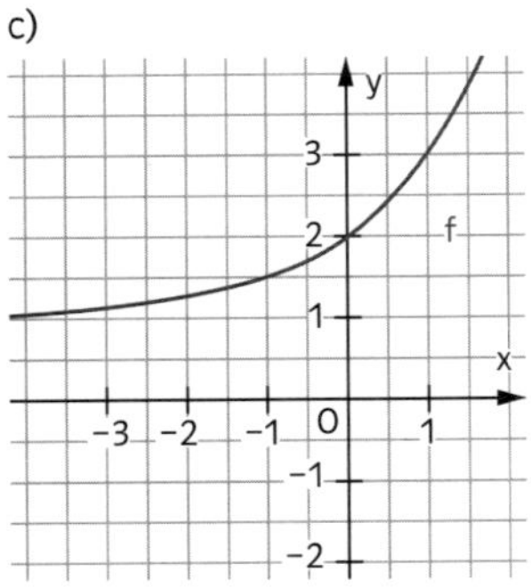

3 a) $f'(x) = x$
b) $f'(x) = -10x^{-6}$
c) $f'(x) = 4x^3 + 4x$
d) $f(x) = 2x^{-3}$; $f'(x) = -6x^{-4}$
e) $f(x) = x^{\frac{1}{2}} - 5x$; $f'(x) = \frac{1}{2}x^{-\frac{1}{2}} - 5$
f) $f'(x) = 2x^7 + 2x - 3$
g) $f'(x) = x^4 - 6x$
h) $f(x) = x^{-4} + 3x^{-3}$; $f'(x) = -4x^{-5} - 9x^{-4}$

4 a) Der Differenzenquotient der Funktion f im Intervall [2; 5] gibt die mittlere Änderungsrate der Temperatur in °C pro Minute von der 2. bis zur 5. Minute an. Diese mittlere Änderungsrate entspricht also der durchschnittlichen Temperaturveränderung in diesen Minuten.
Die Ableitung f'(5) gibt die momentane Temperaturveränderung in °C pro min nach 5 Minuten an.
b) Der Differenzenquotient der Funktion f im Intervall [2; 5] gibt die mittlere Änderung des Wasservolumens in m^3 pro s von der 2. bis zur 5. Sekunde an. Diese mittlere Änderungsrate entspricht also der durchschnittlichen Durchflussmenge in diesen Sekunden.
Die Ableitung f'(5) gibt die momentane Durchflussmenge nach 5 Sekunden an.

5 a) Ansatz über f'(−1) liefert Steigung der Tangenten, Einsetzen der Koordinaten von P(−1 | 5) liefert den y-Achsenabschnitt: $t(x) = -7x - 2$
b) $t(x) = -1\frac{1}{3}$

6 Ansatz über $f'(x) = 4$ liefert keine Lösung, d.h. der Graph hat nie die Steigung 4.
Ansatz über $f'(x) = -4$ liefert die Punkte P(0,5 | 2) und Q(−0,5 | −2)

7 Steigung der Geraden g ist −2; Ansatz über $f'(x) = -2$ liefert die Punkte P(1 | −4) und Q(−1 | 4)

III Extrem- und Wendepunkte

III Nullstellen, Seite 17

1

a) U	b) T	c) O
d) P	e) F	f) M
g) C	h) D	i) A

Lösungswort: Helsinki

2 a) Gleichung $3x^3 + 10x^2 - 8x = 0$
Ausklammern: $x \cdot (3x^2 + 10x - 8) = 0$; $x_1 = 0$
Lösen der verbleibenden Gleichung: $3x^2 + 10x - 8 = 0$
$x_{2,3} = \frac{-10 \pm \sqrt{100 + 96}}{6}$; $x_2 = -4$; $x_3 = \frac{2}{3}$
b) Gleichung $\frac{1}{2}x^4 - 5x^2 + 12 = 0$; Substitution: $u = x^2$
Gleichung $\frac{1}{2}u^2 - 5u + 12 = 0$
Lösen der Gleichung: $u_{1,2} = \frac{5 \pm \sqrt{25 - 24}}{1}$; $u_1 = 6$; $u_2 = 4$
$x_1 = \sqrt{6}$; $x_2 = -\sqrt{6}$; $x_3 = 2$; $x_4 = -2$

3 Der Wagen verringert seine Geschwindigkeit zwischen Sekunde 4 und Sekunde 7. Seine Geschwindigkeit erreicht Höchstwerte nach 4 s und nach 12 s. Tiefstwerte hat die Geschwindigkeit bei 0 s und 7 s.

4 abc-Formeln: f_5
Substitution: f_3, f_4, f_6, f_7
Ausklammern: f_1, f_2, f_4, f_7, f_8, f_9, f_{10}

III Monotonie, Seite 18

1

a) monoton	b) nicht monoton	c) streng monoton
d) streng monoton	e) nicht monoton	f) monoton
g) streng monoton		

2

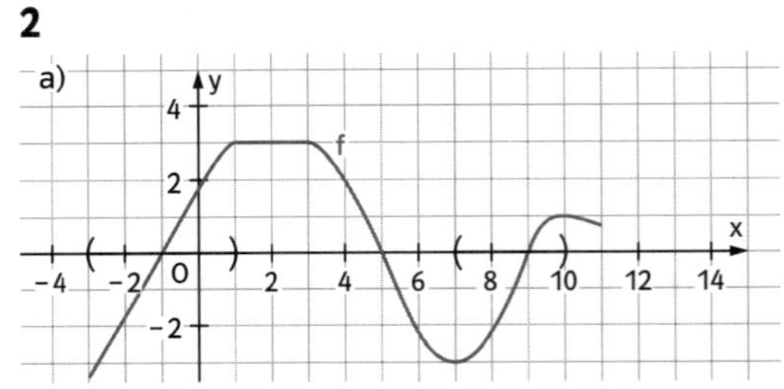

(−3; 1) und (7; 10)

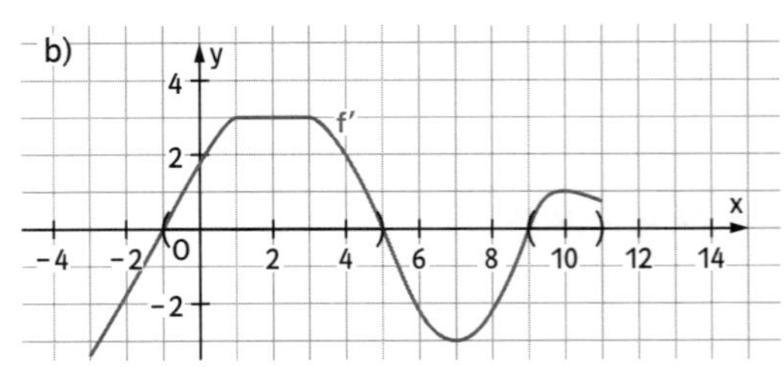

(−1; 5) und (9; 11)

3 a) $D_f = \mathbb{R}$
Ableitung von f: $f'(x) = 3x^2 - 6x$; $D_{f'} = \mathbb{R}$
Bestimmung der Nullstellen von f': $3x^2 - 6x = 0$
Ausklammern: $3x \cdot (x - 2) = 0$
Nullstellen: $x_1 = 0$; $x_2 = 2$
Monotonieintervalle: $I_1 = (-\infty; 0)$; $I_2 = (0; 2)$; $I_3 = (2; \infty)$
Wegen $f'(-1) = 9 > 0$ nimmt f' in I_1 nur positive Werte an.
Nach dem Monotoniesatz ist f in I_1 streng monoton wachsend.

Ebenso gilt: $f'(1) = -3 < 0$. f ist in I_2 streng monoton fallend.
$f'(3) = 9 > 0$. f ist in I_3 streng monoton wachsend.
b) $D_f = \mathbb{R}$
Ableitung von f: $f'(x) = -6x^2 + 30$; $D_{f'} = \mathbb{R}$
Bestimmung der Nullstellen von f': $-6x^2 + 30 = 0$; $x^2 = 5$
Nullstellen: $x_1 = -\sqrt{5}$; $x_2 = \sqrt{5}$
Monotonieintervalle: $I_1 = (-\infty; -\sqrt{5})$; $I_2 = (-\sqrt{5}; \sqrt{5})$;
$I_3 = (\sqrt{5}; \infty)$
Wegen $f'(-3) = -24 < 0$ nimmt f' in I_1 nur negative Werte an.
Nach dem Monotoniesatz ist f in I_1 streng monoton fallend.
Ebenso gilt: $f'(0) = 30 > 0$. f ist in I_2 streng monoton wachsend.
$f'(3) = -24 < 0$. f ist in I_3 streng monoton fallend.

4 a) „… ihre Ableitung hat aber eine Nullstelle bei $x = 0$."
b) „…, aber nicht für Funktionen mit Definitionslücken, wie …"

III Hoch- und Tiefpunkte, erstes Kriterium (1), Seite 19

1 Die Nullstellen von f' sind: $x_1 = -4$; $x_2 = 1$; $x_3 = 3$.

Nullstelle	−4	1	3
$(x-1)$	−	− nach +	+
$(x+4)$	− nach +	+	+
$(x-3)^2$	+	+	+
$f'(x)$	+ nach −	− nach +	+

Ergebnis: An der Stelle −4 hat der Graph von f einen Hochpunkt. An der Stelle 1 hat der Graph von f einen Tiefpunkt und an der Stelle 3 einen Sattelpunkt.

2 a) Ableitung: $f'(x) = 4x^3 - 12x$
Nullstellen von f' bestimmen: $4x^3 - 12x = 0$
Faktorisieren: $4x \cdot (x^2 - 3) = 0$
Nullstellen von f': $x_1 = 0$; $x_2 = -\sqrt{3}$; $x_3 = \sqrt{3}$

Nullstelle	0	$-\sqrt{3}$	$\sqrt{3}$
$4x$	− nach +	−	+
(x^2-3)	−	+ nach −	− nach +
$f'(x)$	+ nach −	− nach +	− nach +

$f(0) = 3$; $H(0|3)$
$f(-\sqrt{3}) = -6$; $T_1(-\sqrt{3}|-6)$
$f(\sqrt{3}) = -6$; $T_2(\sqrt{3}|-6)$
b) Ableitung: $f'(x) = 2x^3 + 4x^2 - 6x$
Nullstellen von f' bestimmen: $2x^3 + 4x^2 - 6x = 0$;
$2x \cdot (x^2 + 2x - 3) = 0$
Nullstellen von f':

$x_1 = 0$; $x_{2,3} = \frac{-2 \pm \sqrt{4+12}}{2}$; $x_2 = 1$; $x_3 = -3$

Faktorisieren: $f'(x) = 2x \cdot (x-1) \cdot (x+3)$

Nullstelle	0	1	−3
$2x$	− nach +	+	−
$(x-1)$	−	− nach +	−
$(x+3)$	+	+	− nach +
$f'(x)$	+ nach −	− nach +	− nach +

$f(0) = 5$; $H(0|5)$
$f(1) = \frac{23}{6}$; $T_1\left(1\middle|\frac{23}{6}\right)$
$f(-3) = -\frac{35}{2}$; $T_2\left(-3\middle|-\frac{35}{2}\right)$

3
a)

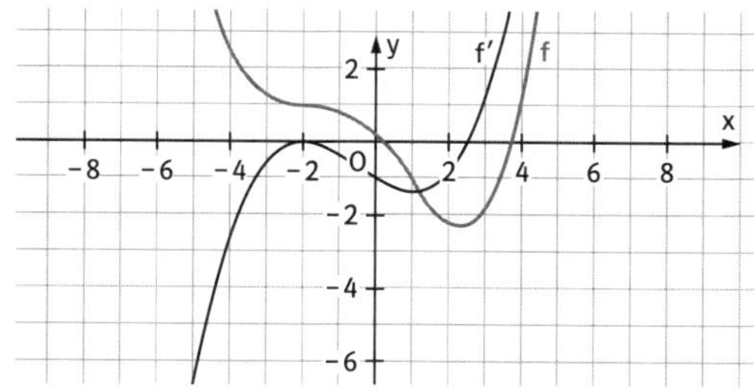

b)

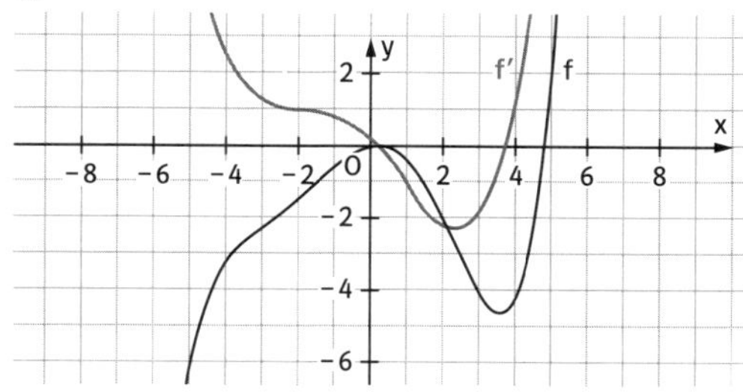

III Hoch- und Tiefpunkte, erstes Kriterium (2), Seite 20

4
f: vierter Graph von links
g: dritter Graph von links
h: erster Graph von links

5 Nullstellen von f': $f'(x) = 3x^2 - 6x - 9$; $3x^2 - 6x - 9 = 0$;
$x_{1,2} = \frac{2 \pm \sqrt{4+12}}{2}$; $x_1 = -1$; $x_2 = 3$

Nullstelle	−1	+3
$(x+1)$	− nach +	+
$(x-3)$	−	− nach +
$f'(x)$	+ nach −	− nach +

Bei $x_1 = -1$ hat f' einen Vorzeichenwechsel von + nach −.
Bei $x_2 = 3$ hat f' einen Vorzeichenwechsel von − nach +.
Extrempunkte: $H(-1|0)$ und $T(3|-32)$

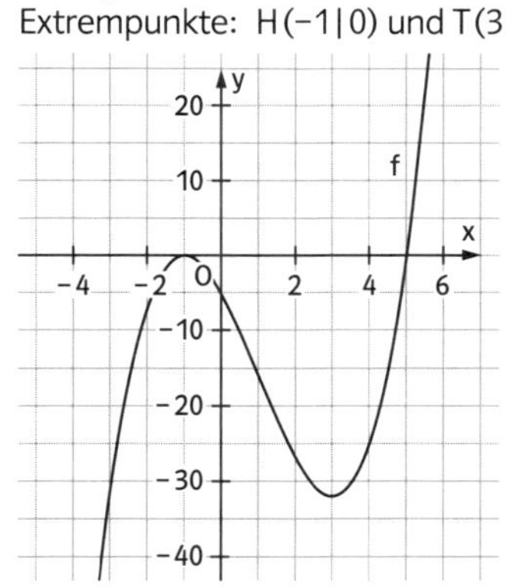

6 Die gesuchten Extremstellen sind die Nullstellen von f_a' mit Vorzeichenwechsel.
Ableitung: $f_a'(x) = 3ax^2 - 12x$
Nullstellen von f_a': $3ax^2 - 12x = 0$; $3x \cdot (ax - 4) = 0$;
$x_1 = 0$; $x_2 = \frac{4}{a}$
f_a' hat bei $x_1 = 0$ einen Vorzeichenwechsel von + nach − und bei $x_2 = \frac{4}{a}$ wegen $a > 0$ einen Vorzeichenwechsel von − nach +.
Berechnung der Extremwerte:
$f_a(0) = 4$; $f_a\left(\frac{4}{a}\right) = a \cdot \frac{64}{a^3} - 6 \cdot \frac{16}{a^2} + 4 = -\frac{32}{a^2} + 4$
Der Graph von f_a hat die Extrempunkte $H(0|4)$ und $T\left(\frac{4}{a}\middle|4 - \frac{32}{a^2}\right)$.

III Die Bedeutung der zweiten Ableitung, Seite 21

1 $A \rightarrow 4$; $B \rightarrow 3$; $C \rightarrow 1$; $D \rightarrow 2$

2 a) Linkskurve: $\{x \in \mathbb{R}; x < -3\}$; $\{x \in \mathbb{R} \mid 0 < x < 3{,}5\}$
Rechtskurve: $\{x \in \mathbb{R}; -3 < x < 0\}$; $\{x \in \mathbb{R} \mid x > 3{,}5\}$
b) Linkskurve: $\{x \in \mathbb{R}; -4 < x < -2\}$; $\{x \in \mathbb{R} \mid 1 < x < 3{,}2\}$
Rechtskurve: $\{x \in \mathbb{R}; x < -4\}$; $\{x \in \mathbb{R}; -2 < x < 1\}$; $\{x \in \mathbb{R} \mid x > 3{,}2\}$

3 a) Ableitungen: $f'(x) = \frac{2}{3}x^3 - 18x + 2$; $f''(x) = 2x^2 - 18$
Nullstellen von f″: $2 \cdot (x^2 - 9) = 0$; $x_1 = -3$; $x_2 = 3$
Für $x < -3$ gilt $f''(x) > 0$, d.h. der Graph von f ist eine Linkskurve.
Für $-3 < x < 3$ gilt $f''(x) < 0$, d.h. der Graph von f ist eine Rechtskurve.
Für $x > 3$ gilt $f''(x) > 0$, d.h. der Graph von f ist eine Linkskurve.
b) Ableitungen: $f'(x) = x^3 + \frac{3}{2}x^2 - 6x$; $f''(x) = 3x^2 + 3x - 6$
Nullstellen von f″: $3 \cdot (x^2 + x - 2) = 0$; $x_{1,2} = -\frac{1}{2} \pm \sqrt{\frac{1}{4} + 2}$;
$x_1 = 1$; $x_2 = -2$
Für $x < -2$ gilt $f''(x) > 0$, d.h. der Graph von f ist eine Linkskurve.
Für $-2 < x < 1$ gilt $f''(x) < 0$, d.h. der Graph von f ist eine Rechtskurve.
Für $x > 1$ gilt $f''(x) > 0$, d.h. der Graph von f ist eine Linkskurve.

4 b) Rechtskurve c) Rechtskurve d) Linkskurve

III Hoch- und Tiefpunkte, zweites Kriterium, Seite 22

1 a) Ableitungen: $f'(x) = 4x^3 - 12x^2$; $f''(x) = 12x^2 - 24x$
Nullstellen von f′ bestimmen: $4x^3 - 12x^2 = 0$
Faktorisieren: $4x^2 \cdot (x - 3) = 0$
Nullstellen von f′: $x_1 = 0$; $x_2 = 3$
Überprüfung mit der zweiten Ableitung: $f''(0) = 0$; $f''(3) = 36$
An der Stelle 3 hat der Graph von f einen Tiefpunkt, die Stelle 0 muss mithilfe des Vorzeichenwechselkriteriums von f′ weiter untersucht werden: Es ist $f'(-1) < 0$ und $f'(1) < 0$, d.h. an der Stelle 0 hat der Graph von f einen Sattelpunkt.
Extrempunkt des Graphen von f: $f(3) = -19$; $T(3 \mid -19)$
b) Ableitungen: $f'(x) = -6x^3 + 12x^2 - 6x$;
$f''(x) = -18x^2 + 24x - 6$
Nullstellen von f′ bestimmen: $-6x^3 + 12x^2 - 6x = 0$
Faktorisieren: $-6x \cdot (x^2 - 2x + 1) = 0$
Nullstellen von f′: $x_1 = 0$; $x_2 = 1 \pm \sqrt{1 - 1}$; $x_2 = 1$
Überprüfung mit der zweiten Ableitung: $f''(0) = -6$; $f''(1) = 0$
An der Stelle 0 hat der Graph von f einen Hochpunkt, die Stelle 1 muss mithilfe des Vorzeichenwechselkriteriums von f′ weiter untersucht werden: Es ist $f'(0{,}5) = -0{,}75 < 0$ und $f'(2) = -12 < 0$, d.h. an der Stelle 1 hat der Graph von f einen Sattelpunkt.
Extrempunkt des Graphen von f: $f(0) = 5$; $H(0 \mid 5)$

2 Tief; $T(0 \mid 0)$; 0; 0; 0;
Vorzeichenwechselkriteriums

3 a) $H(6 \mid 9)$ b) $T(6 \mid -22)$ c) $H(-6 \mid 11)$
d) $H(8 \mid 11)$ e) $T\left(6 \middle| \frac{1}{121}\right)$ f) $H(-3 \mid 11)$

4 a) Ableitungen: $f_a'(x) = 3ax^2 - 12x$; $f_a''(x) = 6ax - 12$
Nullstellen von f_a': $3ax^2 - 12x = 0$; $3x \cdot (ax - 4) = 0$;
$x_1 = 0$; $x_2 = \frac{4}{a}$
Überprüfung mit der 2. Ableitung:
$f_a''(0) = -12 < 0$; $f_a''\left(\frac{4}{a}\right) = 12 > 0$
Berechnung der Extremwerte: $f_a(0) = 4$; $f_a\left(\frac{4}{a}\right) = -\frac{32}{a^2} + 4$
Der Graph von f_a hat die Extrempunkte
$H(0 \mid 4)$ und $T\left(\frac{4}{a} \middle| -\frac{32}{a^2} + 4\right)$.
b) Der Tiefpunkt der Scharkurve mit dem Parameter a_0 hat die Koordinaten $x_0 = \frac{4}{a_0}$ und $y_0 = -\frac{32}{a_0^2} + 4$. Löst man $x_0 = \frac{4}{a_0}$ nach a_0 auf, so erhält man $a_0 = \frac{4}{x_0}$.
Durch Einsetzen in $y_0 = -\frac{32}{a_0^2} + 4$ erhält man
$y_0 = -\frac{32}{\left(\frac{4}{x_0}\right)^2} + 4 = -2x_0^2 + 4$.
Die Gleichung der Ortskurve der Tiefpunkte lautet also
$y = -2x^2 + 4$.

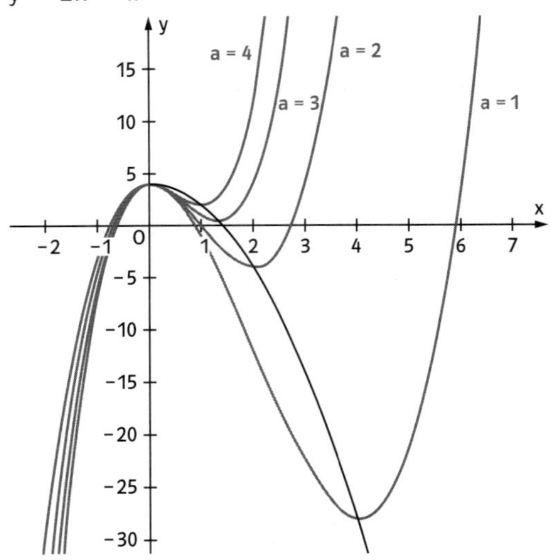

5 Ableitungen: $f'(x) = 4x^3 - 12x^2 + 12x - 4$;
$f''(x) = 12x^2 - 24x + 12$
Nullstellen von f′ bestimmen: $4x^3 - 12x^2 + 12x - 4 = 0$;
$x^3 - 3x^2 + 3x - 1 = 0$; man erkennt $f'(1) = 0$, Überprüfung auf weitere Nullstellen mithilfe der Polynomdivision

$$(x^3 - 3x^2 + 3x - 1) : (x - 1) = x^2 - 2x + 1$$
$$\underline{-(x^3 - x^2)}$$
$$-2x^2 + 3x$$
$$\underline{-(-2x^2 + 2x)}$$
$$x - 1$$
$$\underline{-(x - 1)}$$
$$0$$

Nullstellen von f′: $x_1 = 1$; $x^2 - 2x + 1 = 0$ führt ebenfalls auf $x_1 = 1$
Überprüfung mit der zweiten Ableitung: $f''(1) = 0$
Die Stelle 1 muss also mithilfe des Vorzeichenwechselkriteriums weiter untersucht werden: $f'(0) = -4 < 0$ und $f'(2) = 4 > 0$, d.h. an der Stelle 1 hat der Graph von f einen Tiefpunkt.
$f(1) = 0$; $T(1 \mid 0)$

III Kriterien für Wendepunkte, Seite 23

1 a) $f'(x) = \frac{4}{3}x^3 - 4x + 3$;
$f''(x) = 4x^2 - 4$; $f'''(x) = 8x$
Nullstellen von f′ bestimmen: $4x^2 - 4 = 0$
Faktorisieren: $4 \cdot (x + 1) \cdot (x - 1) = 0$
Nullstellen: $x_1 = -1$; $x_2 = 1$
Einsetzen der Nullstellen in die 3. Ableitung:
$f'''(-1) = -8$; $f'''(1) = 8$
Koordinaten der Wendepunkte bestimmen:
$f(-1) = \frac{1}{3} - 2 - 3 = -4\frac{2}{3}$; $W_1\left(-1 \middle| -4\frac{2}{3}\right)$
$f(1) = \frac{1}{3} - 2 + 3 = 1\frac{1}{3}$; $W_2\left(1 \middle| 1\frac{1}{3}\right)$

b) $f'(x) = \frac{1}{4}x^4 + x^3 + x^2$

$f''(x) = x^3 + 3x^2 + 2x$

$f'''(x) = 3x^2 + 6x + 2$

Nullstellen von f'' bestimmen: $x^3 + 3x^2 + 2x = 0$;

$x \cdot (x^2 + 3x + 2) = 0$; $\quad x_1 = 0$; $\quad x_{2,3} = -\frac{3}{2} \pm \sqrt{\frac{9}{4} - 2}$;

$x_2 = -1$; $\quad x_3 = -2$

Einsetzen der Nullstellen in die 3. Ableitung:

$f'''(0) = 2$; $\quad f'''(-1) = -1$; $\quad f'''(-2) = 2$

Koordinaten der Wendepunkte bestimmen:

$f(0) = 0$; $\quad W_1(0\,|\,0)$

$f(-1) = -\frac{2}{15}$; $\quad W_2\left(-1\,\middle|\,-\frac{2}{15}\right)$

$f(-2) = -\frac{4}{15}$; $\quad W_3\left(-2\,\middle|\,-\frac{4}{15}\right)$

2 a) Richtig, denn der Graph von f' hat bei $x = -2$ eine Nullstelle mit VzW von − nach +.

b) Falsch, denn der Graph von f hat bei $x = 0$ und $x = 4$ Wendepunkte.

c) Richtig, denn f'' ist in $[-2;\, 0]$ positiv.

d) Falsch, denn f ist in $[0,\, 4]$ streng monoton steigend.

3 Ableitungen: $f'(x) = 4x^3 + 3ax^2 + 2x$;

$f''(x) = 12x^2 + 6ax + 2$; $\quad f'''(x) = 24x + 6a$

Da 1 eine Wendestelle von f ist, gilt die notwendige Bedingung $f''(1) = 0$.

Demnach gilt: $12 + 6a + 2 = 0$; $\quad 6a = -14$; $\quad a = -\frac{7}{3}$

Also: $f(x) = x^4 - \frac{7}{3}x^3 + x^2$; $\quad f(1) = -\frac{1}{3}$; $\quad W\left(1\,\middle|\,-\frac{1}{3}\right)$

Wendetangente: $y = m \cdot x + n$

$f'(x) = 4x^3 - 7x^2 + 2x$; $\quad m = f'(1) = 4 - 7 + 2 = -1$; $\quad y = -x + n$

Einsetzen der Koordinaten von W: $-\frac{1}{3} = -1 + n$; $\quad n = \frac{2}{3}$

Ergebnis: $y = -x + \frac{2}{3}$

4 Ist x_0 eine Sattelstelle von f_u, so gilt $f_u'(x_0) = 0$ und $f_u''(x_0) = 0$.

Dies führt auf die Gleichungen $2x_0^3 + 3ux_0^2 + 8 = 0$ und $6x_0^2 + 6ux_0 = 0$.

Lösung des zugehörigen Gleichungssystems:

I: $2x_0^3 + 3ux_0^2 + 8 = 0$

II: $6x_0^2 + 6ux_0 = 0$

$3 \cdot \text{I} - x_0 \cdot \text{II}$: $3ux_0^2 + 24 = 0$; $\quad u = -\frac{8}{x_0^2}$

u in I einsetzen: $2x_0^3 + 3 \cdot (-8) + 8 = 0$; $\quad x_0^3 = 8$; $\quad x_0 = 2$

x_0 in II einsetzen: $u = -2$

Es ergibt sich also $x_0 = 2$ und $u = -2$.

Zwischenergebnis: Die Funktion f_{-2} hat an der Stelle 2 möglicherweise eine Sattelstelle.

Überprüfung mit der 3. Ableitung: $f_{-2}'''(x) = 12x - 12$

Einsetzen der möglichen Sattelstelle: $f_{-2}'''(2) = 12 \neq 0$

Ergebnis: f_{-2} hat den Sattelpunkt $W(2\,|\,5)$.

III Extremwerte – lokal und global, Seite 24

1

a) Lokale Extrempunkte: $T_1(-1\,|\,0)$; $\quad H_1(2\,|\,4)$; $\quad T_2(4\,|\,-3)$; $H_2(7\,|\,3)$; $\quad T_3(11\,|\,-1)$; $\quad H_3(12\,|\,1)$

Globale Extrempunkte: $H_1(2\,|\,4)$; $\quad T_2(4\,|\,-3)$

Globales Maximum: 4 $\qquad$ Lokale Maxima: 4; 3; 1

Randextrema: 0; 1 $\qquad$ Randmaximum: 1

b) Lokale Extrempunkte: $T(3\,|\,-2)$; $\quad H(5\,|\,2)$

Globales Maximum: existiert nicht

2 $Q(90\,|\,90)$; $\quad R(120\,|\,45)$

Berechnung der Gleichung der Geraden durch Q und R:

Ansatz $y = m \cdot x + c$;

Steigung $m = \frac{45 - 90}{120 - 90} = -1{,}5$; $\quad y = -1{,}5 \cdot x + c$

Koordinaten von Q einsetzen: $90 = -1{,}5 \cdot 90 + c$; $\quad c = 225$;

$y = -1{,}5 \cdot x + 225$

Zusammenhang zwischen v und u: $v = -1{,}5 \cdot u + 225$

$A = A(u) = u \cdot v = u \cdot (-1{,}5 \cdot u + 225)$ für $90 \leqq u \leqq 120$.

Der maximale Flächeninhalt ergibt sich für $u = 90$.

Die Fläche der Platte beträgt dann $8100\,\text{cm}^2$.

3 a) $T(-5\,|\,-68{,}75)$; $\quad H(0\,|\,0)$

b) $T(4\,|\,-8)$

c) $H_1(0\,|\,0)$; $\quad H_2(6\,|\,0)$; $\quad T(4\,|\,-8)$

d) keine globalen Extrema

III Klausurtraining, Seite 25

1 $f(x) = x^2 + \frac{6}{x^2} - 5 = 0 \quad x^4 - 5x^2 + 6 = 0$ $\quad$ Substitution $u = x^2$:

$u^2 - 5u + 6 = 0$ mit den Lösungen $u_1 = x_1^2 = 2$ und $u_2 = x_2^2 = 3$, also $x_{1/2} = \pm\sqrt{2}$ und $x_{3/4} = \pm\sqrt{3}$

2

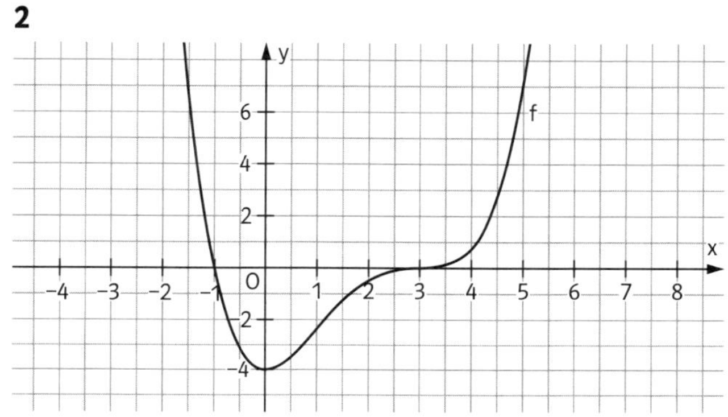

3 a) Der Graph von f ist symmetrisch zur y-Achse, da nur gerade Exponenten von x vorkommen.

Schnittpunkt mit der y-Achse: $S_1(0\,|\,6{,}4)$

Schnittpunkte mit der x-Achse: Bedingung $f(x) = 0$

Substitution: $x^2 = z$

$0{,}1z^2 - 2z + 6{,}4 = 0$; $\quad z^2 - 20z + 64 = 0$;

$z_{1,2} = 10 \pm \sqrt{100 - 64}$; $\quad z_1 = 4$; $\quad z_2 = 16$

Rücksubstitution: $x_1 = 2$; $\quad x_2 = -2$; $\quad x_3 = 4$; $\quad x_4 = -4$

$N_1(2\,|\,0)$; $\quad N_2(-2\,|\,0)$; $\quad N_3(4\,|\,0)$; $\quad N_4(-4\,|\,0)$

Extrempunkte: Bedingung $f'(x) = 0$ und $f''(x) \neq 0$

$f'(x) = 0{,}4x^3 - 4x$; $\quad f''(x) = 1{,}2x^2 - 4$

$0{,}4x^3 - 4x = 0$; $\quad 0{,}4x \cdot (x^2 - 10) = 0$

$x_1 = 0$; $\quad f''(0) = -4 < 0$

$x_2 = -\sqrt{10}$; $\quad f''(-\sqrt{10}) = 8 > 0$

$x_3 = \sqrt{10}$; $\quad f''(\sqrt{10}) = 8 > 0$

$H(0\,|\,6{,}4)$; $\quad T_1(-\sqrt{10}\,|\,-3{,}6)$; $\quad T_2(\sqrt{10}\,|\,-3{,}6)$

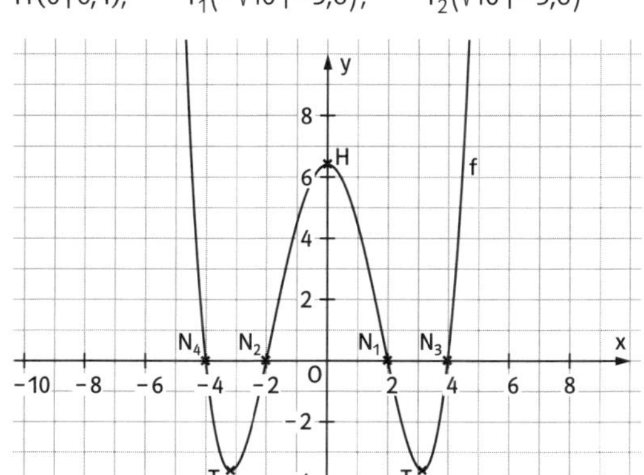

b) Der Graph von f ist weder symmetrisch zum Ursprung noch symmetrisch zur y-Achse, da gemischte Exponenten von x vorkommen.
Schnittpunkt mit der y-Achse: $S_1(0|0)$
Schnittpunkte mit der x-Achse: Bedingung $f(x) = 0$

Faktorisieren: $f(x) = \frac{1}{8}x^3 \cdot \left(\frac{1}{8}x - 1\right)$
$N_1(0|0)$; $N_2(8|0)$
Extrempunkte und Wendepunkte:

$f'(x) = \frac{1}{16}x^3 - \frac{3}{8}x^2$

$f''(x) = \frac{3}{16}x^2 - \frac{3}{4}x$

$f'''(x) = \frac{3}{8}x - \frac{3}{4}$

Extrempunkte: Bedingung $f'(x) = 0$ und $f''(x) \neq 0$

$f'(x) = 0$; $\frac{1}{16}x^3 - \frac{3}{8}x^2 = 0$; $\frac{1}{8}x^2 \cdot \left(\frac{1}{2}x - 3\right) = 0$

$x_1 = 0$; $f''(0) = 0$, noch keine Entscheidung

$x_2 = 6$; $f''(6) = \frac{9}{4} > 0$

Wendepunkte: Bedingung $f''(0) = 0$ und $f'''(x) \neq 0$

$f''(x) = 0$; $\frac{3}{16}x^2 - \frac{3}{4}x = 0$; $\frac{3}{4}x \cdot \left(\frac{1}{4}x - 1\right) = 0$

$x_1 = 0$; $f'''(0) = -\frac{3}{4} < 0$

$x_3 = 4$; $f'''(4) = \frac{3}{4} > 0$

$T\left(6 \middle| -\frac{27}{4}\right)$; $W_1(0|0)$; $W_2(4|-4)$

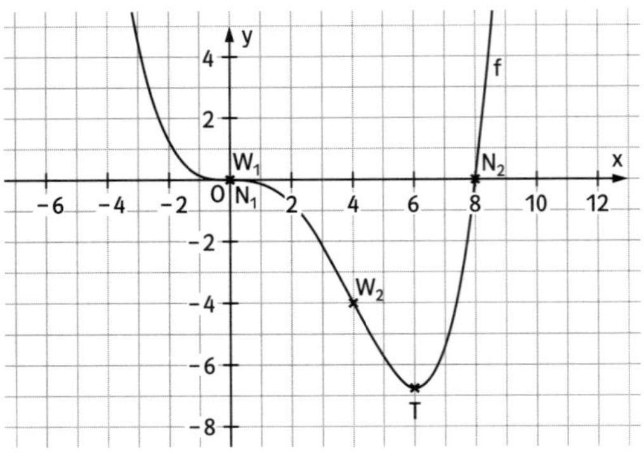

4

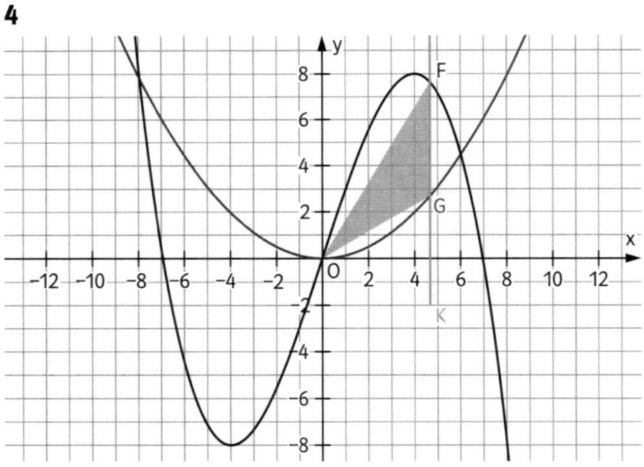

a) Nullstellen: $x_1 = 0$; $x_2 = -4\sqrt{3} \approx -6{,}93$; $x_3 = 4\sqrt{3} \approx 6{,}93$
Hochpunkt $(4|8)$ Tiefpunkt $(-4|-8)$ Wendepunkt $(0|0)$

b) gleiche Steigung: $f'(x_a) = g'(x_a)$ $-\frac{3}{16}x_a^2 + 3 = \frac{1}{4}x_a$ führt auf $x_a^2 + \frac{4}{3}x_a - 16 = 0$ mit den Lösungen $x_1 = -4{,}722$ und $x_2 = 3{,}389$

c) Aus $f'(a) = -\frac{1}{g'(a)}$ folgt die Gleichung $\frac{3}{16}a^3 - 3a - 4 = 0$.

Eine ganzrationale Funktion dritten Grades hat immer mindestens eine Nullstelle. Also existiert ein Wert für a.

d) $-8 = \frac{1}{4}x_0(0 - x_0) + \frac{1}{8}x_0^2$ Berührstellen: $x_1 = 8$; $x_2 = -8$

Tangenten t_1: $y = 2x - 8$; t_2: $y = -2x - 8$

e) $A(k) = \frac{1}{2}k \cdot (f(k) - g(k)) = \frac{1}{2}k \cdot \left(-\frac{1}{16}k^3 + 3k - \frac{1}{8}k^2\right)$

$A(k) = -\frac{1}{32}k^4 + \frac{3}{2}k^2 - \frac{1}{16}k^3$

$A'(k) = -\frac{1}{8}k^3 - \frac{3}{16}k^2 + 3k = k \cdot \left(-\frac{1}{8}k^2 - \frac{3}{16}k + 3\right) = 0$

$k_1 = 0$ entfällt wegen $0 < k < 6$
$k_2 = -5{,}7$ entfällt wegen $0 < k < 6$
$k_3 = 4{,}206$ ist die einzige Lösung dieses Problems.

5 a) Nullstellen: $x_1 = 0$; $x_2 = 0{,}75$
Lokale Extrempunkte: Hochpunkt bei $\left(\frac{1}{4}\middle|\frac{1}{24}\right)$ Tiefpunkt bei $\left(\frac{3}{4}\middle|0\right)$

Wendepunkt: $f''(x) = 4x - 2$ ist linear, damit gibt es genau einen Wendepunkt $W\left(\frac{1}{2}\middle|\frac{1}{48}\right)$.

b) Tangente in $P\left(\frac{1}{2}\middle|\frac{1}{48}\right)$: $y = -\frac{1}{8}x + \frac{1}{12}$ mit der Nullstelle $x_{0T} = \frac{2}{3}$

Dreiecksfläche $A = \frac{1}{2} \cdot \frac{2}{3} \cdot \frac{1}{12}\,\text{FE} = \frac{1}{36}\,\text{FE}$

c) Gerade g durch $A(0|1)$ und $B(4|2{,}5)$:

$y = mx + 1$ $2{,}5 = 4m + 1$ $m = \frac{3}{8}$

f soll die Steigung m haben: $f'(x_g) = \frac{3}{8}$ $2x_g^2 - 2x_g + \frac{3}{8} = \frac{3}{8}$
$x_3 = 1$; $x_4 = 0$

6 a) Der K-Punkt entspricht dem Wendepunkt der Funktion f.

Ableitungen: $f'(x) = \frac{9}{100\,000}x^2 - \frac{18}{1000}x + \frac{1}{5}$; $f''(x) = \frac{18}{100\,000}x - \frac{18}{1000}$;

$f'''(x) = \frac{18}{100\,000} \neq 0$

Aus $f''(x_W) = 0$ folgt $x_W = 100$. Der K-Punkt hat die Koordinaten $(100|40)$.
Das Gefälle ist die Steigung im Wendepunkt, also $f'(100) = -0{,}7$, also 70 %.
b) Aus $m = \tan 148° \approx -0{,}625$ und dem Ansatz $f'(x) = m$ ergeben sich die Werte $x_1 \approx 71{,}11$ (entfällt laut Aufgabe) und $x_2 \approx 128{,}89$.
Mit $f(x_2) \approx 20{,}50$ ergibt sich der „Hillsize" als Abstand der Punkte $A(0|86)$ und $P(128{,}89|20{,}50)$ mit $\sqrt{128{,}89^2 + (86 - 20{,}5)^2} \approx 144{,}58$.
Der „Hillsize" beträgt also rund 145 m.

IV Untersuchung ganzrationaler Funktionen

IV Ganzrationale Funktionen – Linearfaktorzerlegung, Seite 26

1 A → i; B → h; C → k; D → j; E → g; F → f

2

a) $(x^3 - 4x^2 + 5x - 2) : (x - 1) = x^2 - 3x + 2$
$\underline{-(x^3 - x^2)}$
$-3x^2 + 5x - 2$
$\underline{-(-3x^2 + 3x)}$
$2x - 2$
$\underline{-(2x - 2)}$
0

b) $(x^3 - 2x^2 - 5x + 6) : (x + 2) = x^2 - 4x + 3$
$\underline{-(x^3 + 2x^2)}$
$-4x^2 - 5x + 6$
$\underline{-(-4x^2 - 8x)}$
$3x + 6$
$\underline{-(3x + 6)}$
0

3

a) $(2x^3 + 12x^2 + 22x + 12) : (x + 3) = 2x^2 + 6x + 40$

$\underline{-(2x^3 + 6x^2)}$

$6x^2 + 22x + 12$

$\underline{-(6x^2 + 18x)}$

$40x + 12$

$\underline{-(40x + 120)}$

-108

richtig: $4x + 12$

$\underline{-(4x + 12)}$

0

$(2x^3 + 12x^2 + 22x + 12) : (x + 3) = 2x^2 + 6x + 4$

b) $(3x^3 + 6x^2 + 3x - 6) : (x - 2) = 3x^2 + 3x$

$\underline{-(3x^3 + 6x^2)}$

$0x^2 + 3x$

$\underline{-(3x)}$

0

richtig: $(3x^3 + 6x^2 + 3x - 6) : (x - 2) = 3x^2 + 12x + 27 + \frac{48}{x-2}$

$\underline{-(3x^3 - 6x^2)}$

$12x^2 + 3x - 6$

$\underline{-(12x^2 - 24x)}$

$27x - 6$

$\underline{-(27x - 54)}$

48

4

a) $(x^3 + 6x^2 - 13x - 42) : (x + 2) = x^2 + 4x - 21$

$\underline{-(x^3 + 2x^2)}$

$4x^2 - 13x - 42$

$\underline{-(4x^2 + 8x)}$

$-21x - 42$

$\underline{-(-21x - 42)}$

0

weitere Nullstellen: $x^2 + 4x - 21 = 0$;

$x_{2,3} = \frac{-4 \pm \sqrt{16 + 84}}{2}$; $x_2 = 3$; $x_3 = -7$

b) $(3x^3 - 15x^2 - 36x + 108) : (x - 2) = 3x^2 - 9x - 54$

$\underline{-(3x^3 - 6x^2)}$

$-9x^2 - 36x + 108$

$\underline{-(-9x^2 + 18x)}$

$-54x + 108$

$\underline{-(-54x + 108)}$

0

weitere Nullstellen: $3x^2 - 9x - 54 = 0$;

$x_{2,3} = \frac{9 \pm \sqrt{81 + 648}}{6}$; $x_2 = 6$; $x_3 = -3$

5 a) $x_1 = 0$; $x_2 = -3$

b) $x_1 = 2$

c) $x_1 = 0$; geraten $x_2 = 2$

$(x^3 - x - 6) : (x - 2) = x^2 + 2x + 3 = 0$ hat keine Lösung

d) $x_1 = 0$; $x_2 - x + 6 = 0$ hat keine Lösung

e) geraten $x_1 = 1$:

$(x^4 + x^3 - x^2 + x - 2) : (x - 1) = x^3 + 2x^2 + x + 2 = 0$

Geraten $x_2 = -2$: $(x^3 + 2x^2 + x + 2) : (x + 2) = x^2 + 1$

ohne weitere Nullstellen

f) geraten $x_1 = -1$: $(x^3 + x^2 + x + 1) : (x + 1) = x^2 + 1$

ohne weitere Nullstellen

IV Ganzrationale Funktionen und ihr Verhalten für $x \to \pm\infty$, Seite 27

1 a) Für $x \to -\infty$ gilt: $f(x) \to +\infty$. Für $x \to +\infty$ gilt: $f(x) \to -\infty$.

b) Für $x \to -\infty$ gilt: $f(x) \to +\infty$. Für $x \to +\infty$ gilt: $f(x) \to +\infty$.

c) Für $x \to -\infty$ gilt: $f(x) \to +\infty$. Für $x \to +\infty$ gilt: $f(x) \to +\infty$.

d) Für $x \to -\infty$ gilt: $f(x) \to +\infty$. Für $x \to +\infty$ gilt: $f(x) \to -\infty$.

2 A → j; B → f; C → i; D → g; E → h

3 a) … Grad 3 … außerdem nicht gerade sein

b) … genau ein lokales Maximum

c) … mindestens eine Nullstelle und höchstens fünf Nullstellen

4 Von links nach rechts: f_3; f_2; f_4: f_1

5

	$f_1(x)$	$f_2(x)$	$f_3(x)$	$f_4(x)$
$x \to -\infty$	$f(x) \to +\infty$	$f(x) \to +\infty$	$f(x) \to -\infty$	$f(x) \to -\infty$
$x \to +\infty$	$f(x) \to -\infty$	$f(x) \to -\infty$	$f(x) \to +\infty$	$f(x) \to -\infty$

IV Symmetrie, Skizzieren von Graphen, Seite 28

1 ASy: axialsymmetrisch zur y-Achse; PSO: punktsymmetrisch zum Koordinatenursprung

a) $f(x) = -x^3 + 800x$

Es ist $f(-x) = x^3 - 800x = -f(x)$, also ist der Graph von f PSO, f besitzt nur ungerade Hochzahlen.

b) $f(x) = 2x^4 - 3x^3 + 4$

Es ist $f(-x) = 2x^4 + 3x^3 + 4$, also ist der Graph von f weder ASy noch PSO, f besitzt ungerade und gerade Hochzahlen.

c) $f(x) = 3x^4 + x^6 - 10^7$

Es ist $f(-x) = 3x^4 + x^6 - 10^7$, also ist der Graph von f ASy, f besitzt nur gerade Hochzahlen.

d) $f(x) = x^3 - x^9 - 3$

Es ist $f(-x) = -x^3 + x^9 - 3$, also ist der Graph von f weder ASy noch PSO, f besitzt ungerade und gerade $(3x^0)$ Hochzahlen.

2 a) g b) f c) g d) f e) g

f) keine g) f h) g i) f

3 a) $f(x) = a_3x^3 + a_2x^2 + a_1x + a_0$;

$a_1 = 16$; wegen Punktsymmetrie $a_0 = 0$ und $a_2 = 0$;

$f(x) = a_3x^3 + 16x$;

$f(4) = 0$; $64a_3 + 64 = 0$; $a_3 = -1$

Ergebnis: $f(x) = -x^3 + 16x$

b) $f(x) = a_4x^4 + a_3x^3 + a_2x^2 + a_1x + a_0$;

$P(0|-8)$: $a_0 = -8$; wegen Achsensymmetrie $a_1 = 0$ und $a_3 = 0$;

$f(x) = a_4x^4 + a_2x^2 - 8$;

$f(1) = 0$; $a_4 + a_2 - 8 = 0$;

$f(2) = 0$; $16a_4 + 4a_2 - 8 = 0$;

Lösen des Gleichungssystems: $a_4 = -2$; $a_2 = 10$

Ergebnis: $f(x) = -2x^4 + 10x^2 - 8$

IV Vollständige Kurvenuntersuchung (1), Seite 29

1 (1) … damit die Produkt-Regel zu umgehen.

Es ist $f(x) = -0{,}1x^4 + 0{,}4x^3$; $f'(x) = -0{,}4x^3 + 1{,}2x^2$;

$f''(x) = -1{,}2x^2 + 2{,}4x$; $f'''(x) = -2{,}4x + 2{,}4$.

(2) Da die Funktion gerade und ungerade Hochzahlen hat, ist f weder zum Koordinatenursprung noch zur y-Achse symmetrisch.

(3) Weil die höchste Potenz von f gerade ist und ihr Koeffizient negativ ist, verhält sich $f(x) \to -\infty$ für $x \to -\infty$ und $f(x) \to -\infty$ für $x \to +\infty$.

(4) $-\frac{1}{10}x^3(x - 4) = 0$

Die Nullstellen sind $x_1 = 0$ und $x_2 = 4$. Die Schnittpunkte sind $(0|0)$ und $(0|4)$.

(5) Die notwendige Bedingung für die Existenz eines Extrempunktes ist $f'(x_e) = 0$.

$-0{,}4x^3 + 1{,}2x^2 = 0{,}4x^2(-x + 3) = 0$ mit $x_3 = 0$ und $x_4 = 3$.

Nachweis für x_3: $f''(0) = 0$, also kann dort eine Wendestelle oder eine Extremstelle sein.

Nachweis für x_4: $f''(3) < 0$, also hat f dort einen Hochpunkt mit H(3|2,7).

(6) Die notwendige Bedingung für die Existenz eines Wendepunktes ist $f''(x_e) = 0$.

$-1{,}2x^2 + 2{,}4x = 1{,}2x(-x + 2)$ mit $x_5 = 0$ und $x_6 = 2$.

Nachweis für x_5: $f'''(0) = 2{,}4$, also hat f an der Stelle $x = 0$ einen Sattelpunkt bei S(0|0).

Nachweis für x_6: $f'''(2) = -2{,}4$, also hat f an der Stelle $x = 2$ einen Wendepunkt bei W(2|1,6).

(7) Symmetrie: Keine

Nullstellen: 0; 4

Verhalten im Unendlichen:

$x \to \pm\infty$

$f(x) = \to -\infty$

Extrempunkte: H(3|2,7).

Wendepunkte: S(0|0); W(2|1,6)

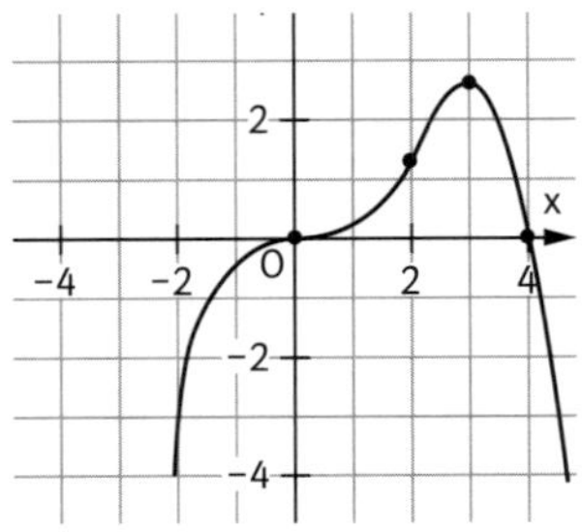

IV Vollständige Kurvenuntersuchung (2), Seite 30

2 siehe Tabelle 1

3 a) (1) $f(x) = x^2(3 - x) = 3x^2 - x^3$; $f'(x) = 6x - 3x^2$; $f''(x) = 6 - 6x$; $f'''(x) = -6$

(2) $f(-x) \neq f(x)$ und $f(-x) \neq -f(x)$, gerade und ungerade Hochzahlen, also weder zum Koordinatenursprung noch zur y-Achse symmetrisch

(3) $x \to -\infty$: $f(x) \to +\infty$: $x \to +\infty$: $f(x) \to -\infty$

(4) Nullstellen: $x^2(3 - x) = 0$: Nullstellen bei 0 und 3

Schnitt mit der y-Achse: x = 0, also (0|0)

(5) Extrema: $6x - 3x^2 = 3x(2 - x) = 0$; $x_1 = 0$; $x_2 = 2$

Nachweis für x_1: $f''(0) = 6 > 0$, Tiefpunkt bei T(0|0)

Nachweis für x_2: $f''(2) = -6 > 0$, Hochpunkt bei H(2|4)

(6) Wendepunkte: $6 - 6x = 0$; $x_3 = 1$;

Nachweis $f'''(1) < 0$, also W(1|2)

(7)

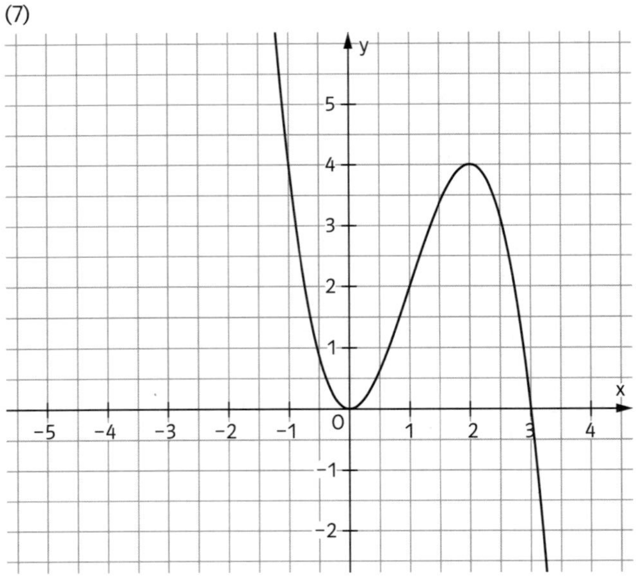

b) (1) $f(x) = \frac{1}{3}(x^2 - 1)(x^2 - 4) = \frac{1}{3}(x^4 - 5x^2 + 4)$

$f'(x) = \frac{1}{3}(4x^3 - 10x)$; $f''(x) = \frac{1}{3}(12x^2 - 10)$; $f'''(x) = 8x$

(2) nur gerade Hochzahlen, also symmetrisch zur y-Achse

(3) $x \to -\infty$: $f(x) \to +\infty$: $x \to +\infty$: $f(x) \to +\infty$

(4) Nullstellen: $(x^2 - 1(x^2 - 4) = 0$:

Nullstellen −1; 1; −2; 2

(5) Extrema: $\frac{1}{3}(4x^3 - 10x) = \frac{1}{3}x(4x^2 - 10) = 0$

$x_1 = 0$; $x_2 = \sqrt{\frac{5}{2}}$; $x_3 = -\sqrt{\frac{5}{2}}$

Nachweis für x_1: $f''(0) < 0$, also $H\left(0\middle|\frac{4}{3}\right)$

Nachweis für x_2: $f''\left(\sqrt{\frac{5}{2}}\right) > 0$, also $T\left(\sqrt{\frac{5}{2}}\middle|-\frac{3}{4}\right)$

Nachweis für x_3: $f''\left(-\sqrt{\frac{5}{2}}\right) > 0$, also $T\left(-\sqrt{\frac{5}{2}}\middle|-\frac{3}{4}\right)$

(6) Wendepunkte: $\frac{1}{3}(12x^2 - 10) = 0$; $x_{4,5} = \pm\sqrt{\frac{5}{6}}$

Nachweis: $f'''\left(\pm\sqrt{\frac{5}{6}}\right) \neq 0$, also $W_1\left(-\sqrt{\frac{5}{6}}\middle|0{,}176\right)$ und $W_2\left(\sqrt{\frac{5}{6}}\middle|0{,}176\right)$

Tabelle 1

	f(x)	g(x)	h(x)
	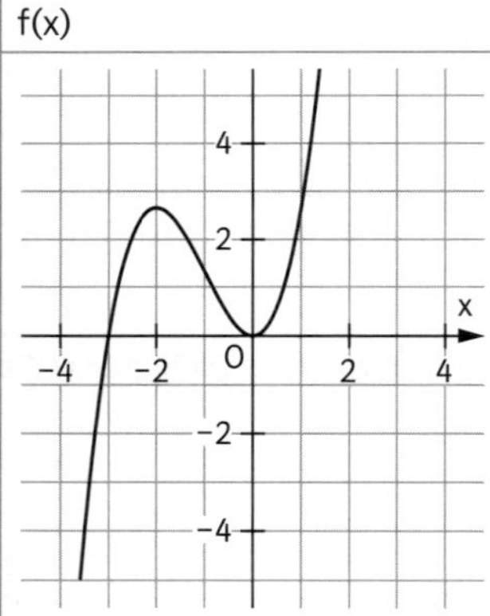	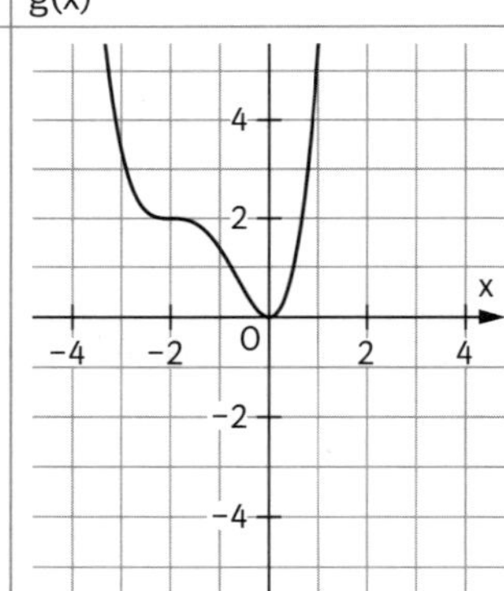	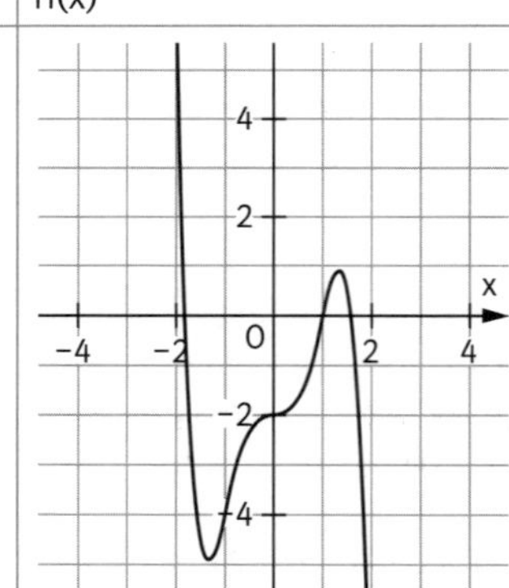
Symmetrie	symmetrisch zu W	keine	punktsymmetrisch zu (0|−2)
$x \to -\infty$	$-\infty$	$+\infty$	$+\infty$
$x \to +\infty$	$+\infty$	$+\infty$	$-\infty$
Nullstellen	0; −3	0	1,82; 1; 1,58
Schnitt mit der y-Achse	(0|0)	(0|0)	(0|−2)
Extrempunkte	H(−2|2,67), T(0|0)	(0|0)	H(1,34|0,9); T(−1,34|−4,9)
Wendepunkte	W(−1|1,33)	(−2|2)	W(0|−2)
Grad der Funktion	$n \geq 3$, ungerade	$n \geq 4$, gerade	$n \geq 5$, ungerade

(7)

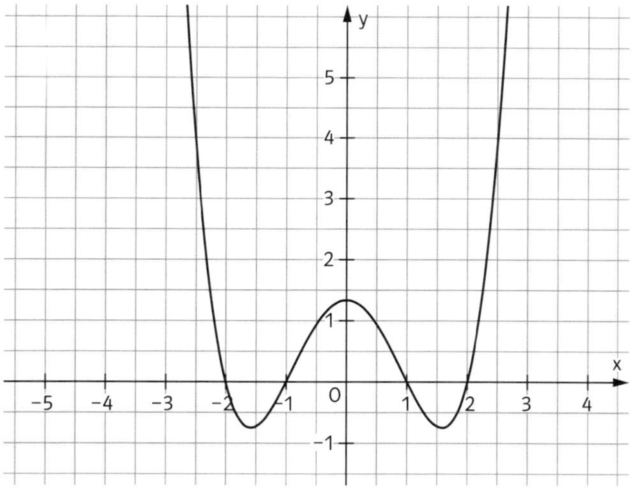

4 a) wahr b) wahr c) falsch d) falsch
e) wahr f) falsch g) wahr

IV Tangente und Normale, Seite 31

1 $f'(x) = 4x - 3$; $m = f'(1) = 1$; $f(1) = -1$; $-1 = 1 \cdot 1 + c$
$c = -2$; $t: y = x - 2$

2 $f'(x) = 2x - 4$; $4 = f'(u) \cdot (0 - u) + f(u)$
$4 = (2u - 4) \cdot (0 - u) + u^2 - 4u + 5$
$u^2 = 1$ hat die Lösungen $u_1 = 1$ $B_1(1|2)$ $t_1: y = -2x + 4$
und $u_2 = -1$ $B_2(-1|10)$ $t_2: y = -6x + 4$

3 $4x - 1 = -2x$

4 Der Ansatz $4x - 1 = -\frac{1}{-2x}$ führt auf $x_1 = -0{,}25$ und $x_2 = 0{,}5$.

5 a) Tangente: $t: y = 6x - 3$ b) Tangente: $t: y = -3x + 4$
Normale: $n: y = -\frac{1}{6}x + \frac{19}{6}$ Normale: $n: y = \frac{1}{3}x - \frac{8}{3}$

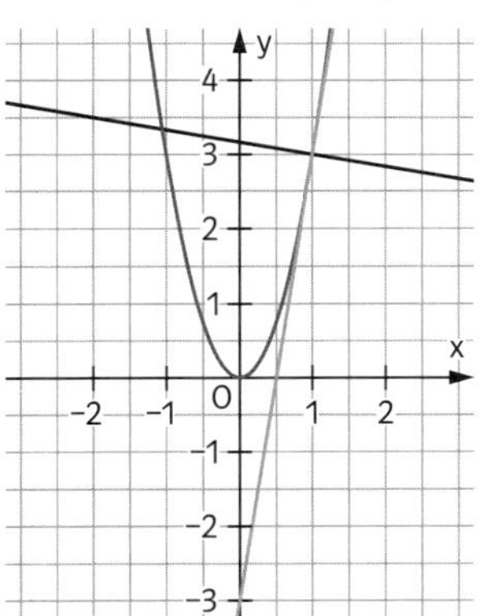

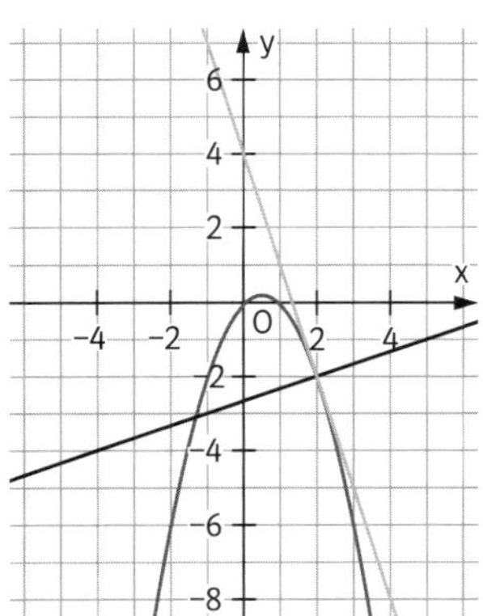

6 a) Parallele Tangenten bedeutet gleiche Steigung an der Stelle x_0. $3x^2 - 6x - 1 = -4$, daraus folgt $x_0 = 1$.
b) Zum Graphen g senkrechte Geraden haben wegen $m_1 = -\frac{1}{m_2}$ die Steigung $\frac{1}{4}$. Aus $f'(x_0) = \frac{1}{4}$ folgt $3x_0^2 - 6x_0 - 1 = \frac{1}{4}$ mit den Lösungen $x_1 = -0{,}1902$ und $x_2 = 2{,}1902$. Es sind also die Punkte $P_1(-0{,}19 | 4{,}07)$ und $P_2(2{,}19 | -2{,}07)$.

7 $m_1 = 5$; $m_2 = 3$ $\tan\delta = \left|\frac{m_2 - m_1}{1 + m_1 \cdot m_2}\right|$ $\delta = 7{,}1°$

8 Die Steigung der Geraden ist 0,5, also muss die Steigung der gesuchten Tangenten −2 sein. Aus $f'(x_0) = -2$ folgt $-\frac{18}{x^2} = -2$ mit den Lösungen $x_1 = -3$ und $x_2 = 3$.
Die Tangenten sind $t_1: y = -2x - 12$ und $t_2: y = -2x + 12$.

9 Die Parabeln sind achsensymmetrisch zur y-Achse, also schneiden sich die Tangenten auf der y-Achse. Ihr Steigungswinkel muss 45° bzw. 135° sein, d.h. es muss gelten:
$f'(2) = 1$ bzw. -1.
Wegen $f'(x) = 2ax$ folgt $4a = \pm 1$, daraus folgt der Wert $a = \pm\frac{1}{4}$.

IV Extremwertaufgaben, Seite 32

1 Zuordnung: A: (6); B: (2); C: (5); D: (3); E: (1); F: (4)

2 a) $A(a) = \frac{1}{2}a \cdot f(a) = \frac{1}{2}a \cdot (a^2 - 6a + 10) = \frac{1}{2}a^3 - 3a^2 + 5a$
$a^2 - 4a + \frac{10}{3} = 0$
$A'(a) = \frac{3}{2}a^2 - 6a + 5 = 0$ $A''(a) = 3a - 6$
$a_1 = 1{,}1835$ $A''(a_1) < 0$ Maximumstelle für den Flächeninhalt mit $A(1{,}1835) = 2{,}5443$ FE
$a_2 = 2{,}8165$ $A''(a_2) > 0$ Minimumstelle für den Flächeninhalt mit $A(2{,}8165) = 1{,}4557$ FE
(Beide Stellen sind nur lokale Extremstellen. Globale Extremstelle ist das Minimum bei 0, eine globale Maximumstelle gibt es nicht.)
b) $d(a) = \sqrt{a^2 + [f(a)]^2} = \sqrt{a^2 + [a^2 - 6a + 10]^2}$
Nutzung einer Ersatzfunktion $D(a) = [d(a)]^2 = a^2 + [a^2 - 6a + 10]^2$
$D'(a) = 2a + 2(a^2 - 6a + 10)(2a - 6) = 0$
$a + (a^2 - 6a + 10)(2a - 6) = 0$
$a + 2a^3 - 12a^2 + 20a - 6a^2 + 36a - 60 = 0$
$2a^3 - 18a^2 + 57a - 60 = 0$
Näherungslösung: $a \approx 2{,}2649$
$D''(a) = 4a^3 - 36a^2 + 114a - 120 \rightarrow D''(2{,}2649) > 0$
Minimum bei $(2{,}2649 | 1{,}5404)$ mit einem Abstand zum Ursprung von $d \approx 2{,}7391$ LE

3 $d(x) = f(x) - g(x) = -\frac{4}{9}x^2 + \frac{32}{9}x - \frac{28}{9} - \left(\frac{2}{9}x^2 - \frac{4}{3}x + 3\right)$
$d(x) = -\frac{2}{3}x^2 + \frac{44}{9}x - \frac{55}{9}$
$d'(x) = -\frac{4}{3}x + \frac{44}{9} = 0$ $x_0 = \frac{11}{3}$ $d''(x_0) = -\frac{4}{3} < 0$
Maximum von d(x) bei $\left(\frac{11}{3} \middle| \frac{77}{27}\right)$
An der Stelle $x_0 = \frac{11}{3}$ ist der senkrechte Abstand mit $\frac{77}{27}$ am größten.

4 $A(x) = -x \cdot f(x) = -\frac{1}{9}x^3 \cdot (x^2 - 9) = -\frac{1}{9}x^5 + x^3$
$A'(x) = -\frac{5}{9}x^4 + 3x^2 = 0$ $x_1 = 0$; $x_2 = \pm\sqrt{\frac{27}{5}}$
Der Wert 0 entfällt, weil dort kein Dreieck entsteht.
$A''(x) = -\frac{20}{9}x^3 + 6x$ $A''\left(\sqrt{\frac{27}{5}}\right) = -\frac{20}{9} \cdot \frac{27}{5} \cdot \sqrt{\frac{27}{5}} + 6 \cdot \sqrt{\frac{27}{5}} > 0$
Maximum bei $P\left(\sqrt{\frac{27}{5}} \middle| -\frac{54}{25}\right)$ mit einem Flächeninhalt von $A\left(\sqrt{\frac{27}{5}}\right) = 5{,}02$ FE

5 Die Dreieckfläche hat den Wert
$A(a) = \frac{1}{2}a \cdot (f(a) - g(a)) = \frac{1}{2}a \cdot \left(-\frac{1}{5}a^3 + 5a - a\right)$
$A(a) = -\frac{1}{10}a^4 + 2a^2$
$A'(a) = -\frac{2}{5}a^3 + 4a = 0$
$a = 0$ und $a = -\sqrt{10}$ entfallen als Lösung.
Nachweis für $a = \sqrt{10}$:
$A''(a) = -\frac{6}{5}a^2 + 4$, also $A''(\sqrt{10}) = -\frac{60}{5} + 4 < 0$
Die Dreiecksfläche ist bei $a = \sqrt{10}$ maximal.

IV Klausurtraining, Seite 33

1 a) $f(x) = (x - 2)(x - 8)$
b) $f(x) = (x - 2)(x + 3)(x + 5)$
c) $f(x) = 3(x - 8)(x - 2)(x + 1)$

2 $a < 0$, weil der Hochpunkt rechts von Tiefpunkt liegt.
$b = d = 0$, weil die Funktion punktsymmetrisch zum Koordinatenursprung ist und damit keine geraden Exponenten von x haben kann. $c \neq 0$, sonst ist $f(x) = ax^3$, die aber keine Extremwerte besitzt.

3

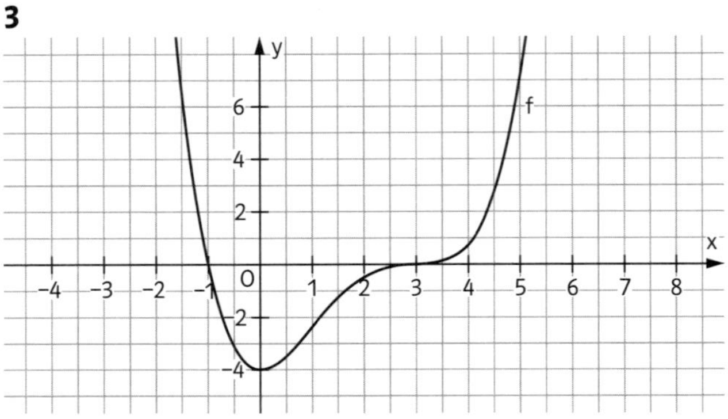

4 $A = \frac{f(0) + f(u)}{2} \cdot u + \frac{f(u) + f(5)}{2} \cdot (5 - u)$ wird maximal für $u = \frac{5}{3}\sqrt{3}$.

5

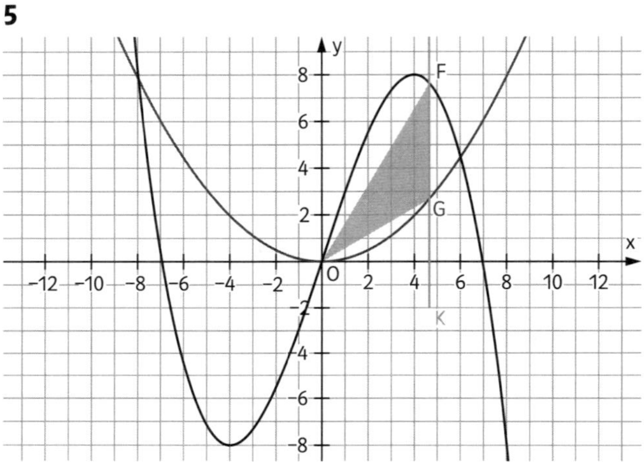

a) Nullstellen: $x_1 = 0$; $x_2 = -4\sqrt{3} \approx -6{,}93$; $x_3 = 4\sqrt{3} \approx 6{,}93$
Hochpunkt $(4\,|\,8)$ Tiefpunkt $(-4\,|\,-8)$ Wendepunkt $(0\,|\,0)$

b) gleiche Steigung: $f'(x_a) = g'(x_a)$ $-\frac{3}{16}x_a^2 + 3 = \frac{1}{4}x_a$ führt auf $x_a^2 + \frac{4}{3}x_a - 16 = 0$ mit den Lösungen $x_1 = -4{,}722$ und $x_2 = 3{,}389$

c) Aus $f'(a) = -\frac{1}{g'(a)}$ folgt die Gleichung $\frac{3}{16}a^3 - 3a - 4 = 0$.

Eine ganzrationale Funktion dritten Grades hat immer mindestens eine Nullstelle. Also existiert ein Wert für a.

d) $-8 = \frac{1}{4}x_0(0 - x_0) + \frac{1}{8}x_0^2$ Berührstellen: $x_1 = 8$; $x_2 = -8$

Tangenten t_1: $y = 2x - 8$; t_2: $y = -2x - 8$

e) $A(k) = \frac{1}{2}k \cdot (f(k) - g(k)) = \frac{1}{2}k \cdot \left(-\frac{1}{16}k^3 + 3k - \frac{1}{8}k^2\right)$

$A(k) = -\frac{1}{32}k^4 + \frac{3}{2}k^2 - \frac{1}{16}k^3$

$A'(k) = -\frac{1}{8}k^3 - \frac{3}{16}k^2 + 3k = k \cdot \left(-\frac{1}{8}k^2 - \frac{3}{16}k + 3\right) = 0$

$k_1 = 0$ entfällt wegen $0 < k < 6$
$k_2 = -5{,}7$ entfällt wegen $0 < k < 6$
$k_3 = 4{,}206$ ist die einzige Lösung dieses Problems.

6

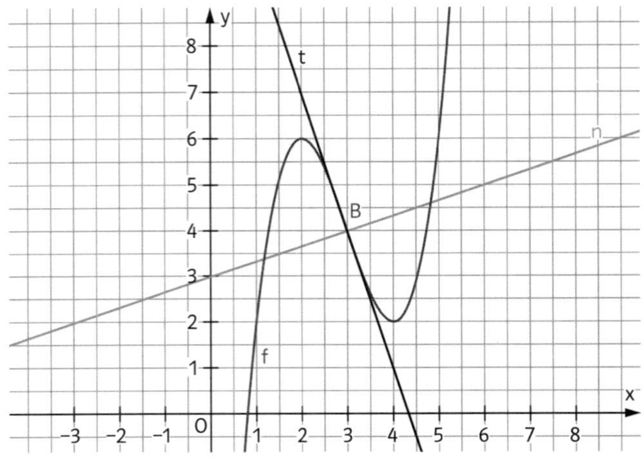

a) gleiche Steigung: $m = -3$, also $f'(x_0) = -3$
$3x^2 - 18x + 24 = -3$ führt auf $x^2 - 6x + 9 = 0$, also $(x - 3)^2 = 0$ mit der Lösung $x_0 = 3$. Wegen $t(3) = 4$ und $f(3) = 4$ haben beide Funktionen auch den gleichen Funktionswert. Der Berührpunkt ist $(3\,|\,4)$.
b) Normale: $n(x) = \frac{1}{3}x + 3$ mit der Nullstelle $x_1 = -9$
Nullstelle der Tangente: $-3x + 13 = 0$ $x_2 = \frac{13}{3}$
Flächeninhalt: $A = \frac{1}{2} \cdot 4 \cdot \left(\frac{13}{3} + 9\right) = \frac{80}{3} \approx 26{,}67$ FE
c) $f''(x) = 6x - 18$ $f''(3) = 0$ als notwendige Bedingung und $f'''(x) = 6$ begründen den Wendepunkt
d) Für die Verschiebung des Wendepunktes ist $a = 3$ und $b = -5$.
Es ist $g(x) = f(x + 3) - 5 = (x + 3)^3 - 9(x + 3)^2 + 24(x + 3) - 13 - 4$
$= x^3 + 9x^2 + 27x + 27 - 9x^2 - 54x - 81 + 24x + 72 - 18$
$g(x) = x^3 - 3x$

7 a) Parameter r und s mit $r \neq s$ anstelle von t einsetzen
$f_r(x) = f_s(x)$ $\quad rx^3 - 4rx = sx^3 - 4sx$
$(rx^3 - 4rx) - (sx^3 - 4sx) = 0$
$x \cdot (x^2 - 4) \cdot r - x \cdot (x^2 - 4) \cdot s = 0$
$x \cdot (x^2 - 4) \cdot (r - s) = 0$
$x_1 = 0$ $\quad x_2 = -2$
$x_3 = +2$
$f_t(0) = 0$ $\quad f_t(-2) = 0$ $\quad f_t(2) = 0$
gemeinsame Punkte aller Graphen: $P_1(0\,|\,0)$; $P_2(-2\,|\,0)$; $P_3(2\,|\,0)$
b) $A(1\,|\,6)$ $\quad f_t(1) = 6$
$t \cdot 1^3 - 4t \cdot 1 = 6$
$-3t = 6$
$t = -2$
Für $t = -2$ verläuft der Graph von f_t durch $A(1\,|\,6)$
c) $f_t'(x) = 3tx^2 - 4t$
$f_t'(2) = 3t \cdot 2^2 - 4t = 12t - 4t = 8t$
Der Graph von f_t verläuft an der Stelle 2 parallel zur Geraden $y = 4x$, wenn $f_t'(2) = 4$ gilt: $8t = 4$
$t = \frac{1}{2}$.

8 Der Gewinn G für den Verkauf von x Behältern ist
$G(x) = U(x) - K(x) = -x^3 + 23x^2 + 109x - 1115$.
a) Gesucht ist die Extremstelle des Hochpunktes der Funktion G.
Notwendige Bedingung: $G'(x) = 0$:
$G'(x) = -3x^2 + 46x + 109 = 0$ hat die Lösungen $x_1 = -2{,}08$ und $x_2 = 17{,}4$. Es ist $G''(x) = -6x + 46$. Damit ist $G''(17{,}4) < 0$.
Es liegt also ein Maximum bei $x = 17{,}4$ vor. Da eine Anzahl gefordert ist, berechnet man $G(17) = 2472$ und $G(18) = 2467$.
Der größte Gewinn wird also bei der Produktion von 17 derartigen Behältern erreicht.
b) Gewinn wird nur erzielt, wenn der Umsatz höher ist als die Kosten. Das ist im Intervall zwischen den beiden Schnittstellen der Fall. Berechnung der Schnittstellen mit $U(x) = K(x)$ bzw. $U(x) - K(x) = 0$; $-x^3 + 23x^2 + 109x - 1115 = 0$ hat die Lösungen $-8{,}007$; $5{,}449$ und $25{,}558$. Das gesuchte Intervall ist also $\{6; 25\}$.

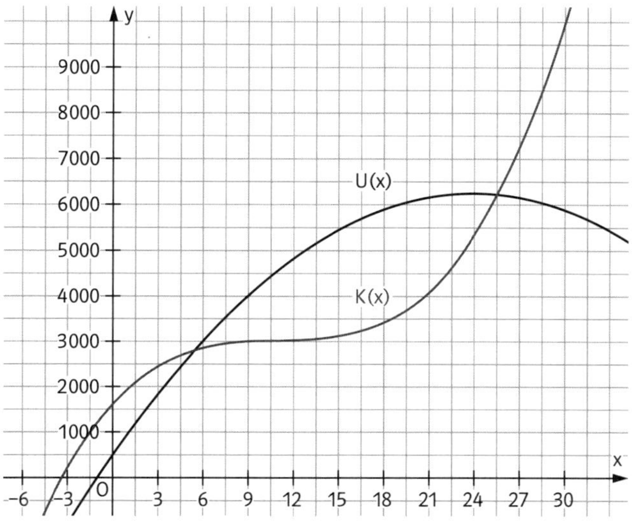

V Exponentialfunktionen

V Funktionen der Form $f(x) = c \cdot a^x$, Seite 34

1 I → D; II → A; III → C; IV → E; V → B

2 a) P(1|2) $c \cdot a^1 = 2$
Q(3|4) $c \cdot a^3 = 4$ $\quad \underbrace{c \cdot a^1}_{2} \cdot a^2 = 4$
$2 \cdot a^2 = 4$

$a = \sqrt{2}$ und $c = \sqrt{2}$
$a = -\sqrt{2}$ ist keine Lösung, da für die Basis a bei Exponentialfunktionen $a > 0$ gelten muss.

b) P(−1|8) $c \cdot a^{-1} = 8$
Q(3|0,5) $c \cdot a^3 = 0{,}5$ $\quad c \cdot a^{-1} \cdot a^4 = 0{,}5$
$8 \cdot a^4 = 0{,}5$

$a = \sqrt[4]{\frac{1}{16}} = \frac{1}{2}$ und $c = 4$

c) P(−2|7) $c \cdot a^{-2} = 7$
Q(4|7) $c \cdot a^4 = 7$ $\quad c \cdot a^{-2} \cdot a^6 = 7$
$7 \cdot a^6 = 7$

$a = \sqrt[6]{1} = 1$ und $c = 7$

d) P(1|16) $c \cdot a^1 = 16$
Q(3|9) $c \cdot a^3 = 9$ $\quad c \cdot a^1 \cdot a^2 = 9$
$16 \cdot a^2 = 9$

$a = \sqrt{\frac{9}{16}} = \frac{3}{4}$ und $c = \frac{64}{3} = 21\frac{1}{3}$

3 a) $f(x) = 3^{2x-1} = 3^{2x} \cdot 3^{-1} = (3^2)^x \cdot \frac{1}{3} = \frac{1}{3} \cdot 9^x$

b) $f(x) = 4^{3x+0,5} = (4^3)^x \cdot 4^{0,5} = 2 \cdot 64^x$

c) $f(x) = \left(\frac{1}{4}\right)^{\frac{1}{2}x - \frac{3}{2}} = \left(\frac{1}{4}\right)^{\frac{1}{2}x} \cdot \left(\frac{1}{4}\right)^{-\frac{3}{2}} = \left(\left(\frac{1}{4}\right)^{\frac{1}{2}}\right)^x \cdot 4^{\frac{3}{2}} = 8 \cdot \left(\frac{1}{2}\right)^x$

d) $f(x) = \frac{1}{5^{-2x+1}} = 5^{-(-2x+1)} = 5^{2x-1} = (5^2)^x \cdot 5^{-1} = \frac{1}{5} \cdot 25^x$

4 a) $h(x) = 3^{x+4}$ b) $h(x) = 3^x + 2$
c) $h(x) = -3^x$ d) $h(x) = 3^{-x}$

5

	wahr	falsch	n.e.	Begründung
a)		X		$c > 0$ und $2^x > 0$, also $f(x) > 0$
b)		X		Gegenbeispiel: $x = -2$; $g(-2) = \frac{c}{9} < f(-2) = \frac{c}{4}$
c)	X			$f(x + 3) = c \cdot 2^{x+3} = c \cdot 2^x \cdot 2^3 = 8 \cdot f(x)$.
d)		X		$f(2x) = c \cdot 2^{2x} = c \cdot 4^x \neq c^2 \cdot 4^x = (f(x))^2$ bzw. nur für $c = c^2$ also $c = 1$ wahr

V Die natürliche Exponentialfunktion, Seite 35

1 a)

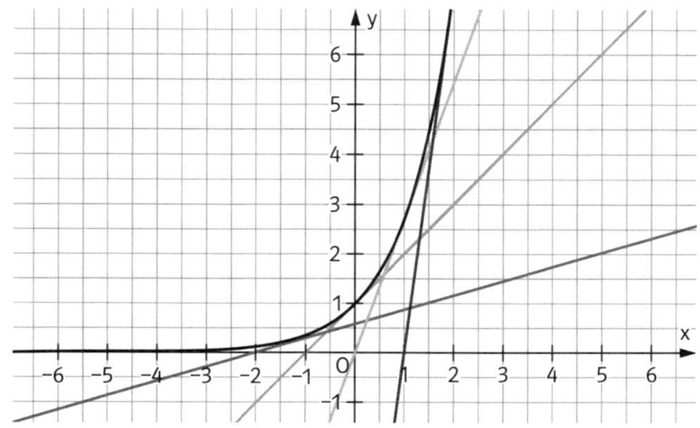

$f'(-1) = \frac{1}{e} \approx 0{,}4$ $\quad f'(0) = 1$
$f'(1) = e \approx 2{,}7$ $\quad f'(2) = e^2 \approx 7{,}4$

b) Bei der natürlichen Exponentialfunktion e^x ist der Graph der Ableitungsfunktion identisch mit dem Graphen der Funktion.

c) $y = e^a \cdot (x - a) + e^a = e^a \cdot x + (1 - a) \cdot e^a$

2 a) f_1: Graph C; f_2: Graph A; f_3: Graph B; f_4: siehe Schaubild; f_5: Graph D; f_6: Graph E

b) … um 2 Einheiten in positive x-Richtung …
… um 2 Einheiten in positive y-Richtung …
… an der y-Achse …

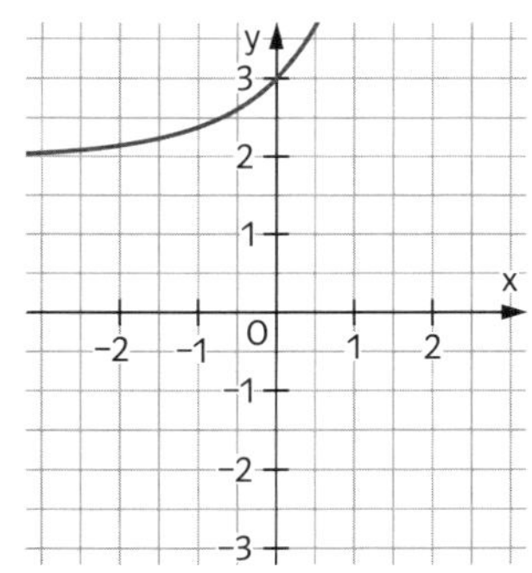

3 a) Den Graphen der Funktion g erhält man aus dem Graphen der natürlichen Exponentialfunktion e^x, indem man den Graphen um 3 Einheiten in positive x-Richtung verschiebt, um den Faktor 2 in y-Richtung streckt und um 4 Einheiten in positive y-Richtung verschiebt.

b) $g(x) = 3 \cdot e^{x+5} - 4$

4 a) $f'(x) = 5 \cdot e^x$ $\quad f''(x) = 5 \cdot e^x$
b) $f'(x) = \frac{2}{3} \cdot e^x$ $\quad f''(x) = \frac{2}{3} \cdot e^x$
c) $f'(x) = 1 - e^x$ $\quad f''(x) = -e^x$
d) $f'(x) = 2x + 2e^x$ $\quad f''(x) = 2 + 2e^x$

5 a)
(1) $f'(x) = e^x$
(2) $f'(-2) = e^{-2} = \frac{1}{e^2}$
(3) $f(-2) = e^{-2} = \frac{1}{e^2}$ $\quad P\left(-2 \middle| \frac{1}{e^2}\right)$
(4) $t: y = f'(-2) \cdot (x - (-2)) + f(2) = \frac{1}{e^2} \cdot (x + 2) + \frac{1}{e^2} = \frac{1}{e^2}x + \frac{3}{e^2}$

b)
(1) $f'(x) = -0{,}5 \cdot e^x$
(2) $f'(4) = -0{,}5 \cdot e^4$
(3) $f(4) = -0{,}5 \cdot e^4$ $\quad P(4|-0{,}5e^4)$
(4) $t: y = f'(4) \cdot (x - 4) + f(4) = -0{,}5e^4 \cdot (x - 4) - 0{,}5e^4$
$= -0{,}5e^4x + 1{,}5e^4$

V Exponentialgleichungen und natürlicher Logarithmus, Seite 36

1 a) e^x: B $\ln(x)$: D.
b) $e^0 = 1$; $\ln(1) = 0$; $e^{\ln(x)} = x$; $\ln(e^x) = x$
c) $e^{\ln(4)} = 4$; $\ln(e^4) = 4$; $e^{2x} = (e^x)^2$; $\ln(x^2) = 2 \cdot \ln(x)$

2 $e^{a+b} = e^a \cdot e^b$ $e^{a-b} = \frac{e^a}{e^b}$

$(e^a)^k = e^{a \cdot k}$ $e^a + e^b = e^a + e^b$
keine Vereinfachung möglich

$\ln(a \cdot b) = \ln(a) + \ln(b)$ $\ln\left(\frac{a}{b}\right) = \ln(a) - \ln(b)$

$\ln(a^k) = k \cdot \ln(a)$ $\ln(a + b) = \ln(a + b)$
keine Vereinfachung möglich

3 a) $\ln(e^{-1}) = -1$
b) $\ln(3 \cdot e^2) = \ln(3) + \ln(e^2) = \ln(3) + 2$
c) $e^{\frac{1}{2}\ln(4)} = e^{\ln\left(4^{\frac{1}{2}}\right)} = e^{\ln(2)} = 2$

4 a) $(e^{\ln(9)})^{\frac{1}{2}} = e^{\frac{1}{2} \cdot \ln(9)} = e^{\ln(\sqrt{9})} = e^{\ln(3)} = 3$
b) $\ln(2) - \ln(x) + \ln\left(\frac{2}{x}\right) = \ln(2) - \left[\ln(x) - \ln\left(\frac{2}{x}\right)\right] = \ln(2) - \ln\left(\frac{x^2}{2}\right) = \ln\left(\frac{4}{x^2}\right)$
c) $e^x + \frac{6}{e^x} = 7$
$e^{2x} + 6 = 7e^x$
$e^{2x} - 7e^x + 6 = 0$
Substitution: $u = e^x$
$u^2 - 7u + 6 = 0$
$u_1 = 1$ $u_2 = 6$
Resubstitution: $x = \ln(u)$
$x_1 = \ln(1) = 0$
$x_2 = \ln(6)$

5 a) $x \approx 1{,}4324$ b) $x \approx 1{,}0934$
c) $x \approx 0{,}8526$ d) $x \approx -1{,}7801$

6 a) $x \cdot \ln(2) = \ln(6)$ $x = \frac{\ln(6)}{\ln(2)} \approx 2{,}5850$
b) $3^x \cdot 3 = 18$ $3^x = 6$ $x \cdot \ln(3) = \ln(6)$ $x = \frac{\ln(6)}{\ln(3)} \approx 1{,}6309$
c) $\frac{4^x}{16} = 0{,}5$ $4^x = 8$ $x \cdot \ln(4) = \ln(8)$ $x = \frac{\ln(8)}{\ln(4)} = 1{,}5$
d) $0{,}5^x \cdot 2 = 3 + 0{,}5^x \cdot 0{,}5$
$0{,}5^x \cdot 1{,}5 = 3$ $0{,}5^x = 2$ $x \cdot \ln(0{,}5) = \ln(2)$ $x = \frac{\ln(0{,}5)}{\ln(2)} = -1$

7 a) $f(x) = e^x + 2x$ $f'(x) = e^x + 2$ $f''(x) = e^x$
Es ist $e^x > 0$ und $f'(x) > 0$ für alle x und folglich hat f keine lokalen Extremstellen.
b) $f(x) = x - e^x$ $f'(x) = 1 - e^x$ $f''(x) = -e^x$
$f'(x) = 0$ für $1 - e^x = 0$; $e^x = 1$ für $x = 0$
$f''(0) = -1 < 0$
f hat ein lokales Maximum an der Stelle $x = 0$.

8 a) $b(3) = 1000 \cdot (100 - 100e^{-k3}) = 25\,000$
$100 - 100e^{-k \cdot 3} = 25$
$75 = 100e^{-k \cdot 3}$
$\frac{3}{4} = e^{-k \cdot 3}$
$\ln\left(\frac{3}{4}\right) = -k \cdot 3$
$k = -\frac{1}{3} \cdot \ln\left(\frac{3}{4}\right) = \frac{1}{3} \cdot \ln\left(\frac{4}{3}\right) \approx 0{,}096$

b) 100 000 verkaufte Bücher
c) $b(t) = 50\,000$ für $t \approx 7{,}2$
Zu Beginn der achten Verkaufswoche wird die Startauflage verkauft sein.
d) $b'(t) = 2000$ für $t \approx 16{,}3$
In der 17. Verkaufswoche werden erstmals weniger als 2000 Bücher pro Woche verkauft.

V Die natürliche Logarithmusfunktion, Seite 37

1 Gegeben ist die Funktion f mit $f(x) = \ln(x)$ für $x > 0$. Für die Ableitungsfunktion f′ gilt dann $f'(x) = \frac{1}{x}$.
a)

x	−1	0	1	e	e^2	$\frac{1}{e}$	e^3	$\frac{1}{e^4}$
f(x)	–	–	0	1	2	−1	3	−4

b)

x	−1	0	1	2	e	0,1	$\frac{1}{e}$	–
f′(x)	–	–	1	0,5	$\frac{1}{e}$	10	e	−2

c)
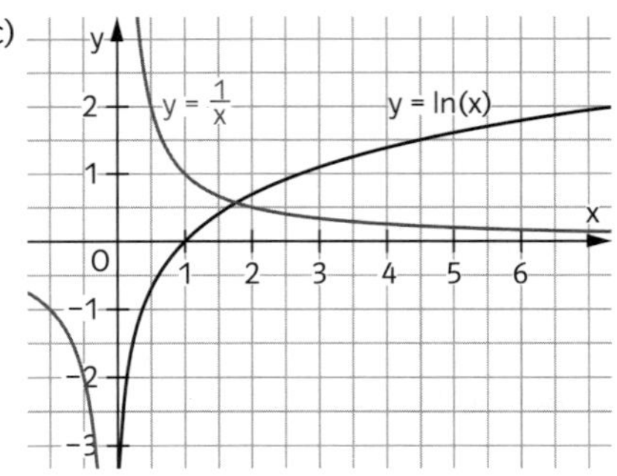

2 a) $f'(x) = \frac{1}{x}$ $m_t = f'(e) = \frac{1}{e}$
$f(e) = \ln(e) = 1$ $P(e\,|\,1)$
$t: y = \frac{1}{e} \cdot (x - e) + 1 = \frac{1}{e} \cdot x$
b) $f'(x) = \frac{1}{x}$ $m_t = f'(4) = \frac{1}{4}$
$f(4) = \ln(4)$ $P(4\,|\,\ln(4))$
$t: y = \frac{1}{4} \cdot (x - 4) + \ln(4) = \frac{1}{4} \cdot x - 1 + \ln(4)$
c) $f'(x) = \frac{1}{x}$ $m_t = f'(1) = 1$
$f(1) = \ln(1) = 0$ $P(1\,|\,0)$
$t: y = 1 \cdot (x - 1) + 0 = x - 1$

3 Die Funktionen f und h sind umkehrbar, weil f bzw. h streng monoton fallend bzw. wachsend sind.
Die Funktionen g und i sind nicht umkehrbar, weil es zu jedem y-Wert genau einen x-Wert gibt.

4

Spiegelt man die Gerade g an der y-Achse, so erhält man die Gerade h.	$m_1 + m_2 = 0$
Spiegelt man die Gerade g an der x-Achse, so erhält man die Gerade h.	$m_1 + m_2 = 0$
Spiegelt man die Gerade g an der 1. Winkelhalbierenden, so erhält man die Gerade h.	$m_1 \cdot m_2 = 1$
Die Geraden sind zueinander orthogonal.	$m_1 \cdot m_2 = -1$

V Ableiten von Funktionen der Form $f(x) = a \cdot e^{kx}$, Seite 38

1 A → III; B → I; C → IV; D → II

2 a) $f'(x) = \frac{1}{2} \cdot e^{\frac{1}{3}x}$
b) $f'(x) = 0{,}01 \cdot e^{-0{,}05x}$
c) $f'(x) = 3 + k \cdot e^{-kx}$
d) $f'(x) = -\frac{4}{x^2} - \frac{1}{2} \cdot e^{\frac{1}{4}x}$

3 a) $f'(x) = \frac{2}{3} \cdot 6 \cdot e^{6x} = 4 \cdot e^{6x}$
b) $f(x) = 2 \cdot \left(\frac{3}{4}\right)^{2x} = 2 \cdot e^{\ln\left(\frac{3}{4}\right) \cdot 2x}$
$f'(x) = 2 \cdot \ln\left(\frac{3}{4}\right) \cdot 2 \cdot e^{\ln\left(\frac{3}{4}\right) \cdot 2x} = 4 \cdot \ln\left(\frac{3}{4}\right) \cdot \left(\frac{3}{4}\right)^{2x}$

4 f → D → II; g → A → III; h → B → IV; i → C → I

5 $f(x) = 2 \cdot e^{\frac{1}{4}x}$ $\quad f'(x) = \frac{1}{2} \cdot e^{\frac{1}{4}x}$
Tangente an den Graphen von f im Punkt P(a | f(a))
$f'(a) = \frac{1}{2} \cdot e^{\frac{1}{4}a}$
$t: y = f'(a) \cdot (x - a) + f(a) = \frac{1}{2}e^{\frac{1}{4}a} \cdot (x - a) + 2e^{\frac{1}{4}a}$
$= e^{\frac{1}{4}a} \cdot \left[\frac{1}{2}x - \frac{1}{2}a + 2\right]$
Punkt Q(2 | 0) liegt auf der Tangente
$0 = \underbrace{e^{\frac{1}{4}a}}_{\neq 0} \cdot \underbrace{\left[\frac{1}{2} \cdot 2 - \frac{1}{2}a + 2\right]}_{= 0 \text{ für } a = 6}$
Tangente an den Graphen von f durch den Punkt Q
$t: y = \frac{1}{2}e^{\frac{3}{2}x} - e^{\frac{3}{2}}$

V Exponentielles Wachstum, Seite 39

1 Bei der Berechnung des exponentiellen Wachstums kann man die diskrete Darstellung $B(n) = B(0) \cdot a^n$ oder die kontinuierliche Darstellung $f(x) = c \cdot a^x = c \cdot e^{kx}$ mit $k = \ln(a)$ verwenden. Die Variablen x bzw. n geben die (Zeit-)Schritte an. Für $a > 1$ bzw. $k > 0$ wird eine exponentielle Zunahme und für $0 < a < 1$ bzw. $k < 0$ eine exponentielle Abnahme beschrieben.

2 a)

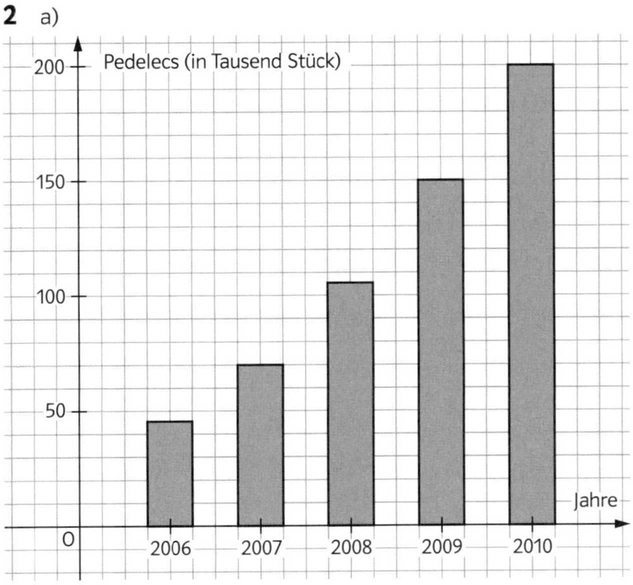

b) $T_V \approx 2$ Jahre

c)

Jahr	2006	2007	2008	2009	2010
Pedelecs	45 000	70 000	105 000	150 000	200 000
Quotient	–	1,56	1,50	1,43	1,33

$a \approx (1{,}56 + 1{,}50 + 1{,}43 + 1{,}33)/4 \approx 1{,}45$
$k = \ln(a) \approx 0{,}373$

d) $T_V = \frac{\ln(2)}{k} \approx 1{,}86$
Die graphisch und rechnerisch ermittelten Werte stimmen in guter Näherung überein.

e) $P(t) = 45\,000 \cdot 1{,}45^t$
P: Anzahl der pro Jahr verkauften Pedelecs
t: Zeit in Jahren ab 2006
$P(5) = 45\,000 \cdot 1{,}45^5 \approx 288\,000$
Die für das Jahr 2011 erwarteten Verkaufszahlen stimmen näherungsweise mit der Modellfunktion überein.

f) $P(20) = 45\,000 \cdot 1{,}45^{20} \approx 76\,000\,000$
Im Jahr 2026 müsste sich nach diesem Modell fast jeder Bundesbürger ein Pedelec kaufen.
Der Ansatz eines exponentiellen Wachstums für die Verkaufszahlen von Pedelecs ist nur für einen begrenzten Zeitraum brauchbar und liefert für größere Zeiträume keine sinnvollen Ergebnisse.

3 a)

n	0	1	2	3	4
B(n)	5	7,5	11	17	25
$\frac{B(n)}{B(n-1)}$		1,5	1,47	1,55	1,47

$a \approx 1{,}5 \quad B(n) \approx 5 \cdot 1{,}5^n$
Regression: $B(n) \approx 4{,}99 \cdot e^{0{,}404 \cdot n}$

b)

n	0	1	2	3	4
B(n)	0,5	1,4	3,7	10,0	27,3
$\frac{B(n)}{B(n-1)}$		2,8	2,64	2,70	2,73

$a \approx 2{,}7 \quad B(n) \approx 0{,}5 \cdot 2{,}7^n$
Regression: $B(n) \approx 0{,}51 \cdot e^n$

c)

n	0	2	4	6	8
B(n)	150	96	60	39	25
$\frac{B(n)}{B(n-1)}$		0,64	0,63	0,65	0,64

$a^2 \approx 0{,}64$ (exp. Wachstum: $a > 0$) $\quad a \approx 0{,}8 \quad B(n) \approx 150 \cdot 0{,}8^n$
Regression: $B(n) \approx 149{,}5 \cdot e^{-0{,}224 \cdot n}$

d) Die Datenreihe in Teilaufgabe c) zeigt einen exponentiellen Zerfall. Für die Halbwertszeit T_H gilt: $T_H = \frac{\ln(0{,}5)}{\ln(a)} \approx 3{,}11$.

4 a) $A(t) = 6{,}0 \cdot 1{,}1^t$;
Fläche A in cm^2, Zeit t in Tagen nach Beobachtungsbeginn
b) $A(7) = 6{,}0 \cdot 1{,}1^7 \approx 11{,}69 \qquad 11{,}69\,cm^2$
$A(-3) = 6{,}0 \cdot 1{,}1^{-3} \approx 4{,}51 \qquad 4{,}51\,cm^2$
c) $A(t) = 15 \qquad 6{,}0 \cdot 1{,}1^t = 15 \qquad t = \frac{\ln\left(\frac{15}{6}\right)}{\ln(1{,}1)} \approx 9{,}61$
Nach ca. 9,6 Tagen beträgt die überdeckte Fläche $15\,cm^2$.
d) $2 \cdot A(0) = A(0) \cdot 1{,}1^t \qquad 2 = 1{,}1^t \qquad t = \frac{\ln(2)}{\ln(1{,}1)} \approx 7{,}27$
Innerhalb ca. 7,3 Tagen verdoppelt sich die überdeckte Fläche.

e) $A(t) = 6{,}0 \cdot 1{,}1^t = 6{,}0 \cdot e^{0{,}09531 \cdot t}$
$A'(t) = 0{,}09351 \cdot 6{,}0 \cdot e^{0{,}09531 \cdot t} = 0{,}57186 \cdot e^{0{,}09531 \cdot t}$
$A'(2) \approx 0{,}6919$
Am zweiten Tag wächst die überdeckte Fläche um ca. $0{,}69\,cm^2$.

V Klausurtraining, Seite 40

1 a) $f(x)\ 5 \cdot 2^{x-3} = 5 \cdot 2^x \cdot 2^{-3} = \frac{5}{8} \cdot 2^x = \frac{5}{8} \cdot e^{\ln(2) \cdot x}$
b) $f(x) = 3^{\frac{1}{3}x+3} = 3^{\frac{1}{3}x} \cdot 3^3 = 27 \cdot e^{\ln(3) \cdot \frac{1}{3}x}$
c) $f(x) = \frac{4}{2^{x-1}} = \frac{4}{2^x \cdot 2^{-1}} = \frac{8}{2^x} = 8 \cdot 2^{-x} = 8 \cdot e^{-\ln(2) \cdot x}$

2 a) $\frac{5}{3} \cdot e^x = 10 \qquad e^x = 6 \qquad x = \ln(6)$
b) $4 \cdot 5^{x-3} = 9{,}6$
$5^{x-3} = 2{,}4 \qquad \frac{5^x}{125} = 2{,}4 \qquad 5^x = 300$
$x \cdot \ln(5) = \ln(300) \qquad x = \frac{\ln(300)}{\ln(5)}$
c) $e^{2x} - 9e^x + 14 = 0$
$u = e^x \qquad u^2 - 9u + 14 = 0$
$u_{1,2} = \frac{9 \pm \sqrt{81 - 4 \cdot 1 \cdot 14}}{2} = \frac{9 \pm \sqrt{25}}{2}$
$u_1 = 7 \qquad u_2 = 2$
$x_1 = \ln(7) \qquad x_2 = \ln(2)$

3 a) $f'(x) = \frac{3}{4}e^{6x}$
b) $f'(x) = -\frac{2}{x^2} + \frac{4}{x}$
c) $f'(x) = -380 \cdot e^{-0{,}95x}$

4 a) $f'(x) = 2 + \frac{1}{2} \cdot e^{\frac{1}{2}x}$
$f'(2) = 2 + \frac{1}{2} \cdot e$
$t\colon y = \left(2 + \frac{1}{2}e\right) \cdot (x - 2) + (4 + e) = \left(2 + \frac{1}{2}e\right) \cdot x - 4 - e + 4 + e$
$= \left(2 + \frac{1}{2}e\right) \cdot x$
b) $f'(x) = \frac{1}{x} \qquad f'(e^2) = \frac{1}{e^2}$
$t\colon y = \frac{1}{e^2} \cdot (x - e^2) + 2 = \frac{1}{e^2} \cdot x - 1 + 2 = \frac{1}{e^2} \cdot x + 1$

5 Gegeben ist die Funktion f mit $f(x) = -ex + e^x$.
a) $f'(x) = -e + e^x$
$f'(x) = 0;\ -e + e^x = 0$ für $x = 1$
$f''(x) = e^x > 0$
$f(1) = 0$ Tiefpunkt $T(1\,|\,0)$
b) $f'(0) = -e + e^0 = -e + 1$
$f(0) = 1$
Tangentengleichung $t\colon y = (-e + 1) \cdot x + 1$
c) $f^*(x) = = ex + e^{-x}$

6 a) B zeigt den Graphen der Funktion f.
Der Graph von f hat den Tiefpunkt $T(0\,|\,1)$.
b) A: $y = x + e^{-x} + 2$
C: $y = x + e^{-x} - 1$
c) $f'(x) = 1 - e^{-x}$

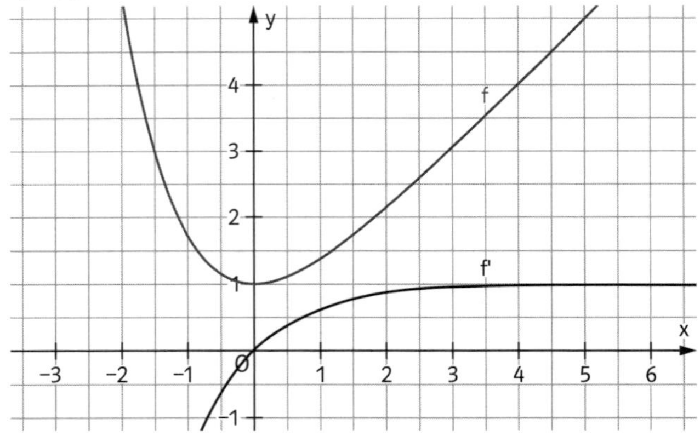

7 a) $f_k(0) = 90$
Das Essen wird mit 90 °C in die Warmhaltebehälter gefüllt.
b) $f_k(15) = 30 + 60 \cdot e^{-\frac{k}{100} \cdot 15}$
$30 + 60 \cdot e^{-\frac{k}{100} \cdot 15} = 80$ Gleichung mit GTR lösen: $k \approx 1{,}22$
$30 + 60 \cdot e^{-\frac{k}{100} \cdot 15} = 75$ Gleichung mit GTR lösen: $k \approx 1{,}92$
Für $1{,}22 < k < 1{,}92$ beträgt die Temperatur nach 15 Minuten zwischen 75 °C und 80 °C

alternativer Lösungsweg:
$30 + 60 \cdot e^{-\frac{k}{100} \cdot 15} = 80$
$e^{-\frac{k}{100} \cdot 15} = \frac{5}{6}$
$-\frac{k}{100} \cdot 15 = \ln\left(\frac{5}{6}\right)$
$k = -\frac{100}{15} \cdot \ln\left(\frac{5}{6}\right) \approx 1{,}22$
entsprechend $k = -\frac{100}{15} \cdot \ln\left(\frac{3}{4}\right) \approx 1{,}92$

c) Etwas 36 Minuten lang wird diese Vorschrift eingehalten.
d) $f(t_0 + 5) = f(t_0) - 2$
$30 + 60 \cdot e^{-0{,}015 \cdot (t_0 + 5)} = 30 + 60 \cdot e^{-0{,}015 \cdot t_0 - 2}$
Gleichung mit GTR lösen: $t_0 \approx 51{,}6$
Zwischen der 52. und 57. Minute sinkt die Temperatur um 2 °C.
e) $f'(t) = 60 \cdot e^{-0{,}015t} \cdot (-0{,}015)$
$= -0{,}9 \cdot e^{-0{,}015t}$
Da $f'(t) < 0$ für alle $t \geq 0$ gilt, ist die Temperaturänderung immer negativ, d.h. die Temperatur nimmt ab.

VI Schlüsselkonzept: Integral

VI Rekonstruieren einer Größe mithilfe des Integrals, Seite 41

1 a) Der Stau beginnt um 7 Uhr, da nach 7 Uhr die Ankunftsrate über 30 Autos/min liegt.
b) Die maximale Staulänge ist um 8.40 Uhr erreicht.
c) Maximal stehen 700 Autos im Stau. Dies entspricht dem Inhalt der unten dargestellten Fläche A_1.
d) Der Stau löst sich um 9.35 Uhr auf. Ansatz: $A_1 = A_2$
c), d)

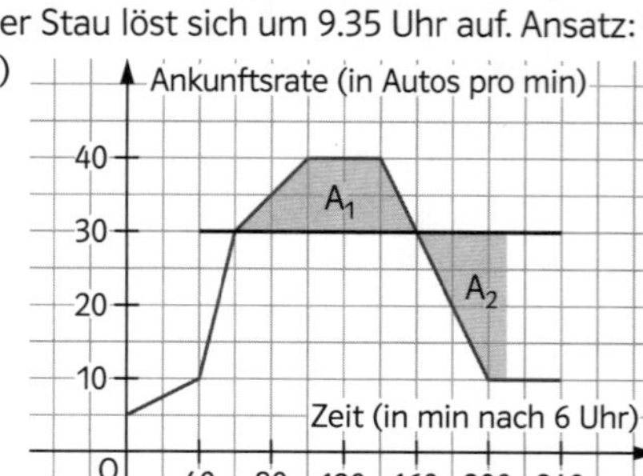

e) 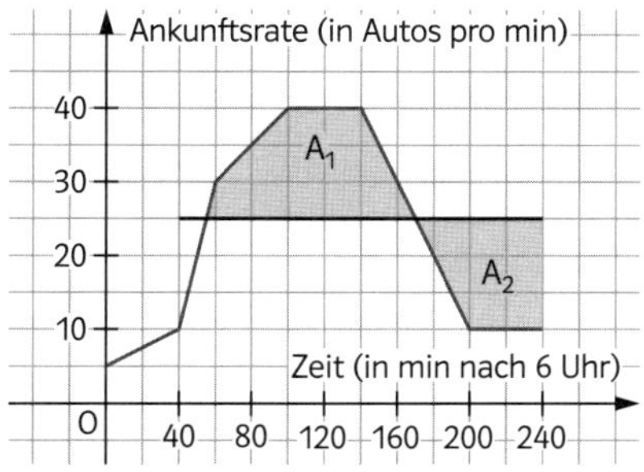

Nein, denn dann gilt: $A_1 > A_2$

2 a) Der maximale Vorsprung von Schnik beträgt 1,5 mm. Die Fläche unter dem Graphen entspricht dem zurückgelegten Weg. Daher beträgt der maximale Vorsprung von Schnik dem Inhalt der von beiden Graphen eingeschlossenen Fläche.
b) Nach 5 Sekunden wird Schnik eingeholt. Beide Schnecken sind dann 12 mm gekrochen.
c) Nach 8 Sekunden hat Schnik 3 mm Vorsprung.

3 a) $\int_{-2}^{7}(-0{,}5x+2)\,dx = \frac{1}{2}\cdot 3\cdot 6 - \frac{1}{2}\cdot 1{,}5\cdot 3 = 9 - 2{,}25 = 6{,}75$

$\int_{-4}^{0}(-0{,}5x+2)\,dx = 4\cdot 2 + \frac{1}{2}\cdot 4\cdot 2 = 8 + 4 = 12$

b) $\int_{-2}^{2}(-0{,}5x+2)\,dx = 8$ $\quad \int_{-4}^{10}(-0{,}5x+2)\,dx = 7$

$\int_{-1}^{9}(-0{,}5x+2)\,dx = 0$

4 a) = 0 b) > 0 c) = 0 d) < 0 e) = 0 f) > 0

5 Ein Kästchen entspricht 40 Antikörpern. In 20 s werden etwa 2200 Antikörper gebildet.

VI Hauptsatz der Differential- und Integralrechnung, Seite 42

1 a) $\int_{1}^{3}(6x^2-5)\,dx = \left[2x^3-5x\right]_1^3 = 2\cdot 27 - 15 - (2-5) = 54 - 15 + 3 = 42$

b) $\int_{-2}^{-1}(-x^2-x)\,dx = \left[-\frac{1}{3}x^3 - \frac{1}{2}x^2\right]_{-2}^{-1} = +\frac{1}{3} - \frac{1}{2} - \left(\frac{8}{3} - 2\right) = -\frac{1}{6} - \frac{2}{3} = -\frac{5}{6}$

c) $\int_{0}^{\ln 6}\left(\frac{1}{2}\cdot e^{2x+4\cdot\ln 2}\right)dx = \left[\frac{1}{4}\cdot e^{2x+4\cdot\ln 2}\right]_0^{\ln 6} = \frac{1}{4}\cdot e^{2\cdot\ln 6 + 4\cdot\ln 2}$

$-\frac{1}{4}\cdot e^{4\cdot\ln 2} = \frac{1}{4}\cdot e^{\ln 36}\cdot e^{\ln 16} - \frac{1}{4}\cdot e^{\ln 16} = \frac{1}{4}\cdot 36\cdot 16 - \frac{1}{4}\cdot 16 = 140$

2

$f(x) = 2a$	$F(x) = 2ax + a$
$f(a) = 2x + 1$	$F(a) = 2ax + a$
$f(x) = 4a^2x$	$F(x) = 2a^2x^2 + a$
$f(x) = 4ax$	$F(x) = 2ax^2 + a$
$f(x) = 2a^2$	$F(x) = 2a^2x + a$
$f(a) = 4ax + 1$	$F(a) = 2a^2x + a$

3 a) $F(x) = x^3 + \frac{1}{2}x^2 + c$
$F(2) = 4$ $\quad 2^3 + \frac{1}{2}2^2 + c = 4$ $\quad 8 + 2 + c = 4$
$c = -6$ $\quad$ Ergebnis: $F(x) = x^3 + \frac{1}{2}x^2 - 6$

b) $f(x) = 2x^{-2} + 1$ $\quad F(x) = -2x^{-1} + x + c$
$F(1) = 0$ $\quad -2\cdot 1 + 1 + c = 0$ $\quad c = 1$
Ergebnis: $F(x) = -\frac{2}{x} + x + 1$

4 Die Graphen von F gehören von links nach rechts zu:
C; D; A; B

5 a) Wahr. Denn man kann zu einer Stammfunktion jede beliebige Konstante addieren und erhält so eine weitere Stammfunktion.
b) Falsch. F hat den Grad n + 1. Bsp.: $f(x) = x$; $F(x) = 0{,}5x^2$
c) Wahr. $F'(x) = f(x)$ und jede ganzrationale Funktion F hat genau eine Ableitungsfunktion.
d) Wahr. Es ist die Funktion f mit $f(x) = 0$.
e) Falsch. Gegenbeispiel: $F(x) = x^3$, $f(x) = 3x^2$. 0 ist Nullstelle von f, aber nicht Extremstelle von F.
f) Wahr. Notwendige Bedingung für eine Extremstelle x_0 von F ist $F'(x_0) = 0$. Wegen $F'(x_0) = f(x_0)$ ist die Aussage wahr.
g) Wahr. Bsp.: $f(x) = 3x^2$, $F(x) = x^3$

VI Bestimmung von Stammfunktionen, Seite 43

1 a) $F(x) = x^2 + 3x$ $\quad$ b) $F(x) = -2\cos(2x)$
c) $F(x) = -\frac{3}{4}x^{-4}$ $\quad$ d) $f(x) = e^{2x}$
e) $F(x) = -3x^{-1} - \frac{5}{2}x^{-2}$ $\quad$ f) $f(x) = 51\cos\left(17x - 4\frac{1}{2}\right)$
d) $F(x) = \frac{3}{7}\cdot\ln|7x - 1|$ $\quad$ h) $F(x) = \frac{1}{\ln 3}3^x$

2 a)

E: F hat bei x ≈ 0 ein Maximum. wahr ☒ falsch □

S: F hat bei x ≈ 2,5 ein Minimum. wahr □ falsch ☒

U: F(4) ist positiv. wahr □ falsch ☒

L: F hat zwischen 2 und 3 eine Nullstelle. wahr ☒ falsch □

G: F hat im Intervall [−2; 2] nur positive Funktionswerte. wahr ☒ falsch □

A: F hat bei x ≈ 2,5 eine Wendestelle. wahr ☒ falsch □

N: F(−1) > 5. wahr ☒ falsch □

H: F hat bei x ≈ −2 eine Wendestelle. wahr □ falsch ☒

I: F ist im Intervall [−4; 0] monoton steigend. wahr ☒ falsch □

Lösungswort: Genial

b)

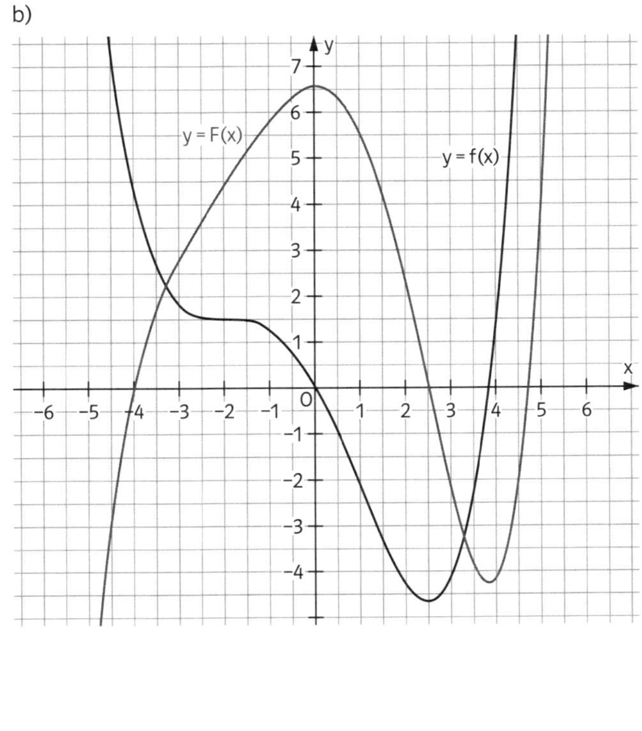

3 a) $\int_b^c f(x)\,dx = 11 - 5 = 6$ b) $\int_b^a g(x)\,dx = -(-2) = 2$

c) $\int_a^c g(x)\,dx = -2 + 1 = -1$ d) $\int_b^c (f(x)^2)\,dx$ = nicht lösbar

e) $\int_b^c (2 \cdot f(x))\,dx = 6 + 6 = 12$ f) $\int_b^c f(2x)\,dx$ = nicht lösbar

g) $\int_a^b (f(x) - g(x))\,dx = 5 - (-2) = 7$ h) $-\int_c^a f(x)\,dx = -(-11) = 11$

i) $\int_b^c (f(x) \cdot g(x))\,dx$ = nicht lösbar

4 a) $\int_1^2 \frac{2x^3 - 5}{x^2}\,dx = \int_1^2 (2x - 5x^{-2})\,dx = [x^2 + 5x^{-1}]_1^2 = \left[x^2 + \frac{5}{x}\right]_1^2$
$= 4 + 2{,}5 - (1 + 5) = 0{,}5$

b) $\int_0^{\pi} \sin(3x)\,dx = \left[-\frac{1}{3}\cos(3x)\right]_0^{\pi} = -\frac{1}{3} \cdot (-1) - (-\frac{1}{3} \cdot 1) = \frac{2}{3}$

c) $\int_0^1 \frac{3}{4x+1}\,dx = 3 \cdot \int_0^1 \frac{1}{4x+1}\,dx = 3 \cdot \left[\frac{1}{4} \cdot \ln|4x+1|\right]_0^1 = \frac{3}{4}\ln 5 - \frac{3}{4}\ln 1$
$= \frac{3}{4}\ln 5$

d) $\int_1^9 \frac{2}{\sqrt{4x}}\,dx = \int_1^9 \frac{2}{2\sqrt{x}}\,dx = \int_1^9 x^{-\frac{1}{2}}\,dx = \left[\frac{1}{\frac{1}{2}} \cdot x^{\frac{1}{2}}\right]_1^9 = [2\sqrt{x}]_1^9 = 2 \cdot \sqrt{9} - 2 \cdot \sqrt{1}$
$= 6 - 2 = 4$

e) $\int_{-0{,}25}^{0} e^{4x+1}\,dx = \left[\frac{1}{4}e^{4x+1}\right]_{-0{,}25}^{0} = \frac{1}{4}e^1 - \frac{1}{4}e^0 = \frac{1}{4}e - \frac{1}{4}$

5 $F(x) = \frac{4}{3}x^3 - \frac{1}{2}x^2 + c$

$F'(x) = 4x^2 - x$
$F''(x) = 8x - 1$
$F'(x) = 0$ $4x^2 - x = 0$ $x(4x - 1) = 0$ $x_1 = 0$ $x_2 = \frac{1}{4}$
$F''(0) = -1 < 0$ 0 ist eine Maximumstelle von F
$F''\left(\frac{1}{4}\right) = 1 > 0$ $\frac{1}{4}$ ist eine Minimumstelle von F
Der Tiefpunkt liegt auf der x-Achse, falls gilt: $F\left(\frac{1}{4}\right) = 0$
$\frac{4}{3} \cdot \left(\frac{1}{4}\right)^3 - \frac{1}{2} \cdot \left(\frac{1}{4}\right)^2 + c = 0$ $\frac{4}{3} \cdot \frac{1}{64} - \frac{1}{2} \cdot \frac{1}{16} + c = 0$ $\frac{1}{48} - \frac{1}{32} + c = 0$
$c = \frac{1}{32} - \frac{1}{48} = \frac{3}{96} - \frac{2}{96} = \frac{1}{96}$
Ergebnis: $F(x) = \frac{4}{3}x^3 - \frac{1}{2}x^2 + \frac{1}{96}$

6 $\int_1^b (2x - 1)\,dx = [x^2 - x]_1^b = b^2 - b - (1 - 1) = b^2 - b$
$b^2 - b = 20$ $b^2 - b - 20 = 0$
$b_{1,2} = \frac{1 \pm \sqrt{1 - 4 \cdot 1 \cdot (-20)}}{2} = \frac{1 \pm 9}{2}$ $b_1 = 5$ $b_2 = -4$

VI Integral und Flächeninhalt, Seite 44

1 $f(x) = x^2 - 4$, $g(x) = 2x - 1$ $x^2 - 4 = 2x - 1$ $x^2 - 2x - 3 = 0$
$x_{1,2} = \frac{2 \pm \sqrt{4 + 4 \cdot 3}}{2} = 1 \pm 2$ $x_1 = 3$ $x_2 = -1$
$\int_{-1}^{3} (2x - 1 - (x^2 - 4))\,dx = \int_{-1}^{3} (-x^2 + 2x + 3)\,dx = \left[-\frac{1}{3}x^3 + x^2 + 3x\right]_{-1}^{3}$
$= -9 + 9 + 9 - \left(\frac{1}{3} + 1 - 3\right) = 9 + 1\frac{2}{3} = 10\frac{2}{3}$

2 a) $A_1 + A_2 = -\int_{-4}^{b} f(x)\,dx$ $A_6 + A_7 + A_8 = \int_c^e (g(x) - f(x))\,dx$

$A_3 = -\int_a^{-2} g(x)\,dx + \int_a^b f(x)\,dx$ $A_4 = \int_b^c f(x)\,dx - \int_{-2}^{c} g(x)\,dx$

b) Die von den Graphen von f und g eingeschlossene Fläche: $A_3 + A_4 + A_6 + A_7 + A_8$
Die von den Graphen von f und g und der x-Achse eingeschlossenen Flächen: A_3 und A_5
Die von den Graphen von f und g, der x-Achse und der Geraden $x = -4$ eingeschlossene Fläche: A_2

3 Berechnen Sie den Inhalt der gefärbten Fläche.
a) $A = \int_{-\sqrt{3}}^{\sqrt{3}} (-x^2 + 4 - 1)\,dx \approx 6{,}93$

b) $A = 4 \cdot 6{,}4 - \int_0^4 (0{,}1x^3)\,dx = 25{,}4 - 6{,}4 = 19$

c) $A = -\int_0^2 (x^3 - 4x)\,dx = 4$

4 Tangentengleichung: $m = 3t^2$ $t^3 = 3t^2 \cdot t + n$
$n = -2t^3$ $y = 3t^2 \cdot x - 2t^3$
Schnittstelle der Tangente mit der x-Achse:
$3t^2x - 2t^3 = 0$ $3x - 2t = 0$ $x = \frac{2}{3}t$
Flächeninhalt:
$A(t) = \int_0^t (x^3)\,dx - \frac{1}{2} \cdot \frac{1}{3}t \cdot t^3 = \frac{1}{4} \cdot t^4 - \frac{1}{6} \cdot t^4 = \frac{1}{12} \cdot t^4$

VI Unbegrenzte Flächen, Seite 45

1 $A_1(z) = \int_2^z \frac{3}{x^2}\,dx = \left[-\frac{3}{x}\right]_2^z = -\frac{3}{z} + \frac{3}{2} = 1{,}5 - \frac{3}{z}$

Für $z \to \infty$ gilt: $A_1(z) \to 1{,}5$

$A_2(z) = \int_z^1 \frac{3}{x^2}\,dx = \left[-\frac{3}{x}\right]_z^1 = -3 + \frac{3}{z}$ Für $z \to 0$ gilt: $A_2(z) \to \infty$

Ergebnis: A_1 hat einen endlichen Flächeninhalt, A_2 nicht.

2 a) 1. Fehler in der Skizze: der Schüler hat $-f(x) = -\frac{1}{(2x-5)^3}$ skizziert (Spiegelt man den Graph an der x-Achse, erhält man den korrekten Verlauf.).
2. Fehler in der Stammfunktion (innere Ableitung vergessen), es muss $-\frac{1}{4}(\ldots)$ statt $-\frac{1}{2}(\ldots)$ heißen.
3. Fehler bei der Interpretation des Bruchverhaltens, der erste Bruch wird im Nenner beliebig klein, d.h. dieser Bruch wächst über alle Grenzen.
Damit ist das Ergebnis auch falsch, die Fläche ist unendlich groß.

b) $A(z) = \int_3^z \frac{1}{(2x-5)^3}\,dx = \left[-\frac{1}{4}(2x-5)^{-2}\right]_3^z$
$= \left(-\frac{1}{4} \cdot (2z-5)^{-2}\right) - \left(-\frac{1}{4} \cdot (6-5)^{-2}\right)$
$= \frac{1}{4 \cdot \underbrace{(2z-5)^2}_{\to \infty \text{ für } z \to \infty}} + \frac{1}{4}$
$\lim_{z \to \infty} A(z) = \frac{1}{4}$

3 (1) $A(z) = 2\sqrt{z} - 2$ hat für $z \to \infty$ keinen Grenzwert.
(2) $A(z) = 2\ln z + 2\ln 0{,}5$ hat für $z \to \infty$ keinen Grenzwert.
(3) $A(z) = -3e^{-2z+1} + 3e^2$ geht für $z \to \infty$ gegen 22,76.

4 a) $\int_0^{10} \left(-\frac{1}{2}t^3 + 5t^2\right)\,dt = \left[-\frac{1}{8}t^4 + \frac{5}{3}t^3\right]_0^{10} = 416\frac{2}{3}$ (Joule)
b) … die insgesamt abgegebene Energiemenge durch die dafür benötigte Zeit … beträgt $41{,}7\frac{J}{s}$.

VI Klausurtraining (1), Seite 46

1 a) $F(x) = \frac{3}{4}x^8 + \frac{1}{x^7}$

b) $F(x) = \frac{2}{9}(3x+4)^{\frac{3}{2}}$

c) $F(x) = -\frac{1}{3}e^{-3x+7} - \frac{\pi}{\sqrt{2}}\cos(\sqrt{2}\cdot x)$

2 a) $\int_1^z (4 - 2x^{-2})\,dx = \left[4x + \frac{2}{x}\right]_1^z = 4z + \frac{2}{z} - 6$

$4z + \frac{2}{z} - 6 = 3 \qquad 4z^2 - 9z + 2 = 0 \qquad z_1 = 2 \quad z_2 = \frac{1}{4}$

b) $\int_0^{\frac{\pi}{2}} \left(z\cdot\cos\left(2x + \frac{\pi}{2}\right)\right)dx = z\cdot\int_0^{\frac{\pi}{2}} \cos\left(2x + \frac{\pi}{2}\right)dx = z\left[\frac{1}{2}\sin\left(2x + \frac{\pi}{2}\right)\right]_0^{\frac{\pi}{2}}$

$= z\cdot\frac{1}{2}\cdot\left[\sin\left(\frac{3}{2}\pi\right) - \sin\left(\frac{\pi}{2}\right)\right] = z\cdot\frac{1}{2}\cdot[-1-1] = -z$ Also: $z = -17$

c) $\int_z^e \left(\frac{2}{x+e}\right)dx = 2\cdot\int_z^e \frac{1}{x+e}\,dx = 2\cdot[\ln|x+e|]_z^e$
$= 2\cdot\ln|2e| - 2\cdot\ln|z+e|$
$= 2\cdot(\ln 2 + \ln e) - 2\cdot\ln|z+e|$

$2\ln 2 + 2\ln e - 2\ln|z+e| = 2\ln 2$
$2\ln e - 2\ln|z+e| = 0$
$\ln e = \ln|z+e| \qquad z = 0$

3 a) An den Nullstellen von f hat der Graph von F waagrechte Tangenten, d.h. F hat dort Extremstellen oder Sattelstellen.
An den Extremstellen von f hat F Wendestellen.
Zwei beliebige Stammfunktionen von f unterscheiden sich lediglich durch eine Konstante.
b)

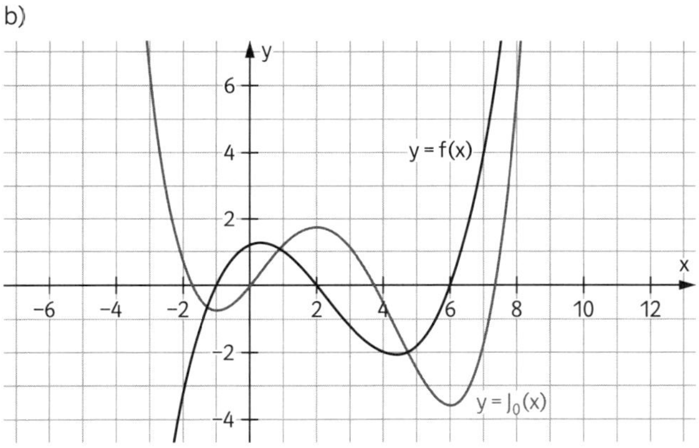

4 a) $F(x) = \frac{1}{2}x^4 - x^3 + c$

$F(-1) = 1$: $\quad \frac{1}{2}(-1)^4 - (-1)^3 + c = 1 \qquad \frac{1}{2} + 1 + c = 1$

$c = -\frac{1}{2}$ Ergebnis: $F(x) = \frac{1}{2}x^4 - x^3 - \frac{1}{2}$

b) $m = F'(-0{,}5) = f(-0{,}5) = -\frac{1}{4} - \frac{3}{4} = -1$

5 $\int_1^3 (x^2 - 2x)\,dx = \left[\frac{1}{3}x^3 - x^2\right]_1^3$
$= 9 - 9 - \frac{1}{3} - 1 = \frac{2}{3}$

$\int_1^3 (x^2 - 2x)\,dx = A_1 - A_2$

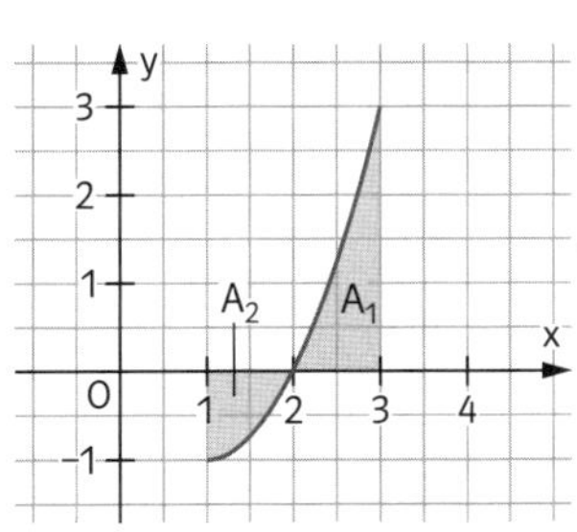

6 a) Normalengleichung:

$y = mx + n$ mit $m = -\frac{1}{f'(2)} = -\frac{1}{12}$

Koordinaten von P(2 | 12)

in $y = -\frac{1}{12}x + n$ einsetzen:

$12 = -\frac{1}{12}\cdot 2 + n \qquad n = 12\frac{1}{6}$

Skizze:

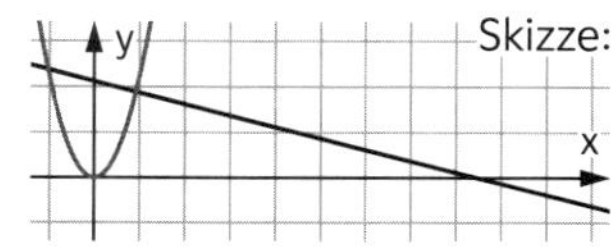

Gleichung der Normalen: $y = -\frac{1}{12}x + 12\frac{1}{6}$

Schnittpunkt S der Normalen mit der x-Achse: $-\frac{1}{12}x + 12\frac{1}{6} = 0$

$12\frac{1}{6} = \frac{1}{12}x \qquad x = 12\cdot 12\frac{1}{6} = 146 \qquad S(146 \mid 0)$

$A = \int_0^2 (3x^2)\,dx + \frac{1}{2}\cdot 12\cdot(146-2) = [x^3]_0^2 + 6\cdot 144 = 8 + 864 = 872$

b) $A = 2\cdot 12 - 8 + \frac{1}{2}\cdot 2\cdot\frac{1}{6} = 16 + \frac{1}{6} = 16\frac{1}{6}$

7 a) $f(4) = F'(4) \approx -1{,}5$

b) $\int_0^2 f(x)\,dx = F(2) - F(0) \approx 3 \qquad \int_0^2 F(x)\,dx \approx 5{,}5$

c) F hat in [0; 2] eine Wendestelle. Dort hat F″ bzw. f′ eine Nullstelle (notwendige Bedingung für Wendestellen).
d) Der Graph von F ist in [1; 3] eine Rechtskurve. Demnach hat F″ bzw. f′ dort negative Funktionswerte.
e)

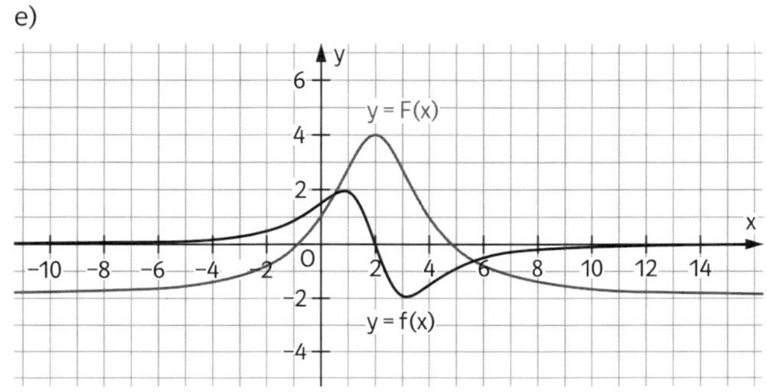

8 Schnittstellen von f_k mit der x-Achse:
$-x^3 + kx^2 = 0 \qquad x^2(-x+k) = 0 \qquad x_1 = 0 \quad x_2 = k$

$A = \int_0^k (-x^3 + kx^2)\,dx = \left[-\frac{1}{4}x^4 + \frac{k}{3}x^3\right]_0^k = -\frac{1}{4}k^4 + \frac{1}{3}k^4 = \frac{1}{12}k^4$

$\frac{1}{12}k^4 = 21\frac{1}{3} \qquad k^4 = 12\cdot 21\frac{1}{3} = 256 \qquad k = \sqrt[4]{256} = 4$

9 a) $\int_a^z \frac{100}{x^2}\,dx = 100\int_a^z \frac{1}{x^2}\,dx = 100\left[-\frac{1}{x}\right]_a^z = -\frac{100}{z} + \frac{100}{a}$

Für $z \to \infty$ gilt: $\int_a^z \frac{100}{x^2}\,dx \to \frac{100}{a}$

$\frac{100}{a} = 20 \qquad a = 5$

b) $\int_a^z \left(\frac{1}{x^2} + \frac{1}{100}\right)dx = \left[-\frac{1}{x} + \frac{1}{100}x\right]_a^z = -\frac{1}{z} + \frac{1}{100}z + \frac{1}{a} - \frac{1}{100}a$

Für $z \to \infty$ gilt: $\int_a^z \left(\frac{1}{x^2} + \frac{1}{100}\right)dx \to \infty$. Es gibt keinen Wert für a, der die Gleichung $\int_a^\infty \left(\frac{1}{x^2} + \frac{1}{100}\right)dx = 100$ erfüllt.

c) $\int_0^a \frac{1}{\sqrt{x}}\,dx = \int_0^a x^{-\frac{1}{2}}\,dx = [2\sqrt{x}]_0^a = 2\sqrt{a} - 2\sqrt{0} = 2\sqrt{a}$

$2\sqrt{a} = 4{,}5 \qquad \sqrt{a} = 2{,}25 \qquad a = 1{,}5$

d) $\pi\int_0^5 (ax^2)^2\,dx = \pi\cdot a^2\int_0^5 x^4\,dx = \pi\cdot a^2\cdot\left[\frac{1}{5}x^5\right]_0^5 = \pi\cdot a^2\cdot 625$

$\pi\cdot a^2\cdot 625 = 491 \qquad a = \sqrt{\frac{491}{\pi\cdot 625}} \approx 0{,}5$

VI Klausurtraining (2), Seite 47

10 a)

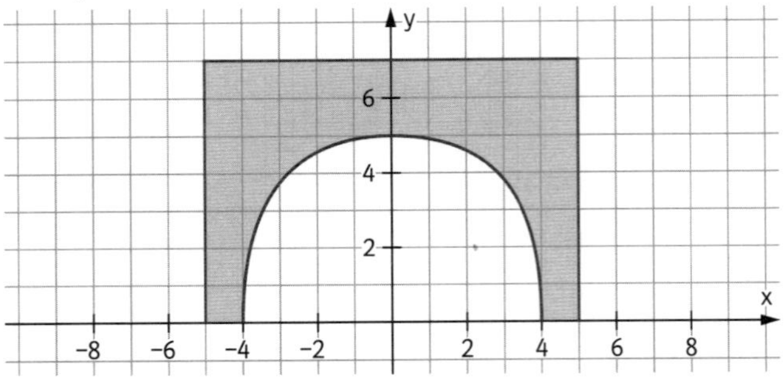

b) $10 \cdot 6 - \int_{-4}^{4}\left(8 + \frac{72}{x^2 - 25}\right)dx \approx 27{,}64 \qquad 27{,}64 \cdot 3 = 82{,}92$

Es werden rund 83 m³ Stein verbaut.

c) Die äußere Kante des Wagens ist bei P(2,5 | 3).

Abstand des Punktes P vom Graph von f:

$(d(x))^2 = (x - 2{,}5)^2 + (f(x) - 3)^2$

$d(x) = \sqrt{(x - 2{,}5)^2 + \left(5 + \frac{72}{x^2 - 25}\right)^2}$

Tiefpunkt des Graphen von d: T(≈ 3,10 | ≈ 0,68)

Der Abstand zwischen Wagen und Torbogen beträgt 68 cm.

11 a) f beschreibt die Änderung der Schneehöhe und es ist $f(t) > 0$ für alle t.

Beweis: $t^2 - 7t + 21 = t^2 - 7t + \frac{49}{4} - \frac{49}{4} + 21 = \left(t - \frac{7}{2}\right)^2 + 8{,}75 > 0$

b) Um 21.00 Uhr beträgt die Schneehöhe 17,8 cm.

c) Schnittstellen von $y_1 = f(t)$ und $y_2 = 5$ sind $t_1 = 1$ und $t_2 = 6$.

Um 19.00 Uhr bleibt erstmals Schnee auf dem Dach liegen.

d) $\int_1^6 (f(t) - 5)\,dt \approx 10{,}6$

Die maximale Schneehöhe von 10,6 cm ist um 24.00 Uhr erreicht.

e) Neu gefallene Schneemenge zwischen 1 Uhr und 2 Uhr:

$\int_7^8 f(t)\,dt \approx 3{,}05$

Änderung der Schneehöhe zwischen 1 Uhr und 2 Uhr:

$3{,}05 - 5{,}0 = -1{,}95$

Die Schneehöhe nimmt zwischen 1 Uhr und 2 Uhr um 2 cm ab.

12 a) $\int_0^2 (60 \cdot f(t))\,dt \approx 6032$

Bis 12 Uhr werden 6032 Karten bestellt.

b) $\frac{1}{10} \cdot \int_0^{10} f(t)\,dt \approx 41{,}33$

Durchschnittlich werden 41 Karten pro Minute bestellt.

c) Bei beiden Schnittstellen gibt es gleich viele Bestellungen und Abbestellungen.

$t_1 \approx 5{,}01$: Die Anzahl der verkauften Karten hat einen Maximalwert.

$t_2 \approx 7{,}86$: Die Anzahl der verkauften Karten hat einen Minimalwert.

d) $60\int_0^4 f(t)\,dt + 60\int_4^8 (f(t) - g(t))\,dt \approx 12\,644 - 417 = 12\,227$

13 a) $\int_0^2 2x e^{2x}\,dx$

$g(x) = \frac{1}{2}e^{2x} \qquad h'(x) = 2$

$\int_0^2 2xe^{2x}\,dx = [xe^{2x}]_0^2 - -\int_0^2 e^{2x}\,dx = [xe^{2x}]_0^2 - \left[\frac{1}{2}e^{2x}\right]_0^2$

$= 2e^4 - 0 - \frac{1}{2}e^4 + \frac{1}{2} = \frac{3}{2}e^4 + \frac{1}{2} \approx 82{,}4$

b) $\int_0^1 x^2(3x - 1)^4\,dx$

Produktintegration: $g'(x) = (3x - 1)^4 \qquad g(x) = \frac{1}{15}(3x - 1)^5$

$h(x) = x^2 \qquad h'(x) = 2x$

$\int_0^1 x^2(3x - 1)^4\,dx = \left[x^2 \cdot \frac{1}{15}(3x - 1)^5\right]_0^1 - \int_0^1 2x \cdot \frac{1}{15} \cdot (3x - 1)^5\,dx$

Produktintegration: $k'(x) = (3x - 1)^5 \qquad k(x) = \frac{1}{18}(3x - 1)^6$

$l(x) = \frac{2x}{15} \qquad l'(x) = \frac{2}{15}$

$\int_0^1 x^2(3x - 1)^4\,dx = \left[\frac{x^2}{15}(3x - 1)^5\right]_0^1 - \left[\frac{2x}{270}(3x - 1)^6\right]_0^1 + \int_0^1\left(\frac{2}{270}(3x - 1)^6\right)dx$

$= \left[\frac{x^2}{15}(3x - 1)^5\right]_0^1 - \left[\frac{2x}{270}(3x - 1)^6\right]_0^1 + \left[\frac{2}{2970}(3x - 1)^7\right]_0^1$

$= \left(\frac{32}{15} - 0\right) - \left(\frac{128}{270} - 0\right) + \left(\frac{128}{2970} + \frac{1}{2970}\right) = \frac{179}{105} \approx 1{,}705$

c) $\int_0^1 \frac{2}{5x + 1}\,dx$

Substitution: $g(x) = 5x + 1 \qquad g'(x) = 5 \qquad f(z) = \frac{2}{5z}$

$g(0) = 1 \qquad g(1) = 6$

$\int_0^1 \frac{2}{5x + 1}\,dx = \int_0^1 \frac{2}{5(5x + 1)} \cdot 5\,dx = \int_0^1 f(g(x)) \cdot g'(x)\,dx$

$= \int_1^6 f(z)\,dz = \frac{2}{5}\int_1^6 \frac{1}{z}\,dz = \frac{2}{5}[\ln(|z|)]_1^6 = \frac{2}{5}(\ln(6) - \ln(1)) = \frac{2}{5}\ln(6) \approx 0{,}717$

d) $\int_1^5 \frac{4x}{\sqrt{2x^2}} - 1\,dx$

Substitution: $g(x) = 2x^2 - 1 \qquad g'(x) = 4x \qquad f(z) = \frac{1}{\sqrt{z}}$

$g(1) = 1 \qquad g(5) = 49$

$\int_1^5 \frac{4x}{\sqrt{2x^2 - 1}} - 1\,dx = \int_1^5 f(g(x)) \cdot g'(x)\,dx = \int_1^{49} f(z)\,dz = \int_1^{49} \frac{1}{\sqrt{z}}\,dz = [2\sqrt{z}]_1^{49}$

$= 14 - 2 = 12$

14 a) $\int_0^1 x^3\,dx = \left[\frac{1}{4}x^4\right]_0^1 = \frac{1}{4}$

Näherung mit Fassregel von Kepler:

$\frac{1}{6} \cdot \left(0 + 4 \cdot \left(\frac{1}{2}\right)^3 + 1\right) = \frac{1}{6} \cdot \frac{3}{2} = \frac{1}{4}$ keine Abweichung

b) $\int_0^1 x^4\,dx = \left[\frac{1}{5}x^5\right] = \frac{1}{5}$

Näherung mit Fassregel von Kepler:

$\frac{1}{6} \cdot \left(0 + 4 \cdot \left(\frac{1}{2}\right)^4 + 1\right) = \frac{1}{6} \cdot \frac{5}{4} = \frac{5}{24}$

Abweichung: $\frac{1}{5} - \frac{5}{24} = \frac{1}{120}$

prozentuale Abweichung: $\frac{\frac{1}{120}}{\frac{1}{5}} = \frac{1}{24} \approx 4{,}2\,\%$

VII Lineare Gleichungssysteme

VII Das Gauß-Verfahren, Seite 48

1 a) (−6; 1; 2) b) (13; 3; −4) c) (−12,4; 3,8; −1,2)

2 a) alle Gleichungen erfüllt b) 2. Gleichung −51 = 51
c) alle Gleichungen erfüllt

3 Ia = −3 · I; Ia $12x_1 + 12x_2 - 3x_3 = -36$;
IIa $-3x_2 + 4x_3 = -26$;
Ib = 11 · I; Ib $-44x_1 - 44x_2 + 11x_3 = 132$; IIIa $9x_2 - 7x_3 = 38$;
IIb = 3 · IIa; IIb $-9x_2 + 12x_3 = -78$; IIIb $5x_3 = -40$;
(−3; −2; −8)

4 a) (0; −2; 0) b) (−2; 3; −2) c) (3; 1; 2)

5 a) Vorzeichenfehler $4x_2 - 6x_2$ ergibt $-2x_2$.
Es wurde statt mit $4x_2$ mit $-4x_2$ gerechnet.
b) Man darf eine Gleichung nicht durch die Summe zweier anderer ersetzen.
c) x_3 ist nicht 0, es gibt keine Lösung für dieses LGS.

6 z.B. Ia = I + II + III; IIa = 2 · I + II + III; IIIa = I − II − III

VII Lösungsmengen linearer Gleichungssysteme, Seite 49

1 a) $x_1 = -1$; $x_2 = 0$; $0 = 2$; $L = \{\ \}$;
b) $x_1 = 5$; $x_2 + x_3 = -3$; $0 = 0$;
unendlich viele Lösungen $x_3 = t$; $x_2 = -3 - t$;
$L = \{(5; -3 - t; t) | t \in \mathbb{R}\}$;
c) $x_1 + x_3 = -2$; $x_2 + 2x_3 = -4$; $0 = 0$; $x_3 = t$;
$x_2 = -4 - 2t$; $x_1 = -2 - t$; $L = \{(-2 - t; -4 - 2t; t) | t \in \mathbb{R}\}$

2 a) $L = \{(25; 2; 3)\}$ b) $L = \{(39; 9; -6)\}$
c) $L = \{\ \}$ d) $L = \{(-4; t; -1) | t \in \mathbb{R}\}$

3 **GTR-Darstellung:**

```
[A]
 [[2  0  1  -1]
  [1  1  -1  0]
  [1  3  -4  1]]
```

GTR-Lösung:

```
rref ([A])
 [[1  0  0,5  -0,5]
  [0  1  -1,5  0,5]
  [0  0  0      0]]
```

Stufenform:
Ia $x_1 + 0{,}5x_3 = -0{,}5$
IIa $x_2 - 1{,}5x_3 = 0{,}5$
IIIa $0 = 0$
aus IIa $x_2 = 0{,}5 + 1{,}5t$ und
aus Ia $x_1 = -0{,}5 - 0{,}5t$.
$L = \{(-0{,}5 - 0{,}5t; 0{,}5 + 1{,}5t; t) | t \in \mathbb{R}\}$

4 a) $L = \{0; 4; 5)$; b) $L = \left\{\left(-\frac{t}{3} - 2; -\frac{t}{2} - 5; t\right) \middle| t \in \mathbb{R}\right\}$; c) $L = \{\ \}$

5 a)
$x_1 + x_2 + x_3 = 1$
$x_1 + 2x_2 + 2x_3 = 1$
$x_1 + x_2 - x_3 = 1$

b)
$x_1 + x_2 + x_3 = 1$
$x_1 + 2x_2 + 2x_3 = 1$
$2x_1 + 3x_2 + 3x_3 = 1$

c)
$x_1 + x_2 - x_3 = 1$
$x_1 + 2x_2 - 2x_3 = 1$
$2x_1 + 3x_2 - 3x_3 = 2$

d)
$x_1 + x_2 - 2x_3 = 0$
$x_1 + 2x_2 - 3x_3 = 1$
$2x_1 + 3x_2 - 5x_3 = 1$

VII Bestimmung ganzrationaler Funktionen, Seite 50

1 $f'(x) = 3ax^2 + 2bx + c$;
1. Bedingung: $f(0) = 1$; Gleichung: $d = 1$
2. Bedingung: $f(-1) = 0$; Gleichung: $-a + b - c + d = 0$
3. Bedingung: $f(2) = 0$; Gleichung: $8a + 4b + 2c + d = 0$
4. Bedingung $f'(2) = 0$; Gleichung: $12a + 4b + c = 0$

Lösung: $a = \frac{1}{4}$; $b = -\frac{3}{4}$; $c = 0$; $d = 1$; $f(x) = \frac{1}{4}x^3 - \frac{3}{4}x^2 + 1$

2 $f(x) = ax^3 + bx^2 + cx + d$; $f(2) = 0$; $f'(2) = 0$; $f(1) = -2$;
$f''(1) = 0$ ergeben das Gleichungssystem $0 = 8a + 4b + 2c + d$;
$0 = 12a + 4b + c$; $-2 = a + b + c + d$; $6a + 2b = 0$;
In GTR: $a = -1$; $b = 3$; $c = 0$; $d = -4$; $f(x) = -x^3 + 3x^2 - 4$;
$f''(2) < 0$ also Hochpunkt.

3 Mit etwas Erfahrung erkennt man ohne Rechnung, dass es keine Lösung gibt, weil die Nullstellen nicht symmetrisch zum Scheitel liegen. Auch die Rechnung ergibt dies: $f'(x) = 2ax + b$;
$f(5) = 0$; $25a + 5b + c = 0$; $f(-4) = 0$; $16a - 4b + c = 0$;
$f'(0) = 0$; $b = 0$; Lösung: $a = 0$; $b = 0$; $c = 0$; Es gibt keine ganzrationale Funktion 2. Grades, die die Bedingungen erfüllt.

4 $f(x) = ax^4 + bx^2 + c$, weil nur gerade Potenzen von x vorkommen. $f'(x) = 4ax^3 + 2bx$; $f''(x) = 12ax^2 + 2b$;
$f(2) = 4$; $16a + 4b + c = 4$; $f''(2) = 0$; $48a + 2b = 0$;
Das LGS hat unendlich viele Lösungen; $b = k$ ergibt
$a = -\frac{1}{24}k$; $-\frac{16}{24}k + 4k + c = 4$; $c = 4 - \frac{10}{3}k$;
$f_k(x) = -\frac{1}{24}kx^4 + kx^2 + 4 - \frac{10}{3}k$

5 $f(x) = ax^3 + bx$ (wegen Symmetrie);
Bedingungen $f(1) = -1$; $f'(1) = 0$; $a = \frac{1}{2}$; $b = -\frac{3}{2}$; $f(x) = \frac{1}{2}x^3 - \frac{3}{2}x$

VII Klausurtraining, Seite 51

1 a) $L = \{(11; -9; -1)\}$
b) $L = \left\{\left(3 - t; \frac{(1 + t)}{5}; t\right) \middle| t \in \mathbb{R}\right\}$
c) $L = \{\ \}$; d) $L = \left\{\left(\frac{1}{3} + 2r; -\frac{2}{3} - r; 0\right) \middle| r \in \mathbb{R}\right\}$

2 Wegen $f(4) = 0$ scheidet das zweite System aus. $f'(4) = 0$ erfüllen alle verbliebenen Systeme. Wegen $f(-1) = -3$ scheidet das erste System aus (Vorzeichenfehler). Wegen $f'(-1) = 2$ scheidet das 4. System aus. Richtig ist das dritte System.

3 Ansatz $y = ax + b$ und $y = cx + d$ ergibt folgendes Gleichungssystem:
I $4a + b = -2$
II $4c + d = -2$
III $b - d = 8$
IV $a + c = 2$

Lösung: $d = -10$; $c = 2$; $b = -2$; $a = 0$;
Gleichungen der Geraden: $y = -2$ und $y = 2x - 10$

4 Winkelsumme im Viereck
Gegenwinkel 180°
Benachbarte Winkel 120°

I $\alpha + \beta + \gamma + \delta = 360°$
II $\alpha + \gamma = 180°$
III $\alpha + \beta = 120°$
IV $\beta + \gamma = 120°$
$\delta = 150°$; $\gamma = 90°$; $\beta = 30°$;
$\alpha = 90°$

5 Ansatz: $f(x) = ax^3 + bx^2 + cx + d$;
$f'(x) = 3ax^2 + 2bx + c$; $f''(x) = 6ax + 2b$;
Bedingungen: $f(2) = \frac{10}{3}$; $f'(2) = 0$;
$f(1) = \frac{8}{3}$; $f''(1) = 0$ und $f'(1) = 1$
ergeben folgendes Gleichungssystem:

I $8a + 4b + 2c + d = \frac{10}{3}$
II $12a + 4b + c = 0$
III $a + b + c + d = \frac{8}{3}$
IV $6a + 2b = 0$
V $3a + 2b + c = 1$

Die Funktion mit der Gleichung $f(x) = -\frac{1}{3}x^3 + x^2 + 2$ erfüllt die obigen Bedingungen. Es muss noch der y-Achsenabschnitt der Wendetangente geprüft werden: t: $y = (x - 1) + \frac{8}{3}$ ergibt $y = x + \frac{5}{3}$ (stimmt).

6 Aus 5 Punkten bestimmt man eine ganzrationale Funktion 4. Grades $f(x) = ax^4 + bx^3 + cx^2 + dx + e$.

Eingabe in GTR

16	8	4	2	1	0
81	27	9	3	1	1
256	64	16	4	1	3
2401	343	49	7	1	6
10000	1000	100	10	1	7

$f(x) = 0{,}0212x^4 - 0{,}490x^3 + 3{,}739x^2 - 9{,}773x + 8{,}167$
$f(5) = 4{,}777$, d.h. bei einer Zugkraft von 5 N dehnt sich das Gummiband um ca. 4,8 cm.
$f(1) = 1{,}664$. Dieser Wert ist nicht sinnvoll, weil man bei weniger als 2 N keine Dehnung erwarten kann.

7 Ansatz: $g(x) = ax^5 + bx^4 + cx^3 + dx^2 + ex + f$

$$\begin{array}{ll} g(-4) = f_1(-4): & -1024a + 256b - 64c + 16d - 4e + f = -4 \\ g'(-4) = f_1'(-4): & 1280a - 256b + 48c - 8d + e = 0 \\ g''(-4) = f_1''(-4): & -1280a + 192b - 24c + 2d = 0 \\ g(0) = f_2(0): & f = 0 \\ g'(0) = f_2'(0): & e = 1 \\ g''(0) = f_2''(0): & 2d = 0 \end{array}$$

$g'(x) = 5ax^4 + 4bx^3 + 3cx^2 + 2dx + e$
$g''(x) = 20ax^3 + 12bx^2 + 6cx + 2d$
$f_1'(x) = 0 \quad f_1''(x) = 0 \quad f_2'(x) = 1 \quad f_2''(x) = 0$

Lösung: $g(x) = 0{,}01171875x^5 + 0{,}109375x^4 + 0{,}25x^3 + x$

mit Brüchen $g(x) = \frac{15}{1280}x^5 + \frac{7}{64}x^4 + \frac{1}{4}x^3 + x$

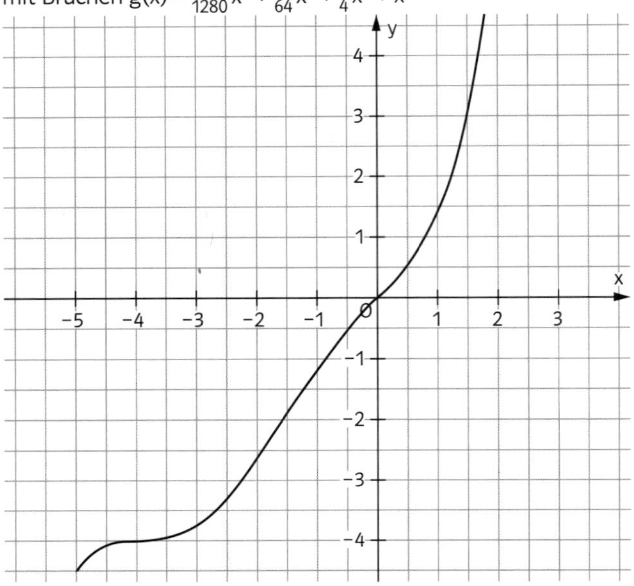

VIII Schlüsselkonzept: Vektoren

VIII Punkte im Raum, Seite 52

1 a)

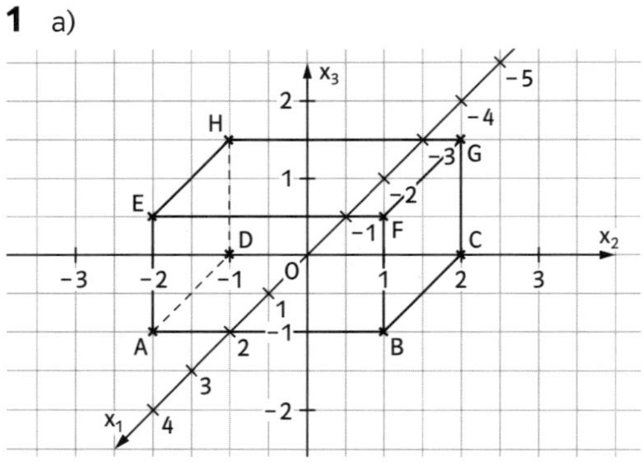

b) F(2 | 2 | 1,5), G(0 | 2 | 1,5), H(0 | −1 | 1,5)
c) h = 1,5 cm
d) M_{AB}(2 | 0,5 | 0)

$\overline{AC} = \sqrt{(0-2)^2 + (2-(-1))^2 + (0-0)^2}\,\text{cm} = \sqrt{4+9}\,\text{cm}$
$= \sqrt{13}\,\text{cm} \approx 3{,}61\,\text{cm}$

2

a) A(3 | 1 | 0), B(−2 | −2 | 0), C(0 | 1 | −2), D(0 | 2 | 2), E(−1 | 0 | 2), F(2 | 0 | 3)
b) Individuelle Lösung, z. B.: x_1x_2-Ebene: G(1 | 1 | 0), x_2x_3-Ebene: H(0 | 1 | 1), x_1x_3-Ebene: I(1 | 0 | 1)

3 a) Gestrichen werden: B, C, E und F
b) Q(0 | 0 | 2), R(0 | 3 | 2), S(0 | s_2 | 2), T(0 | t_2 | 2), U(0 | −5 | 2), V(0 | v_2 | 2)
s_2, t_2 und v_2 können hierbei beliebige Werte annehmen.

4 a) C(1 | 3,5 | 0) oder C(1 | −4,5 | 0)
b) Für ein gerades Prisma gilt:
D(−2 | −0,5 | 5), E(4 | −0,5 | 5), F(1 | 3,5 | 5)
Das Prisma könnte auch „unter" dem gegebenen Dreieck liegen. Dann gilt für die Eckpunkte:
D(−2 | −0,5 | −5), E(4 | −0,5 | −5), F(1 | 3,5 | −5)
Bei einem schiefen Prisma ergeben sich noch weitere Lösungen.

5
A(3 | 0 | −1), B(3 | 2 | −1), C(1 | 2 | −1), D(1 | 0 | −1)

VIII Vektoren, Seite 53

1
a) B(3 + 1 | −1 + 3 | 5 − 2), also B(4 | 2 | 3)
b) P(1 | 3 | −2)
c) $\overrightarrow{OA} = \begin{pmatrix} 3 \\ -1 \\ 5 \end{pmatrix}$, $\overrightarrow{OB} = \begin{pmatrix} 4 \\ 2 \\ 3 \end{pmatrix}$

2
a) $\overrightarrow{PQ} = \begin{pmatrix} -4 \\ 0 \\ 6 \end{pmatrix}$, $\overrightarrow{QP} = \begin{pmatrix} 4 \\ 0 \\ -6 \end{pmatrix}$ b) $\overrightarrow{PQ} = \begin{pmatrix} 6 \\ 1 \\ -31 \end{pmatrix}$, $\overrightarrow{QP} = \begin{pmatrix} -6 \\ -1 \\ 31 \end{pmatrix}$

3

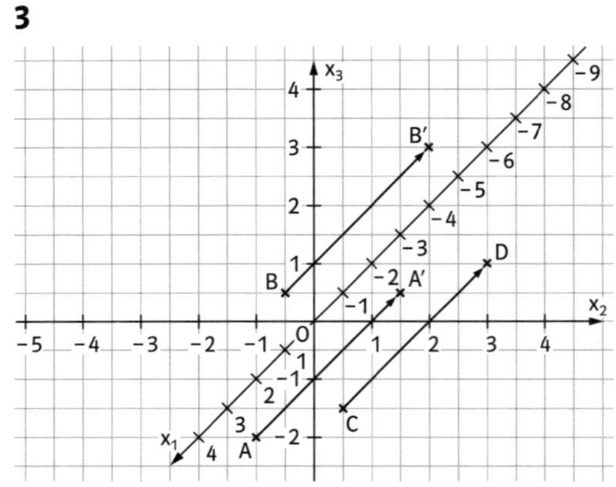

a) A'(2 − 1 | 0 + 2 | −1 + 2), also A'(1 | 2 | 1)
b) B(−1 | −1 | 0)
c) Rechnerisch ergibt sich C'(1 − 1 | 1 + 2 | −1 + 2), also C'(0 | 3 | 1).

Ebenso ist $\overrightarrow{CD} = \begin{pmatrix} -2-1 \\ 2-1 \\ 0+1 \end{pmatrix} = \begin{pmatrix} -3 \\ 1 \\ 1 \end{pmatrix} \neq \vec{v}$.

Den Punkt D erhält man also nicht vom Punkt C aus durch den Vektor $\vec{v}$.

4 a) Es sind sechs unterschiedliche Vektoren dargestellt:
$\overrightarrow{AB}$, $\overrightarrow{BE}$, $\overrightarrow{EA}$, $\overrightarrow{DF}$, $\overrightarrow{AD}$, $\overrightarrow{FE}$
b) $\overrightarrow{AB} = \overrightarrow{DC}$, $\overrightarrow{BE} = \overrightarrow{CF}$, $\overrightarrow{AD} = \overrightarrow{BC}$

5 Zusammen gehören jeweils:

A(−1 | 2 | −3), B(1 | −1 | 2), $\overrightarrow{AB} = \begin{pmatrix} 2 \\ -3 \\ 5 \end{pmatrix}$, $\overrightarrow{BA} = \begin{pmatrix} -2 \\ 3 \\ -5 \end{pmatrix}$

A(7 | −2 | −3), B(6 | 1 | −7), $\overrightarrow{AB} = \begin{pmatrix} -1 \\ 3 \\ -4 \end{pmatrix}$, $\overrightarrow{BA} = \begin{pmatrix} 1 \\ -3 \\ 4 \end{pmatrix}$

A(5 | 10 | 3), B(7 | 7 | 7), $\overrightarrow{AB} = \begin{pmatrix} 2 \\ -3 \\ 4 \end{pmatrix}$, $\overrightarrow{BA} = \begin{pmatrix} -2 \\ 3 \\ -4 \end{pmatrix}$

1 Individuelle Lösung, z. B.:
siehe Figur 1

2 a) $\begin{pmatrix}2\\-3\end{pmatrix}-\begin{pmatrix}-7\\2\end{pmatrix}=\begin{pmatrix}2-(-7)\\-3-2\end{pmatrix}=\begin{pmatrix}9\\-5\end{pmatrix}$

b) $5\cdot\begin{pmatrix}-2\\1\end{pmatrix}-0{,}5\cdot\begin{pmatrix}-4\\5\end{pmatrix}=\begin{pmatrix}-10\\5\end{pmatrix}-\begin{pmatrix}-2\\2{,}5\end{pmatrix}=\begin{pmatrix}-10+2\\5-2{,}5\end{pmatrix}=\begin{pmatrix}-8\\2{,}5\end{pmatrix}$

c) $\begin{pmatrix}10\\0{,}5\\-1{,}5\end{pmatrix}-\begin{pmatrix}5\\-3\\3\end{pmatrix}+\begin{pmatrix}-3{,}5\\0{,}5\\2{,}5\end{pmatrix}=\begin{pmatrix}10-5-3{,}5\\0{,}5+3+0{,}5\\-1{,}5-3+2{,}5\end{pmatrix}=\begin{pmatrix}1{,}5\\4\\-2\end{pmatrix}$

d) $-\begin{pmatrix}-3\\4\\1\end{pmatrix}-2\cdot\begin{pmatrix}1\\-1\\1{,}5\end{pmatrix}=\begin{pmatrix}3\\-4\\-1\end{pmatrix}-\begin{pmatrix}2\\-2\\3\end{pmatrix}=\begin{pmatrix}3-2\\-4+2\\-1-3\end{pmatrix}=\begin{pmatrix}1\\-2\\-4\end{pmatrix}$

3

a) $\vec{a}+\vec{b}=\overrightarrow{AC}=\overrightarrow{EG}$ b) $\vec{a}+\vec{b}+\vec{c}=\overrightarrow{AG}$

c) $\vec{c}+\vec{b}=\overrightarrow{AH}=\overrightarrow{BG}$ d) $\vec{a}+\vec{c}=\overrightarrow{DG}=\overrightarrow{AF}$

e) $\vec{b}-\vec{a}=\overrightarrow{BD}=\overrightarrow{FH}$ f) $\vec{a}-\vec{b}-\vec{c}=\overrightarrow{HB}$

4

$-3\vec{b}+(3\vec{a}-2\vec{b}-2\vec{a})=\vec{a}-5\vec{b}=4\vec{a}-(3\vec{a}+5\vec{b})$

$5\vec{a}-\vec{b}-3\vec{a}-2\vec{b}=2\vec{a}-3\vec{b}=-(\vec{b}-\vec{a})+\vec{a}-2\vec{b}$

$2\vec{b}-2\vec{a}-3\vec{b}=-2\vec{a}-\vec{b}=4\vec{a}-(6\vec{a}+\vec{b})$

$6\vec{a}-(5\vec{a}-3\vec{b})=\vec{a}+3\vec{b}=-4\vec{b}+\vec{a}+7\vec{b}$

$5\vec{a}+(-3\vec{a}-\vec{b})-4\vec{b}=2\vec{a}-5\vec{b}=-4\vec{b}-(-2\vec{a}+\vec{b})$

5

a) $\overrightarrow{OM_1}=\overrightarrow{OA}+\frac{1}{2}\overrightarrow{AB}=\begin{pmatrix}3\\0\\-2\end{pmatrix}+\frac{1}{2}\cdot\begin{pmatrix}-4\\6\\0\end{pmatrix}=\begin{pmatrix}1\\3\\-2\end{pmatrix}$

$M_1(1|3|-2)$, $M_2(-1|6|0)$

b) $\overrightarrow{M_1M_2}=\begin{pmatrix}-2\\3\\2\end{pmatrix}$, $\overrightarrow{AC}=\begin{pmatrix}-4\\6\\4\end{pmatrix}$, also ist $2\cdot\overrightarrow{M_1M_2}=\overrightarrow{AC}$.

$\overrightarrow{AC}$ zeigt in dieselbe Richtung, ist aber doppelt so lang wie $\overrightarrow{M_1M_2}$.

6

a) $\begin{pmatrix}0\\4\\0\end{pmatrix}$ b) $\begin{pmatrix}7\\6\\-9\end{pmatrix}$

7

B(9|−5|4)

1

Individuelle Lösung, z. B.:

a) A(−1|−1|3), B(1|3|2), g: $\vec{x}=\begin{pmatrix}-1\\-1\\3\end{pmatrix}+r\cdot\begin{pmatrix}2\\4\\-1\end{pmatrix}$

b) Stützvektor: $\overrightarrow{OA}=\begin{pmatrix}-1\\-1\\3\end{pmatrix}$, Richtungsvektor: $\overrightarrow{AB}=\begin{pmatrix}2\\4\\-1\end{pmatrix}$

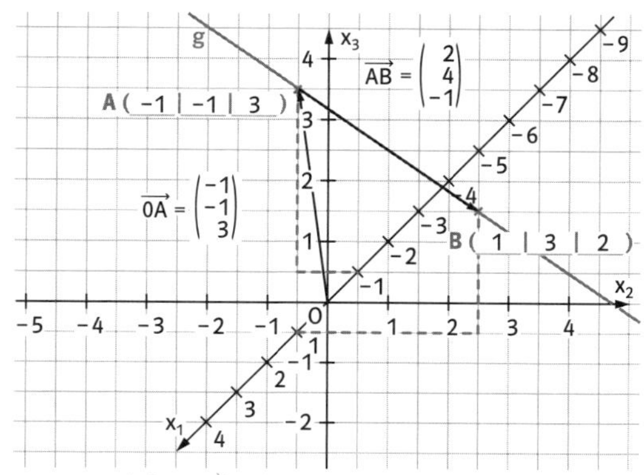

c) g: $\vec{x}=\begin{pmatrix}1\\3\\2\end{pmatrix}+r\cdot\begin{pmatrix}-2\\-4\\1\end{pmatrix}$

d) C(−1|−1|3), D(−5|−9|5), E(0|1|2,5)

2

a) Die zweite, vierte und fünfte Begründung ist richtig.
b) Svenjas Meinung ist richtig.

3

a) A(4|0|0), G(0|5|3), B(4|5|0), H(0|0|3)
Individuelle Lösung, z. B.

g: $\vec{x}=\begin{pmatrix}4\\0\\0\end{pmatrix}+r\cdot\begin{pmatrix}-4\\5\\3\end{pmatrix}$, h: $\vec{x}=\begin{pmatrix}4\\5\\0\end{pmatrix}+s\cdot\begin{pmatrix}-4\\-5\\3\end{pmatrix}$

b) Das Gleichungssystem
I: $4-4r=4-4s$
II: $0+5r=5-5s$
III: $0+3r=0+3s$
liefert $s=\frac{1}{2}$ und $r=\frac{1}{2}$.
Ergebnis: M(2|2,5|1,5)

c) Individuelle Lösung, z. B. k: $\vec{x}=\begin{pmatrix}4\\5\\3\end{pmatrix}+t\cdot\begin{pmatrix}-2\\-2{,}5\\-1{,}5\end{pmatrix}$

4 a) B(4|2|−1) b) A(16|−11|0)

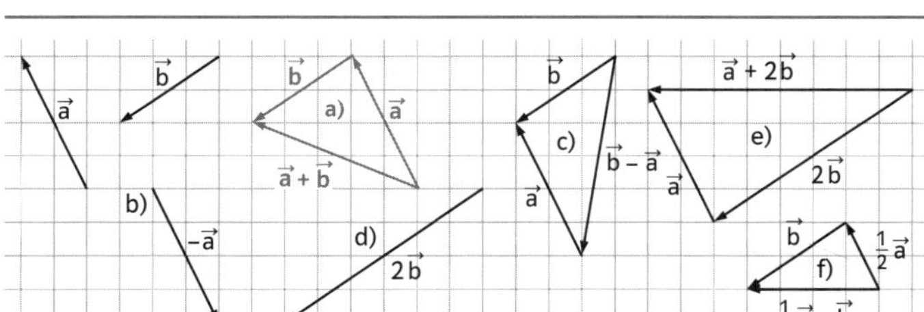

Figur 1

VIII Gegenseitige Lage von Geraden, Seite 56

1 1. Zeile:
Laura: „…, da sie denselben Richtungsvektor haben."
Fynn: „…, da $\begin{pmatrix}-2\\3\\2\end{pmatrix}$ kein Vielfaches von $\begin{pmatrix}3\\-2\\2\end{pmatrix}$ ist."
Malin: „…, da $\begin{pmatrix}-2\\3\\2\end{pmatrix}$ kein Vielfaches von $\begin{pmatrix}3\\-2\\2\end{pmatrix}$ ist."

2. Zeile: F(ynn), M(alin), L(aura)
3. Zeile: M(alin), L(aura), F(ynn)
4. Zeile: L(aura), M(alin), F(ynn)

2 a) Gesucht ist die Lösung der Gleichung
$$\begin{pmatrix}5\\0\\3\end{pmatrix}+r\cdot\begin{pmatrix}2\\4\\-2\end{pmatrix}=\begin{pmatrix}-1\\-2\\6\end{pmatrix}+s\cdot\begin{pmatrix}4\\-2\\-1\end{pmatrix}$$
bzw. des Gleichungssystems:
$$\begin{aligned}5+2\cdot r&=-1+4\cdot s\\ 4\cdot r&=-2-2\cdot s\\ 3-2\cdot r&=\ \ 6\ \ -s\end{aligned}$$
Das LGS wird umgeformt zu:
$$\begin{aligned}2\cdot r+(-4)\cdot s&=-6\\ 4\cdot r+\ \ 2\cdot s&=-2\\ -2\cdot r+\ \ \ \ s&=\ \ 3\end{aligned}$$
Lösungen sind $r=-1$ und $s=1$.
Durch Einsetzen von $r=-1$ in die Gleichung für g erhält man den Ortsvektor $\overrightarrow{OS}=\begin{pmatrix}3\\-4\\5\end{pmatrix}$. Der Schnittpunkt ist also $S(3\,|-4\,|\,5)$.

b) $\begin{pmatrix}0\\1\\1\end{pmatrix}+r\cdot\begin{pmatrix}1\\0\\1\end{pmatrix}=\begin{pmatrix}6\\3\\5\end{pmatrix}+s\cdot\begin{pmatrix}2\\1\\1\end{pmatrix}$;
$$\begin{aligned}r&=6+2\cdot s\\ 1\ \ &=3\ \ \ +s;\\ 1+r&=5\ \ \ +s\end{aligned}$$
$$\begin{aligned}r-2\cdot s&=6\\ -s&=2\\ r\ \ \ -s&=4\end{aligned}$$
Lösungen sind: $r=2$ und $s=-2$.
Durch Einsetzen von $r=2$ in die Gleichung für g erhält man den Ortsvektor $\overrightarrow{OS}=\begin{pmatrix}2\\1\\3\end{pmatrix}$. Der Schnittpunkt ist also $S(2\,|\,1\,|\,3)$.

3

a) $a=-\frac{1}{2}$

b) $a=-1$ $\quad S(3\,|-1\,|-4)$

VIII Längen messen – Einheitsvektoren, Seite 57

1 a) $\overrightarrow{OP'}=\overrightarrow{OP}+2\cdot\overrightarrow{PQ}$ Es ist $\overrightarrow{PQ}=\begin{pmatrix}-1\\1\\-4\end{pmatrix}$.
$P'(0\,|\,6\,|-1)$.

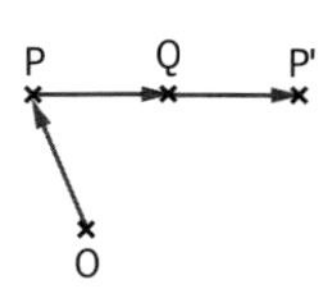

b) Ja, siehe Skizze

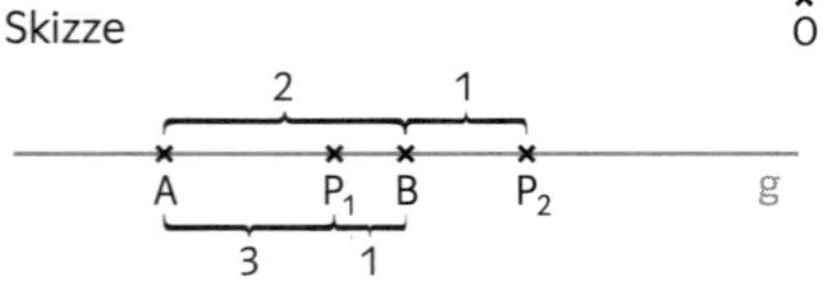

c) Nein: Kreis mit Radius 3 um A und Kreis mit Radius 1 um B müssen sich nicht notwendigerweise schneiden.

2 a) $\overrightarrow{AB}=\begin{pmatrix}3\\-4\\7\end{pmatrix}$, $|\overrightarrow{AB}|=\sqrt{3^2+(-4)^2+7^2}=\sqrt{74}$

Also $\overrightarrow{a_0}=\frac{1}{\sqrt{74}}\cdot\overrightarrow{AB}=\frac{1}{\sqrt{74}}\cdot\begin{pmatrix}3\\-4\\7\end{pmatrix}$

b) g: $\vec{x}=\begin{pmatrix}0\\2\\5\end{pmatrix}+r\cdot\begin{pmatrix}\frac{2}{3}\\ \frac{1}{3}\\ \frac{2}{3}\end{pmatrix}$ Punkte auf g mit

– Abstand 1 von A: $P_1\left(\frac{2}{3}\,\middle|\,\frac{7}{3}\,\middle|\,\frac{17}{3}\right)$, $P_2\left(-\frac{2}{3}\,\middle|\,\frac{5}{3}\,\middle|\,\frac{13}{3}\right)$
– Abstand 3 von A: $P_3(2\,|\,3\,|\,7)$, $P_4(-2\,|-1\,|\,3)$
– Abstand 12 von A: $P_5(8\,|\,6\,|\,13)$, $P_6(-8\,|-2\,|-3)$

3 $\overrightarrow{OR}=\overrightarrow{OP}+2\overrightarrow{PQ}$; $\quad R(-4\,|\,1\,|\,11)$
$\overrightarrow{OS}=\overrightarrow{OP}+\frac{2}{3}\overrightarrow{PQ}$; $\quad S\left(0\,\middle|\,1\,\middle|\,\frac{17}{3}\right)$

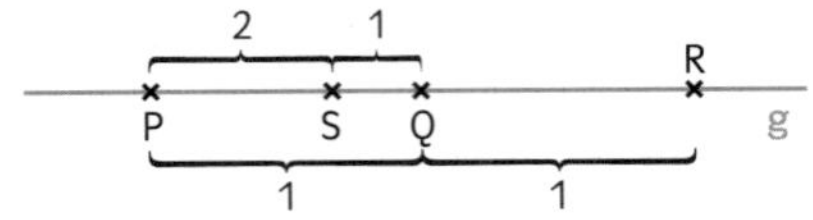

4 a) $\overrightarrow{AB}=\overrightarrow{DC}$ und $|\overrightarrow{AD}|=|\overrightarrow{AB}|$
$\overrightarrow{AB}=\begin{pmatrix}-3\\1\\3\end{pmatrix}=\overrightarrow{DC}$ und $|\overrightarrow{AD}|=\sqrt{19}=|\overrightarrow{AB}|$: ABCD ist eine Raute.

b) $\overrightarrow{AB}=r\cdot\overrightarrow{DC}$ oder $\overrightarrow{BC}=r\cdot\overrightarrow{AD}$, $r\in\mathbb{R}$
$\overrightarrow{AB}=\begin{pmatrix}-6\\-3\\4\end{pmatrix}=2\cdot\overrightarrow{DC}$: ABCD ist ein Trapez.

c) $|\overrightarrow{AB}|=|\overrightarrow{BC}|$ oder $|\overrightarrow{BC}|=|\overrightarrow{AC}|$ oder $|\overrightarrow{CA}|=|\overrightarrow{AB}|$
$|\overrightarrow{AB}|=|\overrightarrow{BC}|=3$. Das Dreieck ABC ist gleichschenklig.

d) $M_c(5\,|-1\,|-0{,}5)$, $M_b(4{,}5\,|\,0\,|\,0{,}5)$, $M_a(3{,}5\,|-1\,|\,1)$
$s_a=|\overrightarrow{AM_a}|=\sqrt{(-2{,}5)^2+(-1)^2+2^2}=\sqrt{11{,}25}\notin\mathbb{Z}$
$s_b=|\overrightarrow{BM_b}|=\sqrt{0{,}5^2+2^2+0{,}5^2}=\sqrt{4{,}5}\notin\mathbb{Z}$
$s_c=|\overrightarrow{CM_c}|=\sqrt{2^2+(-1)^2+(-2{,}5)^2}=\sqrt{11{,}25}\notin\mathbb{Z}$

5 a) $|\overrightarrow{PQ}|=3\,\frac{\text{km}}{\text{min}}$, also $180\,\frac{\text{km}}{\text{h}}$

b) $\overrightarrow{OF_1}=\overrightarrow{OP}+3\cdot\overrightarrow{PQ}=\begin{pmatrix}1\\4\\2\end{pmatrix}+3\cdot\begin{pmatrix}2\\2\\1\end{pmatrix}=\begin{pmatrix}7\\10\\5\end{pmatrix}$, $F_1(7\,|\,10\,|\,5)$
$|\overrightarrow{RS}|=\sqrt{4^2+(-3)^2+0^2}=5\left(\frac{\text{km}}{\text{min}}\right)$. F_2 befindet sich nach einer Minute in S. Nach 3 Minuten befindet sich F_2 in
$\overrightarrow{OF_2}=\overrightarrow{OR}+3\cdot\overrightarrow{RS}=\begin{pmatrix}2\\6\\6\end{pmatrix}+3\cdot\begin{pmatrix}4\\-3\\0\end{pmatrix}$, $F_2(14\,|-3\,|\,6)$

c) $|\overrightarrow{F_1F_2}|=\sqrt{7^2+(-13)^2+1^2}=\sqrt{219}$
F_1 und F_2 sind nach 3 Minuten etwa 14,8 km voneinander entfernt.

VIII Klausurtraining, Seite 58

1 a) $\vec{x}=\begin{pmatrix}4\\-12\\3\end{pmatrix}$ $\quad$ b) $|\vec{x}|=\sqrt{4^2+(-12)^2+3^2}=13$ $\quad \vec{x_0}=\frac{1}{13}\cdot\begin{pmatrix}4\\-12\\3\end{pmatrix}$

c) Da der Richtungsvektor von g die Länge 13 hat, muss man $t=3$ und $t=-3$ in die Geradengleichung von g einsetzen, um den Ortsvektor der gesuchten Punkte zu erhalten: $P(14\,|-33\,|\,10)$ und $Q(-10\,|\,39\,|-8)$.

2 $\overrightarrow{AM}=\frac{1}{2}(\vec{a}+\vec{b})$; $\overrightarrow{BM}=\frac{1}{2}(\vec{b}-\vec{a})$

3 a) g: $\vec{x}=\begin{pmatrix}7\\2\\-1\end{pmatrix}+t\cdot\begin{pmatrix}4\\1\\-3\end{pmatrix}$

b) Für die ersten beiden Koordinaten ergibt sich $t=-2$.
Überprüfung der x_3-Koordinate liefert $P\notin g$.

c) h: $\vec{x}=t\cdot\begin{pmatrix}4\\1\\-3\end{pmatrix}$ $\quad$ d) i: $\vec{x}=\begin{pmatrix}3\\1\\2\end{pmatrix}+t\cdot\begin{pmatrix}0\\1\\0\end{pmatrix}$ $\quad$ e) $C'(9\,|\,0\,|-5)$

4 a) g und h sind parallel (das zugehörige LGS hat keine Lösung und die Richtungsvektoren sind Vielfache voneinander)
b) $g \parallel h$ (das zugehörige LGS hat unendlich viele Lösungen)
c) Die Gleichung $\begin{pmatrix}1\\2\\3\end{pmatrix} + r \cdot \begin{pmatrix}-1\\2\\5\end{pmatrix} = \begin{pmatrix}10\\2\\0\end{pmatrix} + s \cdot \begin{pmatrix}1\\1\\2\end{pmatrix}$ besitzt die einzige Lösung für $r = -3$ und $s = -6$. Damit ergibt sich der Schnittpunkt $S(4\,|-4\,|-12)$.
d) Richtungsvektoren sind nicht zueinander parallel und das LGS hat keine Lösungen. Die Geraden sind zueinander windschief.

5 a) Es ist $|\overrightarrow{AB}| = 5$. Der Körper befindet sich also nach einer Stunde im Punkt B. Nach einer weiteren halben Stunde ist die Hälfte des bisher zurückgelegten Weges zurückgelegt.
Der Körper befindet sich nun in $C(8\,|\,1\,|\,0{,}5)$.
b) Da B genau in der Mitte von A und C liegt, wird C nach zwei Stunden erreicht.

6 a) $D(-1\,|\,2\,|\,0)$, $M(1\,|\,0\,|\,0)$
b) $V = \frac{1}{3} \cdot G \cdot h$ also $h = \frac{3 \cdot V}{G} = \frac{3 \cdot 32\pi}{\pi \cdot 4^2} = 6$ (LE). Damit ist $S(1\,|\,0\,|\,3)$ oder $S(1\,|\,0\,|-3)$.
c)

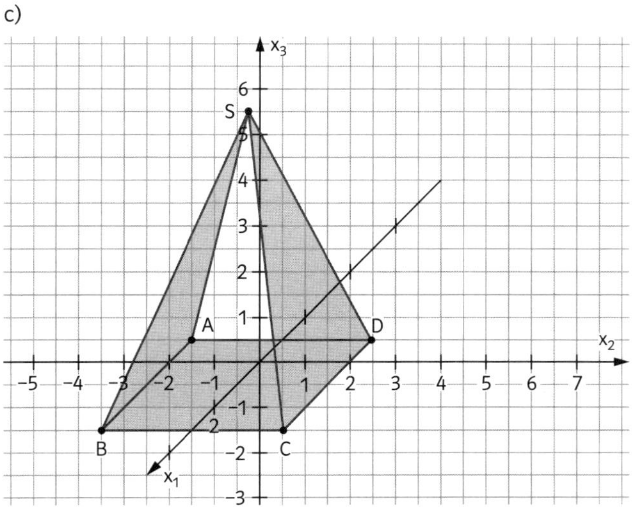

d) $M_{AB}(1\,|-2\,|\,0)$, damit $h = \sqrt{(1-1)^2 + 2^2 + 6^2} = \sqrt{40}$. Für die Oberfläche gilt: $O = 4 \cdot \frac{1}{2} \cdot 4 \cdot \sqrt{40} + 16 = 16(\sqrt{10} + 1) \approx 66{,}6$ (FE)

7 a) $C(-2\,|\,5\,|-1)$, $F(4\,|\,5\,|\,0{,}5)$, $G(-2\,|\,5\,|\,0{,}5)$, $H(-2\,|\,1\,|\,0{,}5)$
b) $|AE| = 1{,}5$
c) $M_{BD}(1\,|\,3\,|-1)$; $g_{M_{AB}A}: \vec{x} = \begin{pmatrix}4\\1\\-1\end{pmatrix} + t \cdot \begin{pmatrix}3\\-2\\0\end{pmatrix}$. Für $t = -2$ liegt R auf dieser Geraden. Damit ergibt sich $s = -2$.

IX Ebenen

IX Ebenen im Raum – Parameterform, Seite 59

1 falsch: E ist parallel zur x_2x_3-Ebene.
falsch: siehe oben
wahr: siehe oben
falsch: Drei Punkte im Raum legen keine Ebene fest, wenn sie auf einer gemeinsamen Geraden liegen.
wahr: Zwei parallele (nicht identische) Geraden im Raum legen immer eine Ebene fest.
wahr: F enthält den Ursprung.
wahr: F enthält die x_3-Achse.
wahr: F schneidet die x_1-Achse unter einem Winkel von 45°.

2 $\overrightarrow{OA} = \begin{pmatrix}1\\0\\2\end{pmatrix}$, $\overrightarrow{AB} = \begin{pmatrix}2\\2\\3\end{pmatrix}$ und $\overrightarrow{AC} = \begin{pmatrix}-3\\1\\1\end{pmatrix}$

$E: \vec{x} = \begin{pmatrix}1\\0\\2\end{pmatrix} + r \cdot \begin{pmatrix}2\\2\\3\end{pmatrix} + s \cdot \begin{pmatrix}-3\\1\\1\end{pmatrix}$

Da die Spannvektoren $\overrightarrow{AB}$ und $\overrightarrow{AC}$ nicht Vielfache voneinander sind, erhält man eine Ebenengleichung. $D(0\,|\,3\,|\,6)$
$\begin{pmatrix}0\\3\\d_3\end{pmatrix} = \begin{pmatrix}1\\0\\2\end{pmatrix} + r \cdot \begin{pmatrix}2\\2\\3\end{pmatrix} + s \cdot \begin{pmatrix}-3\\1\\1\end{pmatrix}$ liefert $r = s = 1$ und damit $d_3 = 6$

3 a) Für $r = 3$ und $s = 1$ ergibt sich $A \in E$. Für $s = 0$ und $r = 2$ ergibt sich $B \in E$.
b) $E_{ABC}: \vec{x} = \begin{pmatrix}3\\2\\9\end{pmatrix} + r \cdot \begin{pmatrix}1\\1\\6\end{pmatrix} + s \cdot \begin{pmatrix}0\\1\\8\end{pmatrix}$. Die vier Punkte liegen nicht in einer Ebene.
c) g und h schneiden sich für $r = 1$ und $s = 0$ in $S(3\,|\,7\,|\,8)$
$E: \vec{x} = \begin{pmatrix}3\\7\\8\end{pmatrix} + s \cdot \begin{pmatrix}1\\3\\4\end{pmatrix} + r \cdot \begin{pmatrix}2\\7\\5\end{pmatrix}$

4 Das zugehörige LGS
$$\begin{aligned} 2 + r &= 3 + t \\ 5r - 2s &= 5 + 3t \\ 5 + 2r + 7s &= 7 + 9t \end{aligned}$$
hat unendlich viele Lösungen ($r = t + 1$ und $s = t$).

5 $B(1\,|\,0\,|\,0)$, $C(1\,|\,1\,|\,0)$, $D(0\,|\,1\,|\,0)$, $E(0\,|\,0\,|\,1)$, $F(1\,|\,0\,|\,1)$, $H(0\,|\,1\,|\,1)$
z.B. $E: \vec{x} = r \cdot \begin{pmatrix}1\\1\\1\end{pmatrix} + s \cdot \begin{pmatrix}0\\0\\1\end{pmatrix}$

IX Zueinander orthogonale Vektoren – Skalarprodukt, Seite 60

1 $\begin{pmatrix}0\\1\\2\end{pmatrix} \cdot \begin{pmatrix}7\\-2\\1\end{pmatrix} = 0$; $\begin{pmatrix}-1\\2\\0\end{pmatrix} \cdot \begin{pmatrix}2\\1\\9\end{pmatrix} = 0$; $\begin{pmatrix}1\\7\\2\end{pmatrix} \cdot \begin{pmatrix}-3\\2\\-5{,}5\end{pmatrix} = 0$

2 $\overrightarrow{BA} = \begin{pmatrix}2\\4\\4\end{pmatrix}$, $\overrightarrow{BC} = \begin{pmatrix}-4\\1\\1\end{pmatrix}$ $\quad \overrightarrow{BA} \cdot \overrightarrow{BC} = \begin{pmatrix}2\\4\\4\end{pmatrix} \cdot \begin{pmatrix}-4\\1\\1\end{pmatrix} = 0$
Das Dreieck ABC hat bei B einen rechten Winkel.

3 1./2. falsch/wahr: Wenn $|\overrightarrow{AB}| = |\overrightarrow{BC}|$, dann ist ABC gleichschenklig.

3./4. wahr/falsch: Wenn $\overrightarrow{AB} \cdot \overrightarrow{AC} = 0$, dann ist ABC rechtwinklig.

5./6. falsch/wahr: Wenn $\overrightarrow{AB} = \overrightarrow{DC}$ und $|\overrightarrow{BC}| = |\overrightarrow{AB}|$, dann ist ABCD eine Raute.

7. wahr: Wenn $\overrightarrow{AB} = \overrightarrow{DC}$, dann ist ABCD ein Parallelogramm.

8. wahr: Wenn $\overrightarrow{AB} = r \cdot \overrightarrow{DC}$ für ein $r \in \mathbb{R}$, dann ist ABCD ein Trapez.

9./10. falsch/wahr: Wenn $\overrightarrow{AB} = \overrightarrow{DC}$, $|\overrightarrow{AB}| = |\overrightarrow{AD}|$ und $\overrightarrow{CB} \cdot \overrightarrow{CD} = 0$, dann ist ABCD ein Quadrat.

4 a) z.B. $\begin{pmatrix}0\\2\\-3\end{pmatrix}$, $\begin{pmatrix}3\\-1\\0\end{pmatrix}$ und $\begin{pmatrix}2\\0\\-1\end{pmatrix}$
b) $\begin{aligned} 2n_1 + n_2 + 3n_3 &= 0 \\ n_1 \quad + 2n_3 &= 0 \end{aligned}$ liefert z.B. $\vec{n} = \begin{pmatrix}-2\\1\\1\end{pmatrix}, \begin{pmatrix}-4\\2\\2\end{pmatrix}, \begin{pmatrix}2\\-1\\-1\end{pmatrix}, \ldots$
c) $2 + 3a_2 + 1 = 0 \Rightarrow a_2 = -1$
$2b_1 + 3 - 2 = 0 \Rightarrow b_1 = -\frac{1}{2}$

5 $\overrightarrow{AB} = \overrightarrow{DC}$, $|\overrightarrow{AB}| = |\overrightarrow{AD}|$, $\overrightarrow{AB} \cdot \overrightarrow{AD} \neq 0$
Das Viereck ABCD ist eine Raute.

IX Normalengleichung und Koordinatengleichung einer Ebene, Seite 61

1 E_1, E_3 und E_7; E_2, E_4 und E_5

2 wahr, denn sie besitzen denselben Normalenvektor $\begin{pmatrix}a\\b\\c\end{pmatrix}$
falsch: Die Normalenvektoren müssen nicht gleich sein, sondern Vielfache von einander.
falsch: Der Normalenvektor von E ist ein Vielfachen des Richtungsvektors von g. g schneidet E daher orthogonal.
wahr: Die Ebenen der Schar sind parallel zur x_1x_3-Ebene und daher orthogonal zur x_2-Achse.
wahr: s.o.

3 $\vec{n_E} = \overrightarrow{PD} = \begin{pmatrix}2\\0\\-7\end{pmatrix}$; E: $\left[\vec{x} - \begin{pmatrix}5\\2\\-1\end{pmatrix}\right] \cdot \begin{pmatrix}2\\0\\-7\end{pmatrix} = 0$; E: $2x_1 - 7x_3 = 17$;
$S_1\left(\frac{17}{2}\middle|0\middle|0\right)$; $S_3\left(0\middle|0\middle|-\frac{17}{7}\right)$; E ist parallel zur x_2-Achse.

4 a) E: $x_1 = 97$
b) E: $x_3 = 3$
c) E: $\vec{x} = \begin{pmatrix}-2\\1\\5\end{pmatrix} + t \cdot \begin{pmatrix}1\\1\\-1\end{pmatrix} + s \cdot \begin{pmatrix}-7\\1\\4\end{pmatrix}$. Für $\vec{n_E} = \begin{pmatrix}n_1\\n_2\\n_3\end{pmatrix}$ gilt:
$\begin{pmatrix}1\\1\\-1\end{pmatrix} \cdot \begin{pmatrix}n_1\\n_2\\n_3\end{pmatrix} = 0$ und $\begin{pmatrix}-7\\1\\4\end{pmatrix} \cdot \begin{pmatrix}n_1\\n_2\\n_3\end{pmatrix} = 0$. Dies liefert z.B. $\begin{pmatrix}n_1\\n_2\\n_3\end{pmatrix} = \begin{pmatrix}5\\3\\8\end{pmatrix}$, also
E: $5x_1 + 3x_2 + 8x_3 = d$. Einsetzen von P(−2|1|5) liefert d = 33.
d) $M_{PQ}(2|3|2)$; $\vec{n} = \begin{pmatrix}1\\-2\\4\end{pmatrix}$; E: $x_1 - 2x_2 + 4x_3 = 4$

5 a) E: $\vec{x} = \begin{pmatrix}2\\3\\0\end{pmatrix} + r \cdot \begin{pmatrix}-1\\2\\2\end{pmatrix} + s \cdot \begin{pmatrix}-2\\4\\-1\end{pmatrix}$
b) E: $\left[\vec{x} - \begin{pmatrix}2\\3\\0\end{pmatrix}\right] \cdot \begin{pmatrix}2\\1\\0\end{pmatrix} = 0$
c) E: $2x_1 + x_2 = 7$

6 E: $\left[\vec{x} - \begin{pmatrix}2\\5\\3\end{pmatrix}\right] \cdot \begin{pmatrix}1\\2\\9\end{pmatrix} = 0$; E: $x_1 + 2x_2 + 9x_3 = 39$

7 a) $A \notin E$ b) $r = -1$, $s = 1$: $A \in E$ c) $A \in E$

IX Lagen von Ebenen erkennen und Ebenen zeichnen, Seite 62

1 E: $2x_1 + 3x_2 = -7$ ist parallel zur x_3-Achse
E: $x_3 = 5$ ist parallel zur x_1x_2-Ebene
E: $x_1 - x_3 = 15$ ist parallel zur x_2-Achse
E: $x_2 = -2$ ist paralell zur x_1x_3-Ebene
E: $5x_2 + 2x_3 = 0$ ist parallel zur x_1-Achse
E: $3x_1 = -22$ ist parallel zur x_2x_3-Ebene

2 Eine Ebene schneidet mindestens eine und höchstens drei Koordinatenachsen. Schneidet sie genau zwei Koordinatenachsen, dann ist sie parallel zu einer Koordinatenachse; schneidet sie genau eine Koordinatenachse, so ist sie parallel zu einer Koordinatenebene. Eine Ebene hat mindestens zwei und höchstens drei Spurgeraden. Die Spurpunkte einer Ebene sind Ecken eines gleichschenkligen Dreiecks, falls in der Koordinatengleichung von E: $ax_1 + bx_2 + cx_3 = d$ gilt: zwei der drei Koefizienten a, b und c sind betragsmäßig gleich.

3 a) $S_1(3|0|0)$, $S_2(0|1|0)$, $S_3(0|0|4)$,
also E: $4x_1 + 12x_2 + 3x_3 = 12$
b) $S_1(-2|0|0)$, $S_2(0|5|0)$, $S_3\left(0\middle|0\middle|-\frac{3}{2}\right)$,
also E: $15x_1 - 6x_2 + 20x_3 = -30$
c) $S_2(0|4|0)$, $S_3(0|0|3)$, also E: $3x_2 + 4x_3 = 12$
d) $S_3\left(0\middle|0\middle|\frac{5}{2}\right)$, also E: $x_3 = \frac{5}{2}$

4
a)
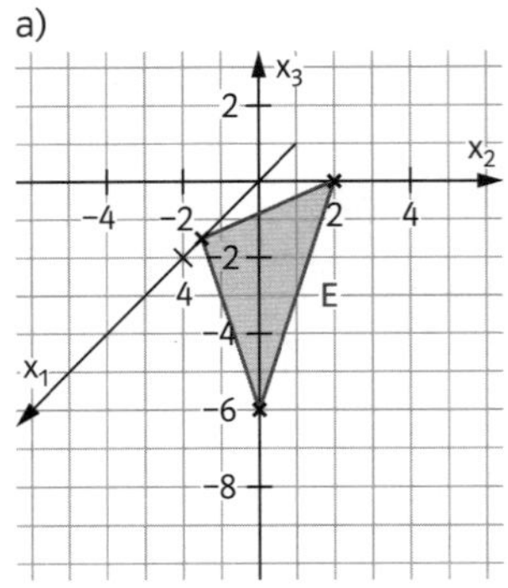

b)
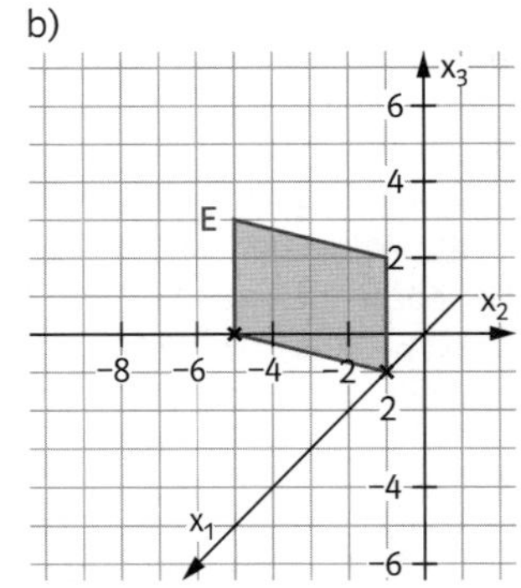

c)
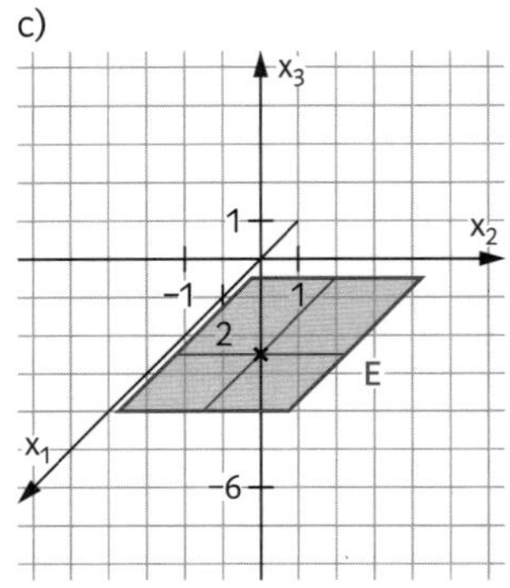

d)
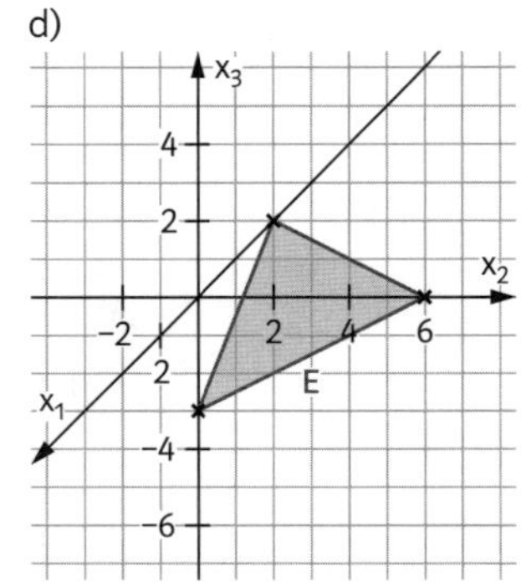

5 a) E: $5x_2 + 2x_3 = 10$
b) E: $x_2 = 1$
c) E: $10x_1 + 15x_2 + 6x_3 = 30$
d) $S_2(0|2|0)$, $S_3(0|0|-2)$, also E: $x_1 + 2x_2 - 2x_3 = 4$
e) $S_1(1|0|0)$ einziger Spurpunkt von E, daher E: $x_1 = 1$

IX Lagebeziehungen, Seite 63

1 Die Gleichung $a \cdot (p_1 + t \cdot u_1) + b \cdot (p_2 + tu_2) + c(p_3 + tu_3) = d$ hat für t
- genau eine Lösung: Es gibt einen Schnittpunkt von g und E.
- keine Lösung: g und E sind parallel.
- unendlich viele Lösungen: g liegt in E.

Die Koordinaten des Durchstoßpunktes bestimmt man, indem man den Wert von t in die Geradengleichung einsetzt.

2 ACF; BH; DEG

3 g: $\vec{x} = \begin{pmatrix}2\\1\\3\end{pmatrix} + r \cdot \begin{pmatrix}5\\0\\2\end{pmatrix}$
a) $(2 + 5r) + 1 - (3 + 2r) = 5$ liefert $r = \frac{5}{3}$ und damit $D\left(\frac{31}{3}\middle|1\middle|\frac{19}{3}\right)$
b) $3 + 2r = 0$ liefert $r = -\frac{3}{2}$ und damit $D\left(-\frac{11}{2}\middle|1\middle|0\right)$
c) $2 \cdot (2 + 5r) - 5 \cdot (3 + 2r) = 4$ liefert $-11 = 4$, also g ist parallel zu E
d) $2 \cdot (2 + 5r) - 5 \cdot (3 + 2r) = 4$ liefert $-11 = -11$, also ist für alle $r \in \mathbb{R}$ die Gleichung richtig, d.h. g liegt in E
e) Das LGS
$$\begin{aligned} 2 + 5t &= -2 + 2r + s \\ 1 &= -16 + 3s \\ 3 + 2t &= -25 + 5r + 4s \end{aligned}$$
liefert t = 1, r = 2, s = 3 und damit D(7|1|5)

4 Das zugehörige lineare Gleichungssystem hat
- keine Lösung: Die Ebenen sind parallel.
- die Normalenvektoren sind Vielfache voneinander: Die Ebenen sind identisch.
- die Normalenvektoren sind keine Vielfachen voneinander: Die Ebenen schneiden sich in einer Geraden.

Die Gleichung der Schnittgeraden bestimmt man, indem man einen Parameter durch den berechneten Wert des anderen Parameters in der Ebenengleichung ersetzt.

5 $E_1 \cap E_2$: $2 \cdot (2 + r - s) - 3 \cdot (3 + 2s) = 5$ liefert $r = 4s + 5$, also

$$g\colon \vec{x} = \begin{pmatrix}2\\3\\5\end{pmatrix} + (4s+5) \cdot \begin{pmatrix}1\\0\\3\end{pmatrix} + s \cdot \begin{pmatrix}-1\\2\\1\end{pmatrix} = \begin{pmatrix}7\\3\\20\end{pmatrix} + s \cdot \begin{pmatrix}3\\2\\13\end{pmatrix}$$

IX Beweise zur Parallelität und Orthogonalität, Seite 64

1 a) $\vec{a} \cdot \vec{b} = 1 \cdot 6 + 2 \cdot (-3) + 3 \cdot 0 = 0$; $|\vec{a}|^2 = 14$; $|\vec{b}|^2 = 45$;

$\vec{a} + \vec{b} = \begin{pmatrix}7\\-1\\3\end{pmatrix}$; $|\vec{a} + \vec{b}|^2 = 59 = 14 + 45$

b) Voraussetzung: $\vec{a} \cdot \vec{b} = 0$;

Behauptung: $|\vec{a} + \vec{b}|^2 = |\vec{a}|^2 + |\vec{b}|^2$;

$$|\vec{a} + \vec{b}|^2 = (\vec{a} + \vec{b})^2 = \vec{a}^2 + 2\vec{a} \cdot \vec{b} + \vec{b}^2 = \vec{a}^2 + \vec{b}^2 = |\vec{a}|^2 + |\vec{b}|^2$$

2 a) $M\begin{pmatrix}2{,}5\\-1{,}5\\2\end{pmatrix}$; $\overrightarrow{AC} = \begin{pmatrix}7\\-3\\-2\end{pmatrix}$; $\overrightarrow{BC} = \begin{pmatrix}2\\2\\4\end{pmatrix}$; $\overrightarrow{AC} \cdot \overrightarrow{BC} = 14 - 6 - 8 = 0$;

$\overrightarrow{MA} = \begin{pmatrix}-2{,}5\\2{,}5\\3\end{pmatrix}$; $\overrightarrow{MC} = \begin{pmatrix}4{,}5\\-0{,}5\\1\end{pmatrix}$; $|\overrightarrow{MA}| = \sqrt{2{,}5^2 + (-2{,}5)^2 + 3^2} = \sqrt{21{,}5}$;

$|\overrightarrow{MC}| = \sqrt{4{,}5^2 + (-0{,}5)^2 + 1^2} = \sqrt{21{,}5}$

b) $\overrightarrow{AC} = \vec{a}$; $\overrightarrow{BC} = \vec{b}$; Voraussetzung: $\vec{a} \cdot \vec{b} = 0$; $\overrightarrow{AB} = \vec{a} - \vec{b}$;

$\overrightarrow{MA} = \frac{1}{2}(\vec{b} - \vec{a})$; $\overrightarrow{MB} = \frac{1}{2}(\vec{a} - \vec{b})$;

$\overrightarrow{MC} = \overrightarrow{MB} + \vec{b} = \frac{1}{2}\vec{a} - \frac{1}{2}\vec{b} + \vec{b} = \frac{1}{2}(\vec{a} + \vec{b})$;

$|\overrightarrow{MA}|^2 = (\overrightarrow{MA})^2 = \frac{1}{4}(\vec{b} - \vec{a})^2 = \frac{1}{4}(\vec{b}^2 - 2\vec{b} \cdot \vec{a} + \vec{a}^2) = \frac{1}{4}(\vec{b}^2 + \vec{a}^2)$;

$|\overrightarrow{MB}| = |-\overrightarrow{MA}| = |\overrightarrow{MA}|$;

$|\overrightarrow{MC}|^2 = \frac{1}{4}(\vec{a} + \vec{b})^2 = \frac{1}{4}(\vec{a}^2 - 2\vec{a} \cdot \vec{b} + \vec{b}^2) = \frac{1}{4}(\vec{a}^2 + \vec{b}^2) = |\overrightarrow{MA}|^2$;

weil Beträge positiv sind gilt dann $|\overrightarrow{MA}| = |\overrightarrow{MC}|$.

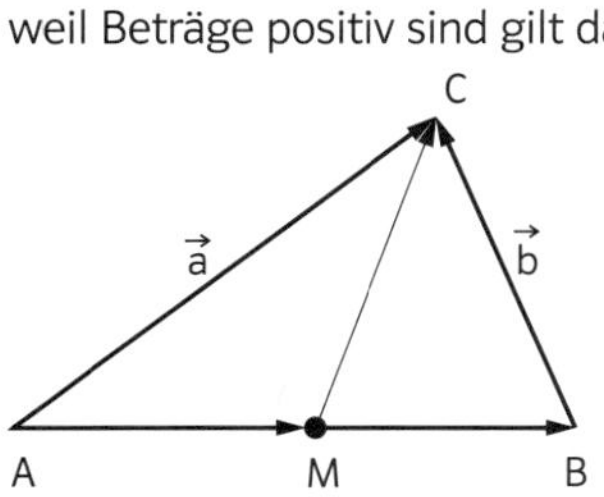

3 Es ist die linke untere Zeichnung.

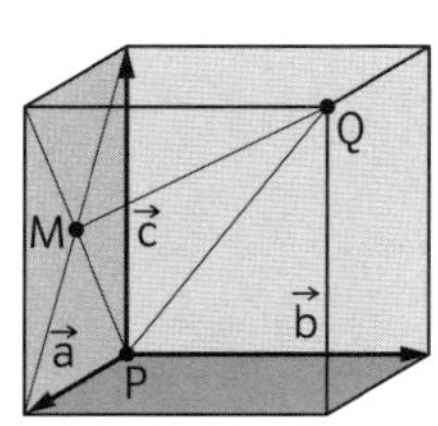

$\overrightarrow{MP} = -\frac{1}{2}\vec{c} - \frac{1}{2}\vec{a}$;

$\overrightarrow{MQ} = \overrightarrow{MP} + \vec{a} + \vec{b}$

$= -\frac{1}{2}\vec{c} + \frac{1}{2}\vec{a} + \vec{b}$;

$\overrightarrow{MP} \cdot \overrightarrow{MQ} = \left(-\frac{1}{2}\vec{c} - \frac{1}{2}\vec{a}\right) \cdot \left(-\frac{1}{2}\vec{c} + \frac{1}{2}\vec{a} + \vec{b}\right)$

$= \frac{1}{4}\vec{c}^2 - \frac{1}{4}\vec{c} \cdot \vec{a} - \frac{1}{2}\vec{c} \cdot \vec{b} - \frac{1}{4}\vec{a} \cdot \vec{c} - \frac{1}{4}\vec{a}^2 + \frac{1}{2}\vec{a} \cdot \vec{b} = 0$

weil $\vec{a}$; $\vec{b}$; $\vec{c}$ jeweils senkrecht zueinander und deshalb $\vec{a} \cdot \vec{b} = \vec{b} \cdot \vec{c} = \vec{a} \cdot \vec{c} = 0$ und die Seiten gleich lang sind, also $\vec{a}^2 = \vec{c}^2$.

4 Voraussetzung: $\overrightarrow{AB} = \overrightarrow{DC} = \vec{a}$; $\overrightarrow{AD} = \overrightarrow{BC} = \vec{b}$; $\overrightarrow{AC} \cdot \overrightarrow{BD} = 0$

Behauptung: Benachbarte Seiten sind gleich lang;

$|\vec{a}| = |\vec{b}|$; $\overrightarrow{AC} \cdot \overrightarrow{BD} = (\vec{a} + \vec{b}) \cdot (\vec{b} - \vec{a}) = \vec{b}^2 - \vec{a}^2 = 0$;

daraus folgt: $\vec{a}^2 = \vec{b}^2$, also $|\vec{a}| = |\vec{b}|$.

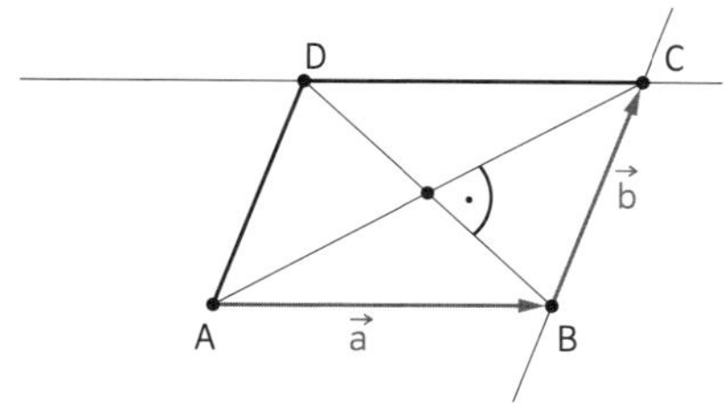

IX Klausurtraining (1), Seite 65

1 a) $S_1(4|0|0)$, $S_2(0|2|0)$, $S_3(0|0|8)$

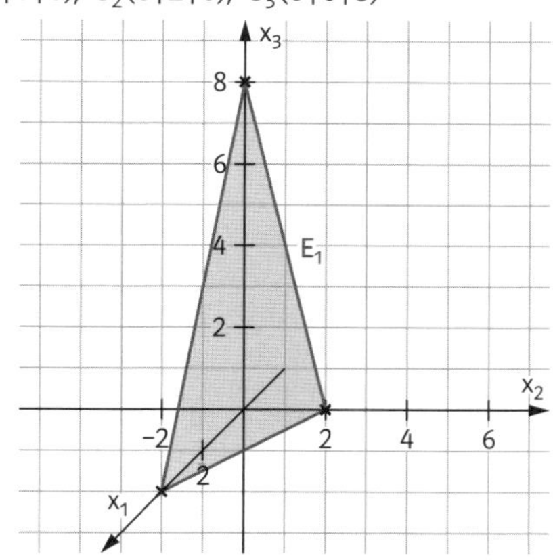

b) Das LGS

$$\begin{aligned} 4 + t &= -s \\ 2 + t &= 4 + 2s \\ -16 - 8t &= -8 - 4s \end{aligned}$$

hat die Lösung $t = -2$, $s = -2$

Einsetzen von t in die Gleichung von g oder s in die Gleichung von h liefert $S(2|0|0)$

c) E_2: $\vec{x} = \begin{pmatrix}2\\0\\0\end{pmatrix} + r \cdot \begin{pmatrix}1\\1\\-8\end{pmatrix} + s \cdot \begin{pmatrix}-1\\2\\-4\end{pmatrix}$ $E_1 \cap E_2$ liefert:

$2 \cdot (2 + r - s) + 4 \cdot (r + 2s) + (-8r - 4s) = 8$, also $r = s - 2$ und

damit $g\colon \vec{x} = \begin{pmatrix}2\\0\\0\end{pmatrix} + (s-2)\begin{pmatrix}1\\1\\-8\end{pmatrix} + s \cdot \begin{pmatrix}-1\\2\\-4\end{pmatrix}$ oder $g\colon \vec{x} = \begin{pmatrix}0\\-2\\16\end{pmatrix} + t \cdot \begin{pmatrix}0\\1\\-4\end{pmatrix}$

2 a) $E\colon \vec{x} = \begin{pmatrix}-3\\4\\7\end{pmatrix} + r \cdot \begin{pmatrix}2\\0\\-3\end{pmatrix} + s \cdot \begin{pmatrix}1\\4\\-3\end{pmatrix}$

b) $g\colon \vec{x} = \begin{pmatrix}-3\\4\\7\end{pmatrix} + t \cdot \begin{pmatrix}2\\0\\-3\end{pmatrix}$

g und E haben denselben Stützvektor und der Richtungsvektor von g ist ein möglicher Spannvektor von E

$g \cap E_1$: $2 \cdot (-3 + 2t) - 3 \cdot (7 - 3t) = -1$ liefert $t = 2$ und damit $D(1|4|1)$

3 Setze im LGS

$$\begin{aligned} x_1 - 3x_2 + 10x_3 &= 7 \\ 3x_1 + x_2 &= 11 \end{aligned}$$

$x_1 := t$. Dann folgt

$x_2 = 11 - 3t$, $x_3 = 4 - t$ und damit $g\colon \vec{x} = \begin{pmatrix}0\\11\\4\end{pmatrix} + t \cdot \begin{pmatrix}1\\-3\\-1\end{pmatrix}$

$\overrightarrow{n_{E_1}} \cdot \overrightarrow{n_{E_2}} = \begin{pmatrix}1\\-3\\10\end{pmatrix} \cdot \begin{pmatrix}3\\1\\0\end{pmatrix} = 0$

4 E_1: $x_1 - 24x_2 + 17x_3 = 53$.

Da $E_1 \neq E_2$ und die Normalenvektoren von E_1 und E_2 Vielfache voneinander sind, liegen E_1 und E_2 parallel zueinander.

5 E_1: $S_1(3|0|0)$, $S_2(0|-3|0)$, $S_3(0|0|3)$
E_1: $x_1 - x_2 + x_3 = 3$;
E_2: $S_1(3|0|0)$ E_2: $x_1 = 3$
E_3: $S_1(2|0|0)$, $S_2(0|-3|0)$
E_3: $3x_1 - 2x_2 = 6$

6 Voraussetzung: $|\overrightarrow{AC}| = |\overrightarrow{BC}|$; $\overrightarrow{AM} = \overrightarrow{MB}$;
Behauptung: $\overrightarrow{AB} \cdot \overrightarrow{MC} = 0$

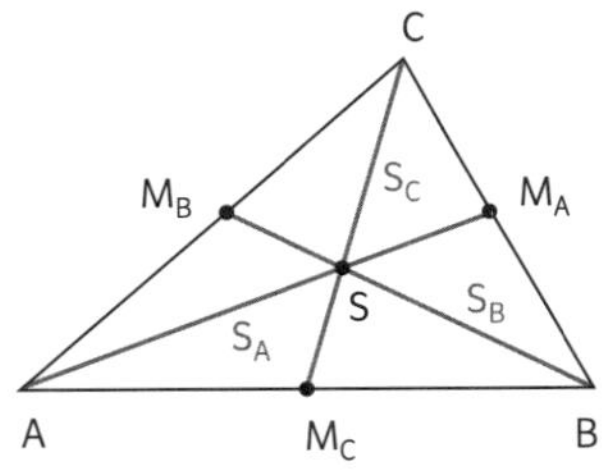

7 Voraussetzung Parallelogramm: $\overrightarrow{AB} = \overrightarrow{DC} = \vec{a}$ und $\overrightarrow{AD} = \overrightarrow{BC} = \vec{b}$; Diagonalen gleich lang $|\overrightarrow{AC}| = |\overrightarrow{BD}|$.
Behauptung: $\vec{a} \cdot \vec{b} = 0$; $\overrightarrow{AC}^2 = (\vec{a} + \vec{b})^2$; $\overrightarrow{BD}^2 = (\vec{b} - \vec{a})^2$;
Da $|\overrightarrow{AC}| = |\overrightarrow{BD}|$ ist $\overrightarrow{AC}^2 = \overrightarrow{BD}^2$, also $(\vec{a} + \vec{b})^2 = (\vec{b} - \vec{a})^2$;
$\vec{a}^2 + 2\vec{a}\vec{b} + \vec{b}^2 = \vec{a}^2 - 2\vec{a}\vec{b} + \vec{b}^2$, also $4\vec{a}\vec{b} = 0$; also $\vec{a}\vec{b} = 0$

IX Klausurtraining (2), Seite 66

8 a) $A(4|0|0)$, $B(4|4|0)$, $C(0|4|0)$, $S(2|2|6)$
b) E: $\vec{x} = \begin{pmatrix}4\\4\\0\end{pmatrix} + r \cdot \begin{pmatrix}1\\0\\0\end{pmatrix} + s \cdot \begin{pmatrix}1\\1\\-3\end{pmatrix}$; E: $3x_2 + x_3 = 12$
c) $M_{BC}(2|4|0)$, $M_{CS}(1|3|3)$
Der Richtungsvektor der Mittelsenkrechten von CS ist orthogonal zu $\overrightarrow{CS} = \begin{pmatrix}2\\-2\\6\end{pmatrix}$ und zum Normalenvektor $\overrightarrow{m_E} = \begin{pmatrix}0\\3\\1\end{pmatrix}$ von E.
Also m_{CS}: $\vec{x} = \begin{pmatrix}1\\3\\3\end{pmatrix} + r \cdot \begin{pmatrix}10\\1\\-3\end{pmatrix}$. Da das Dreieck BCS gleichschenklig ist, geht die Mittelsenkrechte von BC durch den Punkt S. Also
m_{BC}: $\vec{x} = \begin{pmatrix}2\\4\\0\end{pmatrix} + s \cdot \begin{pmatrix}0\\2\\-6\end{pmatrix}$
$m_{CS} \cap m_{BC}$ liefert für $r = \frac{1}{10}$ und $s = -\frac{9}{20}$ den Schnittpunkt $U(2|3{,}1|2{,}7)$ und damit für die Bohrung g: $\vec{x} = \begin{pmatrix}2\\3{,}1\\2{,}7\end{pmatrix} + t \cdot \begin{pmatrix}0\\3\\1\end{pmatrix}$.
Für $t = -2{,}7$ ergibt sich der Schnittpunkt von g mit der x_1x_2-Ebene in $P(2|-5{,}4|0)$. Da die x_2-Koordinate negativ ist, liegt P außerhalb des Vierecks ABCD.

9 a) Mögliche Spannvektoren von E sind $\begin{pmatrix}0\\0\\1\end{pmatrix}$ und $\begin{pmatrix}2\\-2\\-1\end{pmatrix}$.
Also ist ein möglicher Normalenvektor von E: $\overrightarrow{n_E} = \begin{pmatrix}1\\1\\0\end{pmatrix}$.
Daraus ergibt sich E: $\left(\vec{x} - \begin{pmatrix}1\\1\\0\end{pmatrix}\right) \cdot \begin{pmatrix}1\\1\\0\end{pmatrix} = 0$ E: $x_1 + x_2 = 2$.
b) g: $\vec{x} = \begin{pmatrix}1\\1\\5\end{pmatrix} + r \cdot \begin{pmatrix}2\\-2\\-1\end{pmatrix}$ $\cap$ x_1x_2-Ebene: $Q(11|-9|0)$
Länge des Schattens: $|\overrightarrow{PQ}| = \sqrt{200} = 10 \cdot \sqrt{2}$
h: $\vec{x} = \begin{pmatrix}1\\1\\0\end{pmatrix} + s \cdot \begin{pmatrix}1\\-1\\0\end{pmatrix}$

10 a) g_{F_1}: $\vec{x} = \begin{pmatrix}-6\\1\\2\end{pmatrix} + r \cdot \begin{pmatrix}-1\\5\\2\end{pmatrix}$; g_{F_2}: $\vec{x} = \begin{pmatrix}-3\\6\\4\end{pmatrix} + s \cdot \begin{pmatrix}1\\5\\2\end{pmatrix}$
b) Da die Geschwindigkeitsvektoren der beiden Flugzeuge den gleichen Betrag ($\sqrt{30}$) haben, sind die Flugzeuge gleich schnell.
Nach 3 Minuten ist F_1 im Punkt $F_1(-9|16|8)$ und F_2 bei $F_2(0|21|10)$; $|\overrightarrow{F_1F_2}| = \sqrt{110} \approx 10{,}5$.
c) $g_{F_1} \cap g_{F_2}$ für $r = -1$ und $s = -2$ in $S(-5|-4|0)$
d) Da $r \neq s$ für den Schnittpunkt S gilt, kommt es nicht zur Kollision der Flugzeuge.

11 a) E_2 ist parallel zur x_1-Achse.
E_1 ist parallel zur x_2-Achse.
E_0 ist parallel zur x_3-Achse.
b) g schneidet E_a genau dann senkrecht, wenn $\overrightarrow{n_{E_a}} = k \cdot \begin{pmatrix}1\\0\\-1\end{pmatrix}$.
Für a = 1 gilt: $\overrightarrow{n_{E_1}} = \begin{pmatrix}-1\\0\\1\end{pmatrix} = -\begin{pmatrix}1\\0\\-1\end{pmatrix}$.
c) $g \parallel E_a$ genau dann, wenn $n_{E_a} \cdot \begin{pmatrix}1\\0\\-1\end{pmatrix} = 0$
$(a - 2) \cdot 1 + (a - 1) \cdot 0 + a \cdot (-1) = -2 \neq 0$ für alle $a \in \mathbb{R}$

X Schlüsselkonzept: Wahrscheinlichkeit

X Wahrscheinlichkeiten und Ereignisse (1), Seite 67

1 a) E = {KKKK; KKKS; KKSK; KSKK; SKKK};
$P(E) = 0{,}6^4 + 4 \cdot 0{,}6^3 \cdot 0{,}4 = 0{,}4752$
b) E: Genau 2 Reißnägel landen auf der Seite.
$P(E) = 6 \cdot 0{,}6^2 \cdot 0{,}4^2 = 0{,}3456$

2 a) gleiche Laplace
b) E = {4-6-7; 4-5-8; 3-6-8}; $P(E) = \frac{3}{192} = \frac{1}{64}$
F = {2-1-1; 3-1-1; 3-1-2; 3-2-1; 3-2-2; 4-1-1; 4-1-2; 4-1-3; 4-2-1; 4-2-2; 4-2-3; 4-3-1; 4-3-2; 4-3-3}; $P(F) = \frac{14}{192} = \frac{7}{96}$
c) P(E) = 0. Es ist ein unmögliches Ereignis.
P(F) = 1. Es ist ein sicheres Ereignis.
d) E: Das Produkt der Augenzahlen des Tetraeders und des normalen Würfels ist gleich der Augenzahl des Oktaeders, die 8, 6, 4 oder 1 sein muss.

3 a) E = {ooo; wooo; oowo; oowwo; owoo; owowo; owwoo; woowo; wowoo; wwooo}
b) $P = \frac{3 \cdot 2 \cdot 1}{6 \cdot 5 \cdot 4} + \frac{3 \cdot 3 \cdot 2 \cdot 1}{6 \cdot 5 \cdot 4 \cdot 3} + \frac{3 \cdot 2 \cdot 3 \cdot 1}{6 \cdot 5 \cdot 4 \cdot 3} + \frac{3 \cdot 3 \cdot 2 \cdot 1}{6 \cdot 5 \cdot 4 \cdot 3} = 4 \cdot \frac{3 \cdot 2 \cdot 1}{6 \cdot 5 \cdot 4} = \frac{1}{5}$

X Wahrscheinlichkeiten und Ereignisse (2), Seite 68

4 a)

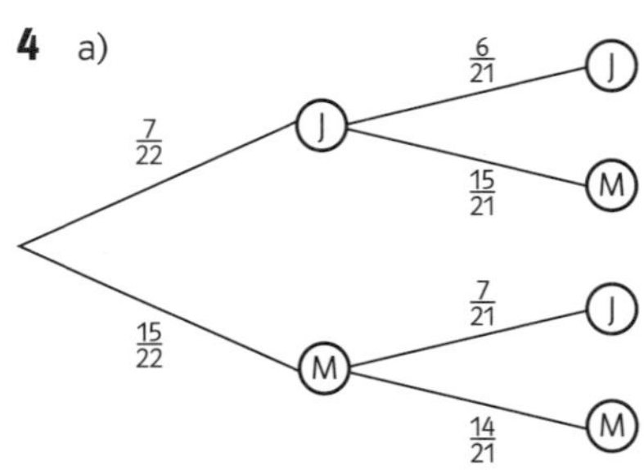

b) … muss man die Wahrscheinlichkeiten multiplizieren, weil …
c) … muss man die Wahrscheinlichkeiten addieren.
d)

e	JJ	JM	MJ	MM
P(e)	$\frac{1}{11}$	$\frac{5}{22}$	$\frac{5}{22}$	$\frac{5}{11}$

5 a) siehe Tabelle 1

b) P(2. Zug schwarz) $= \frac{2}{5} \cdot \frac{3}{4} + \frac{3}{5} \cdot \frac{1}{2} = \frac{6}{10} = 0{,}6$

c) P(3. Zug rot) $= \frac{1}{10} + \frac{1}{10} + \frac{1}{5} = 0{,}4$

6 Baumdiagramm:

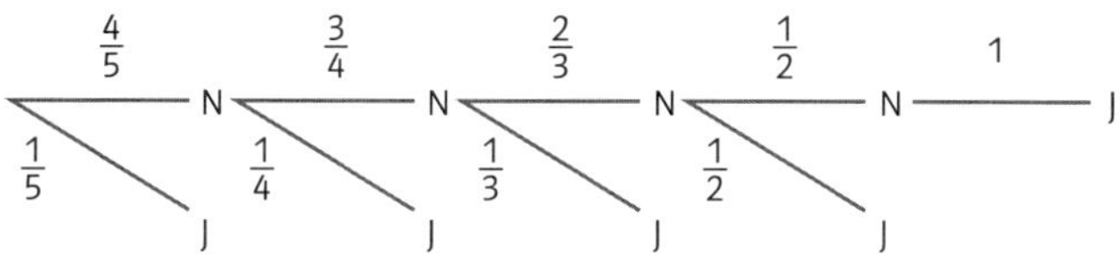

a) $P(A) = \frac{4}{5} \cdot \frac{1}{4} = \frac{1}{5}$ b) $P(B) = \frac{4}{5} \cdot \frac{3}{4} \cdot \frac{2}{3} \cdot \frac{1}{2} \cdot 1 = \frac{1}{5}$

7 X sei die Anzahl schwarzer Kugeln in der Urne.

Wegen $P(X \geq 1) = 1 - P(X = 0) = \frac{27}{38}$ ist $P(X = 0) = \frac{11}{38}$.

Keine schwarze Kugel bedeutet: Beim 1. Zug keine schwarze Kugel **und** beim 2. Zug keine schwarze Kugel.

$P(X = 0) = \frac{20 - x}{20} \cdot \frac{19 - x}{19} = \frac{11}{38}$ führt auf die quadratische Gleichung

$x^2 - 39x + 270 = 0$ mit den Lösungen $x_1 = 30$ und $x_2 = 9$.
Da insgesamt nur 20 Kugeln in der Urne sind, entfällt x_1.
Es waren also 9 schwarze Kugeln in der Urne.

8 Baumdiagramm:

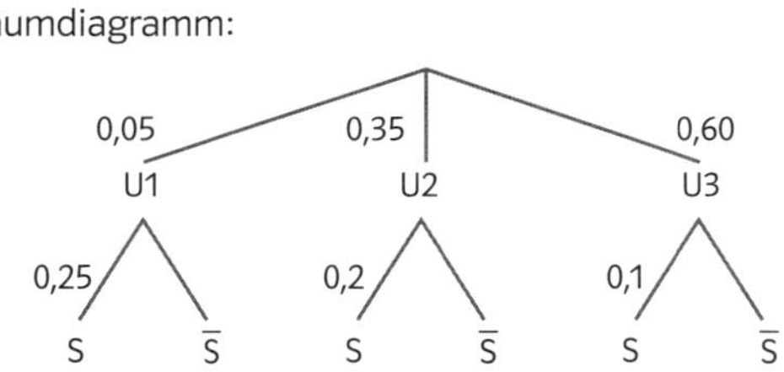

Das Symptom tritt auf, wenn es bei U1 oder bei U2 oder bei U3 auftritt.
$P(S) = 0{,}05 \cdot 0{,}25 + 0{,}35 \cdot 0{,}2 + 0{,}60 \cdot 0{,}10 = 0{,}1425$

X Berechnen von Wahrscheinlichkeiten mit Abzählverfahren (1), Seite 69

1 a) Dann gibt es 8 Möglichkeiten.
b) … für die 1. Kugel 8 Möglichkeiten und für die 2. Kugel 8 Möglichkeiten, also insgesamt $8 \cdot 8 = 64$ Möglichkeiten.
c) Dann hat man für die 1. Kugel 8 Möglichkeiten und für die 2. Kugel 7 Möglichkeiten, also insgesamt $8 \cdot 7 = 56$ Möglichkeiten. Dabei muss diese Anzahl halbiert werden, weil die Reihenfolge uninteressant ist. Also gibt es 28 Möglichkeiten.

2 In der Urne sind 8 Kugeln, sie repräsentieren die Eissorten.
a) Ziehen von einer Kugel aus einer Urne mit 8 Kugeln.
b) Nacheinander Ziehen von 2 Kugeln aus einer Urne mit 8 Kugeln mit Zurücklegen.
c) Ziehen mit einem Griff von 2 Kugeln aus einer Urne mit 8 Kugeln.

3 a) → D b) → A c) → E d) → C

4 a) → 2^{12} b) → 12! c) → $\binom{12}{3}$ d) → $\binom{12}{3}$
e) → $12 \cdot 11 \cdot 10$ f) → 3^{12} g) 12^3

5 a) 2-maliges Ziehen ohne Zurücklegen (Vorsitzender, Stellvertreter) je einer Kugel aus einer Urne mit 7 Kugeln (4 Frauen, 3 Männer):
→ $7 \cdot 6 = 42$ Möglichkeiten
b) beides Männer **oder** beides Frauen:
→ $3 \cdot 2 + 4 \cdot 3 = 18$ Möglichkeiten
c) genau eine Frau **oder** beides Frauen:
→ $4 \cdot 3 \cdot 2 + 4 \cdot 3 = 36$ Möglichkeiten
(genau eine Frau kann jeweils als Vorsitzende oder als Stellvertreterin mit einem der drei Männer zusammenarbeiten)

X Berechnen von Wahrscheinlichkeiten mit Abzählverfahren (2), Seite 70

6 Für die Wahrscheinlichkeiten bedeutet das
$\frac{5}{8} \cdot \frac{4}{7} + \frac{3}{8} \cdot \frac{2}{7} = \frac{13}{28}$.

7 a) Stets die 1 oder stets die 2 oder … oder stets die 10:
$P(A) = 10 \cdot \frac{1}{10^3} = \frac{1}{100}$
b) $P(B) = \frac{10 \cdot 9 \cdot 8}{10^3} = \frac{18}{25}$
c) Die Nummern 1–7 sind nicht dabei, dafür alle Nummern von 8–10: $P(C) = \frac{\binom{7}{0} \cdot \binom{3}{3}}{\binom{10}{3}} = \frac{1}{120}$
d) $P(D) = \frac{\binom{5}{3}}{\binom{10}{3}} = \frac{1}{12}$

8 Anzahl aller Möglichkeiten: 8 Kugeln vertreten die Freunde, gezogen werden 5 Kugeln für die eingeladenen Freunde.
Die Anzahl aller Möglichkeiten ist also $\binom{8}{5} = 56$.
Wenn Moritz dabei sein soll, können nur noch 4 Freunde ausgelost werden, also $\binom{7}{4} = 35$.
Wahrscheinlichkeit $P(A) = \frac{35}{56} = 0{,}625$

Tabelle 1

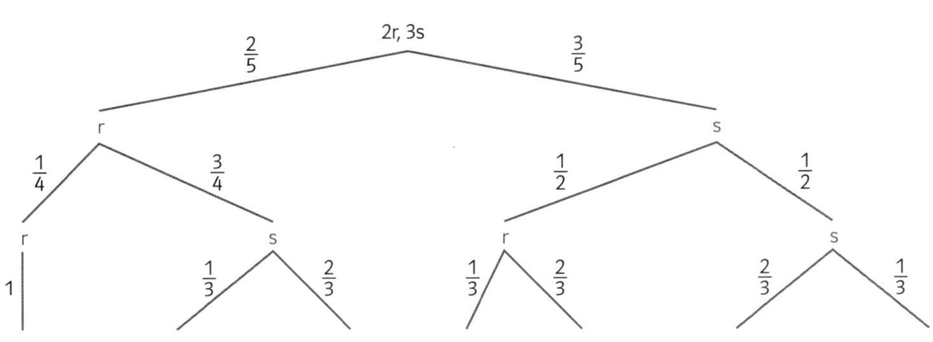

e_i	rrs	rsr	rss	srr	srs	ssr	sss
$P(e_i)$	$\frac{1}{10}$	$\frac{1}{10}$	$\frac{1}{5}$	$\frac{1}{10}$	$\frac{1}{5}$	$\frac{1}{5}$	$\frac{1}{10}$

9 a) $P(A) = \frac{\binom{6}{0}\cdot\binom{43}{6}}{\binom{49}{6}} \approx 0{,}4360$ b) $P(B) = \frac{\binom{6}{4}\cdot\binom{43}{2}}{\binom{49}{6}} \approx 9{,}686 \cdot 10^{-4}$

c) $P(C) = \frac{1}{10} \cdot \frac{1}{\binom{49}{6}} \approx 7{,}151 \cdot 10^{-9}$

10 a) $P(A) = \frac{\binom{1}{1}\cdot\binom{19}{2}}{\binom{20}{3}} \approx 0{,}15$ b) $P(B) = \frac{\binom{13}{3}\cdot\binom{7}{0}}{\binom{20}{3}} \approx 0{,}2509$

c) $P(C) = \frac{\binom{13}{0}\cdot\binom{7}{3}+\binom{13}{1}\cdot\binom{7}{2}}{\binom{20}{3}} \approx 0{,}2702$

11 Ziehen von zwei Kugeln aus einer Urne mit 4 Kugeln ohne Zurücklegen: $P(A) = \frac{1}{4\cdot 3} = \frac{1}{12}$

12 a) Anzahl aller Möglichkeiten: Ziehen von 2 Kugeln aus einer Urne mit 365 unterschiedlichen Kugeln (mögliche Geburtstage) mit Zurücklegen, also 365^2
Anzahl der günstigen Möglichkeiten: 365

Es ist $P(A) = \frac{365}{365^2} = \frac{1}{365} \approx 0{,}00274$

b) Anzahl aller Möglichkeiten: Ziehen von 13 Kugeln aus einer Urne mit 365 unterschiedlichen Kugeln mit Zurücklegen
Anzahl der ungünstigen Möglichkeiten: Ziehen von 13 Kugeln aus einer Urne mit 365 unterschiedlichen Kugeln ohne Zurücklegen

$P(B) = 1 - \frac{365\cdot 364\cdot 363\cdot 362\cdot 361\cdot 360\cdot 359\cdot 358\cdot 357\cdot 356\cdot 355\cdot 354\cdot 353}{365^{13}}$

$\approx 1 - 0{,}194 = 0{,}806$

X Gegenereignis – Vereinigung – Schnitt, Seite 71

1 a) Es wird eine 1 oder 2 gewürfelt.
b) Die gezogene Kugel ist nicht weiß.
c) Es werden mehr als fünf Sechsen gewürfelt.
d) Es ist kein Teil defekt.
e) Es ist (mindestens) ein Satz fehlerhaft.

2 a)

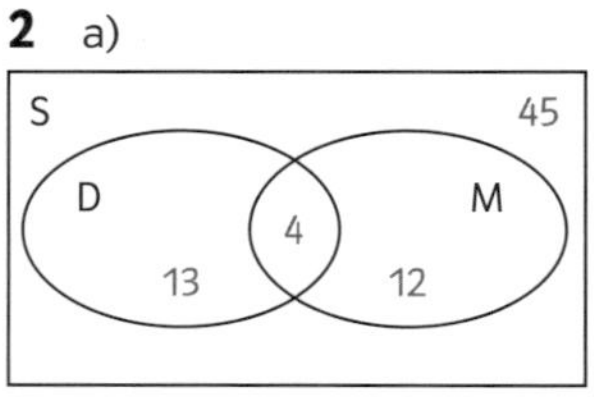

b)

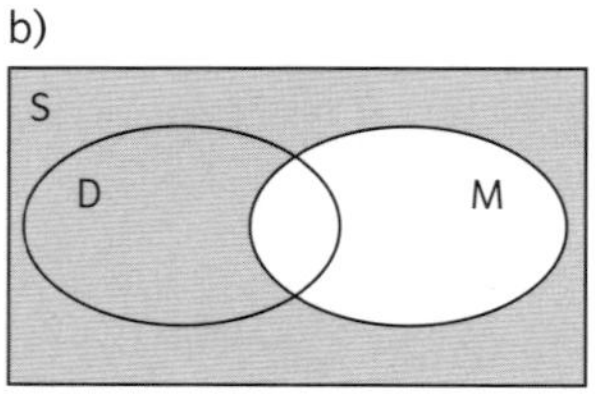

$\overline{M}$
$P(\overline{M}) = \frac{58}{74}$

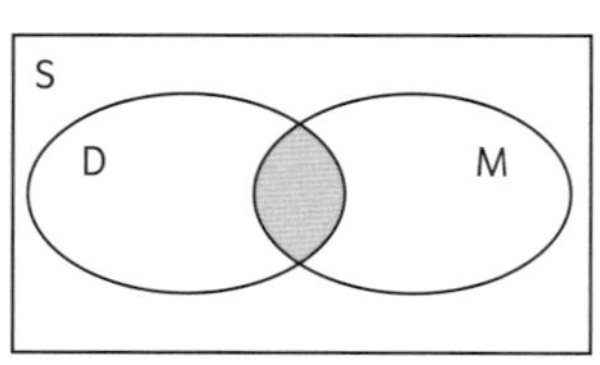

$D \cap M$
$P(D \cap M) = \frac{4}{74}$

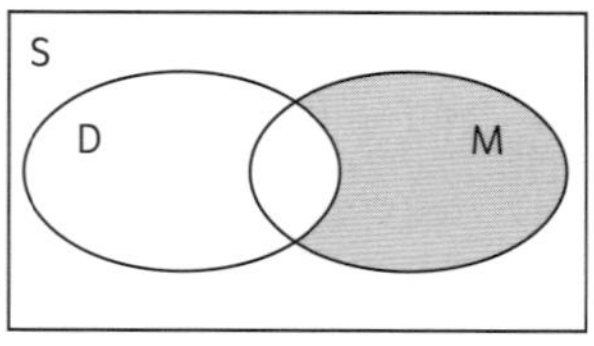

$M \cap \overline{D}$
$P(M \cap \overline{D}) = \frac{12}{74}$

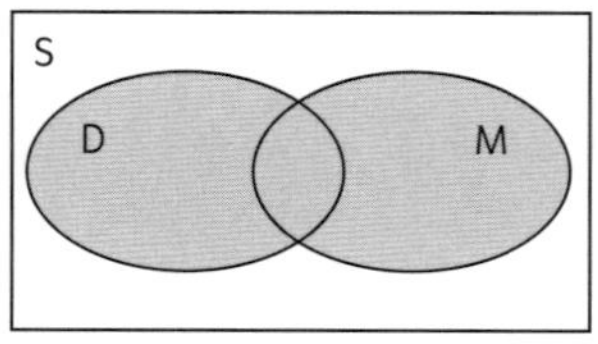

$D \cup M$
$P(D \cup M) = \frac{29}{74}$

3 a) $A \cup B = \{1, 3, 4, 5, 6\}$ $P(A \cup B) = \frac{5}{6}$
b) $A \cup C = \{1, 2, 3, 5\}$ $P(A \cup C) = \frac{2}{3}$
c) $\overline{A \cap C} = \{2, 4, 5, 6\}$ $P(\overline{A \cap C}) = \frac{2}{3}$
d) $\overline{A \cup B} = \{2\}$ $P(\overline{A \cup B}) = \frac{1}{6}$
e) $\overline{A} \cup \overline{B} = \{1, 2, 3, 4, 6\}$ $P(\overline{A} \cup \overline{B}) = \frac{5}{6}$
f) $A \cap \overline{B} = \{1, 3\}$ $P(A \cap \overline{B}) = \frac{1}{3}$

X Additionssatz, Seite 72

1
a)

	bunt B	einfarbig ($\overline{B}$)	gesamt
spricht (S)	70	40	110
spricht nicht ($\overline{S}$)	60	30	90
gesamt	130	70	200

b) Es gibt insgesamt 110 sprechende und 130 bunte Papageien.
…, denn dann hätte man bunte und sprechende Papageien doppelt gezählt.
Die richtige Anzahl beträgt also 110 + 130 − 70 = 170.
c) $P(B \cup S) = P(B) + P(S) - P(B \cap S) = 65\,\% + 55\,\% - 35\,\% = 85\,\%$

2 Sabrina: Laplace-Experiment; günstige Möglichkeiten: 1 – 6; 2 – 6; 3 – 6; 4 – 6; 5 – 6; 6 – 6; 6 – 5; 6 – 4; 6 – 3; 6 – 2; 6 – 1;
Anzahl günstiger Möglichkeiten: 11;
Anzahl aller Möglichkeiten: 36; $P(E) = \frac{11}{36}$
David: $P(E) = P(A \cup B) = P(A) + P(B) - P(A \cap B)$
$= \frac{1}{6} + \frac{1}{6} - \frac{1}{36} = \frac{11}{36}$
Laura: $\overline{E}$: „Beim 1. Wurf keine Sechs und beim 2. Wurf keine Sechs." $P(E) = 1 - P(\overline{E}) = 1 - \frac{5}{6}\cdot\frac{5}{6} = \frac{11}{36}$

3 a) A: Jedes Mal kommt eine gerade Zahl oder ein orangefarbenes Feld.
B: Die Summe der zwei Zahlen ist 12.
C: Die zweite Zahl ist größer als die erste Zahl.
D: Es kommt zweimal die gleiche Farbe.
E: Beim ersten Drehen kommt ein orangefarbenes Feld oder beim zweiten Drehen kommt ein weißes Feld.
b) zu $B \cap D$ gehören: 5 – 7; 6 – 6; 7 – 5; $P(B \cap D) = \frac{3}{64}$
$P(B \cup D) = P(B) + P(D) - P(B \cap D) = \frac{5}{64} + \frac{34}{64} - \frac{3}{64} = \frac{36}{64} = \frac{9}{16}$

X Erwartungswert und Spielpläne, Seite 73

1 Das Spiel ist nicht fair, weil der Spieler im Durchschnitt 8 ct verliert:

Gewinn g	1€	2€	3€	−1€
P(G = g)	$3\cdot\frac{1}{6}\cdot\left(\frac{5}{6}\right)^2 = \frac{75}{216}$	$3\cdot\frac{5}{6}\cdot\left(\frac{1}{6}\right)^2 = \frac{15}{216}$	$\left(\frac{1}{6}\right)^3 = \frac{1}{216}$	$\left(\frac{5}{6}\right)^3 = \frac{125}{216}$

$E(G) = 1\cdot\frac{75}{216} + 2\cdot\frac{15}{216} + 3\cdot\frac{1}{216} - 1\cdot\frac{125}{216} = -\frac{17}{216} \approx -0{,}08$

Der Einsatz x für ein faires Spiel ergibt sich aus der Gleichung

$0 = 1\cdot\frac{75}{216} + 2\cdot\frac{15}{216} + 3\cdot\frac{1}{216} - x\cdot\frac{125}{216}$ mit x = 0,864:

86 ct ist der Einsatz bei einem fairen Spiel.

2

Würfel 1/2	1	2	3	4	5	6
1	2	3	4	5	6	7
2	3	4	5	6	7	8
3	4	5	6	7	8	9
4	5	6	7	8	9	10
5	6	7	8	9	10	11
6	7	8	9	10	11	12

1 gerade Primzahl　　17 gerade Nicht-Primzahlen
14 ungerade Primzahlen　　4 ungerade Nicht-Primzahlen

Augensumme	Gerade Primzahl	Ungerade Primzahl	Gerade Nicht-Primzahl	Ungerade Nicht-Primzahl
Anzahl	1	14	17	4
Auszahlung in €	9	5	3	0
Gewinn g in €	5	1	−1	−4
P(G = g)	$\frac{1}{36}$	$\frac{14}{36}$	$\frac{17}{36}$	$\frac{4}{36}$

$E(G) = -\frac{14}{36} \approx -0{,}39$ €

3 Von 1–16 gibt es 6 Primzahlen und 8 gerade Zahlen.
Die Zahl 2 ist sowohl Primzahl, als auch gerade.
Gewinnplan für Anna:

Gewinn in EURO	3	−2	1
Wahrscheinlichkeit	$\frac{6-1}{16}$	$\frac{8-1}{16}$	$\frac{1}{16}$

$E(X) = 3 \cdot \frac{5}{16} + (-2) \cdot \frac{7}{16} + 1 \cdot \frac{1}{16} = \frac{1}{8}$

Das Spiel ist nicht fair, weil Anna im Durchschnitt 12,5 ct pro Spiel gewinnt.

4 Für $p = \frac{1}{2}$ wegen $\alpha = 180°$ gilt:

g	0	−15	60	$E(X) = \frac{45}{4} = 11{,}25$ €
P(X = g)	$\frac{1}{2}$	$\frac{1}{4}$	$\frac{1}{4}$	

5

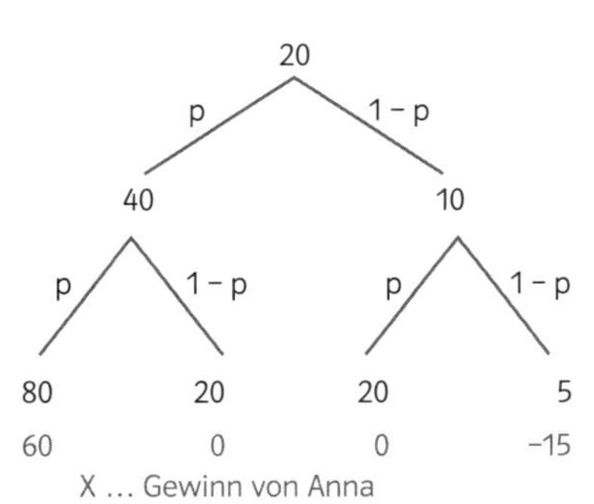

Da Anna im Vorteil ist, muss der Verdopplungssektor kleiner werden. Allgemeiner Ansatz für p:
$E(X) = -15(1-p)^2 + 60p^2 = 0$ führt auf
$p^2 + \frac{2}{3}p - \frac{1}{3} = 0$ mit den Lösungen $\frac{1}{3}$ und −1.

g	0	−15	60
P(X = g)	$2p(1-p)$	$(1-p)^2$	p^2

Wegen (p > 0) ist $p = \frac{1}{3} = \frac{\alpha}{360}$, also $\alpha = 120°$.

X Bernoulli-Experimente und Binomialverteilung, Seite 74

1 Die Zufallsgröße X hat die Realisierungen {0, 1, 2, …, 10}.
Interpretieren Sie die folgenden Aussagen:
a) $P(X = 0)$: In der Stichprobe ist kein Teil unbrauchbar.
b) $P(X < 2)$: In der Stichprobe sind weniger als 2 Teile unbrauchbar.
c) $P(X > 0)$: In der Stichprobe ist mindestens ein Teil unbrauchbar.
d) $P(X = k) < 0{,}9$: Die Wahrscheinlichkeit ist kleiner als 90 %, wenn k unbrauchbare Teile in der Stichprobe sind.
e) $P(X \le k) < 0{,}5$: Wie viel unbrauchbare Teile dürfen bei einer Wahrscheinlichkeit von weniger als 50 % höchstens in der Stichprobe sein?

2 Die Anzahl X der Schachteln mit abweichender Stückzahl ist binomialverteilt mit n = 100 und p = 0,02.
$P(X \le 3) \approx 0{,}8590$

3 Die Anzahl X der geheilten Schweine ist binomialverteilt mit n = 100 und p = 0,8.
a) $P(X \ge 70) = 0{,}9939$　　b) $P(X \le 79) = 0{,}4405$

4 Die Zufallgröße X beschreibt die Anzahl der bestellten Fischgerichte. X ist binomialverteilt mit n = 100 und $p = \frac{1}{3}$.
a) $P(X > 33) = 1 - P(X \le 33) = 1 - 0{,}5188 = 0{,}4812$, also fast 50 %.
b) Gesucht ist k mit $P(X \le k) \ge 0{,}9$. Die Tabelle ergibt den Wert k = 39; es müssen also mindestens 39 Fischgerichte vorbereitet werden.

5 a) Jeder Wurf hat zwei Versuchsausgänge, 5 oder nicht Fünf. Bei jedem Wurf ist die Wahrscheinlichkeit, eine Fünf zu würfeln gleich ($p = \frac{1}{6}$). Es ist eine Bernoullikette der Länge n = 8.
b) $P(X > 0) = 1 - P(X = 0) = 1 - \binom{8}{0} \cdot \left(\frac{1}{6}\right)^0 \cdot \left(\frac{5}{6}\right)^8 \approx 0{,}7674$
Die Wahrscheinlichkeit, dass mindestens eine Fünf geworfen wird, beträgt 76,7 %. $P(X = 8) = \left(\frac{1}{6}\right)^8 \approx 6 \cdot 10^{-7} \approx 0$.
Die Wahrscheinlichkeit, dass bei jedem Wurf eine Fünf geworfen wird, beträgt annähernd Null.
$P(X < 2) = P(X = 0) + P(X = 1) = \left(\frac{5}{6}\right)^8 + \binom{8}{1} \cdot \left(\frac{1}{6}\right)^1 \cdot \left(\frac{5}{6}\right)^7$
$\approx 0{,}2326 + 0{,}3721 = 0{,}6047$
Die Wahrscheinlichkeit, dass weniger als eine Fünf geworfen wird, beträgt 60,5 %.

6 Die Anzahl X unvollständiger Verpackungen ist binomialverteilt mit n = 10 und $p = \frac{5}{166} \approx 0{,}030$.
$P(A) = P(X \le 2) \approx 0{,}9972$; $P(B) = P(X \ge 4)$
$= 1 - P(X \le 3) = 1 - 0{,}9999 = 0{,}0001$; $P(C) = P(X = 0) \approx 0{,}7374$

X Erwartungswert und Standardabweichung – Sigma-Regeln, Seite 75

1 $E(X) = \mu = n \cdot p = 500 \cdot 0{,}2 = 100$
$\sigma = \sqrt{n \cdot p \cdot (1-p)} = \sqrt{80}$　Intervall [91; 109]

2 95 %　c = 1,96 | 99,7 %　c = 3 | 90 %　c = 1,64
99 %　c = 2,58 | 68,3 %　c = 1 | 95,4 %　c = 2

3 Die 1σ-Regel beschreibt die Wahrscheinlichkeit der Zufallsgröße für das Intervall $[\mu - \sigma; \mu + \sigma]$.
Man nennt $P(\mu - 2\sigma \le X \le \mu + 2\sigma) \approx 0{,}955$ die 2σ–Regel und $P(\mu - 3\sigma \le X \le \mu + 3\sigma) \approx 0{,}997$ die 3σ–Regel.

4 n = 1000; p = 0,04, also $\mu = 40$; $\sigma = 6{,}197$
$\mu - 3\sigma = 21{,}4$ bzw. $\mu + 3\sigma = 58{,}6$
3σ-Intervall: [22; 58]

5 a) wahr; b) wahr; c) wahr; d) wahr; e) falsch

6 $\mu = n \cdot p = 100 \cdot 0{,}2 = 20;$
$\sigma = \sqrt{n \cdot p \cdot (1-p)} = \sqrt{20 \cdot 0{,}8} = 4$
Vertrauensintervall: 2σ-Bereich [12; 28]
Mit 95,5%iger Wahrscheinlichkeit werden 12 bis 28 Autofahrer Probleme mit der Ausfahrt haben.

7 $n = 500;\ \mu = 40;\ \sigma = \sqrt{500 \cdot 0{,}08 \cdot 0{,}92} = 6{,}066$
a) Untere Intervallgrenze: $40 - 1{,}645 \cdot 6{,}066 = 30{,}02$
Obere Intervallgrenze: $40 + 1{,}645 \cdot 6{,}066 = 49{,}98$
Man muss von 30 bis 50 defekten Transistoren ausgehen.
b) $40 - 2 \cdot 6{,}066 = 27{,}87;\ 40 + 2 \cdot 6{,}066 = 52{,}13$
Das 2σ-Intervall: [28; 52] gibt die Anzahl der defekten Transistoren mit eine Wahrscheinlichkeit von 95,4% an.
c) Es dürfen höchsten $n - 480$ defekte Transistoren in der Lieferung sein (obere Intervallgrenze).
Ansatz: $\mu + 2{,}58 \cdot \sigma < n - 480$ mit $\mu = 0{,}08n$ und $\sigma = \sqrt{0{,}08 \cdot 0{,}92n}$
Probierlösung oder Lösung über eine quadratische Gleichung führt auf $n = 540$.
Damit ist $\mu = 43{,}2;\ \sigma = 6{,}304$ und $\mu + 2{,}58 \cdot \sigma = 60$.

8 Für die absolute Häufigkeit gilt $\mu = 500 \cdot 0{,}2 = 100$ und $\sigma = \sqrt{80}$. Für die relative Häufigkeit gilt dann
$\mu_X = \frac{500 \cdot 0{,}2}{500} = 0{,}2$ und $\sigma = \frac{\sqrt{80}}{500}$.
Für das Intervall mit 95%iger Sicherheit sind die Intervallgrenzen $\mu - 1{,}96 \cdot \sigma$ und $\mu + 1{,}96 \cdot \sigma$, also [0,165; 0,235].

X Klausurtraining (1), Seite 76

1 a) $P(A) = \left(\frac{1}{6}\right)^2 + \left(\frac{1}{3}\right)^2 + \left(\frac{1}{2}\right)^2 = \frac{7}{18}$
$P(B) = 2 \cdot \frac{1}{6} \cdot \frac{1}{3} + \frac{7}{18} = \frac{1}{2}$
$P(C) = 2 \cdot \frac{1}{6} \cdot \frac{1}{2} + 2 \cdot \frac{1}{2} \cdot \frac{1}{3} = \frac{1}{2}$
b) $E(X) = n \cdot p$ mit $n = 20$ und $p = 0{,}5$, also ist $E(X) = 10$.
Im Mittel kann man 10 Sechsen erwarten.

2 a) $P(A) = \frac{\binom{12}{2}}{\binom{18}{2}} = \frac{22}{51}$ $\qquad P(B) = \frac{\binom{4}{2}}{\binom{18}{2}} = \frac{2}{51}$
$P(C) = 1 - \frac{\binom{4}{2} + \binom{8}{2} + \binom{6}{2}}{\binom{18}{2}} = \frac{104}{153}$
b) Es gibt $\frac{18!}{6! \cdot 8! \cdot 4!} = 9\,189\,180$ Anordnungsmöglichkeiten.
Die erste Schülerin der Klassenstufe 10 kann an 1., 2., …, 15. Stelle stehen. Für die restlichen Schülerinnen ist nur die Klassenstufe von Bedeutung.
Es gibt also $15 \cdot \frac{14!}{6! \cdot 8!}$ günstige Möglichkeiten dafür, dass alle Schülerinnen der Klassenstufe 10 nebeneinander stehen.
Damit ist $P = 15 \cdot \frac{\frac{14!}{6! \cdot 8!}}{\frac{18!}{6! \cdot 8! \cdot 4!}} = \frac{15 \cdot 14! \cdot 4!}{18!} \approx 0{,}0049$.
Die Wahrscheinlichkeit, dass alle Schülerinnen der Klassenstufe 10 nebeneinander stehen, beträgt etwa 0,5%.

c) (1) Der Torwart hält den 1. Ball und er hält den 2. Ball:
$P(C1) = 0{,}2 \cdot 0{,}2 = 0{,}04$
(2) $P(C2) = 0{,}8^5$
(3) Im Baumdiagramm gibt es fünf Pfade mit 4 gehaltenen und einem nicht gehaltenen Ball:
$P(C3) = 5 \cdot 0{,}2^4 \cdot 0{,}8^1 = 0{,}0064$

3
a) sicher b) unmöglich c) weder – noch
d) sicher e) weder – noch f) unmöglich
g) weder – noch

4 Es befinden sich x schwarze und $(10 - x)$ weiße Figuren auf dem Tisch.
$\frac{\binom{x}{1} \cdot \binom{10-x}{1}}{\binom{10}{2}} = \frac{x \cdot (10-x)}{45} = \frac{16}{45}$
Aus $x \cdot (10 - x) = 16$ folgen die beiden Lösungen 2 und 8.
Es lagen also 2 oder 8 schwarze Figuren auf dem Tisch.

5 Die Chance für den Ersten ist $P(E) = \frac{5}{25}$. Für den Zweiten sind zwei Pfade des Baumdiagramms günstig und es ist
$P(Z) = \frac{5}{25} \cdot \frac{4}{24} + \frac{20}{25} \cdot \frac{5}{24} = \frac{5}{25} \cdot \left(\frac{4}{24} + \frac{20}{24}\right) = \frac{5}{25}$. Beide haben also die gleiche Chance.

X Klausurtraining (2), Seite 77

6 a) Die Wahrscheinlichkeiten sind binomialverteilt mit $n = 20$ und $p = \frac{1}{6}$. X sei die Anzahl der Sechsen: $P(A) = P(X = 0) \approx 0{,}0261$.
b) Beim 1. Wurf eine 2 **oder** beim 2. Wurf eine 2 **oder** beim 3. Wurf eine 2
$P(B) = \frac{1}{6} + \frac{5}{6} \cdot \frac{1}{6} + \frac{5}{6} \cdot \frac{5}{6} \cdot \frac{1}{6} = \frac{91}{216}$ oder besser
$P(B) = 1 - P(\overline{B}) = 1 - \left(\frac{5}{6}\right)^3 = \frac{91}{216}$
c) $P(C) = \left(\frac{2}{3}\right)^3 = \frac{8}{27}$

7 Der Bereich ist $\mu - 3\sigma \le X \le \mu + 3\sigma$ mit
$\mu = n \cdot p = 1000 \cdot 0{,}04 = 40$ und $\sigma^2 = n \cdot p \cdot (1-p) = 38{,}4$,
also $\sigma = 6{,}2$, $\mu - 3\sigma = 21{,}4$;
$\mu + 3\sigma = 58{,}6$. Der gesuchte Bereich ist [21,4; 58,6].

8 a) Die Anzahl fehlerhafter Bälle ist binomialverteilt mit $n = 10$ und $p = 0{,}1$.
$P(X = 0) = 0{,}3487$
b) $P(B) = \frac{\binom{3}{0} \cdot \binom{7}{2} + \binom{3}{1} \cdot \binom{7}{1}}{\binom{10}{2}} = \frac{14}{15} = 0{,}9333$
c) $\frac{0{,}1 \cdot p}{0{,}1 \cdot p + (1-p) \cdot 0{,}09} = \frac{1}{3}$ $\qquad p = 0{,}3103$

9 Baumdiagramm:

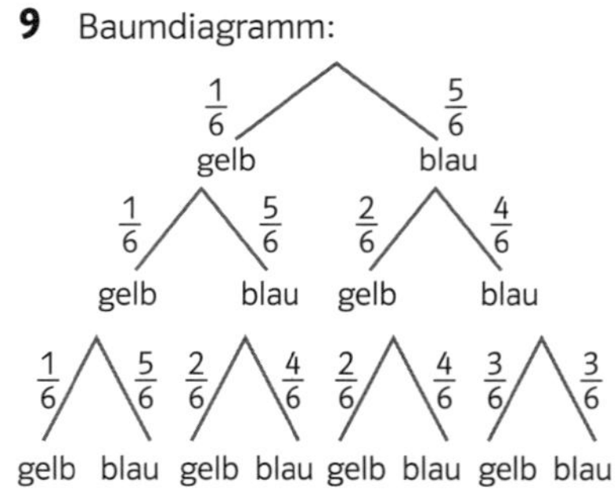

Anzahl gelber Kugeln	0	1	2	3
Gewinn für Spieler	−3€	0€	2€	47€
Wahrscheinlichkeit	$\frac{60}{216}$	$\frac{120}{216}$	$\frac{35}{216}$	$\frac{1}{216}$

$E(X) = -\frac{63}{216}$ € ≈ −0,29 €
Das Spiel ist nicht fair, weil der Spieler durchschnittlich 29 ct je Spiel verliert. Für ein faires Spiel muss die Gleichung

$-\frac{60}{216} \cdot e + (5 - e) \cdot \frac{35}{216} + (50 - e) \cdot \frac{1}{216} = 0$ erfüllt sein.
Lösung: e = 2,34 €
Für ein faires Spiel müsste der Einsatz 2,34 € betragen.

10 a) A: Gerät ist defekt
$P(A) = 0{,}1$; $P(F_1) = 0{,}04$; $P(F_1 \cap F_2) = 0{,}0025$
$P(A) = P(F_1) + P(F_2) - P(F_1 \cap F_2)$
$0{,}1 = 0{,}04 + P(F_2) - 0{,}0025$
$P(F_2) = 0{,}0625$
b) $P(X = 0) = \binom{20}{0} \cdot 0{,}1^0 \cdot 0{,}9^{20} = 0{,}1216$
c) X ist die Anzahl der TR mit F_1 und F_2.
X ist binomialverteilt mit n und p = 0,0025.
$P(X \geq 1) \geq 0{,}99$ oder $P(X = 0) < 0{,}01$
$\binom{n}{0} \cdot 0{,}0025^0 \cdot 0{,}9975^n < 0{,}01$
$n > \frac{\lg 0{,}01}{\lg 0{,}9975} = 1839{,}76$ n = 1840

11 a) X ist der Gewinn des Spielers.

Anzahl der Sechsen	0	1	2	3
x	−1	1	2	3
P(X = x)	$\left(\frac{5}{6}\right)^3$ ≈ 0,5787	$3 \cdot \left(\frac{5}{6}\right)^2 \cdot \frac{1}{6}$ ≈ 0,3472	$3 \cdot \left(\frac{1}{6}\right)^2 \cdot \frac{5}{6}$ ≈ 0,0694	$\left(\frac{1}{6}\right)^3$ ≈ 0,0046

$E(X) = -0{,}0789$
Der Spieler wird durchschnittlich 8 ct pro Spiel verlieren.
b) Fair, wenn E(X) = 0:
$-0{,}5787z + 0{,}3472 + 2 \cdot 0{,}0694 + 3 \cdot 0{,}0046 = 0$, also z = 0,86
Der Einsatz für ein faires Spiel beträgt 0,86 €.

XI Simulation von Zufallsexperimenten

XI Hypothesentests (1), Seite 78

1 a) Vor dem Test wird ein linksseitiger Ablehnungsbereich festgelegt
… spricht man von einem Fehler 2. Art, den man auch β-Fehler nennt.
b) … um einen zweiseitigen Test. Für jeden der beiden Ablehnungsbereiche gilt dann die halbe Irrtumswahrscheinlichkeit
c) Fehler 1. Art: Die Nullhypothese wird abgelehnt, obwohl sie wahr ist.
Fehler 2. Art: Die Nullhypothese wird angenommen, obwohl sie falsch ist.
d) Der Bereich {0, 1, 2, …, g} ist linksseitiger Ablehnungsbereich, wenn $p_0 > p_1$ ist.
Der α-Fehler wird mit $\alpha = P(X \leq g)$ unter Verwendung von n und der Wahrscheinlichkeit p_0 berechnet.

2 a) Für die Ablehnung von H_0 ist der Ablehnungsbereich also rechtsseitig und wird mit {g, …, 100} festgelegt.
X ist die Anzahl der Stimmen für den Kandidaten mit n = 100
α = 0,05
Nullhypothese H_0: $p_0 = 0{,}5$ Gegenhypothese H_1: $p_1 > p_0$
$P(X \geq g) \leq 0{,}05$; $1 - P(X < g) \geq 0{,}05$ $P(X < g) \leq 0{,}95$
$P(X \leq g - 1) \leq 0{,}95$; für n = 100 ist g = 58
b) Da 65 > 58, schließt er daraus, dass er ein besseres Ergebnis erzielen wird. Er irrt sich zu maximal 5 %.

3 1. Möglichkeit: Der Anteil „süßer" Rüben ist geringer als 40 %.
2. Möglichkeit: Der Anteil „süßer" Rüben ist mindestens 40 %, das Ergebnis ist zufällig. Ist X die Anzahl „süßer" Rüben in der Stichprobe, dann ist X binomialverteilt mit n = 50 und p = 0,4.
$P(X \leq 10) = 0{,}0022$
Bei einem Fehler 1. Art mit α = 0,2 % kann der Bauer davon ausgehen, dass der Anteil „süßer" Rüben geringer ist als 40 %.

XI Hypothesentests (2), Seite 79

4 … wobei die größte ganze Zahl g mit $P(T \leq g) \leq 0{,}05$ gesucht ist. Die Trefferanzahl ist binomialverteilt mit n = 100 und p = 0,4. Aus $P(T \leq 31) \approx 0{,}0398$ und $P(T \leq 32) \approx 0{,}0615$ folgt g = 31. Der Ablehnungsbereich ist {0, 1, 2, …, 31}.

5 siehe Tabelle 1

6 Es ist $p_0 = 0{,}4$ und $p_1 < 0{,}4$. Die Anzahl X der geheilten Patienten ist binomalverteilt. Die Wahrscheinlichkeit, dass die Nullhypothese wahr ist, aber abgelehnt wird, heißt Fehler 1. Art.
Es ist $\alpha = P(X \leq 7)$ mit n = 25 und $p_0 = 0{,}4$.
$\alpha = P(X \leq 7) = 0{,}1536$

7 H_0: $p_0 = 0{,}5$ H_1: $p_1 \neq 0{,}5$
Die Zufallsvariable X beschreibt die Anzahl männlicher Tiere in der Stichprobe. Sie ist binomialverteilt mit n = 50; α = 0,05.
Ablehnungsbereiche: {0; 1; 2; …; a} ∪ {b; …; 50}
Es ist $P(X \leq a) \leq \frac{\alpha}{2}$ $P(X \leq 17) = 0{,}0164$;
$P(X \geq 32) = 0{,}0325$, also a = 17
Es ist $P(X \geq b) \leq \frac{\alpha}{2}$ $P(X \geq 32) = 0{,}0325$;
$P(X \geq 33) = 0{,}0164$, also b = 33
Ablehnungsbereiche: {0; 1; …;17} ∪ {33; …; 50}
30 liegt im Annahmebereich.
Man kann also nicht daraus schließen, dass männliche und weibliche Nachkommen nicht gleich häufig sind.

8 siehe Tabelle 2
Berechnung des Fehlers 1. Art:
Beim Fehler 1. Art ist in der Schachtel ein Anteil von 10 % fehlerhafter Schrauben, aber von den 10 Schrauben in den Stichproben sind mehr als 3 fehlerhaft.

Tabelle 1

H_1:	Ablehnungsbereich	α	Ansatz
$p < p_0$	{0, 1, 2, …, g}	0,05	$P(X \leq g) \leq 0{,}05$
$p > p_0$	{g, …, 199, 200}	0,01	$P(X \geq g) \leq 0{,}01$

Tabelle 2

Realität/Stichprobe	In der Stichprobe sind bis zu 3 Schrauben fehlerhaft: $0 \leq X \leq 3$	In der Stichprobe sind mehr als 3 Schrauben fehlerhaft: $3 < X \leq 10$
Schachtel ist von hoher Quallität, H_0 ist wahr, $p_0 = 0{,}1$	richtige Entscheidung	falsche Entscheidung, H_0 ist wahr und wird verworfen, Fehler 1. Art
Schachtel ist von minderer Qualität, H_1 ist wahr, $p_1 = 0{,}4$	falsche Entscheidung, H_1 ist wahr und wird verworfen, Fehler 2. Art	richtige Entscheidung

Es gilt $n = 10$; $p_0 = 0{,}1$ sowie $k > 3$;
$P(X > 3) = 1 - P(X \leq 3) \approx 0{,}0128$.
Mit einer Wahrscheinlichkeit von etwa 1,3 % wird die richtige Hypothese abgelehnt.
Fehler 2. Art: $P(X \leq 3)$ mit $p_1 = 0{,}4$ $\beta = 0{,}3823$
Mit einer Wahrscheinlichkeit von 38,2 % wird die falsche Hypothese angenommen.

XI Simulation von Zufallsexperimenten – Testen, Seite 80

1 a) Die Alternative ist H_1: $p > p_0$. Dann liegt ein einseitiger Hypothesentest mit dem Annahmebereich $[0; b]$ vor.
Den Annahmebereich erhält man aus der Ungleichung
$P(X \leq b) > 1 - \alpha$.
b) Die Alternative ist H_1: $p \neq p_0$. Dann liegt ein zweiseitiger Hypothesentest mit dem Annahmebereich $[a; b]$ vor.
Den Annahmebereich erhält man aus der Ungleichung
$P(X < a) < \frac{\alpha}{2}$.
c) Die Alternative ist H_1: $p < p_0$. Dann liegt ein einseitiger Hypothesentest mit dem Annahmebereich $[a; n]$ vor.
Den Annahmebereich erhält man aus der Ungleichung
$P(X < a) > 1 - \alpha$.

2 Es soll die Behauptung H_0: $p_0 = 0{,}05$ gegen H_1: $p_1 = 0{,}2$ getestet werden. Dabei ist X die Anzahl nicht voll funktionsfähiger Geräte.
Der Fehler 1. Art besteht darin, dass dem Kleinbetrieb nicht geglaubt wird, obwohl er die Geräte repariert hat.
Der Fehler 2. Art besteht darin, dass dem Kleinbetrieb geglaubt wird, obwohl er die Geräte nicht repariert hat.
Es ist ein rechtsseitiger Ablehnungsbereich für H_0. $\{g, \ldots, 15\}$

X	1	2	3
$\alpha = P(X \geq g)$ mit $p = 0{,}05$	0,5367	0,1710	0,0362
$\beta = P(X < g)$ mit $p = 0{,}2$	0,0352	0,1671	0,3980

Für $g = 2$ ist das Risiko für beide annähernd gleich.
Dem Kleinbetrieb wird die Reparatur nur geglaubt, wenn in der Stichprobe höchstens 1 nicht voll funktionstüchtiges Gerät gefunden wird.

3 a) Wenn ein Testteilnehmer lediglich rät, ist die Wahrscheinlichkeit, richtig zu raten $p = 0{,}25$. Der Kandidat besteht den Test, wenn er mindestens sechsmal richtig rät.
X ist binomialverteilt mit $p = 0{,}25$ und $n = 10$:
$P(X \geq 6) = 1 - P(X \leq 5) = 0{,}0197$, also 1,97 %
b) $p = 0{,}6$ Annahmebereich $[6; 10]$; $P(X \leq 5) = 0{,}3669 \approx 36{,}7\,\%$

4 $p_0 = 0{,}02$ wird getestet gegen $p_1 < p_0$. H_0 wird abgelehnt, wenn die Trefferzahl im Intervall $[0; b]$ liegt.
$P(X \leq b) \leq 0{,}05$ mit $n = 100$ und $p = 0{,}02$
$P(X \leq 3) = 0{,}04$; $P(X \leq 4) = 0{,}09$, also ist der Annahmebereich (und damit die Ablehnung von H_0) $\{0, 1, 2, 3\}$.

5 H_0 ist $p = 0{,}6$; H_1 ist $p \neq 0{,}6$ mit $n = 100$ und $\alpha = 0{,}05$.
Aus $P(X \leq a) \leq 0{,}025$ folgt $a = 49$. Der Ablehnungsbereich für H_0 ist $\{0, \ldots, 49\} \cup \{70, \ldots, 100\}$. Man entscheidet sich also dafür, dass sich der Stimmenanteil zum Zeitpunkt der Umfrage verändert hat und nicht 60 % betrug.

6 a) X sei die Anzahl der 40 W-Lampen. Dann ist H_0: $p = 0{,}5$; H_1: $p_1 \neq 0{,}5$ mit $n = 10$ ist binomialverteilt.
Gefragt ist nach dem Fehler 1. Art bei dem Ablehnungsbereich $\{0, 1, 2\} \cup \{8, 9, 10\}$.
$P(X \leq 2) = 0{,}0547$, also $\alpha = 0{,}1094$.
b) Annahmebereich $\{3, \ldots, 7\}$
$n = 10$; $p = \frac{2}{3}$; $P(3 \leq X \leq 7) = 0{,}6975$

Abiturvorbereitung

Abiturvorbereitung – Analysis, Seite 94

1 a) Der Graph von f_2 beschreibt die Änderungsrate der Staulänge für $a = 2$: $f_2(t) = 0{,}5t^3 - 3t^2 + 4t$.
Positive Funktionswerte: positive Werte der Änderungsrate der Staulänge bedeuten eine Zunahme der Staulänge.
Negative Funktionswerte: negative Werte der Änderungsrate der Staulänge bedeuten eine Abnahme der Staulänge.
Die schnellste Zunahme der Staulänge entspricht dem Maximum von f_2.
$f_2'(t) = 1{,}5t^2 - 6t^2 + 4$
$f_2'(t) = 0$; $1{,}5t^2 - 6t^2 + 4 = 0$; $t_{1,2} = \frac{6 \pm \sqrt{6^2 - 4 \cdot 1{,}5 \cdot 4}}{3} = \frac{6 \pm \sqrt{12}}{3}$;
$t_1 \approx 3{,}15$; $t_2 \approx 0{,}85$
f_2' hat bei $t_2 \approx 0{,}85$ einen Vorzeichenwechsel von + nach –, d. h. f_2 hat an dieser Stelle ein Maximum.
$0{,}85\,\text{h} \cdot 60\,\frac{\text{min}}{\text{h}} \approx 51\,\text{min}$.
Die maximale Zunahme der Staulänge wird um 6:51 Uhr erreicht.
Die maximale Staulänge wird zu dem Zeitpunkt erreicht, an dem die Änderungsrate der Staulänge 0 ist und einen Vorzeichenwechsel von + nach – aufweist.
$f_2(t) = 0$;
$0{,}5t^3 - 3t^2 + 4t = 0{,}5t \cdot (t^2 - 6t + 8) = 0{,}5t \cdot (t-2) \cdot (t-4) = 0$
f_2 weist eine Nullstelle mit Vorzeichenwechsel von + nach – für $t = 2$ auf. Um 8:00 Uhr ist die Staulänge maximal.
Berechnung der Staulänge:
$L = \int_{t=0}^{t=2} f_2(t)\,dt = \int_{t=0}^{t=2} (0{,}5t^3 - 3t^2 + 4t)\,dt = \left[\frac{1}{8}t^4 - t^3 + 2t^2\right]_0^2$
$= (2 - 8 + 8) - (0) = 2{,}0$
Die maximale Staulänge beträgt 2,0 km.

b) Die maximale Staulänge wird zu dem Zeitpunkt erreicht, an dem die Änderungsrate der Staulänge 0 ist und einen Vorzeichenwechsel von + nach – aufweist.
$f_a(t) = 0$; $0{,}5t^3 - 1{,}5at^2 + a^2t = 0{,}5t \cdot (t^2 - 3at + 2a^2) = 0$
$t_1 = 0$; $t_{2,3} = \frac{3a \pm \sqrt{(3a)^2 - 4 \cdot 1 \cdot 2a^2}}{2} = \frac{3a \pm 1a}{2}$; $t_2 = 2a$; $t_3 = a$
f_a weist eine Nullstelle mit Vorzeichenwechsel von + nach – für $t = a$ auf. Um $(6 + a)$ Uhr ist die Staulänge maximal.
Die Staulänge wird durch eine Stammfunktion $F_a(t)$ von $f_a(t)$ angegeben.
$F_a(t) = 0{,}125t^4 - 0{,}5at^3 + 0{,}5a^2t^2 + c$
$F_a(0) = 0$ für $c = 0$.
Staulänge zum Zeitpunkt t:
$F_a(t) = 0{,}125t^4 - 0{,}5at^3 + 0{,}5a^2t^2$
$F_a(2) = 3$, d. h. $0{,}125 \cdot (2)^4 - 0{,}5a \cdot (2)^3 + 0{,}5a^2 \cdot (2)^2$
$= 2 - 4a + 2a^2 = 3$; $2a^2 - 4a - 1 = 0$;
$a_{1,2} = \frac{4 \pm \sqrt{(-4)^2 - 4 \cdot 2 \cdot (-1)}}{4} = \frac{4 \pm \sqrt{24}}{4} = 1 \pm \sqrt{1{,}5}$
Die Lösungen der Gleichung sind $a_1 \approx 2{,}22$ und $a_2 \approx -0{,}22$.
Da jedoch $a > 0$ vorgegeben ist, ist $a_1 \approx 2{,}22$ die einzige sinnvolle Lösung. Für $a \approx 2{,}22$ beträgt zum Zeitpunkt 8:00 Uhr die Staulänge 3,0 km.

c) Die Abnahme der Staulänge ist insgesamt größer als die vorherige gesamte Zunahme der Staulänge, so dass sich für die Staulänge auch negative Werte ergeben würden.

Negative Werte machen jedoch für die Staulänge keinen Sinn, so dass die Änderungsrate der Staulänge nicht durch die Funktion g beschrieben werden kann.

d) Die Staulänge kann durch die Stammfunktion H von h mit H(0) = 0 beschrieben werden. Damit die Staulänge in dem Zeitintervall immer positiv und um 11:00 Uhr (t = 2) vollständig abgebaut ist, muss gelten: $H(t) \geq 0$ für $0 \leq t \leq 2$ und $H(2) = 0$.

Abiturvorbereitung – Analysis, Seite 95

2 a) Setzt man die Werte t = 4 und y = 8,83 in die Funktionsgleichung $f_a(t) = a \cdot t \cdot e^{-0,25t}$ ein, so ergibt sich die Gleichung:

$f_a(4) = a \cdot 4 \cdot e^{-0,25 \cdot 4} = 8,83$ $a \cdot 4 \cdot e^{-1} = 8,83$ $a = \frac{8,83 \cdot e}{4} \approx 6,00$

Für a = 6 ergibt sich vier Stunden nach der Einnahme eine Wirkstoffkonzentration von $8,83\,\frac{mg}{l}$.

Graph der Funktion f_6:

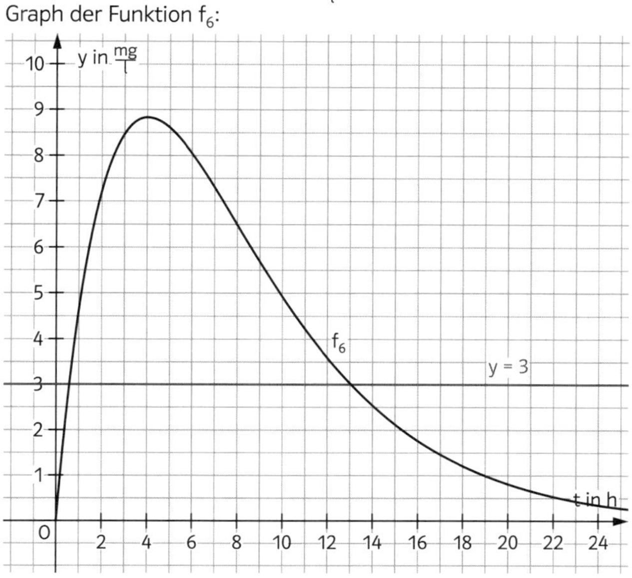

Schneidet man den Graphen der Funktion f_6 mit der Geraden y = 3, so erhält man die Werte: $t_1 \approx 0,58$ und $t_2 \approx 13,05$;
$t_2 - t_1 = 13,05 - 0,58 \approx 12,47$.
Für ungefähr $12\frac{1}{2}$ Stunden ist die Wirkstoffkonzentration im Blut über $3\,\frac{mg}{l}$.

b) Ableitungsfunktion der Funktionenschar f_a:
$f_a'(t) = a \cdot e^{-0,25t} + a \cdot t \cdot e^{-0,25t} \cdot (-0,25)$
$f_a'(t) = a \cdot e^{-0,25t} \cdot (1 - 0,25t)$
Es ist $f_a'(t) = 0$ für t = 4; außerdem gilt: $a \cdot e^{-0,25t} > 0$ für alle Werte von t, der Faktor $(1 - 0,25t)$ hat bei t = 4 einen Vorzeichenwechsel von + nach –. Folglich ist jede Funktion f_a an der Stelle t = 4 maximal. Da die maximale Wirkstoffkonzentration im Blut nach 4 Stunden erreicht wird, muss $f_a(4) \leq 14$ gelten.
$a \cdot 4 \cdot e^{-0,25 \cdot 4} = a \cdot 4 \cdot e^{-1} \leq 14$ für $a \leq 9,51$.
Der Parameter a, der die verabreichte Dosis berücksichtigt, sollte nicht größer als 9,51 sein.

c) Der Zeitpunkt, an dem der Wirkstoff am stärksten abgebaut wird, ist der Zeitpunkt, bei dem die momentane Änderungsrate den größten negativen Wert annimmt. Dies entspricht dem Minimum der Ableitungsfunktion f_a'.
Zweite Ableitungsfunktion der Funktionenschar f_a:
$f_a''(t) = -0,25a \cdot e^{-0,25t} \cdot (1 - 0,25t) + a \cdot e^{-0,25t} \cdot (-0,25)$
$f_a''(t) = a \cdot e^{-0,25t} \cdot (-0,5 + 0,0625t)$
Es ist $f_a''(t) = 0$ für t = 8; außerdem gilt: $a \cdot e^{-0,25t} > 0$ für alle Werte von t. Der Faktor $(-0,5 + 0,0625t)$ hat bei t = 8 einen Vorzeichenwechsel von – nach +. Folglich hat jede Funktion f_a' an der Stelle t = 8 eine Minimalstelle.
Acht Stunden nach der Einnahme wird der Medikamentenwirkstoff am stärksten abgebaut.

d) Damit $F_a(t) = -4a \cdot (t + 4) \cdot e^{-0,25t}$ eine Stammfunktion von f_a ist, muss $F_a'(t) = f_a(t)$ gelten.
$F_a(t) = -4a \cdot t \cdot e^{-0,25t} - 16a \cdot e^{-0,25t}$
$F_a'(t) = -4a \cdot e^{-0,25t} - 4a \cdot t \cdot e^{-0,25t} \cdot (-0,25)$
$\quad - 16a \cdot e^{-0,25t} \cdot (-0,25)$
$\quad = -4a \cdot e^{-0,25t} + a \cdot t \cdot e^{-0,25t} + 4a \cdot e^{-0,25t}$
$\quad = a \cdot t \cdot e^{-0,25t}$
$\quad = f_a(t)$

F_a ist eine Stammfunktion von f_a.
Für die mittlere Wirkstoffkonzentration in den ersten 24 Stunden nach der Einnahme gilt.

$m_6 = \frac{1}{24 - 0} \cdot \int_0^{24} f_6(t)\,dt = \frac{1}{24} \cdot (F_6(24) - F_6(0))$
$= \frac{1}{24} \cdot [(-4 \cdot 6 \cdot (24 + 4) \cdot e^{-0,25 \cdot 24}) + 16 \cdot 6] \approx 3,93$

Die mittlere Wirkstoffkonzentration für a = 6 in den ersten 24 Stunden nach der Einnahme beträgt ca. $3,93\,\frac{mg}{l}$.
Für die mittlere Wirkstoffkonzentration $m_a(s)$ in den ersten s Stunden nach der Einnahme des Medikaments gilt:

$m_a(s) = \frac{1}{s - 0} \cdot \int_0^{s} f_a(t)\,dt = \frac{1}{s} \cdot (F_a(s) - F_a(0))$
$= \frac{1}{s} \cdot ((-4a \cdot (s + 4) \cdot e^{-0,25 \cdot s}) - (-4a \cdot (0 + 4) \cdot e^{-0,25 \cdot 0}))$
$= \frac{1}{s} \cdot ((-4a \cdot (s + 4) \cdot e^{-0,25 \cdot s}) + 16a)$

Abiturvorbereitung – Exponentialfunktion, Seite 96

1 a) $18 = s\,e^0$, also s = 18; $95 = 18\,e^{k20}$; $k = \frac{1}{20}\ln\frac{95}{18} \approx 0,083$;
$f(t) = 18\,e^{0,083t}$; $f(15) \approx 62,5$; prozentualer Fehler: $\frac{3,5}{59} \approx 6\,\%$.
b) $f'(t) = 0,083 \cdot 18 \cdot e^{0,083t} = 0,083 \cdot f(t)$; $\frac{f'(t)}{f(t)} = 0,083 = 8,3\,\%$.

Die jährliche Neuverschuldung beträgt 8,3 %. Der Schuldenstand ist 40-mal so hoch wie 2010, also $f(t) = 40 \cdot 95 = 3800 = 18\,e^{0,083t}$; $t \approx 64,5$; Im Jahr 2055 sind die Schulden auf das 40fache der jährlichen Steuereinnahmen des Staates im Jahr 2010 gewachsen.

c) Solange die Neuverschuldung oberhalb der t-Achse liegt, nimmt der Schuldenstand zu. Wenn die Neuverschuldung ab t = 22 unter der t-Achse liegt, nimmt der Schuldenstand ab. Der Schuldenstand beträgt ca. im Jahr 2016/2017 wieder ungefähr 95 Mrd. Euro: Im Neuverschuldungsdiagramm ist die Fläche zwischen der y-Achse, der t-Achse und der Kurve in etwa so groß wie die Fläche zwischen Kurve und t-Achse von t = 22 bis t = 26,5. Es sind ungefähr 20,5 Kästchen (s. die grau unterlegten Flächen im Diagramm unten).

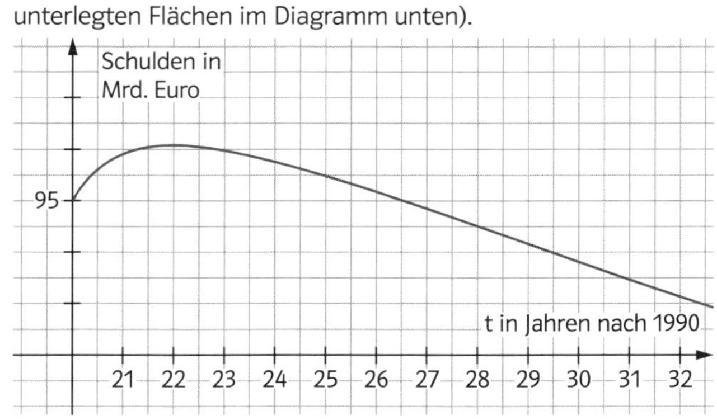

d) Die Gerade fällt zwischen t = 20 und t = 30 um ungefähr 0,6, d.h. die Steigung ist –0,6/10 = –0,06.
$g(t) = -0,06t - 1,1$ Das Trapez von 26,5 bis t, das die graue Gerade mit der t-Achse bildet, hat den Flächeninhalt:

$\int_{26,5}^{u} (-0,6t - 1,1)\,dt = [-0,3t^2 - 1,1t]_{26,5}^{u}$
$\quad = -0,3u^2 - 1,1u + 239,825 = -95$

(alternative Berechnung mit der Flächenformel ohne Integral)
Löst man die quadratische Gleichung $-0,3u^2 - 1,1u + 335 = 0$ so

ergibt sich: $u \approx 32$ (der zweite Wert ist negativ); Die Schulden wären damit im Jahr 2022 zurückbezahlt.

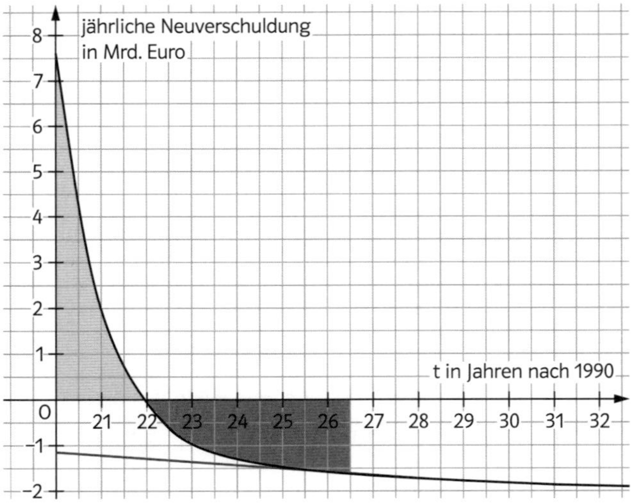

e) Bestimmung des Maximums:

$f'(t) = -\frac{95}{40}e^{\frac{1}{20}t} + \frac{1}{20}\left(1 - \frac{1}{40}t\right)95e^{\frac{1}{20}t} = \frac{95}{40}\left(1 - \frac{1}{20}t\right)e^{\frac{1}{20}t} = 0;\ t = 20;$

f' hat an der Nullstelle einen Vorzeichenwechsel von + nach −, es handelt sich also um ein Maximum. Das Maximum der Schulden wird im Jahr 2030 erreicht und beträgt $95 \cdot \frac{e}{2}$ Mrd. ≈ 129 Mrd.

f) $f(11) - f(10) = 95\left(1 - \frac{11}{40}\right)e^{\frac{11}{20}} - 95\left(1 - \frac{10}{40}\right)e^{\frac{10}{20}} \approx 0{,}02.$

Der Zinssatz beträgt also $\frac{0{,}02}{f(10)} \approx 1{,}7\%$.

Abiturvorbereitung – Exponentialfunktion, Seite 97

2 a) Schnittpunkte mit den Achsen:
y-Achse: $f_a(0) = -a \quad S_a(0\,|\,-a)$
x-Achse: $(x - a) \cdot e^{\frac{x}{a}} = 0$ Nullprodukt: $\underbrace{x - a}_{x_1 = a}$ oder $\underbrace{e^{\frac{x}{a}} = 0}_{\text{keine Lösung}}$

Abgebildet sind die Graphen von f_2 und f_5.

b) Wendepunkte der Graphen von f_a mit $f_a(x) = (x - a)e^{\frac{x}{a}}$

$f_a'(x) = 1 \cdot e^{\frac{x}{a}} + (x - a) \cdot \frac{1}{a} \cdot e^{\frac{x}{a}} = e^{\frac{x}{a}} \cdot \left(1 + (x - a) \cdot \frac{1}{a}\right) = \frac{x}{a} \cdot e^{\frac{x}{a}}$

$f_a''(x) = \frac{1}{a} \cdot e^{\frac{x}{a}} + \frac{x}{a} \cdot \frac{1}{a} \cdot e^{\frac{x}{a}} = \frac{1}{a} \cdot e^{\frac{x}{a}} \cdot \left(1 + \frac{x}{a}\right)$

$f_a'''(x) = \frac{1}{a^2} \cdot e^{\frac{x}{a}} \cdot \left(1 + \frac{x}{a}\right) + \frac{1}{a} \cdot e^{\frac{x}{a}} \cdot \frac{1}{a} = \frac{1}{a^2} \cdot e^{\frac{x}{a}} \cdot \left(2 + \frac{x}{a}\right)$

Stellen mit $f_a''(x) = 0$:

$\frac{1}{a} \cdot e^{\frac{x}{a}} \cdot \left(1 + \frac{x}{a}\right) = 0 \quad 1 + \frac{x}{a} = 0 \quad x_1 = -a$

Überprüfung:

$f_a'''(-a) = \frac{1}{a^2} \cdot e^{-1} > 0 \quad \Rightarrow$ a ist eine Wendestelle von f_a

$f_a(-a) = -2ae^{\left(-\frac{a}{a}\right)} = \frac{-2a}{e}$

Wendepunkt des Graphen von f_a: $W_a\left(-a\,\middle|\,\frac{-2a}{e}\right)$
Ortskurve der Wendepunkte

$x_a = -a \quad y_a = \frac{-2a}{e}$ Einsetzen: $y_a = \frac{2}{e} \cdot x_a$ Aus $a > 0$ folgt $x_a < 0$.

Ortskurve der Wendepunkte: $y = \frac{2}{e} \cdot x;\ x < 0$

c) Tangentengleichung bestimmen:
t_a: $y = m_a x + n_a$ mit $m_a = f_a'(a) = 1e^1 = e$
Koordinaten von $W(a\,|\,0)$ in $y = e \cdot x + n_a$ einsetzen:
$0 = e \cdot a + n_a \quad n_a = -e \cdot a$ Ergebnis: t_a: $y = e \cdot x - e \cdot a$

d) $A(u) = u \cdot (-f_5(u)) = -u \cdot (u - 5) \cdot e^{0,2 \cdot u} = (5u - u^2) \cdot e^{0,2 \cdot u}$
$A'(u) = (5 - 2u) \cdot e^{0,2 \cdot u} + (5u - u^2) \cdot 0{,}2 \cdot e^{0,2 \cdot u}$
$= e^{0,2 \cdot u} \cdot (5 - 2u + u - 0{,}2u^2) = e^{0,2 \cdot u} \cdot (5 - u - 0{,}2u^2)$
$A'(u) = 0 \quad e^{0,2 \cdot u} \cdot (5 - u - 0{,}2u^2) = 0 \quad 5 - u - 0{,}2u^2 = 0$

$u^2 + 5u - 25 = 0 \quad u_{1/2} = \frac{-5 \pm \sqrt{25 + 4 \cdot 25}}{2} = 2{,}5 \pm 0{,}5 \cdot \sqrt{125}$

Wegen $u > 0$ ergibt sich: $u = 2{,}5 + 0{,}5 \cdot \sqrt{125} \approx 3{,}09$
Aus der Problemstellung ist direkt ersichtlich, dass es sich um eine Maximumstelle handelt.
$A(3{,}09) = (5 \cdot 3{,}09 - 3{,}09^2) \cdot e^{0,2 \cdot 3,09} \approx 10{,}9$
Die maximale Rechteckfläche von ca. 10,9 FE erhält man für $u \approx 3{,}09$.

e) Aufgrund der Schnittpunkte mit den Achsen liegt die Vermutung nahe, dass die Graphen von f_2 und f_{-2} zueinander punktsymmetrisch bzgl. des Ursprungs sind. Beweis:
$f_2(-x) = (-x - 2) \cdot e^{-\frac{x}{2}} = -(x + 2) \cdot e^{-\frac{x}{2}}$
$f_{-2}(x) = (x - (-2)) \cdot e^{\frac{x}{-2}} = (x + 2) \cdot e^{-\frac{x}{2}}$
Wegen $f_2(-x) = -f_{-2}(x)$ ist diese Behauptung bewiesen.

f) $F_a(x) = a(x - 2a)e^{\frac{x}{a}}$

$F_a'(x) = a(x - 2a)e^{\frac{x}{a}} = a\left(1 \cdot e^{\frac{x}{a}} + (x - 2a) \cdot \frac{1}{a} \cdot e^{\frac{x}{a}}\right) = a \cdot e^{\frac{x}{a}}\left(1 + \frac{x}{a} - 2\right)$

$= a \cdot e^{\frac{x}{a}}\left(\frac{x}{a} - 1\right) = (x - a) \cdot e^{\frac{x}{a}} = f_a(x)$

Demnach ist F_a eine Stammfunktion von f_a.
Berechnung des Inhalts der eingeschlossenen Fläche in Abhängigkeit von a:

$-\int_0^a \left((x - a) \cdot e^{\frac{x}{a}}\right) dx = -\left[a(x - 2a)e^{\frac{x}{a}}\right]_0^a = a^2e^1 + a(0 - 2a)e^0$

$= a^2 \cdot e - 2a^2 = a^2(e - 2)$

Berechnung des gesuchten Parameterwerts:

$a^2(e - 2) = 10 \quad a = \sqrt{\frac{10}{e - 2}} \approx 3{,}73$

Für $a \approx 3{,}73$ hat die vom Graph von f_a und den Achsen eingeschlossene Fläche den Inhalt 10 FE.

Abiturvorbereitung – Ganzrationale Funktionen, Seite 98

1 a) $f(x) = \frac{1}{3}x^3 - 4x^2 + 12x = \frac{1}{3}x(x^2 - 12x + 36) = \frac{1}{3}x(x - 6)^2$ im Vergleich mit $g_t(x) = \frac{1}{3}x \cdot (x - 3t)^2$: $t = 2$

b) Nullstellen: $f(x) = \frac{1}{3}x(x - 6)^2 = 0 \quad x_1 = 0;\ x_2 = 6$

Ableitungen: $f'(x) = x^2 - 8x + 12$; $f''(x) = 2x - 8$; $f'''(x) = 2$
Extrema: $f'(x) = x^2 - 8x + 12 = 0 \quad x_{3/4} = 4 \pm \sqrt{16 - 12} = 4 \pm 2$
$x_3 = 2;\ x_4 = 6$
$f''(2) = -4 < 0$ Maximum bei $P_{Max}\left(2\,\middle|\,\frac{32}{3}\right)$; $f''(6) = 4 > 0$
Minimum bei $P_{Min}(6\,|\,0)$
Wendepunkt: $f''(x) = 2x - 8 = 0$; $x_5 = 4$ und wegen $f'''(4) = 2 > 0$
$W\left(4\,\middle|\,\frac{16}{3}\right)$

c) Berechnung des eingeschlossenen Flächeninhalts:
$A = \int_0^6 f(x)\,dx = \left[\frac{1}{12}x^4 - \frac{4}{3}x^3 + 6x^2\right]_0^6 = 36$
Der Flächeninhalt bis zum Hochpunkt ist $A_1 = \int_0^2 f(x) = \frac{44}{3}$
Der Flächeninhalt von A_1 und A_2 muss also den Wert 18 haben.
A_2 wird aus dem rechtwinkligen Dreieck mit den Katheten $\frac{32}{3}$ und $k - 2$ berechnet. Es ist also $18 = \frac{44}{3} + \frac{1}{2} \cdot (k - 2) \cdot \frac{32}{3} \quad | \cdot 6$
$108 = 88 + 32 \cdot (k - 2)$
$20 = 32 \cdot (k - 2)$, also $k = \frac{21}{8} = 2{,}625$ und $S(2{,}625\,|\,0)$

Skizze:

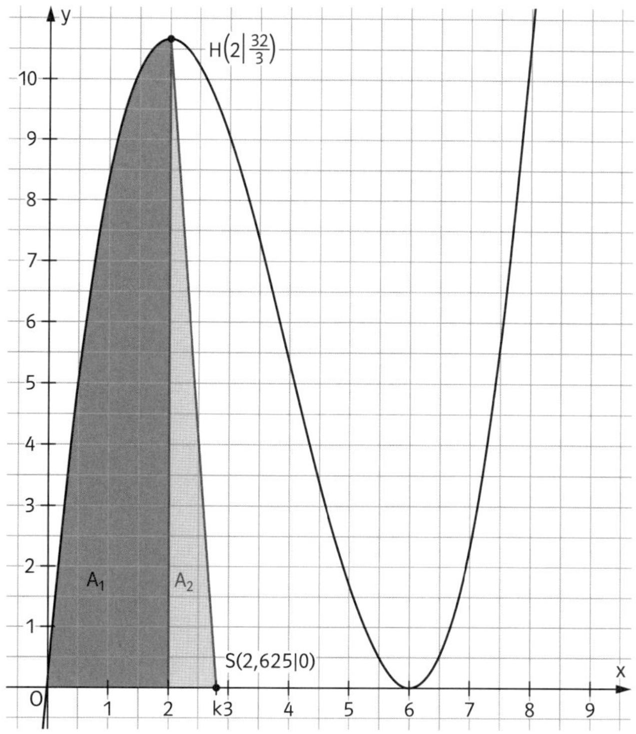

Schnittpunkt der Geraden mit der x-Achse: S(2,625 | 0)

d) Skizze:

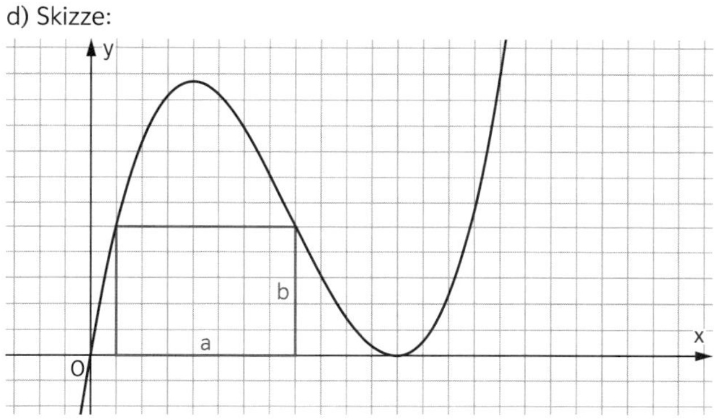

Die obere Rechteckseite hat die Gleichung $y = \frac{16}{3}$. Es ist also $b = \frac{16}{3}$.

Berechnung der Schnittstellen:

$f(a) = \frac{16}{3}$, also $\frac{1}{3}a^3 - 4a^2 + 12a - \frac{16}{3} = 0 \quad | \cdot 3$

$a^3 - 12a^2 + 36a - 16 = 0$ hat die eine Lösung mit $a = 4$.

Die restlichen Lösungen erhält man nach Polynomdivision:

$(a^3 - 12a^2 + 36a - 16) : (a - 4) = a^2 - 8a + 4$

$\underline{-(a^3 - 4a^2)}$

$-8a^2 + 36a - 16$

$\underline{-(-8a^2 + 32a)}$

$4a - 16$

$\underline{-(4a - 16)}$

0

$a^2 - 8a + 4 = 0$ hat die Lösungen $a_{1/2} = 4 \pm \sqrt{12}$, also für unser Rechteck den Wert 0,5359. Es ist $a = 4 - 0{,}5359 = 3{,}4641$

e) Der Flächeninhalt des Dreiecks ist $A = \frac{1}{2}t \cdot f(t)$ und damit

$A = \frac{1}{2}t\left(\frac{1}{3}t^3 - 4t^2 + 12t\right) = \frac{1}{6}t^4 - 2t^3 + 6t^2$.

Gesucht ist der Extremwert von A.

$A'(t) = \frac{2}{3}t^3 - 6t^2 + 12t = \frac{2}{3}t(t^2 + 9t + 18) = 0$ hat die Lösungen

0, 3 und 6. Wegen des gegeben Intervalls ist die Lösung $t = 3$.

$A''(x) = 2x^2 - 12x + 12$, also $A''(3) = -6 < 0$, also Maximum bei $(3 \mid A(3))$

Der Flächeninhalt beträgt $A = \frac{1}{6}3^4 - 2 \cdot 3^3 + 6 \cdot 3^2 = 13{,}5$ FE.

Skizze:

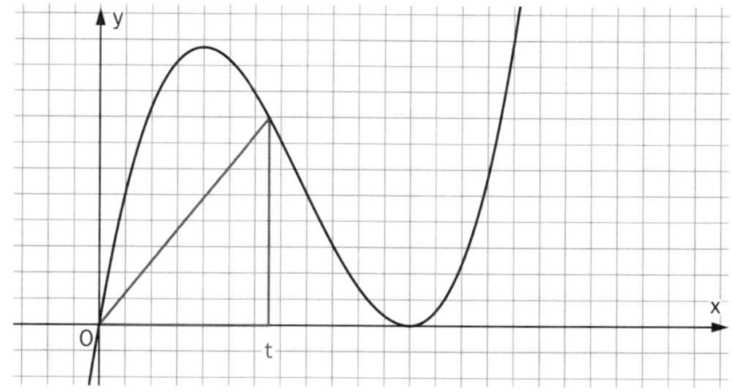

f) $g_t(x) = \frac{1}{3}x^3 - 2t \cdot x^2 + 3t^2 \cdot x \quad g_t'(x) = x^2 - 4t \cdot x + 3t^2$

$g_t''(x) = 2x - 4t = 0 \quad x = 2t$

$y = g_t(2t) = \frac{1}{3}(2t)^3 - 2t \cdot (2t)^2 + 3t^2 \cdot 2t = \frac{8}{3}t^3 - 8t^3 + 6t^3 = \frac{2}{3}t^3$

Wendepunkt $W\left(2t\middle|\frac{2}{3}t^3\right)$

Aus $x = 2t$ folgt $t = \frac{x}{2}$. Eingesetzt in y folgt $y = \frac{2}{3}\left(\frac{x}{2}\right)^3 = \frac{1}{12}x^3$.

Die Ortskurve aller Wendepunkte ist $y = \frac{1}{12}x^3$.

Abiturvorbereitung – Ganzrationale Funktionen, Seite 99

2 a) $f(x) = -\frac{1}{81}x^3 + \frac{1}{9}x = -\frac{1}{81}x(x^2 - 9)$

Nullstellen: $x_1 = 0;\ x_2 = -3;\ x_3 = 3$

Extrema: $f'(x) = -\frac{1}{27}x^2 + \frac{1}{9} = 0;\ x^2 = 3$, also $x_4 = \sqrt{3};\ x_5 = -\sqrt{3}$;

$f''(\sqrt{3}) = -\frac{2}{27} \cdot \sqrt{3} < 0$, also ein Hochpunkt bei $\left(\sqrt{3}\middle|\frac{2}{27}\sqrt{3}\right)$ bzw. (1,732 | 0,1283).

$f''(x) = -\frac{2}{27}x;\ f''(\sqrt{3}) = \frac{2}{27} \cdot \sqrt{3} > 0$, also ein Tiefpunkt bei $\left(-\sqrt{3}\middle|-\frac{2}{27}\sqrt{3}\right)$ bzw. (−1,732 | −0,1283).

Begründung für den Wendepunkt im Ursprung: Die Funktion hat nur ungerade Exponenten, also ist sie punktsymmetrisch zum Koordinatenursprung. Dann muss genau zwischen Hoch- und Tiefpunkt, also im Koordinatenursprung der Wendepunkt sein.

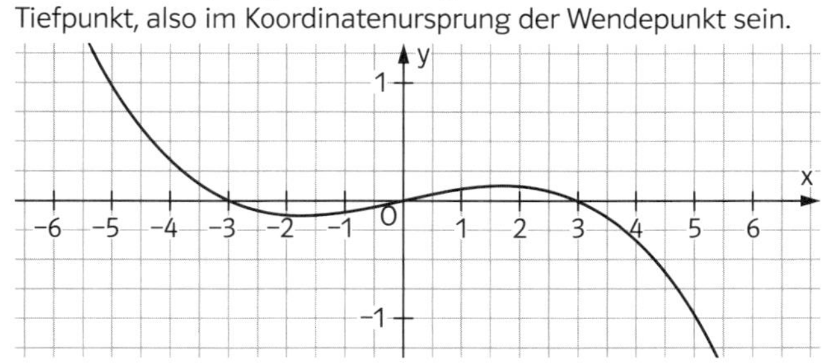

b) $A = \int_0^3 \left(-\frac{1}{81}x^3 + \frac{1}{9}x\right)dx = \left[-\frac{1}{4} \cdot 81x^4 + \frac{1}{2} \cdot 9x^2\right]_0^3 = -\frac{1}{4} + \frac{1}{2} = \frac{1}{4}$ FE

$A_1 = \int_0^{\sqrt{3}} \left(-\frac{1}{81}x^3 + \frac{1}{9}x\right)dx = \left[-\frac{1}{4} \cdot 81x^4 + \frac{1}{2} \cdot 9x^2\right]_0^{\sqrt{3}} = -\frac{1}{36} + \frac{1}{6} = \frac{5}{36}$ FE

$A_2 = A - A_1 = \frac{4}{36}$ Verhältnis: $A_1 : A_2 = 5 : 4$

c) $g_a(x) = a \cdot x^2 + \frac{7}{4}x;\ g_a'(x) = 2a \cdot x + \frac{7}{4}$;

$g_a'(-0{,}5) = 2a \cdot (-0{,}5) + \frac{7}{4} = 2;\ -a + \frac{7}{4} = 2;\ a = -\frac{1}{4}$

Tangente an $g_{-\frac{1}{4}}(x) = -\frac{1}{4} \cdot x^2 + \frac{7}{4}x$: $y = 2x + n$ geht durch $\left(-\frac{1}{2}\middle|-\frac{15}{6}\right)$,

also $-\frac{15}{16} = -1 + n$

Die Tangentengleichung ist $y = 2x + \frac{1}{16}$.

d) Fläche A_a:
Nullstellen bestimmen: $x \cdot \left(ax + \frac{7}{4}\right) = 0$, also sind die Grenzen 0 und $-\frac{7}{4a}$.

$-\int_0^{-\frac{7}{4a}} \left(ax^2 + \frac{7}{4}x\right)dx = \left[\frac{1}{3}ax^3 + \frac{7}{8}x^2\right]_0^{-\frac{7}{4a}} = -\frac{343}{192a^2} + \frac{343}{128a^2} = \frac{343}{384a^2} = \frac{21}{8}$;

$a^2 = \frac{343 \cdot 8}{384 \cdot 21} = \frac{49}{144}$; wegen $a < 0$ ist $a = -\frac{7}{12}$.

e) $g_{-\frac{1}{3}}(x) = -\frac{1}{3}x^2 + \frac{7}{4}x$

Nullstellen: 0 und $\sqrt{\frac{21}{2}}$ Fläche $\sqrt{\frac{21}{2}} \cdot \frac{7}{4} \approx 4$ FE

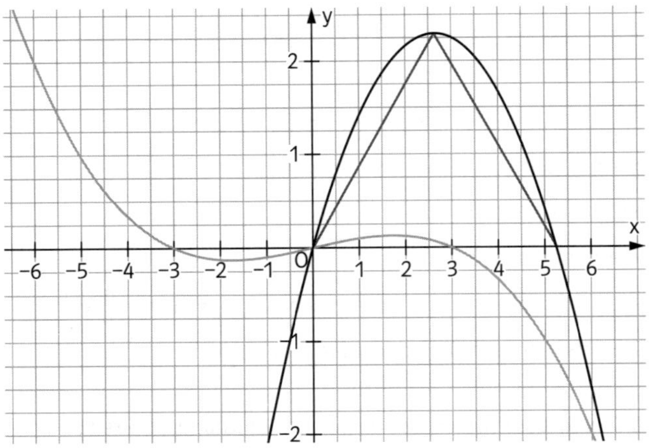

f) Die Differenz $d(u) = g_{-\frac{1}{3}}(u) - f(u)$ muss maximal werden.

$d(u) = \frac{1}{81}u^3 - \frac{1}{3}u^2 + \frac{59}{36}$; $d'(u) = \frac{1}{27}u^2 - \frac{2}{3}u + \frac{59}{36} = 0$ hat die Lösung

$u = 2{,}938$ (die 2. Lösung liegt nicht im angegebenen Intervall)

$d''(u) = \frac{2}{27}u - \frac{2}{3}$; $d''(2{,}938) = \frac{2}{27} \cdot 2{,}938 - \frac{2}{3} < 0$, also ein Hochpunkt bei $u = 2{,}938$.

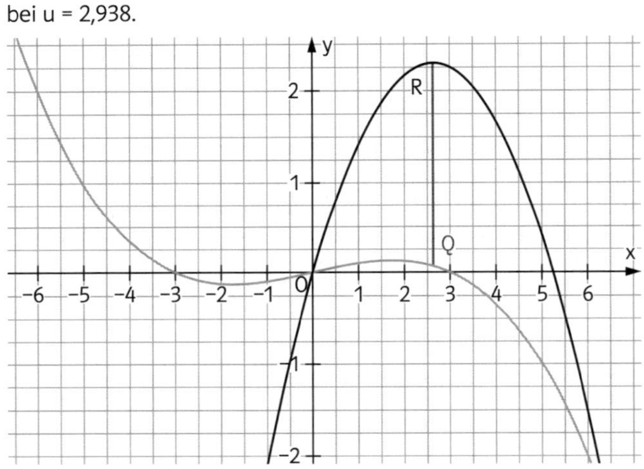

g)

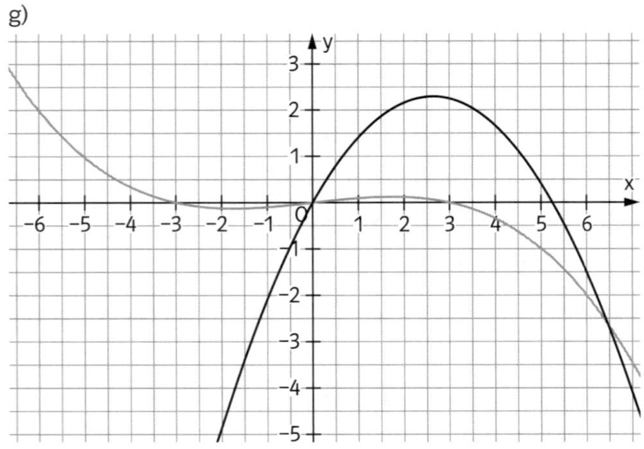

Abiturvorbereitung – Funktionsuntersuchung, Seite 100

1 a) $f_t(x) = -\frac{1}{18}x^3 + \frac{1}{2}tx^2$, $x \in \mathbb{R}$ und $t > 0$

gemeinsame Punkte mit der x-Achse: $f_t(x) = 0$; $-\frac{1}{18}x^3 + \frac{1}{2}tx^2 = 0$;

$x^2 \cdot \left(-\frac{1}{18}x + \frac{1}{2}t\right) = 0$ für $x_1 = 0$ und $x_2 = 9t$;

gemeinsame Punkte mit der x-Achse $N_1(0\,|\,0)$ und $N_{2,t}(9t\,|\,0)$.

Ableitungen:

$f_t'(x) = -\frac{1}{6}x^2 + tx$ $f_t''(x) = -\frac{1}{3}x + t$ $f_t'''(x) = -\frac{1}{3}$

Extrempunkte:
notwendige Bedingung: $f_t'(x) = 0$; $-\frac{1}{6}x^2 + tx = 0$;

$x \cdot \left(-\frac{1}{6}x + t\right) = 0$ für $x_1 = 0$ und $x_3 = 6t$;

hinreichende Bedingung: $f_t''(0) = t > 0$; $f_t(0) = 0$ ist lokales Minimum; Tiefpunkt $T(0\,|\,0)$;

$f_t''(6t) = -t < 0$; $f_t(6t) = -\frac{1}{18}(6t)^3 + \frac{1}{2}t \cdot (6t)^2 = 6t^3$ ist lokales Maximum; Hochpunkt $H_t(6t\,|\,6t^3)$.

Wendepunkte:
notwendige Bedingung: $f_t''(x) = 0$; $-\frac{1}{3}x + t = 0$ für $x_4 = 3t$;

hinreichende Bedingung: $f_t'''(3t) = -\frac{1}{3} \neq 0$; $x_4 = 3t$ ist Wendestelle; $f_t(3t) = 3t^3$; Wendepunkt $W_t(3t\,|\,3t^3)$.

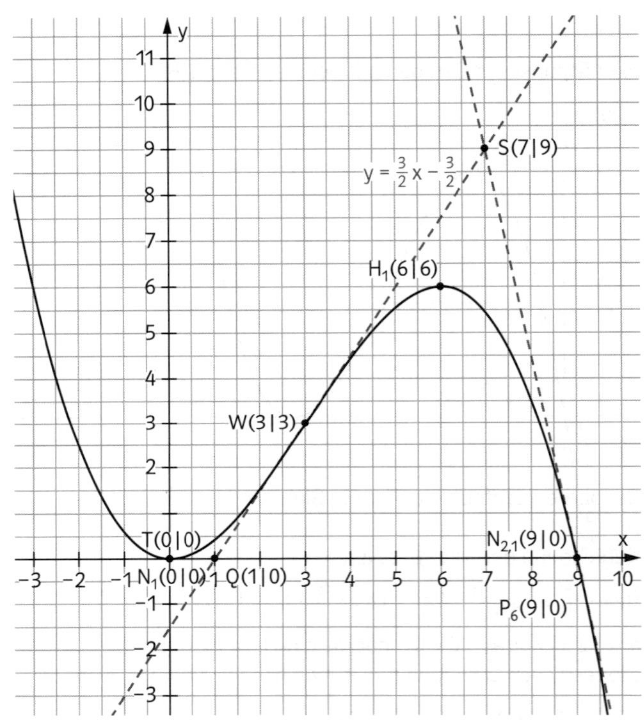

b) $f_1'(x) = -\frac{9}{2}$ ergibt $-\frac{1}{6}x^2 + x = -\frac{9}{2}$ und $-\frac{1}{6}x^2 + x + \frac{9}{2} = 0$ mit den Lösungen $x_5 = -3$ und $x_6 = 9$;

$f_1(x_5) = 6$ und $f_1(x_6) = 0$.

In den Punkten $P_5(-3\,|\,6)$ und $P_6(9\,|\,0)$ besitzt der Graph von f_1 die Steigung $-\frac{9}{2}$.

Es ist $g(9) = -\frac{9}{2} \cdot 9 + \frac{81}{2} = 0$ und $f_1'(9) = -\frac{9}{2}$, also ist g Tangente an den Graphen von f_1 im Punkt $P_6(9\,|\,0)$.

Es ist $W_1(3\,|\,3)$ und $f_1'(3) = -\frac{1}{6} \cdot 3^2 + 3 = \frac{3}{2}$.

Für die Gleichung der Tangente t im Wendepunkt gilt dann

$y = f_1'(x_0) \cdot (x - x_0) + f(x_0) = \frac{3}{2} \cdot (x - 3) + 3 = \frac{3}{2}x - \frac{3}{2}$.

$\frac{3}{2}x - \frac{3}{2} = -\frac{9}{2}x + \frac{81}{2}$; $6x = \frac{84}{2}$ für $x_7 = 7$.

Die Tangente t im Wendepunkt schneidet die Gerade g im Punkt S(7|9).

$\frac{3}{2}x - \frac{3}{2} = 0$ für $x_8 = 1$. Die Tangente t im Wendepunkt schneidet die x-Achse im Punkt Q(1|0).

$\frac{1}{2}\cdot(9-1)\cdot 9 = 36$; das Dreieck P_6SQ hat den Flächeninhalt 36 FE.

c) Stammfunktion $F_t(x) = -\frac{1}{72}x^4 + \frac{1}{6}tx^3$

Flächeninhalt A:

$A(t) = \int_0^{9t} f_t(x)\,dx = [F_t(x)]_0^{9t} = -\frac{1}{72}\cdot(9t)^4 + \frac{1}{6}t\cdot(9t)^3 - 0$

$= (9t)^3\cdot\left(-\frac{9}{72}t + \frac{1}{6}t\right) = (9t)^3\cdot\frac{1}{24}t = \frac{243}{8}t^4 = 6$; $t^4 = \frac{48}{243}$ und

$t = \sqrt[4]{\frac{48}{243}} = \frac{2}{3}$

Für $t = \frac{2}{3}$ beträgt der Inhalt der eingeschlossenen Fläche 6 FE.

Abiturvorbereitung – Analytische Geometrie, Seite 101

1 a) Die Flugbahn von F_1 hat die Gleichung g: $\vec{x} = \begin{pmatrix}3\\5\\2\end{pmatrix} + t\cdot\begin{pmatrix}-4\\4\\1\end{pmatrix}$

(t in Minuten nach Beobachtungsbeginn)
Für t = 3 ergibt sich der Punkt P(−9|17|5).
Für $x_3 = 6$ befindet sich F_1 für $2 + t\cdot 1 = 6$, also nach t = 4 Minuten, in einer Höhe von 6 km.
Der Richtungsvektor von g ist der Geschwindigkeitsvektor für F_1. Demnach hat F_1 eine Geschwindigkeit von $v = \sqrt{(-4)^2 + 4^2 + 1^2} = \sqrt{33}\,\frac{\text{km}}{\text{min}}$, also $v = \sqrt{33}\cdot 60\,\frac{\text{km}}{\text{h}} \approx 345\,\frac{\text{km}}{\text{h}}$.

Die Flugbahn von F_2 hat (mit normiertem Richtungsvektor, d.h. der Richtungsvektor hat die Länge 1 [in km]) die Gleichung h:

$\vec{x} = \begin{pmatrix}-1\\3\\3\end{pmatrix} + r\cdot\begin{pmatrix}\frac{2}{3}\\-\frac{2}{3}\\\frac{1}{3}\end{pmatrix}$. Da F_2 in einer Minute 5 km zurücklegt,

befindet sich dieses Flugzeug demnach nach einer Minute (r = 5) im Punkt $Q\left(\frac{7}{3}\middle|-\frac{1}{3}\middle|\frac{14}{3}\right)$.

b) g ∩ h: Die Vektorgleichung $\begin{pmatrix}3\\5\\2\end{pmatrix} + t\cdot\begin{pmatrix}-4\\4\\1\end{pmatrix} = \begin{pmatrix}-1\\3\\3\end{pmatrix} + s\cdot\begin{pmatrix}2\\-2\\1\end{pmatrix}$ bzw. das sich daraus ergebende lineare Gleichungssystem hat keine Lösung. Die Geraden g und h sind damit windschief.
Für jedes t ist $G_t(3-4t\,|\,5+4t\,|\,2+t)$ ein Punkt auf g und für jedes s ist $H_s(-1+2s\,|\,3-2s\,|\,3+s)$ ein Punkt auf h.

Also ist $\overrightarrow{G_tH_s} = \begin{pmatrix}-4+2s+4t\\-2-2s-4t\\1+s-t\end{pmatrix}$ und $\begin{pmatrix}-4+2s+4t\\-2-2s-4t\\1+s-t\end{pmatrix}\cdot\begin{pmatrix}-4\\4\\1\end{pmatrix} = 0$

und $\begin{pmatrix}-4+2s+4t\\-2-2s-4t\\1+s-t\end{pmatrix}\cdot\begin{pmatrix}2\\-2\\1\end{pmatrix} = 0$.

Dies führt auf das LGS (1) $15s + 33t = 9$ und (2) $9s + 15t = 3$ mit den Lösungen s = −0,5 und t = 0,5. Der Abstand von g und h ist damit gleich dem Abstand von G(1|7|2,5) und H(−2|4|2,5), also $d = \sqrt{(1-(-2))^2 + (7-4)^2 + 0^2} = 3\sqrt{2} \approx 4{,}24$ km.
Nach drei Minuten befindet sich F_1 in (−9|17|6) und F_2 in $(-1+5\cdot 2\,|\,3+5\cdot(-2)\,|\,3+5\cdot 1) = (9\,|\,-7\,|\,8)$. Der Abstand der beiden Flugzeuge beträgt demnach nach drei Minuten $d_{F_1,F_2}(3) = \sqrt{(9-(-9))^2 + (-7-17)^2 + (8-6)^2} = 2\sqrt{226} \approx 30$ km.
Bezeichnet man mit t die Zeit in Minuten nach Beobachtungsbeginn, so befindet sich F_2 nach t Minuten im Punkt X mit dem Ortsvektor $\vec{x} = \begin{pmatrix}-1\\3\\3\end{pmatrix} + t\cdot 5\begin{pmatrix}\frac{2}{3}\\-\frac{2}{3}\\\frac{1}{3}\end{pmatrix}$. Der Abstand der Flugzeuge ist

daher $d_{F_1,F_2}(t) = \sqrt{\left(3-4t-\left(-1+\frac{10}{3}t\right)\right)^2 + \left(5+4t-\left(3-\frac{10}{3}t\right)\right)^2 + \left(2+t-\left(3+\frac{5}{3}t\right)\right)^2} = \sqrt{108\cdot t^2 - 28\cdot t + 21}$. Das Minimum von $d_{F_1,F_2}(t)$ ergibt sich für $t = \frac{7}{54}$ (GTR). Der minimale Abstand der beiden Flugzeuge ist daher $d_{F_1,F_2}\left(\frac{7}{54}\right) = 4{,}38$ km.

c) Situation:

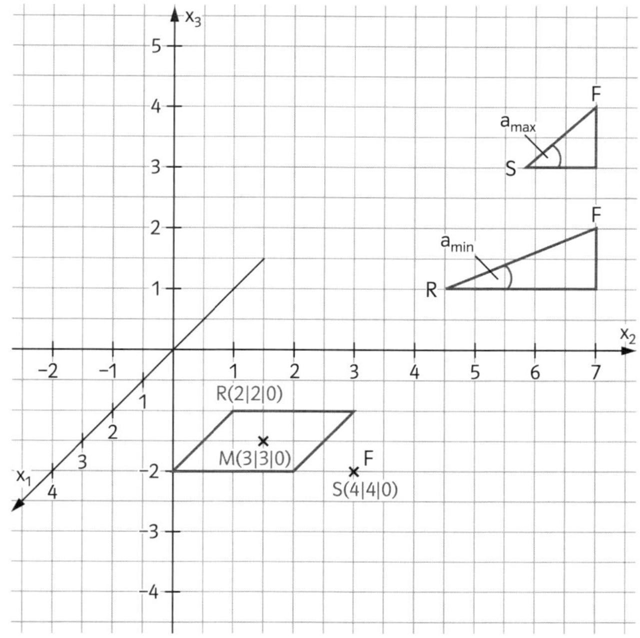

Der maximale Blickwinkel α_{max} ergibt sich für den von F am nächstgelegenen Punkt S. Es gilt: $\tan(\alpha_{max}) = \frac{1}{\sqrt{2^2+2^2}} = \frac{1}{4}\cdot\sqrt{2}$.
Damit ist $\alpha_{max} = 19{,}5°$.
Der minimale Blickwinkel α_{min} ergibt sich für den von F am weitest weg gelegenen Punkt R. Es gilt:
$\tan(\alpha_{min}) = \frac{1}{\sqrt{4^2+4^2}} = \frac{1}{8}\cdot\sqrt{2}$. Damit ist $\alpha_{min} = 10°$.
Alternativer Lösungsweg:
Berechnung von α_{max}: Schnittwinkel der Geraden g durch S und F mit der x_1x_2-Ebene:

$\sin(\alpha_{max}) = \frac{\begin{pmatrix}2\\2\\1\end{pmatrix}\cdot\begin{pmatrix}0\\0\\1\end{pmatrix}}{\sqrt{9}\cdot\sqrt{1}} = \frac{1}{3}$. Damit $\alpha_{max} = 19{,}5°$

Berechnung von α_{min}: Schnittwinkel der Geraden h durch R und F mit der x_1x_2-Ebene:

$\sin(\alpha_{min}) = \frac{\begin{pmatrix}4\\4\\1\end{pmatrix}\cdot\begin{pmatrix}0\\0\\1\end{pmatrix}}{\sqrt{33}\cdot\sqrt{1}} = \frac{1}{\sqrt{33}}$. Damit $\alpha_{min} = 10°$

Bemerkung: Die Augenhöhe des Beobachters ist vernachlässigbar.

d) Situation:

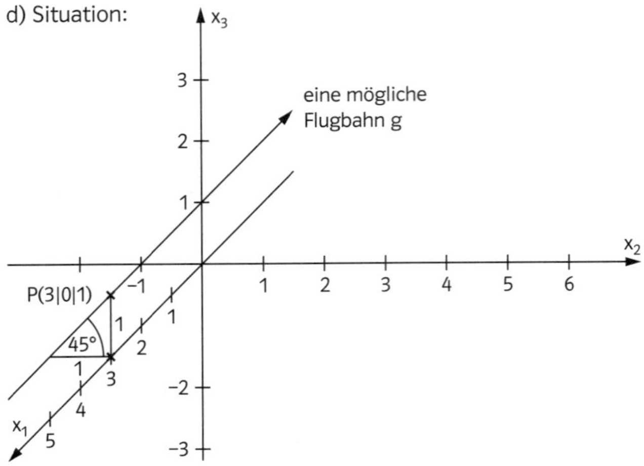

Da tan(45°) = 1 gilt für die mögliche Flugbahn g:

$g: \vec{x} = \begin{pmatrix} 3 \\ 0 \\ 1 \end{pmatrix} + r \cdot \begin{pmatrix} 0 \\ 1 \\ 1 \end{pmatrix}$; g liegt dabei in der gesuchten Ebene E.

Aufgrund der Parallelität von E zur x_1-Achse ist ein zweiter Spannvektor von E z. B. $\begin{pmatrix} 1 \\ 0 \\ 0 \end{pmatrix}$. Damit: $E: \vec{x} = \begin{pmatrix} 3 \\ 0 \\ 1 \end{pmatrix} + r \cdot \begin{pmatrix} 0 \\ 1 \\ 1 \end{pmatrix} + s \cdot \begin{pmatrix} 1 \\ 0 \\ 0 \end{pmatrix}$

Ein Normalenvektor von E ist daher $\vec{n_E} = \begin{pmatrix} 0 \\ 1 \\ -1 \end{pmatrix}$ und es ergibt sich $E: x_2 - x_3 = -1$.

Abiturvorbereitung – Stochastik, Seite 102

1 a) Bezeichnet man mit S, dass ein Besucher die ständigen Ausstellung aufsucht und mit B, dass ein Besucher zur Beckmannausstellung geht, so ist $P(S) = 0{,}28$, $P(B) = 0{,}85$ und $P(S \cap B) = 0{,}15$.
Aus $P(S \cup B) = P(S) + P(B) - P(S \cap B) = 0{,}28 + 0{,}85 - 0{,}15 = 0{,}98$ folgt, dass 2 % nur die Buchhandlung aufsuchen.

b) X ist die Anzahl der Befragten, auf die das Ereignis zutrifft.
$P(A) = P(X \geqq 3) = 1 - F_{20;\,0{,}15}(2) = 0{,}595$, also etwa 60 %.
$P(B) = P(X \leqq 1) = F_{20;\,0{,}02}(1) = 0{,}940$

c) $0{,}85 + 0{,}15 \cdot 0{,}85 + 0{,}15^2 \cdot 0{,}85 + \ldots + 0{,}15^{n-1} \cdot 0{,}85 \geqq 0{,}99$ lässt sich leichter über das Gegenereignis lösen: $1 - 0{,}15^n \geqq 0{,}99 \quad 0{,}15^n \leqq 0{,}01 \quad n \geqq 2{,}47$
Man muss also mindestens 3 Besucher befragen.

d) Ereignis C: Von 20 befragten Besuchern sehen sich genau 3 beide Ausstellungen an.
Ereignis D: Von 20 befragten Besuchern (11 Frauen, 9 Männer) werden zufällig 6 ausgewählt.
P(D) ist dann die Wahrscheinlichkeit, dass höchstens eine Frau darunter ist.

e) Betrachtet wird der Schalter, an dem Herr Schmidt steht. Da Herr Schmidt als Letzter gesetzt ist, sind nur noch 7 Personen zu verteilen.
(siehe Tab. 1)

$E(X) = 4 \cdot \frac{1}{35} + 6 \cdot \frac{12}{35} + 8 \cdot \frac{18}{35} + 10 \cdot \frac{4}{35} = \frac{260}{35} \approx 7{,}43\,\text{min}.$

Abiturvorbereitung – Stochastik, Seite 103

2 a) Der Wahlberechtigte muss gewählt haben (0,483) **und** er muss sich gegen das Projekt ausgesprochen haben (0,412).
Daraus folgt $p = 0{,}483 \cdot 0{,}412 = 0{,}199$.
Die Zufallsgröße X für die Anzahl der Projektgegner in der Stichprobe ist binomialverteilt mit $p = 0{,}199$ und unbekanntem n.
Gesucht ist der Wert n, für den $P(X \geqq 1) \geqq 0{,}99$ und damit $P(X = 0) < 0{,}01$ gilt.
Wegen $B_{20;\,0{,}199}(0) = 0{,}012$ und $B_{21;\,0{,}199}(0) = 0{,}009$ müssen mindestens 21 Wahlberechtigte befragt werden.
Andere Möglichkeit: Für das Gegenereignis gilt $0{,}801^n < 0{,}01$.
Daraus folgt $n \geq 20{,}75$, also $n = 21$.

b) X ist die Anzahl der Wahlteilnehmer.
Es gibt $20 \cdot 28 = 560$ Befragungen.
$E(X) = n \cdot p = 560 \cdot 0{,}483 = 270{,}48$.
Es sind 270 Wähler bei der Befragung von 560 Wahlberechtigten zu erwarten.
Für das Vertrauensniveau 0,954 gilt das 2σ-Intervall. Dabei ist $\sigma = \sqrt{560 \cdot 0{,}483 \cdot 0{,}517} \approx 11{,}83$.
Die Intervallgrenzen sind $\mu - 2\sigma = 246{,}8$ und $\mu + 2\sigma = 294{,}1$.
Die tatsächliche Wählerzahl wird mit mindestens 95,4 % im Intervall (247; 294) liegen.

c) X ist binomialverteilt mit $n = 1000$ und $p = 0{,}199$.
$P(A) = P(X = 483) \approx 0$; $P(B) = P(X \leq 483) \approx 1$; $P(C) = P(X > 200) \approx 0{,}4496$; $P(D) = P(189 \leq X \leq 209) \approx 0{,}5944$

d) Lösung mithilfe des Baumdiagramms:

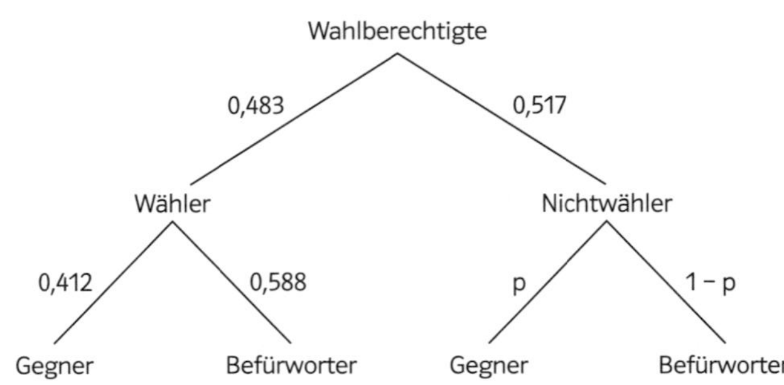

$P(G) = 0{,}483 \cdot 0{,}412 + 0{,}517 \cdot p = 0{,}30$
$p = 0{,}195$, also haben rund 20 % der Projektgegner nicht an der Wahl teilgenommen, wenn die Annahme des Kommentators stimmt.
Lösung mithilfe der Vierfeldertafel:

	Wähler	Nichtwähler	
Gegner	199	101	300
Befürworter	284	416	700
	483	517	1000

$p = \frac{101}{300} = 0{,}1954$

e) X ist der Anteil der Wahlberechtigten, die für das Projekt gestimmt haben:
Nullhypothese H_0: $p_0 = 0{,}588$ Gegenhypothese H_1: $p_1 > p_0$
Man müsste eine Anzahl n von Personen, die wahlberechtigt sind befragen. Ist in der Stichprobe die Anzahl der Befürworter

Tabelle 1

Auswahl	4 Jahreskarte 0 Zahler	3 Jahreskarte 1 Zahler	2 Jahreskarte 2 Zahler	1 Jahreskarte 3 Zahler
x_i	4 min	6 min	8 min	10 min
$p = P(X = x_i)$	$\frac{\binom{3}{3} \cdot \binom{4}{0}}{\binom{7}{3}} = \frac{1}{35}$	$\frac{\binom{3}{2} \cdot \binom{4}{1}}{\binom{7}{3}} = \frac{12}{35}$	$\frac{\binom{3}{1} \cdot \binom{4}{2}}{\binom{7}{3}} = \frac{18}{35}$	$\frac{\binom{3}{0} \cdot \binom{4}{3}}{\binom{7}{3}} = \frac{4}{35}$

im Ablehnungsbereich $\{g, \ldots, n\}$, dann wird H_0 abgelehnt. Der Fehler 1. Art entsteht, wenn die Anzahl der Befürworter in der Stichprobe im Ablehnungsbereich liegt, also die Nullhypothese H_0 abgelehnt wird, obwohl sie wahr ist.

Abiturvorbereitung – Stochastik, Seite 104

3 a) P(mindestens ein Rauchmelder erkennt die Gefahr) = $1 - P(\text{kein Rauchmelder erkennt die Gefahr}) = 1 - (1 - p)^2$
Für $p = 0{,}90$ folgt $P(\text{Gefahr erkannt}) = 1 - (1 - 0{,}9)^2 = 0{,}99$.
Die Sicherheit hat sich also um 10 % erhöht.

b) Das Gerät funktioniert (92 %) nur, wenn kein Materialfehler (98 %) und kein Montagefehler $(1 - x)$ vorliegt.
Wahrscheinlichkeit für einen Montagefehler:
Es ist also $0{,}98 \cdot (1 - x) = 0{,}92$. $x = 1 - \frac{0{,}92}{0{,}98} = 0{,}0612$
Die Wahrscheinlichkeit für einen Montagefehler beträgt 6,12 %.

c) Binomialverteilung, wenn man für jedes der 50 Geräte mit der gleichen Wahrscheinlichkeit die Ereignisse „funktioniert“ oder „funktioniert nicht“ erhält. Also eine Bernoullikette der Länge $n = 50$ und der Wahrscheinlichkeit $p = 0{,}08$ für die Zufallsgröße X (Anzahl der nicht funktionierenden Geräte).
$P(A) = P(X = 4) = 0{,}2037$; $P(B) = P(X < 3) = P(X \leq 2) = 0{,}226$;
$P(C) = P(X \leq 5) = 0{,}7919$

d) Bezeichnen wir mit Y die Anzahl funktionierender Geräte aus der Anzahl n mit $p = 0{,}92$, so ist $P(X \geq 80) \geq 0{,}95$, also $P(X \leq 79) \leq 0{,}05$. Diese Gleichung gilt erst bei $n = 92$. Er muss also mindestens 92 Rauchmelder bestellen.

e) Nach dem Satz von Bayes ist
$P(F) = \frac{0{,}5 \cdot 0{,}07}{0{,}2 \cdot 0{,}1 + 0{,}3 \cdot 0{,}09 + 0{,}5 \cdot 0{,}07} = 0{,}4268$.

f) Nullhypothese H_0: $p_0 = 0{,}05$ Gegenhypothese: H_1: $p_1 = 0{,}08$
Es liegt ein rechtsseitiger Ablehnungsbereich vor, weil $p_0 < p_1$ ist. $[g, \ldots, 50]$
Die Nullhypothese wird abgelehnt, wenn die Anzahl defekter Rauchmelder in der Stichprobe im Bereich $[g, \ldots, 50]$ liegt.
Der Fehler 1. Art (α-Fehler) liegt vor, wenn die Nullhypothese abgelehnt wird, obwohl sie wahr ist.
$\alpha = P(X \geq g) = 1 - P(X \leq g - 1)$ mit $p_0 = 0{,}05$
Der Fehler 2. Art (β-Fehler) liegt vor, wenn die Nullhypothese abgenommen wird, obwohl sie falsch ist.
$\beta = P(X < g) = P(X \leq g - 1)$ mit $p_1 = 0{,}08$
Aus der Tabelle entnimmt man die Werte

g	α	β
3	0,50	0,23
4	0,24	0,43
5	0,10	0,63

Dem Wert $p_0 = 0{,}05$ kann man glauben, wenn höchstens 3 defekte Rauchmelder in der Stichprobe sind, ansonsten wird man den Wert $p_1 = 0{,}08$ als richtig annehmen.

Abiturvorbereitung – Stochastik, Seite 105

4 a) $P_J(A) = \frac{P(A \cap J)}{P(J)} = \frac{\frac{x}{28}}{\frac{12}{28}} = \frac{x}{12} = \frac{5}{6}$; $x = 10$

$P_A(J) = \frac{P(A \cap J)}{P(A)} = \frac{\frac{10}{28}}{\frac{y}{28}} = \frac{1}{2}$; $y = 20$

	A	$\bar{A}$	
J	x		12
M			16
	y		28

	A	$\bar{A}$	
J	10 →	2	12
M	10 →	6	16
	20 →	8	28

$P(A) = \frac{20}{28}$; stochastische Abhängigkeit, wenn
$P(A \cap J) \neq P(A) \cdot P(J)$, $P(J) = \frac{12}{28}$, $P(A \cap J) = \frac{10}{28} \approx 0{,}357$
$P(A) \cdot P(J) \approx 0{,}306$, also stochastisch abhängig.

b) X als Anzahl der Kinder Alleinerziehender in der Klassenstufe 6 ist binomialverteilt mit $p = \frac{2}{3}$.

(1) $P(X \geq 8) = 1 - P(X \leq 7) = 1 - F_{20;\frac{2}{3}}(7) = 0{,}996$, also etwa 99,6 %.
(2) $P(X \leq 1) = F_{25;\frac{2}{3}}(1) \approx 0$

c) $P(X \geq 1) = 1 - P(X = 0) \geq 0{,}99$, also $P(X = 0) \leq 0{,}01$
$\binom{n}{0} \cdot \left(\frac{1}{3}\right)^0 \cdot \left(\frac{2}{3}\right)^n \leq 0{,}01$, d.h. $n \cdot \ln\left(\frac{1}{3}\right) \leq \ln(0{,}01)$ mit der Lösung
$n \geq \frac{\ln(0{,}01)}{\ln\left(\frac{2}{3}\right)} \approx 11{,}36$, man muss also mindestens 12 Kinder befragen.

d) Es ist $\mu_A = 200 \cdot p$ und $2 \cdot \sigma_A = 2 \cdot \sqrt{200 \cdot p \cdot (1 - p)}$.
Damit ist aus $200p - 2 \cdot \sqrt{200 \cdot p \cdot (1 - p)} < 108 < 200p + 2 \cdot \sqrt{200 \cdot p \cdot (1 - p)}$ der Wert für p zu berechnen.
Es ist $200p - 108 < 2 \cdot \sqrt{200 \cdot p \cdot (1 - p)}$ bzw.
$< 200p - 108 > -2 \cdot \sqrt{200 \cdot p \cdot (1 - p)}$
Durch quadrieren erhält man $(200p - 108)^2 < 800 \cdot p \cdot (1 - p)$ und erhält die Intervallgrenzen des Wertes p als Lösung der Gleichung $(200p - 108)^2 = 800 \cdot p \cdot (1 - p)$.
$40\,000p^2 - 43\,200p + 11\,664 = 800p - 800p^2$
$40\,800p^2 - 44\,000p + 11\,664 = 0$ mit den Lösungen $p_1 = 0{,}4694$ und $p^2 = 0{,}609$. Die geschätzte Wahrscheinlichkeit liegt im Intervall $[0{,}4694; 0{,}609]$.

e) Zu berechnen ist p aus $(h - p)^2 \leq c^2 \cdot \frac{p(1 - p)}{n}$.
Die relative Häufigkeit ist $h = \frac{108}{200}$. Der Sigmaintervallwert c entsteht aus $\Phi(c) = \frac{1 + \gamma}{2} = 0{,}995$, also ist $c = 2{,}576$.
$\left(\frac{108}{200} - p\right)^2 \leq 2{,}576^2 \cdot \frac{p(1 - p)}{200}$ mit den Lösungen $p_1 = 0{,}4494$ und $p_2 = 0{,}628$. Das Konfidenzintervall zur Vertrauenszahl $\gamma = 0{,}99$ ist $(0{,}4494, 0{,}6280)$.
Die Anzahl der Kinder, die befragt werden müssen, ist $n \geq \frac{c^2}{d^2}$, wobei d die Intervalllänge ist. $n \geq \frac{2{,}576^2}{0{,}1^2} \approx 664$, also müssen mindestens 664 Kinder befragt werden.

f) Ein Baumdiagramm veranschaulicht die Situation.
Es ist also $P(A) = \frac{210}{866} \cdot 0{,}6 + \frac{656}{866} \cdot 0{,}5 = 0{,}5242$.
Gesucht ist weiter $P_A(O) = \frac{\frac{210}{866} \cdot 0{,}6}{0{,}5242} = 0{,}2775$.

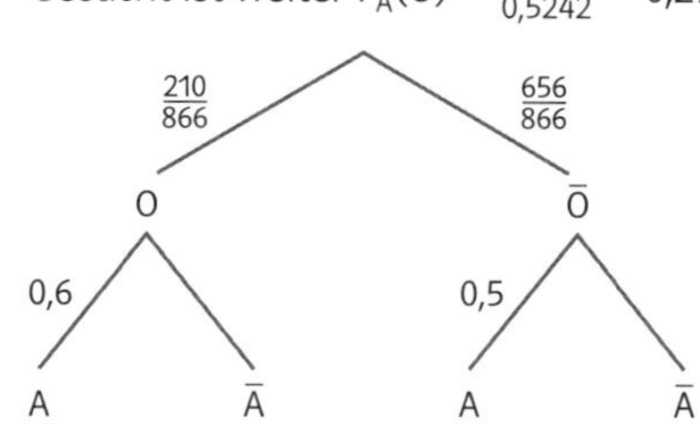

Stichwortverzeichnis

Die Seitenangaben in Schwarz verweisen auf die Aufgabenseiten, die Seitenangaben in Orange auf Basisfertigkeiten-Seiten.